W0251082

privat

Markus May

Verlag
Jakob
van
Hoddis

Klaus Dörner

KIESEL STEINE

Ausgewählte Schriften

Herausgeber: Wollschläger · Bührig · Ziegler-Heidbreder
Netz · Richter · Feld

Verlag Jakob van Hoddis

im Förderkreis Wohnen - Arbeit - Freizeit
Gartenstraße 4
33332 Gütersloh
Tel.: 05241 / 120 14
Fax: 05241 / 23 66 40
Satz: A. Woltermann/R. Mannigel, Tagwerk
Einbandgestaltung: M. Wollschläger
Druck: Fuldaer Verlagsanstalt GmbH

Gütersloh 1996

ISBN 3-926278-31-5

Vorwort

In diesem Band werden dem Leser erstmals weit gestreute Texte Klaus Dörners aus nahezu zwei Jahrzehnten, thematisch gegliedert, vorgelegt.

Sie sind Ausdruck eines Denkens und Wirkens, daß geprägt ist von der Beteiligung der Medizin und Psychiatrie an Ausgrenzung und Vernichtung im Nationalsozialismus. Damit belegt Dörner die gesellschaftspolitische Verflechtung einer auf sich selbst zentrierten, eingeengten Fachlichkeit.

Dies ist ein zentraler Ausgangspunkt - und für den Sozialhistoriker Dörner allemal Grund zur Skepsis an den Verheißungen einer wissenschaftlichen Sichtweise, die ihre Geschichtlichkeit nur als medizinisch verstandenen Fortschritt begreift. Ihm entspricht die zunehmende Reduktion des kranken Menschen auf das Spannungsverhältnis zwischen verfeinert-definierten Krankheitsfaktoren und davon abgeleiteten Heilungsaussichten - ebenso wie die besonders für die Psychiatrie geltende Reduktion ethischer Fragen auf die Vorstellungen eines morphologisch orientierten Krankheitskonzeptes.

In ihrer thematischen Orientierung sind die "Kieselsteine" eine mit der Person Dörners untrennbar verbundene, stetige und jeweils neu unternommene Anstrengung, den Schwachen, per definitionem Ausgegrenzten, in ihrer Bedeutung für die menschliche Gemeinschaft zu würdigen. Ausgehend von den Ausführungen Sartres in seinem Buch "Saint Genet, Komödiant und Märtyrer" ergibt sich für ihn die Erkenntnis, "daß in mir wie in jedem Menschen der Möglichkeit nach die ganze Menschheit enthalten sei" (Dörner, Tödliches Mitleid, 1993) - oder, um mit Sartre zu sprechen: "Denn man muß schon wählen: wenn jeder Mensch der ganze Mensch ist, muß dieser Abweichler entweder nur ein Kieselstein oder ich sein." (Sartre, Saint Genet, ... 1982)

Mit dieser Einsicht ist aber eine Orientierung festgelegt, die die Gemeinschaft auffordert, beim Nachdenken darüber, was der Mensch sei, von den elendsten, randständigsten Menschen auszugehen. Es ist zudem eine die Schriften dieses Bandes durchziehende Grundhaltung; ganz gleich, ob sich Dörner zur Psychiatrie-Geschichte, zu philosophischen Aspekten der Psychiatrie, zu Diagnostik und Therapie äußert - stets geht es ihm um die gesellschaftlich vermittelte Dynamik der Ausgrenzung als zentrales Problem des psychiatrischen bzw. ärztlichen Handelns.

Das Inhaltsverzeichnis gibt Aufschluß über die Bandbreite Dörnerschen Denkens. Dieser wollen wir Rechnung tragen, indem wir die verschiedenen Facetten seines Wirkens berücksichtigen. Sie reichen von historisch-politischen und philosophischen Aspekten der Psychiatrie über die damit in Zusammenhang stehenden Erwägungen zu Diagnostik und Therapie bis hin zu ethischen Gesichtspunkten.

Wenn dieser Band in der geplanten Frist fertiggestellt werden konnte, so ist dies auch auf die Kompetenz und Zuverlässigkeit der redaktionellen und organisatorischen Arbeit von Alfons Woltermann und Ralf Mannigel zurückzuführen. Ihnen sei an dieser Stelle herzlich gedankt.
Ebenso gilt unser Dank Otmar Koschar, Leiter des DGVT-Verlages in Tübingen, der uns als externer Experte uneigennützig fachkundige Beratung bei der Fertigstellung dieses Bandes gegeben hat.

Gütersloh, den 5. Oktober 1996

für die Herausgeber: Martin Bührig

Wir verstehen die Geschichte der Moderne nur mit den Behinderten vollständig (1994)

Vorbemerkung

Die folgenden Gedanken verdanken sich einem bundesweiten Arbeitskreis von psychiatrisch Tätigen und Historikern, die sich seit 10 Jahren mit der Frage herumschlagen, wie es möglich war, daß in der NS-Zeit so viele Psychiater, Mediziner und andere gehobene Bürger nicht die Förderung, sondern die Ermordung psychisch kranker, behinderter und leistungsschwacher Menschen im Sinne hatten. Es mehrten sich die Hinweise, daß eine Antwort auf diese Frage die Revision der Geschichte der letzten 200 Jahre zur Voraussetzung hat. Dabei war einmal der Blickwinkel zu wechseln: Wird nämlich die Geschichte im Regelfall aus dem Blickwinkel der 10 % führenden Bildungs- und Wirtschaftsbürger betrachtet, so galt es nun, ergänzend den Blickwinkel der 10 % aus der Gesellschaft ausgegrenzten "Randständigen" hinzuzufügen. Zum anderen war dies nur "gesamtgeschichtlich" möglich, also durch eine ungewohnte und schwindelerregend schwierige Bündelung wirtschafts-, sozial-, national-, kultur-, familien-, medizin- und wissenschaftsgeschichtlicher Denkansätze.

Daß dieser Weg wirklich zu einer Vervollständigung der Geschichtsbetrachtung führen kann, mit überraschenden Erkenntnissen zu den schwierigsten und bewegendsten Fragen der Vergangenheit und Gegenwart, dafür war uns eine methodisch analoge Überlegung des Philosophen J. P. Sartre hilfreich: Bei der Entwicklung eines Menschenbildes müsse man von dem je unerträglichsten Menschen ausgehen; denn würde man ihn überschlagen, hätte man ihn ausgegrenzt, zur Sache degradiert und komme daher nur zu einem unvollständigen Menschenbild. Als einen solchen exemplarisch unerträglichen Menschen beschreibt Sartre den Sträfling und Dichter Jean Genet, von dem er sagt: "Denn man muß schon wählen: wenn jeder Mensch der ganze Mensch ist, muß dieser Abweichler entweder nur ein Kieselstein oder ich sein."[1]

---

1 Sartre, J.P.: Saint Genet, Reinbek: Rowohlt 1982, S. 910

Ich habe die bisherigen Ergebnisse unserer Arbeit erstmals in "Tödliches Mitleid"[2] zu Papier gebracht. Inzwischen haben uns insbesondere die beiden Bücher von J. Kocka "Weder Stand noch Klasse - Unterschichten um 1800"[3] und "Arbeitsverhältnis und Arbeiterexistenzen"[4] empirisch bestätigt. Seither gibt es in Gütersloh einen Arbeitskreis von Lehrern aller Schultypen, der über die Erarbeitung von Medien für die Lehrer-Fortbildung bestrebt ist, die Integration von Behinderten und anderen Benachteiligten theoretisch in den Unterricht und praktisch in die Schulen zu fördern. Und seither habe ich die folgenden Gedanken in zahlreichen Schulklassen vorgetragen und diskutiert. In der Form, die sich dabei allmählich bewährt hat, habe ich das folgende aufgeschrieben. Sie ähnelt einer Erzählung, die wenigstens die von mir strapazierten Schüler einigermaßen spannend finden konnten und die ungewöhnliche Komplexität der historischen Zusammenschau auf das jeweils typische vereinfacht, wobei man freilich bei jedem Gedankenschritt ins kompliziertere Detail gehen und die erforderlichen empirischen Belege zunehmend finden kann.

1. Die Moderne beginnt um 1800

Bei diesem ersten Kapitel meiner Erzählung mache ich es mir einfach. Ich zitiere ausführlich eine Passage von Kocka, der die uns interessierende Szene plastisch und fast vollständig beschreibt: "Im späten 18. und um die Wende zum 19. Jahrhundert beschleunigte sich der längst im Gang befindliche historische Wandel in auffälliger Art und Weise. Die Französische Revolution war nur das Zentrum und die spektakulärste Variante miteinander verknüpfter, epochaler, politischer und gesellschaftlicher Umwälzungen, die westlich wie östlich des Rheins der seit Jahrhunderten existierenden Welt des Feudalismus und der ständischen Gesellschaft einen Stoß versetzte, von dem sie sich nie mehr erholte. Die Konflikte waren hart, es gab Gewinner und Verlierer. Gewerbefreiheit und Marktwirtschaft setzten sich durch, der Kapitalismus gewann an Dynamik, die er ja bei allen inneren Veränderungen bis heute nicht verloren hat. Die in England begonnene Industrialisierung schickte sich an, auf den Kontinent auszustrahlen - in kapitalistischer Form. Sie setzte einen immer weiter ausgreifenden, seit-

---

2 Dörner, K.: Tödliches Mitleid, 3. Aufl., Gütersloh: Jakob van Hoddis 1993

3 Kocka, J.: Weder Stand noch Klasse, Unterschichten um 1800, Bonn: Dietz 1990

4 ders.: Arbeitsverhältnisse und Arbeiterexistenzen, Grundlagen der Klassenbildung im 19. Jahrhundert, Bonn: Dietz 1990

dem nie für länger unterbrochenen, immer neue Zerstörungen und Innovationen hervorbringenden Wachstums- und Wandlungsprozeß in Gang, in dessen Verlauf sich das Verhältnis der Menschen zur Natur radikal änderte: Als erfolgreicher, den Wohlstand ungemein mehrender, Freiheit und Macht der Menschen vergrößernder Fortschritt wie auch als bisher nicht steuerbarer Prozeß, der das menschliche Zerstörungspotential gewaltig gesteigert hat und heute die Ressourcen zu verzehren droht, denen er sich mit verdankt.

Die Aufklärung wurde praktisch und half, überlieferten Ungleichheitsmustern, Herrschaftsformen und ihren Legitimationen den Boden zu entziehen: Die Säkularisierung schwächte die Macht religiöser Weltdeutungen und ihrer institutionellen Träger, der Kirchen. Im Programm einer bürgerlichen Gesellschaft wurde der überkommenen Herrschaft von Privilegien und Absolutismus der Kampf angesagt und ein langes utopisches, im Grunde bis heute nicht voll eingelöstes Modell entworfen, gemäß dem sich die Gestaltung der sozialen Beziehungen und die Durchsetzung des allgemeinen Wohls leistungsgerecht, in geregeltem Wettbewerb und offenen Diskussionen, vernünftig und friedlich, in eigener Regie der mündigen Individuen und ihrer Vereinigungen vollziehen sollte. Die Hochschätzung von Arbeit und Leistung, Respekt gegenüber Bildung und Wissenschaft, ein neues Familienideal und systematisierte Strategien der Lebensführung, wohl auch ein neues Verhältnis zur Zeit, zur Erfahrung der Vergangenheit und zur Erwartung der Zukunft - all dies kennzeichnete die Kultur, mit der das neue, aufsteigende Bürgertum Reichtum, Ansehen und Einfluß beanspruchte, sich gegen die überkommene Maßgeblichkeit des herrschenden Adels wandte und zugleich nach unten hin, gegenüber dem Volke abgrenzte.

Der die politische Macht teilende und systematische begrenzende, zunächst nicht demokratische, aber langfristig demokratisierbare und sozial ausstattungsfähige Rechts- und Verfassungsstaat löste die traditionale oder absolutistische Herrschaft kleiner Eliten ab: zunächst als Idee und in der Praxis nur unvollkommen, aber gleichwohl als zukunftsweisende Innovation, die bis heute nirgends überholt und noch längst nicht überall realisiert ist. Die Zeit der Nationalstaaten brach an, und der Nationalismus stieg auf, dessen mobilisierende und potentiell aggressive Dynamik bis heute nicht zur Ruhe gekommen ist. Die Landkarte Europas wurde in blutigen Kriegen gründlich verändert, von Napoleon und seinen Bezwingern.

Die expansionslüsterne Dynamik Europas gewann eine neue Qualität, die langfristig auf Weltherrschaft drängte. Die politische Mobilisierung breiter Bevölkerungsschichten begann, weitgehend auf Männer beschränkt, zunächst punktuell, bald in auf Dauer gestellten sozialen Bewegungen, sehr viel später im Rahmen zunehmend demokratisierter Institutionen, zu den das verbreiterte Wahlrecht, politische Massenparteien und immer neue Mechanismen gehörten. Zunehmende Disziplinierung und fortschreitende Emanzipation gingen Hand in Hand."[5] Diese Übergangszeit ist der Hintergrund, die Bühne für die Akteure unserer Erzählung. Aber zunächst müssen wir wissen, woher sie kommen.

2. *Die vormoderne Hausgesellschaft*

Wie lebten die Menschen in der Zeit davor alltäglich zusammen? Seit Jahrhunderten, eigentlich seit Jahrtausenden also menschheitsgeschichtlich bewährt, war die zwar nie alle Menschen umfassende, aber doch typische sozialökonomische Einheit der Haushalt, also das ständisch-paternalistische Miteinander von Hausherr und Hausgenossen mit Rechten und Pflichten auf Gegenseitigkeit. Die Haushalte waren ziemlich große Gruppen, landwirtschaftlich mit Knechten und Mägden, handwerklich-gewerblich mit Gesellen und Lehrlingen, überwiegend in Kost und Logis, wie die Kinder gehalten. So war auch ein Drittel bis die Hälfte der unteren Schichten direkt oder indirekt eingebunden. Der Haushalt war mehr oder weniger umfassend Lebens-, Wohn-, Leidens-, Fürsorge-, Selbstjustiz-, und vor allem Kooperationsgemeinschaft. Arbeit war typischerweise an das Haus gebunden. Man arbeitete, wo man lebte; leben, wohnen und arbeiten war eine räumlich-zeitliche Einheit; es gab keinen Weg zur Arbeit, keine Arbeitszeit, eigentlich nur Heimarbeit. Die Gesellschaft war typischerweise als Hausgesellschaft organisiert, wenn auch stets - wie gesagt - größere Teile der jeweiligen Gesellschaft von dieser kulturellen Prägung nicht erfaßt wurden.

Die Hauswirtschaft war Subsistenzwirtschaft; d.h. man produzierte soviel, wie man brauchte, höchstens für den lokalen Markt, wäre nie auf die Idee gekommen, mehr zu arbeiten und zu produzieren. Nun gehörten natürlich zu einem solchen Haushalt möglicherweise auch ein geistig behindertes Kind, ein altersverwirrter Großvater oder eine unverheiratete

---

[5] ders.: Weder Stand noch Klasse, a.a.O., S. 25 f

wahnkranke Tante. Und hier wird es spannend. Denn einerseits, da man eine Kooperationsgemeinschaft war, arbeiteten selbstverständlich auch solche behinderten Hausgenossen mit, soviel oder sowenig jeder konnte. Niemand war von der Arbeit ausgeschlossen, also von der Möglichkeit, sich durch gemeinschaftliches Bearbeiten von Sachen zum Nutzen von Dritten als Mensch zu verwirklichen, um es einmal so pathetisch, für die Selbstachtung bis heute aber zutreffend zu formulieren. Da aber das Wesen zwischenmenschlicher Beziehungen ohnehin immer das Miteinander von jeweils Stärkeren und Schwächeren ist und das Prinzip des Haushalts Sorge auf Gegenseitigkeit war, war es andererseits ebenso selbstverständlich, daß die Leistungsstärkeren nie nur Schuhe hergestellt oder Korn geerntet haben, sondern zwischendurch auch immer zuständig waren für die erforderliche Fürsorge oder auch für die soziale Kontrolle der behinderten Hausgenossen. Bei letzterer war man nicht zimperlich, was wichtig ist, damit nicht der Eindruck nostalgischer Verklärung aufkommen kann: Wenn die Tragfähigkeit am Ende war, konnte ein Behinderter auch angebunden, in den Keller gesperrt, in den Wald gejagt oder totgeschlagen werden, was freilich die Ausnahme war. Entscheidend ist, daß das menschliche Handeln eine raumzeitliche Einheit aus produzierender und sozialer Tätigkeit, aus dem Bearbeiten von Sachen und der sozialen Sorge für Menschen war. Da dieses stets wechseln konnte, wäre ein heutiger Soziologe mit der Aufgabe der Beschreibung, was die Menschen damals den ganzen Tag über taten, rettungslos überfordert.

Um das Bild für unsere Zwecke abzurunden: Zu den Selbstverständlichkeiten der Hausgesellschaft, also der ständisch-feudal strukturierten Gesellschaft der Haushalte, gehörte schließlich die Anwesenheit von Fremden unter dem Schutz der Institution des Gastrechts, mit klaren Pflichten, Rechten und Grenzen für beide Seiten. Nur so war für die Menschen aller Zeiten normale Fremdenangst zu kanalisieren, haben doch etwa im lateinischen hospes = Gast und hostis = der Feind dieselbe Sprachwurzel. Das leitet dazu über, das die Haushalte sich ebenso selbstverständlich auch an der Gewährung von Almosen an die Armen beteiligten. Die so genannt wurden, waren in Wirklichkeit diejenigen 10 % der Bevölkerung, die aufgrund körperlicher, geistiger, psychischer oder (über irgendwelche Schicksalsschläge) sozialer Behinderung/Benachteiligung ohne Einbindung in einen Haushalt "außer-häuslich", ohne Arbeit und "unter-ständisch" lebten und damit das gemeinsame Merkmal der Armut hatten. 5 % waren die "würdigen Armen", die anderen 5 % die "unwürdigen Armen".

Diese wichtige Unterscheidung galt spätestens im 18. Jahrhundert, seit die bürgerliche Tugend geregelten Arbeitens allmählich allgemein erwartet wurde. Daher sprach man den "würdigen Armen" Würde zu, da man ihnen zubilligte, daß sie aufgrund ihrer Behinderung nicht arbeiten konnten, weshalb sie auch des Almosens, also des solidarischen, tätigen Mit-Leidens würdig waren. Den "unwürdigen Armen" hingegen sprach man die Würde des Menschen ab, weil man von ihnen annahm, daß sie nicht arbeiten wollten. Es waren dies überwiegend die mobilen, ohne festen Lebensort schwer greifbaren Bettler, Vagabunden, Gaukler, fahrendes Volk, insbesondere die Zigeuner ("die Juden der Unterschichten"). Sie bestrafte man, jagte und vertrieb sie - zunehmend mit der Wertschätzung geregelten Arbeitens. Für sie schuf man zuletzt Arbeitshäuser, von denen es 1786 in Deutschland 60 gab. In diesen errichteten die aufstrebenden Wirtschaftsbürger die ersten Fabriken, gaben aber diese Experimente bald wieder als unwirtschaftlich auf, lernten jedoch daran, daß die Wirtschaftlichkeit von Fabriken mit Zwangsarbeit nicht zu erreichen war, sondern die formale Freiheit eines Vertrages zwischen freien Unternehmern und freien Arbeitern zur Voraussetzung hatte. Wenn heute noch die Sozialhilfe, also das "Bundessozialhilfegesetz", sowohl die allgemeinen sozialen Notlagen als auch die Rehabilitation von Behinderten, die nicht arbeiten können, finanziert, überkommt uns die Ahnung, das wir hinsichtlich der materiellen Umsetzung der formalen Würde aller Menschen nach dem Grundgesetz noch einiges zu tun haben.

3. *Der soziale Urknall: von der feudalen Haus- zur aufgeklärten Marktgesellschaft*

Ich wähle das Sprachbild des "Urknalls", weil darin zum Ausdruck kommt, daß um 1800 herum - in Wirklichkeit in einem Prozeß von 1750 bis 1850 - eine Art Kernspaltung den bis dahin die Menschheitsgeschichte prägenden Haushalt, also die raumzeitliche Einheit produzierenden und sozialen Handelns, in drei Segmente zersprengte, die womöglich auch heute noch immer weiter auseinanderfliegen. Diese permanente Explosion nennen wir die Moderne. Ich reduziere das komplizierte Kräftegemisch auf die beiden entscheidenden Elemente, den Markt und die Aufklärung, oder - um es mit Kocka auszudrücken- "geregelter Wettbewerb und offene Diskussion"[6], zwei Äußerungen ein und derselben expansiven Kraft, die eine

[6] A.a.O., S. 26

von den Wirtschaftsbürgern, die andere von den Bildungsbürgern verwirklicht.

Denn das Programm der Aufklärung bestand darin, daß weltumspannend alle Probleme der Menschen gelöst werden, wenn man darauf vertraut, daß mündige, freie, selbstbestimmte Bürger sich von allen irrationalen Normen des Feudalismus, des Ständestaates und der Kirche emanzipieren und in formal-rechtlicher Gleichheit, nur der Rationalität verpflichtet, zum Wettbewerb der Argumente antreten, da in der offenen Diskussion das rationalste Argument gewinnen und das Problem lösen wird. Entsprechend lautete das Programm der Wirtschaftsbürger, befruchtet von den Gedanken der utilitaristischen Aufklärer aus dem schon fortgeschritteneren England, etwa Jeremy Bentham und Adam Smith: Wenn man die Menschen aus den ständischen Fesseln der Hauswirtschaft befreit und sie bei formalrechtlicher Gleichheit freie Arbeitsverträge schließen läßt, wenn man sie als Arbeiter aus ihrer hauswirtschaftlichen Gebundenheit herausholt und sie in großen Mengen an einem Ort zentralisiert arbeiten läßt, kann man einen wesentlich großräumigeren, im Prinzip weltumspannenden Markt rationeller bedienen und dabei für immer neue Bedürfnisse produzieren, die sich auf einem lokalen Markt gar nicht befriedigen lassen; wenn man zudem diese größeren Betriebe in freier Konkurrenz, in geregeltem Wettbewerb gegeneinander antreten läßt, es erlaubt, daß der bessere und billigere Betrieb die Konkurrenz vernichten darf, dann werden die zweckrationellsten Betriebe mit der größten Produktivität sich durchsetzen, für die Nation den größten Reichtum erwirtschaften und zugleich das größte Glück der größten Zahl von Menschen garantieren, eine Rechnung, deren Logik und Ethik man sich bis heute weltweit immer weniger entziehen kann.

Dieses Zusammenwirken der Bildungs- und Wirtschaftsbürger brachte zugleich Befreiung und neue Disziplinierung. Wehrpflicht, Schulpflicht, Steuerpflicht, Gesundheitspflicht (Hygiene) und Leistungspflicht (industria heißt Fleiß!) waren Elemente eines neuen Herrschaftssystems daß das "ancien régime" allmählich ersetzte. Um 1790 war die gesellschaftliche Umwälzung so weit fortgeschritten, die Integrationskraft der Haushaltswirtschaft derart gebrochen, daß bei wachsendem Reichtum der oberen Schichten bis zur Hälfte der Bevölkerung unter der Armutsgrenze lebte - ein bereitwilliges Potential für den inzwischen allenthalben als notwendig erachteten Umbau in Richtung auf Herstellung immer größerer, zentralisierter Produktionsstätten, von denen es um 1800 bereits 1000 gab. Die marktwirtschaftliche Revolution um 1800 war mit ihrer Orientierung an immer großräumigeren Märkten und mit ihrer Konzentration von immer mehr Arbeitskräften die notwendige Voraussetzung für die Maschinisierung der Produktion und für die industrielle Revolution, die man in Deutschland um 1840 beginnen lassen kann.

Was waren nun die erwähnten drei Segmente, in die der soziale Urknall den vormodernen Haushalt und damit den vormodernen Menschen auseinandersprengte? Es waren 1. das Wirtschafts- oder Produktionssystem, 2. das Sozialsystem und 3. die Kleinfamilie - Systeme, die sich fortan immer weiter auseinanderentwickelten. Wie sah dies für die Betroffenen aus?

3.1 Wirtschafts- oder Produktionssystem

Die Unternehmer mochten so handeln: "Wir präparieren aus 100 Haushalten nur die produzierende Zahl von 100 Knechten oder Gesellen heraus, lassen diese 100 Menschen jeden Tag in ein eigens dafür gebautes Haus gehen, das wir Fabrik (später Büro) nennen, wo sie erstmals bei geregelter Arbeitszeit mit Anfang und Ende nur noch produzierend arbeiten müssen, deswegen nur noch Arbeiter heißen, befreien sie damit von aller sozialen Fürsorge und sonstigen Haushalt-Abhängigkeiten und vervielfachen dadurch ihre Produktivität; die Arbeiter müssen während ihrer Arbeitszeit nicht mehr sozial sein, dürfen sich vollständig aufs Produzieren konzentrieren." Die Betroffenen haben sich dieser äußeren und inneren Verbiegung ihrer Person anfangs nur aus materieller Not unterzogen. Menschheitsgeschichtlich erstmals gab es einen Arbeitsweg. Die "entbundenen" Menschen sollten jeden Morgen den Ort, wo sie wohnten und lebten, verlassen, um in ein großes anderes Haus zu gehen, das nicht zum Leben, sondern nur zum Arbeiten da war, wo sie den ganzen Tag ohne Abwechslung nichts als produzieren und dabei im Sinne der Massenproduktion immer dieselben Handgriffe verrichten sollten. Es war dies das größte verhaltensmodifikatorische Experiment aller Zeiten. Trotz des Freiheitsgewinns auf der formalen Ebene bedeutete diese räumlich konzentrierte Funktionalisierung und Normierung einer Teilpersönlichkeit auch Verlust an persönlicher Eigenart. Diese Funktionalisierung und Versachlichung ihrer Person war es mehr als die Lohnabhängigkeit, die die beginnende Arbeiterklasse später als ihre "Entfremdung" bezeichnet hat. Die

Würde des Menschen trat für immer mehr Menschen in den Hintergrund und wurde durch den Wert als Leistungswert ersetzt, der nun positiv oder negativ sein konnte.[7]

3.2 Das Sozialsystem

Beziehungen zwischen Menschen sind immer auch Beziehungen zwischen Stärkeren und Schwächeren. Je mehr die Stärkeren morgens aus dem Haus gingen, um nicht mehr sozial, sondern nur noch produktiv zu sein, desto mehr blieben die Schwächeren sich selbst überlassen. Gegenseitige Sorge war aufgehoben. Die Behinderten wurden versorgungsbedürftiger, die Störenden störender. Spätestens letzteres wurde in der sich modernisierenden und daher störanfälliger werdenden Gesellschaft zum Problem. Es entstand das, was die Historiker bis heute die "Soziale Frage" nennen: "Was machen wir mit denen, die für den Markt zu leistungsschwach oder zu störend sind, was wollen wir sie uns kosten lassen, wofür sind sie überhaupt da?" - Eine Frage, die auch früher im Einzelfall immer einmal wieder, jetzt aber erstmals systematisch gestellt wurde. Die vom Leistungswert her untersten 10 % der Bevölkerung wurden buchstäblich zu fragwürdigen Existenzen.

Die für diese Zeit schon überholte Antwort fand der medizinische Professor Autenrieth aus Tübingen: Als 1806 der Dichter Hölderlin zu ihm gebracht wurde, weil seine Angehörigen und Freunde mit seiner schizophrenen Psychose nicht mehr zurecht kamen, erklärte er, er komme gerade aus den USA, wo er zu seinem Schrecken gesehen habe, daß man dort die psychisch Kranken in riesigen Gebäuden konzentriere. Nun sehe er, daß man auch in Württemberg damit anfange. Er halte dies für einen völlig falschen Weg. Vielmehr solle man die psychisch Kranken möglichst gleichmäßig über die ganze Gesellschaft verteilen, damit die Last, die sie bedeuten, sich auf möglichst viele Schultern verteile und damit auf diesem Wege auch ihre positiven Seiten, ihre Originalität und Kreativität wahrge-

7 Siehe Schmitt,C.: Die Tyrannei der Werte, in: S.Schelz (hrsg.), Die Tyrannei der Werte, Hamburg: Lutherisches Verlagshaus 1979, S. 11 - 43. Ausgerechnet dem NS-Kronjuristen Carl Schmitt verdanken wir diese fundamentale Warnung vor der Gefahr, den Wertbegriff von Sachen auf Menschen zu übertragen. Als Beleg für seine Warnung weist er betont auf die Schrift "Die Freigabe der Vernichtung lebensunwerten Lebens" hin (s. Anm. 13).

nommen und allen zugute kommen könne.[8] Nur im Falle Hölderlin folgte man ihm: Der Dichter konnte sich mit Hilfe einer Pflegefamilie noch Jahrzehnte relativ frei in Tübingen bewegen und seine Gedanken entwickeln. Im übrigen war der Zug längst in die andere Richtung abgefahren, Autenrieth war rettungslos verspätet oder aber zu früh; denn 170 Jahre später ist sein Konzept Grundprinzip unserer heutigen gemeindepsychiatrischen Reform geworden.

Wie gerade angedeutet, wählte man die institutionelle Lösung der Sozialen Frage. Immer mehr Kommunen und andere Körperschaften errechneten, daß sich die Ausgaben für soziale Institutionen lohne, da auf diese Weise immer mehr Familienangehörige für die Produktion verfügbar würden. Und so entstanden in allen europäischen Ländern im Laufe von Jahrzehnten flächendeckende Netze von Irrenanstalten, Anstalten für geistig Behinderte, Krüppelheime, Zuchthäuser und Gefängnisse, aber auch von Waisenhäusern und Kindergärten sowie Alten- und Pflegeheimen. Da die Sorge auf Gegenseitigkeit in den alten Haushalten zerstört war, trat an die Stelle die Fremdversorgung. Wie die Arbeiter in ihrer Institution "Fabrik" partiell "entfremdet" wurden, so wurden die Schwächeren in der Gesellschaft in sozialen Institutionen vollständig und oft genug endgültig "entfremdet". Während sie in den alten Haushalten im Rahmen ihrer Möglichkeiten auch an der Arbeit beteiligt waren, wurden sie in den sozialen Institutionen grundsätzlich von der Möglichkeit abgeschnitten, sich durch Bearbeiten von Sachen zum Nutzen von Dritten als Menschen zu verwirklichen, worüber die Würde des Menschen sich legitimiert.

Natürlich war es die Absicht der Anstaltsgründer, daß den Schwächeren in solchen Spezialeinrichtungen auch speziell geholfen werden könnte. Es überwog aber die institutionelle Umwandlung von Menschen zu Sachen. Sie wurden zu Objekten von Erziehung, Therapie, Verpflegung, Versorgung, Verwaltung und Verwissenschaftlichung. Letzteres war besonders folgenschwer, denn die ursprüngliche Einheit von produktivem und sozialem Tun war zerfallen: das produktive Tun war in der Institution Fabrik konzentriert, das soziale Tun in der sozialen Institution. Entsprechend zerfiel die Philosophie als eine alle Menschen umfassende und damit schützende Denkbemühung in lauter Einzelwissenschaften von speziellen Seiten des Menschen, aufbauend auf den jeweils zugehörigen Institutionen.

[8] Härtling, P.: Hölderlin, Darmstadt: Luchterhand 1976, S. 581

Wie das Wirtschaftssystem und das Sozialsystem sich immer weiter voneinander entfernten, so auch verhängnisvollerweise die auf ihnen aufbauenden Wissenschaften: einerseits die auf der Institution Fabrik und dem Marktsystem aufbauenden Wissenschaften der Betriebs- und Volkswirtschaft, andererseits die auf den sozialen Institutionen gründenden Einzelwissenschaften Pädagogik, Psychologie, Kriminologie und Soziologie. Wollte man davon ausgehen, daß auch heute noch anthropologisch das produzierende und soziale Tun des Menschen als Einheit aufzufassen sei, hätten wir gerade die gesellschaftliche Organisation einer Spaltung des Menschen beschrieben - unwiderlegbar zweckrational der Leistungs- und Glücksmaximierung zuliebe.

3.3 Das Kleinfamiliensystem

Die Aufspaltung der Gesellschaft und damit des Menschen ging aber noch weiter. Indem der vormoderne Haushalt zunehmend sowohl vom produzierenden als auch vom sozialen Tun entlastet wurde, wurde er einerseits immer kleiner (Kleinfamilie), andererseits immer funktionsloser: um so mehr kam erstmals in der Menschheitsgeschichte das dritte Vermögen des Menschen, das "Psychische" in reiner Form, nicht mehr durch soziales und produzierendes Tun vermittelt, zum Vorschein. Auch dieser Vorgang wurde als Befreiung erlebt: freies psychisches Selbsterleben, ohne Rücksicht auf bisherige Abhängigkeiten, die bedingungslose Partnerliebe, die Eltern- und Kindesliebe in Reinkultur sind die zentralen Themen des bürgerlichen Romans des 19. Jahrhunderts; und auch dieser soziale Prozeß verläuft expansiv bis in unsere Tage: die soziale Atomisierung bis zur Single-Bewegung wird zum einen als "Selbstverwirklichung" erfahren[9], andererseits als "Tyrannei der Intimität".[10] In einfachen Worten ausgedrückt: Wenn Vater und Mutter sich streiten, ohne durch zu produzierende Schuhe und durch einen zu betreuenden verwirrten Großvater davon abgelenkt zu werden, kann die ungetrübte Streitkultur bis zum Psychoterror grenzenlos eskalieren. Das wiederum macht unsere wachsende Abhängigkeit von Psychotherapeuten, Psychologen, Beratungsstellen und Supervisoren verständlicher.

---

9 Schulze, G.: Die Erlebnisgesellschaft, Frankfurt a.M.: Campus 1992

10 Sennett, R.: Verfall und Ende des öffentlichen Lebens, die Tyrannei der Intimität, Frankfurt a.M.: Fischer 1991

Und noch eins: Aus den sich modernisierenden Kleinfamilien verschwanden Knechte, Mägde, Gesellen und Lehrlinge, zum Schluß im 20. Jahrhundert das Dienstmädchen, weil sie zunehmend als fremd empfunden wurden, das intime familiäre Glück störten. Überhaupt wurde erst mit dem täglichen Auszug der Männer an ihren jeweiligen Arbeitsplatz die Grundlage für die moderne Form der Polarisierung der Geschlechter gelegt, wonach der Mann "hinaus ins feindliche Leben" gehört, während "drinnen die züchtige Hausfrau waltet", formal auch sie jetzt freier, inhaltlich gleichwohl mehr als zuvor zurückgeworfen auf Kinder, Küche und Kirche - Voraussetzung für die heutige Frauenbewegung.

4. *Das panoptische Prinzip*

Die verwirrend vielfältigen, aber ausnahmslos bis heute fortwirkenden Urknallfolgen kann man in ihrem Kern am besten mit Hilfe eines Bildes, ja, eines Paradigmas des utilitaristischen Philosophen J. Bentham verstehen, ohnehin eine der klügsten Personen seiner Zeit, englischer Vordenker und Organisator der Gleichsinnigkeit von Aufklärung und Marktwirtschaft und damit der modernen Marktgesellschaft. Er schrieb 1791 ein Buch, in dem er die "Soziale Frage" so formuliert: Wie kann man die neuen Freiheiten der Massen zwar nutzen, jedoch zugleich disziplinarisch unschädlich machen? Oder: Wie kann man die größte Zahl von Menschen mit den geringsten Mitteln optimal kontrollieren? Seine architektonische Antwort: Indem man "Inspektionshäuser" baut, in denen man von einem Punkt aus alles sehen kann, nach dem Prinzip des Spinnennetzes, wo von einem Kontrollzentrum aus im Ideal ein Beamter alle davon ausgehenden Gänge einsehen kann, an denen - je nach speziellem Bedarf - Zellen, Aufenthaltsräume oder Arbeitsplätze liegen. Sein Buch hieß daher auch: "Panopticon; or the Inspection-House".[11] Diese, die moderne Entfremdung noch einmal grell beleuchtende institutionelle Bauweise empfahl er für Irrenhäuser, Anstalten für geistig Behinderte, Krankenhäuser, Krüppelheime, Arbeitshäuser, Alten- und Pflegeheime, aber zugleich auch für Fabriken. Seine Beantwortung der "Sozialen Frage", deren bauliche Restbestände wir heute noch allenthalben sehen können, zeigt noch einmal überdeutlich, worum es den Wirtschafts- und Bildungsbürgern damals ging, wie sie das ständische Herrschaftssystem durch das Herrschaftssystem einer Klassengesellschaft zu ersetzen gedachten: Die sich demokratisierenden Unter-

[11] Bentham, J.: Panopticon; or the Inspection-House, Dublin 1791

schichtsmassen bedürften einer neuen Disziplinierung, wobei nur die saubere Aufspaltung zwischen Produktions- und Sozialsystem, zwischen den Leistungsstärkeren und den Leistungsschwächeren zu gewährleisten war, damit erstere maximal produktiv sein konnten und letztere maximal "aus dem Verkehr gezogen", der Umerziehung, Therapie oder der kontrollierten Verwahrung unterzogen waren.

5. *Von der Pädagogisierung zur Medizinisierung der sozialen Frage*

In den sozialen Institutionen entwickelten sich bis heute immer neue Berufe - Sozialarbeiter, Erzieher, Krankenschwestern, Psychiater, Psychologen, Ergotherapeuten, Altenpfleger usw. Wer einen solchen Beruf lernt, sagt oft: "Ich arbeite gern mit Menschen". Mit "arbeiten" ist aber die Bezeichnung der Tätigkeit der "Arbeiter" in den Fabriken entlehnt: produzierendes Tun ist Bearbeiten von Sachen. Das ist absurd, drückt jedoch zugleich die Wahrheit über Institutionen aus. Menschen, die der Fremdversorgung in Institutionen überlassen sind, werden automatisch - selbst wenn die Beschäftigten Engel wären - zumindest teilweise wie und als Sachen behandelt, die man anfangs liebevoll bessern will, bei Erfolglosigkeit aber leicht zu härteren Maßnahmen greift, die sich zum Schluß auch gegen die Menschen-Sachen richten können. Seither kennt jede moderne Gesellschaft nicht nur äußere, sondern auch - in Institutionen unsichtbar gewordene - innere Fremde. Korrigiert sich nun unser Erlerner eines sozialen Berufs und sagt: "Ich helfe gern Menschen, ich möchte einen helfenden Beruf erlernen", so ist dies ähnlich fragwürdig, drückt aber eine andere Wahrheit aus: Helfen gehört nämlich zum Wesen des Menschen, ist der vornehmste Kern unser aller Sozialität. Konzentriert nun eine Gesellschaft das Helfen bei einigen Berufen, professionalisiert sie das Helfen, wie dies im 19. und 20. Jahrhundert der Fall war und ist, nimmt sie zugleich allen anderen Menschen erst die Möglichkeit und dann die Fähigkeit zum Helfen ab. Sie sagen: "Das kann ich nicht, dafür sind andere da, die das gelernt haben". Die Menschen werden mangels Übung unsozial schrumpfen immer mehr auf ihr Selbst zurück. Sie verlieren etwas von ihrem Menschsein, werden unvollständig, wie die Geschichtsschreibung ohne Behinderte unvollständig ist.

Wie sich dies entwickelt hat, ist jetzt zu erzählen. Das erfolgt vor allem am Beispiel der psychisch Kranken, der Irren, der Verrückten (im doppelten Wortsinn); denn sie sind der genaueste Gegen-Typ zum modernen Typ der Arbeiter: Diese sollen in ihrem Verhalten kalkulierbar, möglichst weit vorausberechenbar sein, die Ecken und Kanten ihrer Persönlichkeit, ihre Originalität an der Fabrikgarderobe abgeben und ohne Rücksicht auf ihre biologischen Rhythmen möglichst gleichmäßig und dauerhaft immer dieselbe Leistung bringen. Dagegen sind psychisch Kranke überdurchschnittlich unberechenbar, besonders individuell, spontan, originell, verschiedenartig und dies in bunter Wechselhaftigkeit. Jede Gesellschaft hat in jeder heutigen Kultur und wohl auch über alle historischen Epochen konstant 2 % psychisch Kranke. Sie sind das Salz in der Suppe, die durch sie gut schmeckt, aber nur, wenn das Salz nicht in Klumpen konzentriert, sondern gleichmäßig verteilt ist. Man versteht, warum Unternehmer psychisch Kranke in ihrem Betrieb scheuen wie der Teufel das Weihwasser, ohne das man Ihnen - systemkonform - das vorwerfen könnte.

In den ersten Irrenanstalten, die ab 1800 allmählich überall entstanden, ging es liebevoll zu - bis zu romantischem Ausmaß. Noch begeistert von der Aufklärung glaubte man fest, daß jeder Mensch in seinem Kern vernünftig ist, nur durch widrige Umstände oft an seine Vernunft nicht herankommt. Da die Pädagogik *die* Einzelwissenschaft der Aufklärung ist, machte man sich an die Arbeit der Nach- und Umerziehung. Man kam sich vor wie ein Gärtner, der eine Blume pflegt, den Boden düngt, das Unkraut jätet, bis die Blume der Vernunft zu voller Blüte kommt. Man kompensierte Erziehungsmängel "ungezogener" und änderte die Gewohnheiten "verwöhnter" Menschen, um jeden zu der Leistung und dem Anstand zu bringen, die die neue Marktgesellschaft als ihre Vernunft definierte. Bei vielen gelang dies, bei vielen aber auch nicht. Sie waren halsstarrig, blieben verrückt, behindert, unvernünftig. Man war enttäuscht, mochte lieber einen Menschen als seine Prinzipien opfern, griff zu härteren Mitteln, bis hin zum Psychoterror. Gleichwohl mußten die Anstalten nicht verkleinert, sondern vergrößert werden, sie füllten sich mit "Schwererziehbaren".[12]

Die gesellschaftliche Erwartung wurde ungeduldig. Schließlich sollten sich die hohen Kosten auch lohnen. Das war die Stunde der Mediziner unter den Anstaltsleitern. Auf der Woge des Erfolges der naturwissen-

---

12 Der gesamte, komplexe Zusammenhang der Entstehung der Psychiatrie als Institution und Wissenschaft ist ausführlich dargestellt in: K. Dörner: Bürger und Irre, zur Sozialgeschichte und Wissenschaftssoziologie der Psychiatrie, Frankfurt a.M.: Europäische Verlagsanstalt 1984

schaftlichen Medizin im 19. Jahrhundert ersetzten sie das pädagogische durch das medizinische Denkmodell, den pädagogischen durch den medizinischen Glauben, die Ver-rücktheiten seien Krankheiten; denn man wußte nicht, weiß es bis heute nicht und kann es auch gar nicht wissen, was Verrücktsein, Wahn, Psychose ist, da es sich um reines Faktenwissen mit Sicherheit nicht handelt. In der wissenschaftlichen Fortschrittsbegeisterung in der Zeit der deutschen Revolution von 1848 wirkte der Satz Wilhelm Griesingers wie ein Schlachtruf: "Geisteskrankheiten sind Gehirnkrankheiten". Die Gesellschaft akzeptierte den Satz gern, da man ungern Geld ausgibt für etwas, was man nicht mal erklären kann. Man hatte einen neuen Glauben, eine neue Hoffnung, traute den Medizinern mit ihren einschneidenderen Maßnahmen mehr zu als den sanften Pädagogen. Aber den Medizinern erging es nicht besser. Sie diagnostizierten, klassifizierten und suchten die Ursache, die es naturwissenschaftlich gar nicht geben kann, auf deren Fundament sie gleichwohl für die jeweils nächste Generation immer wieder vergeblich die erfolgreiche Therapie versprachen - bis heute. Währenddessen expandierten die Einrichtungen, die jetzt Heil- Pflegeanstalten hießen, nicht nur weil die sich verschärfenden Leistungsnormen in den Betrieben und die Verkleinerung der Familien die Tragfähigkeit für psychisch Auffällige und andere Behinderte verringerten. Vielmehr füllten sie die Institutionen zunehmend mit Lebenslänglichen, die jetzt nicht mehr nur als schwer erziehbar, sondern als unheilbar galten, eine dramatische Statusverschlechterung, weil hiermit die Ausgegrenzten mit wissenschaftlichem Segen als hoffnungslose Fälle, ja als "geistig tot" erklärt wurden. So konnten sie allmählich als "Untermenschen" gelten.

6. Die Minderwertigen

Wie in dem Jahrzehnt von 1790 bis 1800 in zeitlicher Verdichtung viele Weichen für das folgende Jahrhundert gestellt wurden, so galt dies in noch höherem Maße für das Jahrzehnt von 1890 bis 1900 - gerade auch was den Lebensraum der 10 % Behinderten und anders Benachteiligten angeht. Ende des 19. Jahrhunderts ist das Produktions- und Wirtschaftssystem so kulturprägend geworden, daß nicht nur die marktwirtschaftliche Norm vom "Überleben des Tüchtigsten" in der Gesamtgesellschaft und - imperialistisch - auch im Verhältnis zwischen den Nationalstaaten Geltung gefunden hatte. Vielmehr wirkte das ökonomisch erlaubte Prinzip, dem Menschen weniger Würde, sondern eher - wie Sachen - einen Wert beizumessen, der grundsätzlich positiv oder negativ sein kann, derart ansteckend auch auf das Sozialsystem, daß niemand, kein Bildungsbürger, keine Partei und keine Kirche etwas dabei fand, die 10 % Behinderten oder anders Benachteiligten als "Minderwertige" oder als "Untermenschen" zu bezeichnen. Sprachlich und theoretisch waren sie damit schon jetzt nicht nur der institutionellen, sondern der vollständigen Ausgrenzung aus der menschlichen Gesellschaft ausgesetzt. Die erst 1920 so formulierte "Freigabe der Vernichtung lebensunwerten Lebens"[13] war bewußtseinsmöglich geworden. Mehrere gesellschaftliche Verschiebungen wirkten in diese Richtung gleichsinnig, während natürlich auch vorhandene gegensinnige Tendenzen schwächer ausfielen.

Es breitete sich eine kollektive Angst im herrschenden Bürgertum aus, nicht nur vor der "gelben Gefahr" und dem "Untergang des Abendlandes" sondern vor allem auch vor der erstarkenden Arbeiterklasse und - bisher wenig erforscht - vor den selbstbewußter werdenden Frauen.

Die nicht nur ihres Wertes, sondern auch ihrer Würde bewußter gewordene Arbeiterbewegung war von der bürgerlichen Gesellschaft zur Kenntnis genommen und - als Gegenbewegung - integriert worden, nicht zuletzt durch die Bismarck'sche Sozialgesetzgebung. Um als gleichwertige Klasse neben anderen Klassen anerkannt zu sein und nun nicht mehr (wie bei Bentham) zusammen mit den 10 % Behinderten/Benachteiligten auf derselben untersten Gesellschaftsstufe zu stehen, hatte die Arbeiterschaft einen Preis gezahlt: Sie hatte sich als Beweis ihrer Respektabilität scharf vom "Lumpenproletariat" abgegrenzt. Wer aber war das? Es waren genau dieselben Leistungsschwachen/Behinderten/Benachteiligten, die im 18. Jahrhundert die 10 % würdigen und insbesondere unwürdigen Armen ausgemacht hatten.

Diese blieben nun allein auf der untersten Gesellschaftsstufe, der Untermenschen-Gefahr verschärft ausgesetzt und zugleich der Gefahr, für die wachsende kollektive Angst zur Erklärung beliebiger Mißstände, als Projektionsfläche, als Sündenbock herzuhalten. Ihre Entfremdung innerhalb und außerhalb von Institutionen war soweit fortgeschritten, daß sie verstärkt als befremdlich erschienen, in ihrer Fremdheit gefürchtet wurden, zumal die Kultur der Toleranz gegenüber Gästen und Fremden von den kleiner, psychischer, intimer und um Harmonie besorgter gewordenen

[13] Binding, K. und A. Hoche: Die Freigabe der Vernichtung lebensunwerten Lebens, Leipzig 1920

Familien vollends verlernt worden war. So konnte Fremdenangst jetzt bei Bedarf viel leichter in Fremdenhaß umschlagen, freilich auch den ökonomisch erstmals benötigten größeren Zahlen ausländischer "Fremdarbeiter" sowie den Juden gegenüber (den Zigeunern der oberen Schichten), gegen die sich in den 90er Jahren erstmals der moderne, sozialdarwinistische, "wissenschaftliche" Antisemitismus formierte.

Gerade von den liberal-fortschrittlichen, aufklärungsbewußten Bürgern kam eine weitere Bedrohung, also von denen, deren Kampf um Selbstbestimmung und deren Kraft um 1800 den Urknall und damit die Aufspaltung in das produzierende, das soziale und das psychische System bewirkt hatten. In der Durchsetzung der politischen und ökonomischen Selbstbestimmung des Individuums waren sie erfolgreich gewesen. Jetzt konzentrierten sie sich auf die psychische Selbstbestimmung, macht dies vor allem fest an ihrem Kampf um das Recht auf Selbsttötung, "Das Recht auf den Tod", wie eine programmatische Schrift des Jahres 1895 lautete,[14] ein Recht, das den immer noch reaktionären Kräften von Kirche und Justiz abzutrotzen war. Zugespitzt formuliert: "Erst wenn ich Herr über meinen Tod bin, ist der Beweis dafür erbracht, daß ich Herr über mein Leben bin". In dieser psychologischen Verengung des jedes Gemeinwesen betreffenden Menschheitsproblems der Selbsttötung zieht das Verlangen, mich von meinem eigenen Leiden zu erlösen, zwangsläufig eine zweite Forderung nach sich, die nicht mehr auf tätigem Mit-Leiden, sondern auf rein psychischem Mitleid gegründet ist: "Wenn ich als mündiger Bürger dieses Recht etwa bei Krebs für mich beanspruche, dann müssen diejenigen, die nicht für sich sprechen können, also geistig Behinderte, psychisch Kranke, Altersverwirrte und Bewußtlose, vom Staat dieselbe Gnade zugesprochen bekommen, die sie sicher noch mehr als ich unter ihrer hoffnungslosen und qualvollen Existenz leiden". Da dieses Mitleid in Wirklichkeit Selbstmitleid ist, weil ich das Leiden anderer unerträglich finde, gibt es bis heute zwei Gründe, das Lebensrecht von Behinderten von "Ballastexistenzen" in Frage zu stellen: den ökonomischen Kostengrund und den psychologischen Mitleidsgrund. Seither wird der "Gnadentod" Behinderter oder chronisch Kranker stets in dieser Weise doppelt begründet, ob 1920 bei Binding und Hoche, bei der Euthanasie-Mordaktion der Nazis oder in der heutigen Bioethik-Debatte, wobei freilich heute der psychologische Mitleidsgrund

---

14 Jost, A.: Das Recht auf den Tod, Göttingen 1895

im Vordergrund steht, da der ökonomische Grund als weniger anständig gilt.

Schließlich hat um 1890 herum auch das medizinische Denkmodell sich gleichsinnig weiterentwickelt, damit die von ihm enttäuschten gesellschaftlichen Erwartungen wieder hoffnungsvoll stimmend. Die Mediziner machten sich die Erblichkeitsbefunde der damaligen Zeit zunutze und formulierten als neuen Glaubenssatz: "Geisteskrankheiten sind nicht nur Gehirnkrankheiten, sondern auch Erbkrankheiten". Dieser Satz ist zwar bis heute noch weniger zu beweisen. Da aber die Tragfähigkeit für Unerklärliches inzwischen noch mehr verschwunden war, löste dieser Glaube allenthalben begeisterte Zustimmung aus, zumal er handlungsrelevant war. Denn einerseits galt es jetzt als möglich, nicht nur Ver-rückte im engeren Sinne, sondern alle Leistungsschwachen, die nicht arbeiten konnten oder wollten, als erbkrank einer rationalen Erklärung zuzuführen: Behinderte aller Art, Straftäter, Suchtkranke, "Degenerierte" und "Entartete" (später Neurotiker), also die "minderwertige" Unterschicht der Bevölkerung. Um 1920 herum machten die Mediziner daraus ein "erbgefährliches" Drittel der Bevölkerung und schufen damit das erste Modell für die heute diskutierte "Zweidrittelgesellschaft".[15]

Zum anderen - und das erklärt die Begeisterung - konnten Mediziner auf der Basis dieses Erblichkeitsglaubens nun endlich auch handeln, wenn schon nicht therapeutisch, so doch präventiv, auf die Gesundung des Volkskörpers bezogen: Man konnte erbgefährdete Personen für ihr fortpflanzungsfähiges Alter geschlechtsgetrennt in Anstalten sperren; man konnte sie aber auch eleganter und zunehmend bevorzugt sterilisieren. Die erste eugenische Sterilisation führte 1892 der damals weltweit angesehenste Psychiater und Sozialreformer August Forel aus der friedlichen Schweiz durch. Seine Bücher, die ihm Weltruhm einbrachten, spiegeln die beschriebene Mentalität um 1900 besser als alles andere wider: "Wir bezwecken keineswegs, eine neue menschliche Rasse, einen Übermenschen zu schaffen, sondern nur die defekten Untermenschen allmählich ... durch willkürliche Sterilität der Träger schlechter Keime zu beseitigen, und dafür bessere, sozialere, gesundere und glücklichere Menschen zu einer immer

---

15 Der Kontext dieser Entwicklung in der Zeit zwischen den beiden Weltkriegen ist dargestellt bei H.L. Siemen: Menschen blieben auf der Strecke, Psychiatrie zwischen Reform und Nationalsozialismus, Gütersloh: Jakob van Hoddis 1987.

größeren Vermehrung zu veranlassen".[16] Dieser Satz formuliert den Traum der Aufklärung einer vernünftigen, leidensfreien Gesellschaft aus lauter vernünftigen, leidensfreien Menschen; und zugleich formuliert er das subjektive Selbstverständnis derjenigen Ärzte, Juristen und SS-Funktionäre, die in der NS-Zeit mit den Mord-Euthanasie-Aktionen die Leidenden von ihrem Leiden erlösen und damit die Gesellschaft zur Leistungs- und Glücksmaximierung sanieren wollten. Schon Ende des 18. Jahrhunderts hatten Wissenschaftssystematiker die Medizin zu den "Polizeywissenschaften" gerechnet, da sie für die innere Ordnung und Sicherheit zuständig sei,[17] ein Faktum, das Foucault die europäische Bevölkerungs- und Sozialpolitik ab 1800 als biologische Kriegführung begreifen läßt, wovon der Rassismus nur eine Extremvariante gewesen sei.[18]

7. *Kolonisierung*

Mit diesem Begriff möchte ich die bisherigen Überlegungen kurz zusammenfassen und zugleich in einen größeren Zusammenhang stellen. Unterwirft man die Marktwirtschaft selbst einer Kosten-Nutzen-Rechnung, so steht auf der einen Seite der ungeheure Produktivitätszuwachs, auf dessen Segnungen heute niemand von uns verzichten will. Auf der anderen Seite sind die Kosten und Opfer vielleicht nicht weniger ungeheuerlich: Es lassen sich drei Kolonisierungsprozesse unterscheiden, wodurch in eben diesen drei Richtungen Opfer entstanden mit denen der Produktivitätsgewinn bezahlt wurde: Zunächst handelt es sich um die Kolonisierung der Natur, deren selbstmörderische Ausbeutung ab 1800 ein unvergleichliches Ausmaß angenommen hat. Zum zweiten um die Kolonisierung des nichtindustrialisierten Restes der Welt: Erschließung neuer Arbeitsmärkte, Ausbeutung von Rohstoffquellen sowie entweder Veredelung oder Vernichtung der dortigen Kulturen. Zum dritten - und dies wird bisher regelmäßig unterschlagen - handelt es sich nicht nur um eine äußere Kolonisie-

---

16 Forel, A.: Die sexuelle Frage, München: Reinhard 1913, S. 593

17 Frank, J.P.: System einer vollständigen medicinischen Polizey, Bd. IV, Mannheim 1788

18 Foucauld, M.: Leben machen und sterben lassen, zur Genealogie des Rassismus, in: Lettre International, Frühjahr 1993, S. 62 - 67. Auf diesen Erkenntnissen aufbauend haben G. Aly und S. Heim umfangreiches Material zum Beleg der These zusammengetragen, daß die Nazis die "Endlösung" der Sozialen Frage im Sinne hatten: Vordenker der Vernichtung, Hamburg: Hoffmann und Campe 1991

rung, sondern parallel dazu um eine innere Kolonisierung, um die Kolonienbildung für die marktwirtschaftlich nicht brauchbaren 10 % der Bevölkerung. Dabei war die Funktion dieser inneren Kolonisierung nicht nur das reibungslose Funktionieren des Wirtschaftssystems, sondern auch die Erschließung neuer Absatzmärkte sowie die Alternative der Veredelung oder (sozialen) Vernichtung der dort lebenden "Untermenschen". Die evangelische Kirche kennt daher heute noch den Unterschied zwischen "äußerer Mission" und "innerer Mission". Um für die unzähligen Parallelen zwischen äußerer und innerer Kolonisierung nur ein Beispiel zu geben, sei daran erinnert, daß in der ehemaligen deutschen Kolonie Südwestafrika - heute Namibia - 45.000 Hereros generalstabsmäßig vernichtet wurden, während wenig später im Ersten Weltkrieg in Deutschland 70.000 Insassen psychiatrischer Anstalten zwar noch nicht generalstabsmäßig wie im Zweiten Weltkrieg, durchaus aber bewußt und als Ausgleich für den Tod der vielen erbgesunden Soldaten mittels Steuerung der Ernährung dem Tod überantwortet wurden.

8. Die "Endlösung" der Sozialen Frage

Man erinnere sich an das Zitat von Forel. Daß sich darin wirklich das subjektive Selbstverständnis zumindest der Verantwortlichen für die NS-Mordaktionen gegen Behinderte und andere Leistungsschwache ausdrückt, ergibt sich nicht nur aus der Geschichte der letzten 200 Jahre (die Zeit war reif dafür, daß so etwas in dieser oder ähnlicher Form irgendwo in Europa zwar nicht geschehen mußte, aber konnte).[19] Vielmehr sprechen dafür auch zahllose weitere Quellen, z.B. die Protokolle des Nürnberger Ärzteprozesses, und viele Gespräche, die ich mit direkten oder indirekten Akteuren dieser Vernichtungsaktionen führen konnte, von denen einer mir sagte: "Daß das Mord war, was ich tat, diesen Gedanken konnte ich erst nach 1945 denken und denke ihn seither ständig". Schließlich deckt sich dies auch mit meinem Gefühl für die Mentalität aus der Zeit meiner Kindheit, da ich, 1933 geboren, insofern noch Zeitzeuge bin.

Insofern haben die NS-Verantwortlichen lediglich eine ohnehin vorherrschende gesellschaftliche Stimmungs- und Denktradition aufgegriffen.

---

[19] Erst nach Abschluß dieses Manuskripts las ich Z. Baumann: Dialektik der Ordnung. Die Moderne und der Holocaust, Hamburg: Europäische Verlagsanstalt 1992. Von einem anderen Ansatz aus kommt er zum gleichen Ergebnis.

Sie mußten nur deren radikale Umsetzung hinzufügen, um die immer noch trotz aller Institutionalisierung offene Soziale Frage der "Endlösung" zuzuführen. Sie haben sich etwa folgendes eingeredet: "Wir wollen uns und der Welt beweisen, daß wenn eine Gesellschaft nur ein einziges Mal die unmenschliche Brutalität aufbringt, sich von ihrem gesamten sozialen Ballast zu befreien, diese Gesellschaft zur vollen, von der Aufklärung erträumten Leistungs- und Glücksmaximierung kommt, wirtschaftlich und militärisch unschlagbar ist und zu einer leidensfreien Gemeinschaft aus lauter guten, sozialen und glücklichen Menschen wird. Denn was machen wir anderes, als daß wir uns von allen überkommenen, rational gar nicht begründeten Normen befreien und nur das tun, was langfristig für unsere Gesellschaft vernünftig und rational ist?" Zur Rechtfertigung ihrer Verbrechen vor sich selbst haben sie gelegentlich noch hinzugefügt: "Wir müssen nur deshalb so kriminell handeln, weil wir nicht genug Zeit haben, die Menschen von ihrer falschen Erziehung abzubringen. Wenn sie erst zur vollständigen Rationalität erzogen sind, werden sie freiwillig und von selbst verlangen, daß sie im Falle anhaltenden Leidens, wenn sie nicht mehr leistungs- und glücksfähig sind, von ihrem Leiden erlöst werden."

Einiges an der heutigen Bioethik-Diskussion,[20] was z.B. das Bestreiten des Lebensrechts alter Menschen oder behinderter Neugeborener angeht, läßt vermuten, daß wir in den Jahrzehnten der Nachkriegszeit einiges für die Erziehung im Sinne dieser Rationalität geleistet haben; denn zwar wünschen betroffene Behinderte, kranke oder alte Menschen in aller Regel, ihr Leben zu leben - wie sollte es auch anders sein? Jedoch ist der Druck von Nicht-Behinderten-, Nicht-Alten und Nicht-Kranken auf sie größer geworden, sie möchten doch das Recht haben, sich von ihren Leiden erlösen zu lassen, vermutlich in der stillschweigenden Erwartung, daß ein Recht auch als Pflicht empfunden werden kann. Das Grimmsche Wörterbuch verrät uns: Mitleid wurde früher als Tätigkeitswort gebraucht, mitleiden, ein Leiden tätig begleiten und teilen; im 19. und 20. Jahrhundert wird das Wort zunehmend als Hauptwort benutzt, das den Besitz eines Gefühls anzeigt, das man gegenüber einem anderen Leidenden hat, weil man das Mit-Sein mit ihm nicht ertragen kann, ihn unerträglich findet. Aus

20 Die heutige Bioethik-Diskussion hat sich in wenigen Jahren in zahlreichen Publikationen niedergeschlagen, z.B. J.-C. Student (Hrsg.): Das Recht auf den eigenen Tod, Düsseldorf: Patmos 1993 und T. Bastian (Hrsg.): Denken-Schreiben-Töten, Stuttgart: Hirzel 1990.

Mit-Leiden ist Selbstmitleid geworden, das sich immer aggressiver gegen andere auswirkt, wenn wir nicht höllisch aufpassen: Denn Leiden gilt heute weithin als nicht rational, als unvernünftig, da es dank unserer auch therapeutischen Produktivitätssteigerung grundsätzlich immer bekämpfbar, also überflüssig, daher ohne eigenen Sinn und damit ohne Existenzberechtigung ist; und was für "das" Leiden gilt, gilt auch für "den" (bloß vermutet) Leidenden. Die bloße Existenz der untersten oder letzten 10 % der Bevölkerung ist eine permanente Provokation unseres Glaubens an die Rationalität der Gesellschaft und des Menschen und unseres Strebens nicht mehr nur nach Leistungsmaximierung, sondern auch nach Glücksmaximierung.

Diese Mentalität, dieses Stimmungs- und Kräftegemisch, das die leidensfreie Gesellschaft und damit die "Endlösung" der Sozialen Frage sich zum Projekt macht, ist auch ein Spaltprodukt der Kernspaltung des Urknalls um 1800 und zwar - weil wir uns "natürlich" noch seiner schämen - das heimlichste und am besten tabuisierte Spaltprodukt dieses Prozesses der Moderne. Wir können es und seine Wirksamkeit unsichtbar halten, solange wir die letzten 10 % aus der Geschichtsbetrachtung ausgrenzen. Wir können es sichtbar machen und erkennen, wenn wir, wie hier versucht, diesen Teil jeder Bevölkerung in unsere Geschichtsbetrachtung integrieren. Dann nehmen wir wahr: Nach fast 100-jähriger latenter Vorbereitung wurde das Projekt der leidensfreien Gesellschaft und des leidensfreien Menschen erstmals ab 1890 im Konzept der "Minderwertigen" und der "Untermenschen" öffentlich aussprechbar und als machbar bekannt. Die Nationalsozialisten haben erstmals versucht, es radikal in die Tat umzusetzen. Das nicht nur deutsche, sondern weltweite Erschrecken darüber und damit über uns selbst und unsere Möglichkeiten veranlaßte uns, es für einige Jahrzehnte wieder in die Latenz, in die Heimlichkeit zurückzuverdrängen, Schon es auszusprechen war tabu. Mit Hilfe der Wiederbelebung der utilitaristischen Philosophie des 18. Jahrhunderts, insbesondere in der heutigen Bioethik-Diskussion, also mit dem Renommee der Wissenschaftlichkeit, wurde es jetzt wieder erlaubt, das Tabu zu brechen und zum Gegenstand der öffentlichen Meinung zu machen. Jetzt darf wieder über das Lebensrecht der letzten 10 % diskutiert werden, in den westlichen Gesellschaften seit den 60er und 70er Jahren, in Deutschland - mit schamhaft gebührendem zeitlichen Abstand - ziemlich genau seit 1980. So ist festzuhalten, daß wir heute, in den 1990er Jahren, wieder an der Mentalität und Denktradition von 1890 anknüpfen - etwa an der Forderung nach aktiver Euthanasie für alte Menschen (deren Zahl sich vervierfacht hat), schwerkranker und pflegebedürftiger Menschen (in Holland bereits verwirklicht), der Tötung behinderter Neugeborener, der Embryonenforschung der Gentechnik, der Schwangerschaftsabbruch - Debatte, der eugenischen Sterilisation oder der bioethischen Position, wonach Menschen nur soweit Person sind und damit Würde haben (vgl. die "würdelosen Armen" des 18. Jahrhundert), wie sie Rationalität, nämlich Zeit- und Selbstbewußtsein sowie Kommunikationsfähigkeit besitzen; anderenfalls es erlaubt sei, sie zu töten, nein, sie eher "tot zu machen" (deathmaking), da es sich ja nicht um Personen, sondern eher um Sachen handele.[21]

Zur Frage, was das für die Nachkriegszeit und für uns heute bedeutet, dazu will ich abschließend versuchen, den gerade beschriebenen Trend wieder in eine vollständigere gesamtgeschichtliche Betrachtung zu integrieren.

9. *Entkolonisierung*

Wenn eine Aussage über das Wesen des Menschen zweifelsfrei ist, dann ist es die lapidare Feststellung, daß der Mensch in der Einzahl und in der Mehrzahl existiert, als Individuum und soziale Beziehung, die immer auch zwischen Stärkeren und Schwächeren besteht und in der einer dem anderen Bedeutung zuspricht.[22] Bei der Organisation einer Gesellschaft liegt die Betonung auf dem "und". Beide Seiten des Menschen, die individuelle und die soziale, müssen vorkommen und in einem lebensfähigen Gleichgewicht stehen. Die restlose Auflösung zum einen oder anderen, die "Endlösung", so positiv sie auch gepriesen wird, führt zum Zusammenbruch der gesellschaftlichen Organisation. Diese fundamentale Spannung läßt sich auch an anderen Polaritäten durchspielen, die für unsere Untersuchung bedeutsam sind: der Mensch ist glücksstrebend und leidend, hat Leistungswert und Würde, ist Objekt und Subjekt, selbstbestimmt und haltsuchend, rational und sich transzendierend (von seinem Entwurf in die

---

21 Diesen Aspekt arbeitet am sorgfältigsten heraus der heute vielleicht bekannteste Behinderten-Ethiker W.Wolfensberger: Der neue Genozid an den Alten, Benachteiligten und Behinderten, Gütersloh: Jakob van Hoddis 1991.

22 Heute finden wir das Spannungsverhältnis von Individuum und Gesellschaft, von Individual- und Sozialrationalität am intensivsten diskutiert in der Kontroverse zwischen Liberalismus und Kommunitarismus; hierzu z.B. A. Honneth (Hrsg.): Kommunitarismus, eine Debatte über die moralischen Grundlagen moderner Gesellschaften, Frankfurt A.M.: Campus 1993.

Welt, in den Anderen, in die Zeit sich bestimmend) oder - nach dem Sartre-Zitat - Kieselstein und Ich.

Solange der Haushalt der feudalen Stände-Gesellschaft, die Beziehung von Hausherr und Hausgenossen von der Gegenseitigkeit der Sorge und Pflichterfüllung geprägt war, war er stabil. Als im Laufe des 18. Jahrhunderts das soziale Eingebundensein, die Abhängigkeit als zu drückend empfunden wurde, expandierte das Streben nach Unabhängigkeit, Selbstbestimmung, nach Freiheit des Individuums. Die Haushaltsgesellschaft brach zusammen, und durch das von der Norm des freien Individuums gesteuerte Kräftegemisch aus Aufklärung und Marktwirtschaft entstand im "Urknall-Prozeß" die Marktgesellschaft und daraus als neues Herrschaftssystem die Klassengesellschaft mit ihren "auseinanderfliegenden" Segmenten des Wirtschaftssystems, des Sozialsystems und der Familie. Die hierdurch zwangsläufig entstehende soziale Frage fand ihre Antwort in der Institutionalisierung: Die leistungsfähigen Unterschichtler in die Fabriken, die leistungsunfähigen in die sozialen Institutionen. Die dadurch bedingte Spannung zwischen extremer Selbstbestimmung der herrschenden Bürger und extremer Fremdbestimmung, Entfremdung auf Seiten der Unterschichtler fand über die Klassenkämpfe des 19. Jahrhunderts zu einer partiellen Entspannung durch Integration der Leistungsfähigen als eigene Klasse, als Arbeiterklasse in die bürgerliche Marktgesellschaft des 19. Jahrhunderts. Entsprechend wurde für die allein übriggebliebenen Leistungsschwachen und Störenden der Ausgrenzungs- und Institutionalisierungsdruck noch größer - bis zur vitalen Gefährdung: Um 1900 wurden sie als Minderwertige, Als Untermenschen in ihrer extremen Entfremdung zu nur noch Fremden deklariert, zu inneren Feinden, was schließlich zur Vorbereitung des Versuchs der "Endlösung" der Sozialen Frage durch die Nationalsozialisten führte.

Offensichtlich wurden diese NS-Verbrechen nicht nur in Deutschland, sondern weltweit als letzter Beweis dafür empfunden, daß die Tragfähigkeit der Institutionalisierung als Antwort auf die Soziale Frage ausgedient hatte. Die Arbeiter hatten sich davon emanzipiert, und für die Leistungsschwachen, die letzten 10 %, hatten sich die sozialen Institutionen nicht als ein geeigneter Ort zum Leben erwiesen, eher - über die Entwürdigung und Verwandlung von Menschen in Sachen - als ein Ort zum Sterben. Diese sich in den Jahrzehnten nach 1945 allmählich durchsetzende Einsicht war die Voraussetzung dafür, daß nun auch die verschiedenen Gruppen der letzten 10 % damit beginnen konnten, sich von ihrer Institutionalisierung, ihrer inneren Kolonisierung zu emanzipieren, wie wir gleich noch sehen werden.

Ein ergreifendes Dokument dafür ist die Autobiographie des körperbehinderten Fredi Saal "Warum sollte ich jemand anderes sein wollen?"[23] Erleichternd, vielleicht entscheidend für diesen Prozeß war freilich die Relativierung der Organisationsform der Klassengesellschaft auf dem Wege fortschreitender Durchmischung der Arbeiter- und Bürgermilieus. Spätestens durch die Protestbewegungen der 60er Jahre wurde deutlich, daß neben die traditionelle hierarchische Klassenstruktur das horizontale und pluralistische Nebeneinander unterschiedlicher Milieus trat, statt vom ökonomischen Status mehr von psychophysischen Faktoren wie Lebensalter, Generationszugehörigkeit, Bildung und ästhetischem Stil gesteuert. Symbol dafür: Neben dem Markt für Überlebensgüter trat zunehmend der Erlebnismarkt. Für die Interessenbildung und Sinnfindung der Menschen bedeutete das, daß sie sich nun weniger an den großgesellschaftlichen Polaritäten der Klassenzugehörigkeit, an der ökonomischen und politischen individuellen Selbst- oder Fremdbestimmung orientierten, sondern mehr an ihrer anderen Seite, an der Seite ihrer Sozialität, die seit den 60er Jahren erstmals seit 150 Jahren nicht mehr weiter abgebaut wurde, sondern neue Kultivierungschancen fand etwa in Selbsthilfegruppen oder Szenenbildung, Bürgerinitiativen, Stadtteilzentren und -festen und kommunalen Vereinsaktivitäten ästhetischen und sozialen Inhalts (so auch von den Vertretern des Kommunitarismus diskutiert[24]). Erstmals wuchs wieder die Bereitschaft der Menschen, Interesse weniger an der rationalen Gleichartigkeit, sondern an der bunten Unterschiedlichkeit des kommunalen Milieus zu finden - nicht grenzenlos, aber immerhin. Der Wandel von der Vertikalität

---

23 Saal, F.: Warum sollte ich jemand anderes sein wollen? Erfahrungen eines Behinderten - biographischer Essay, Gütersloh: Jakob van Hoddis 1992. Diese Lebensgeschichte ist eine Sittengeschichte der Bundesrepublik Deutschland - aus dem Blickwinkel eines Behinderten. Saal ist als Kind nur aufgrund glücklicher Umstände der NS-"Euthanasie" entronnen, konnte sich in den 50er Jahren aus eigener Kraft von der Institutionalisierung emanzipieren, gründete Ende der 50er Jahre die erste Behinderten-Selbsthilfegruppe und verhalf der wachsenden Behindertenbewegung durch Vorbild und zahlreiche eigene Veröffentlichungen in den folgenden Jahrzehnten zur öffentlich wirksamen Sprache.

24 Diese Interpretation des gegenwärtigen gesellschaftlichen Entwicklungsstandes gründet auf den Befunden von G.Schulze, a.a.O. und den Gedanken aus A.Honneth, a.a.O.

zur Horizontalität gesellschaftlichen Denkens kommt durch nichts deutlicher zum Ausdruck, als daß seit den 60er Jahren nicht mehr von den "untersten" oder "letzten" 10 %, sondern von den "Randständigen" gesprochen wird.

Ein mächtiger Treibsatz in diesem neuen Kräftegemisch und notwendig zum vollständigen Verstehen dieser komplexen Übergangszeit ist die nun folgende epochale Bewegung: Nach dem nicht nur deutschen, sondern weltweiten Erschrecken über den NS-Genozid an den letzten 10 %, dessen industrielle Massenvernichtungstechnik die Nazis später auf die Ermordung der jüdischen Bürger sowie der Sinti und Roma übertrugen, war die Institutionalisierung als Antwort auf die soziale Frage derart obsolet, daß nun nach 1945 weltweit in allen entsprechend modernisierten Gesellschaften erstmals und systematisch die über 150 Jahre bewährte Strategie der Ausgrenzung und Institutionalisierung durch die entgegengesetzte Strategie der Integration und De-Institutionalisierung ergänzt und zunehmend ersetzt wurde. Das begann in England, den USA, Skandinavien, den Niederlanden in den 50er und 60er Jahren, dann auch in Frankreich und Italien, in Deutschland (wir sind immer noch eine "verspätete Nation",[25] gerade heute wieder erneut) Anfang der 70er Jahre. Dabei kam diese säkulare Bewegung nicht nur von außen. Sie war vielmehr wechselwirksam damit, daß die unterschiedlichen Gruppen der sozialen Frage sich, soweit möglich, zu Selbsthilfegruppen zusammenschlossen und als historisch handelnde Subjekte selbst für ihre Emanzipation kämpften, wie dies ein knappes Jahrhundert zuvor für die Arbeiter galt.

Die Reihenfolge der Gruppen, die emanzipationsbereit waren und für deren kommunale Integration die Menschen die neue komplementäre Tragfähigkeit zeigten war, soweit bisher erforscht, in allen Gesellschaften dieselbe: In der Bundesrepublik wurden zunächst, erleichtert durch die neue Wertschätzung der Jugend, die geschlossenen Heime für dissoziale Jugendliche abgeschafft. Die Körperbehinderten erkämpften sich diejenigen technischen und sozialen Hilfen, die ihnen normales Wohnen und Arbeiten ermöglichten, wodurch die "Krüppelheime" weitgehend überflüssig

[25] Plessner, A.: Die verspätete Nation, Stuttgart 1962. Die Untersuchung steht noch aus, ob auch die heutige Fremden- und Ausländerfeindlichkeit in Deutschland wieder unter dem Paradigma der "verspäteten Generation" gesehen werden kann.

wurden. In den 60er Jahren schlossen sich die Eltern der geistig Behinderten zur bis heute mächtigsten Bürgerinitiative, der "Lebenshilfe", zusammen und ersetzten zunehmend die alten Anstalten durch immer mehr an der Normalität orientierte Wohn- und Arbeitsräume (Werkstatt für Behinderte). Die Strafrechtsreform reagierte auf die Forderungen nach Erweiterung des offenen Strafvollzugs für Straftäter. Zum Schluß kamen diejenigen, die wir heute nicht mehr die Ver-rückten, sondern die psychisch Kranken nennen, obwohl wir ja auch heute noch nicht wissen, was an ihnen wirklich eine "Krankheit" ist. Für sie gilt "Spät kommt ihr..."[26], weil sie wegen ihrer besonderen Verletzbarkeit, Unberechenbarkeit oder Originalität für kommunale Tragfähigkeit immer der Härtetest sind. Deshalb gibt es für sie auch dezidiert des Konzept der "kommunalen Psychiatrie" oder "Gemeindepsychiatrie", das durch kommunale Lebensräume zunehmend Krankenhäuser und Heime ersetzt. Anfang der 80er Jahre schlossen sich die Angehörigen psychisch Kranker zu Selbsthilfevereinen zusammen, Anfang der 90er Jahre die psychisch Kranken selbst, was vor kurzem noch jeder Experte für unmöglich gehalten hätte. Ihr Zusammenschluß heißt - bewußt die alte Ordnung provozierend - "Bundesverband der Psychiatrie-Erfahrenen". Aber es geht noch weiter. Inzwischen gibt es keine chronische Erkrankung mehr, deren Träger sich nicht zu Selbsthilfevereinen zusammengeschlossen hätten. Die internationale Hospiz-Bewegung organisiert inzwischen auch in Deutschland Begleitung beim Sterben auf nachbarschaftlicher Basis, um die Forderung nach aktiver Euthanasie überflüssig zu machen. Und die skandinavischen Staaten verfolgen bereits gesetzgeberisch das Ziel, daß kein auch noch so pflegebedürftiger alter Mensch in einer Institution leben muß.

Diese Integrationsbewegung trägt aber nicht nur zur Veränderung der Ordnung des kommunalen Zusammenlebens der Menschen bei. Sie berührt inzwischen auch schon den Kern der Ordnung der modernen Marktgesellschaft, die Aufspaltung von Wirtschafts- und Sozialsystem. Inzwischen gibt es individuelle und kollektive Zonen der Wiedervereinigung von Wirtschafts- und Sozialsystem. Hierfür steht nicht nur das Schwerbehindertengesetz (vor allem für die Körperbehinderten), sondern auch das System der

---

[26] Das beste und am leichtesten lesbare Dokument der De-Institutionalisierung und Entkolonisierung der chronisch psychisch Kranken, ihrer Befreiung aus den Anstalten und ihrer Rückkehr in die Kommunen ist K. Koenning (Hrsg.): Spät kommt ihr... Gütersloher Wege mit Langzeitpatienten, Gütersloh: Verlag Jakob van Hoddis 1986.

Werkstätten für Behinderte (vor allem für geistig Behinderte) und seit den 80er Jahren das expandierende System der Selbsthilfe- und Zuverdienstfirmen (vor allem für psychisch Kranke), womit manchen Orts (z.B. in Gütersloh) die strukturelle Arbeitslosigkeit für psychisch Kranke auf einer neuen Ebene kompensiert werden kann. Da Veränderungen in der gesellschaftlichen Realität stets auch die zugehörige wissenschaftliche Reflexion beeinflussen, ist von diesen Bewegungen auch ein Druck auf Wiedervereinigung von Wirtschafts- und Sozialwissenschaften im allgemeinen und von Wirtschafts- und Sozialgeschichte im besonderen zu erwarten, deren wissenschaftliche Spaltung auch die bisherige faktische Spaltung zwischen den produzierenden und sozialen Seiten des Handelns der Gesellschaft und des Menschen auf Kosten jeweiliger Vereinseitigungen aufrecht erhalten hatte.

Natürlich können die beschriebenen Bewegungen der Nachkriegszeit nicht darüber hinwegtäuschen, daß die traditionelle Rationalität der an der individuellen Leistungs- und Glücksmaximierung orientierten Marktwirtschaft mit ihrer zugehörigen Tendenz zur Ausgrenzung und Institutionalisierung der Leistungsschwachen und Störenden 10 % weiterhin gesellschaftlich wirksam ist. Aber sie hat nicht mehr das Monopol. Vielmehr steht sie seit Ende des Zweiten Weltkriegs und verstärkt seit Ende der 60er Jahre in einem Spannungsverhältnis zu derjenigen Rationalität, die mehr von der sozialen Seite des Menschen gesteuert wird und in neuen Formen kommunaler Sozialität, im größeren Interesse an der Unterschiedlichkeit von Menschen und in der Wiederannäherung der produzierenden und sozialen Seite menschlichen Handelns wirksam ist. Natürlich wird es auch weiterhin Berichte geben wie den von Wolfensberger: "Der neue Genozid an den Benachteiligten, Alten und Behinderten",[27] in dem er nachzuweisen versucht, daß in den USA jährlich etwa 200.000 Menschen auf indirekte und arbeitsteilige Weise durch die Institutionen des Gesundheits- und Sozialwesens zu Tode kommen. Aber ebenso gilt, daß die kommunalen Lebensräume für die 10 %, die wir heute die Randständigen nennen, sich fortlaufend verbreitern, auch von den immer noch gefährlichereren "Rändern" der Kommune mehr in unsere kommunale Mitte rücken. Künftig werden wir mit und zwischen diesen beiden Rationalitäten leben, deren Spannungsverhältnis - anders als zu Zeiten des Ausgrenzungsmonopols - gesellschaftliche Lebendigkeit garantiert, nämlich politisch-moralische

[27] Wolfensberger, a.a.O.

Wahl- und Entscheidungsmöglichkeiten. Und natürlich fasziniert heute die bioethische Infragestellung des Rechts auf Leben, die von der Rationalität der individuellen Selbstbestimmung gesteuert wird. Aber diese Individualrationalität steht nun im Spannungsverhältnis zur Sozialrationalität. Und da es nur eine gesamtgesellschaftlich wirksame Ethik geben kann, stehen beide Teil-Rationalitäten unter dem Zwang, die beiden Teil-Normen "investieren, wo es sich am meisten lohnt" und "investieren, wo es sich am wenigsten lohnt", zusammenzudenken.

Bedenklich stimmt freilich der Umstand, daß die gewachsene Tragfähigkeit für Fremdes heute ihre Grenze an den Ausländern findet, daß der gegenwärtige Ausländerhaß sich nicht im gleichen Maß auf die Behinderten erstreckt, wie dies in der alt-modernen Gesellschaft zu erwarten gewesen wäre. Sind inzwischen die Behinderten schon - wie früher die Arbeiter - zu integriert, so daß die Ausländer allein bleiben und das immer noch vorhandene Ausgrenzungsbedürfnis allein auszubaden haben? Ist dies nur ein historischer "flash" oder verhärtet sich hier eine neue Untermenschen-Struktur, die dann nur noch in einer Veränderung des globalen Nord-Süd-Gefälles aufzuheben wäre? Wir wissen es nicht und haben umso aufmerksamer zu sein.

Abschließend greife ich noch einmal das Sprachbild der Kolonisierung auf, um meine Überlegungen durch Situierung in den größeren Weltzusammenhang verständlicher zu machen. Es kann kein Zufall sein, daß weltweit erstmals systematisch seit der Zeit nach Ende des Zweiten Weltkriegs in allen drei Richtungen neben der Rationalität der Kolonisierung die Rationalität der Entkolonisierung trat und sie - vielleicht - zunehmend ersetzt. In allen drei Richtungen beobachten wir bei der Bewegung der Entkolonisierung einmal die emanzipatorische Subjektwerdung der Kolonisierten und zum anderen die Ambivalenz von uns Kolonisatoren, die wir zwischen beiden Rationalitäten stehen: In Bezug auf die Natur meldet sich diese unüberhörbar als handelndes, nicht mehr alles schluckendes und uns Menschen notfalls bedrohendes Subjekt, während wir Menschen mit unserem Natur- und Umweltschutz immer noch bestenfalls zwiespältig handeln, was angesichts der langen Laufzeit der Kolonisierung der Natur auch kein Wunder ist. In Bezug auf die äußeren Kolonien beobachten wir einerseits und hauptsächlich den Befreiungskampf der kolonisierten Völker, während wir Kolonisatoren durch unsere Entwicklungshilfe diesen teils fördern, ihn teils aber auch mit neuen subtileren Ausbeutungsmethoden behindern. Und in bezug auf die inneren Kolonien haben wir den Emanzipationskampf der 10 % Kolonisierten und das Spannungsfeld von uns Kolonisatoren zwischen Individual- und Sozialrationalität bereits beschrieben. Das Sprachbild führt mich zu der Vision, es möge auf kommunaler Ebene überall ein Forum geben, auf dem sich regelmäßig alle, die im Naturschutz, in der Entwicklungshilfe und in der Behindertenförderung sich engagieren, treffen und austauschen; denn sie alle können voneinander lernen, da sie historisch dasselbe tun und derselben Entkolonisierungsbewegung angehören.

Meine Analyse der Gegenwart ist freilich nicht als Anlaß zur Euphorie mißzuverstehen. Noch immer haben Ausgrenzung und Kolonisierung die macht-bedingte Wahrscheinlichkeit für sich. Aber der Kampf um Integration und Entkolonisierung hat auch nicht mehr das Monopol aufs Scheitern. Wir haben zumindest die Chance, für die nächste Zeit die Ambivalenz zwischen Individualrationalität und Sozialrationalität offenzuhalten.

Den Schluß überlasse ich einem Betroffenen, dem schon erwähnten körperbehinderten Fredi Saal, der noch in den 50er Jahren in Hannover den ersten Club für körperbehinderte Jugendliche gründete und dem es gegeben ist, meine langatmigen Ausführungen in einem Satz zusammenzufassen: "Als wirklich schwerbehinderter Mensch, der nur mit allergrößten Schwierigkeiten ohne die Hilfe anderer den Alltag überstehen könnte, habe ich das Recht, ja die Pflicht, mich meiner Umwelt zuzumuten. Ich bin ein Teil des Ganzen im menschlichen Kosmos. Ich trage dazu bei, daß niemand vergißt, dieses Ganze zu sehen, wie ich auch von anderen mit ihrer eigenen Individualität darauf gestoßen werde, in ihnen einen Teil des Ganzen zu sehen, ohne den es den Menschen nicht gibt in seiner Totalität."[28]

---

[28] Saal, F., in: K. Dörner: Tödliches Mitleid, a.a.O., S. 113

Psychiatrie als Wissenschaft (1982)

Ein Psychiatrie-Weiterbildungskurs sollte einige Aussagen zur Wissenschaftlichkeit der Psychiatrie vorgeben können. Versucht man es, kommt man in arge Verlegenheit. Auch die Lehrbücher sind dabei keine Stütze. Zwar konnten die älteren Lehrbücher die Psychiatrie noch als Teil der Medizin und damit der Naturwissenschaften bestimmen, doch mogeln sich die gegenwärtigen Lehrbücher - in dieser Bestimmung unsicher geworden, ohne aber etwas anderes an die Stelle setzen zu können - um die Frage nach der Wissenschaftlichkeit der Psychiatrie immer eleganter herum. In der Tat ist die Frage nach dem Gegenstand der Psychiatrie mit "psychische Krankheiten" nicht mehr ausreichend beantwortet. Bestimmt man das psychiatrische Tun - wie früher - als "Diagnostizieren und Therapieren", so ist das zwar nicht falsch, trifft aber nicht mehr den Kern. Vielmehr hat man zunehmend den Eindruck, daß die psychiatrisch Tätigen mit Begriffen und Denkkategorien (z.B. Kausalität bzw. Ätiologie) hantieren, die dem Entwicklungsstand der Wissenschaft des 19. Jahrhunderts entsprechen. Möglicherweise haben sie den Anschluß an den gegenwärtigen Entwicklungsstand der Wissenschaft noch nicht gefunden. Es könnte also sein, daß die Psychiatrie der wissenschaftlichen Entwicklungshilfe bedarf. Um diese Möglichkeit zu prüfen, möchte ich im folgenden zwei Bücher referieren, die sich mit dem heutigen Stand der Wissenschaft beschäftigen. Damit möchte ich zum Nachdenken über die von mir aufgeworfenen Fragen anregen, gelegentlich auch schon mal selbst versuchen, hieraus Honig für die Psychiatrie zu saugen. Es sind dies einmal Ilya Prigogine / Isabelle Stengers: "Dialog mit der Natur", Neue Wege wissenschaftlichen Denkens, Piper Verlag München 1981; zum anderen: Georges Devereux: "Angst und Methode in den Verhaltenswissenschaften", Ullstein-Taschenbuch Frankfurt 1976.

Zunächst zu Prigogine: 1917 in Moskau geboren, Professor für physikalische Chemie in Brüssel, 1977 Nobelpreis für Chemie: Er beschreibt den Wandel des Interesses von der klassischen Naturwissenschaft (Newton) an Substanz, Raum, Kausalität zur gegenwärtigen Naturwissenschaft an Beziehung, Kommunikation, Zeit, Komplexität, Wechselbeziehung zwischen Mensch und Natur; den Wandel vom Monolog zum Dialog mit der Natur. Dabei handelt es sich weniger um einen Wechsel, sondern eher um eine Ausweitung der Aufmerksamkeit, mit der Absicht, heute die Wirklichkeit möglichst vollständig wahrzunehmen. Die klassische Naturwissenschaft kam zu einfachen Gesetzmäßigkeiten nur dadurch, daß sie alles Störende ausklammerte. Das hatte kulturelle und gesamtgesellschaftliche Folgen: "Wenn die Wissenschaft Erfahrungen, die für die Menschen bedeutsam sind und sich mit Begriffen wie Freiheit, Schicksal oder Spontaneität verknüpfen, außer acht läßt, kann es geschehen, daß diese Begriffe dem Bereich des Irrationalen zugeschlagen werden und dann eine furchterregende Macht entfalten ... Wir finden uns (heute dagegen) in einer Welt des Zufalls wieder, einer Welt, in der Reversibilität und Determinismus nur für einfache Grenzfälle gelten, während "Irreversibilität und Unbestimmtheit die Regel sind" (S. 17f). Zu diesen gesellschaftlichen Folgen der Abdrängung ins Irrational-Furchterregende gehört, so meine ich, der historische Prozeß der Ausgrenzung der psychisch Kranken - als bloß kontrollbedürftig - in Irrenanstalten während desselben Zeitraumes. Noch Kant wehrte sich vergeblich dagegen, als er, wie bekannt, die psychischen Störungen als Probleme der Freiheit des Menschen für den Geltungsbereich seiner Philosophie beanspruchte. Wenn wir heute dagegen in einer Welt leben, in der "Irreversibilität und Unbestimmtheit die Regel sind" und damit Freiheit, Schicksal oder Spontaneität nicht mehr ausgrenzen, so spiegelt sich darin exakt der heutige gemeindepsychiatrische Anspruch, wonach psychisch gestörte Menschen genauso zur Gemeinde gehören, wie alle anderen. Während im 19. Jahrhundert das Interesse an Gleichgewichtszuständen vorherrschte, wächst im 20. Jahrhundert das Interesse an gleichgewichtsfernen, das heiß chaotischen, ungeordneten, nichtlinearen, instabilen, schwankenden Zuständen, wo Zufall ebensoviel Bedeutung hat wie Notwendigkeit, und woraus sich neue dissipative Strukturen selbst organisieren. Wenn das 18. Jahrhundert die Natur als Uhr ansah, das 19. Jahrhundert als Motor, dann das 20. Jahrhundert eher als aktiv-erfindungsreiches Kunstwerk (S. 29). Das hier gesagte gilt für alle lebendigen Strukturen, in Sonderheit sicher auch für alle psychisch gestörten Seinsweisen.

Es ist das bleibende Verdienst Newtons (1686), den Dialog mit der Natur überhaupt eröffnet zu haben, allerdings unter den einengenden, freilich damals überhaupt nur möglichen Bedingungen des "experimentellen Dialogs": "Das untersuchte Phänomen muß untersucht und präpariert und isoliert werden, bis es einer idealen Situation nahe kommt, die zwar physikalisch unerreichbar sein mag, aber dem angenommenen begrifflichen

Schema entspricht" (S. 47); die Natur wird "wie in einem Gerichtsverfahren im Namen postulierter Prinzipien einem Kreuzverhör unterzogen" sie wird auf ein "Folterbrett" gespannt; es wird aus der Komplexität der Natur ein Phänomen ausgewählt und "inszeniert". Die Natur wird zwar verstümmelt, aber als unabhängiger Partner grundsätzlich anerkannt. Nur daß sich daraus ein religiös-mythischer Glaube an die Homogenität der Welt entwickelte, an die Rückführbarkeit aller Phänomene auf einfache, kausale, mathematische, universale, ewige Gesetze, wie es Newton vorgemacht zu haben schien, der sein Gravitationsgesetz gleichermaßen auf die Erde wie auf den Kosmos anwenden konnte - freilich auf Kosten der Vollständigkeitswahrnehmung. Es ist gar nicht anders zu erwarten, aber auch leicht nachzuvollziehen, daß mit dem selben Glauben und nach dem selben Strickmuster im Bereich der Unendlichkeit möglicher psychischer Störungen Krankheitseinheiten definiert wurden - durch Isolierung und Präparierung aus dem Gesamtzusammenhang - beschränkt auf die Aufmerksamkeit auf ein betroffenes Individuum, aus dem Gesamtzusammenhang herauspräpariert, abgezogen auf einen normativ vorgegebenen Symptom-Kanon, geleitet von einem linearen Kausalitätsbegriff. Die Komplexität der Welt wird auf verrechenbare Einheiten reduziert. Das Handeln der modernen Menschen hat verrechenbar, berechenbar zu sein. Was dem nicht entspricht, wird als irrational ausgeklammert bzw. in Anstalten kontrollierbar gemacht und dort auf Krankheitseinheiten reduziert und klassifiziert.

In diesem Prozeß der letzten zwei Jahrhunderte, in dem die nach Whitehead nicht reduzierbaren Begriffe der Wechselbeziehung und der Zeit als werdender Zeit eliminiert werden, entfremdet sich der Mensch von der nur noch toten Natur, ersetzt Gott als den Gesetzgeber und macht sich selbst zum Gesetzgeber der Natur, wie Kant dies mit seiner transzendentalen Fragestellung formuliert hat, die man auch als "kopernikanische Wende" bezeichnet hat: "Das Subjekt" dreht sich "nicht länger um seinen Gegenstand, um das Gesetz, von dem es regiert wird ... zu entdecken. Nun steht das Subjekt im Mittelpunkt, es erläßt sein eigenes Gesetz, und die Welt, die es wahrnimmt, spricht in seiner Sprache. ... Die Wissenschaft betreibt nach Kant keinen Dialog mit der Natur, sondern zwingt ihr die eigene Sprache auf." (S. 94) Auf diese Weise läßt sich nur noch ein Teil der toten Natur erkennen bzw. die Natur töten. Die nun nicht mehr gültige Bewegung des Subjekts, das sich um seinen Gegenstand dreht, muß heute von uns erst wieder mühsam gelernt werden, etwa für eine Logik des Umgangs mit Gefühlen, die auf eine nichtlineare Zugangsart, wörtlich auf ein Darum-Herumgehen angewiesen ist. Die Entwicklung der klassischen Naturwissenschaft führt zu den zwei Kulturen im Abendland, wie Prigogine es nennt: Der einen Kultur, die alle Wissenschaftlichkeit für sich beansprucht, steht die andere Kultur gegenüber, die sich mit all dem beschäftigt, was die Wissenschaft ausklammert (Leben, Werden, Freiheit, Geschichte, Ethik usw.), von der Naturwissenschaft als unwissenschaftliche Metaphysik beschimpft, sich ihrerseits wieder zwangsläufig antiwissenschaftlich entwickelnd. Kaum ein Bereich ist aber so rettungslos zwischen die Räder der sich gegenseitig bekämpfenden zwei Kulturen geraten wie die Psychiatrie, da sie beiden Bereichen zugehören muß. Der unsinnige und zumindest im Dritten Reich buchstäblich mörderische Kampf zwischen klassischer Psychiatrie und Psychotherapie/Psychoanalyse läßt sich als besonders folgenschweres Beispiel für den Kampf zwischen den beiden Kulturen beschreiben. Prigogine geht es um die Aufhebung des Kampfes zwischen den zwei Kulturen, der Psychiatrie muß es ebenso darum gehen.

Noch aber sind wir im 19. Jahrhundert, in dem die Wissenschaften vom Feuer, Thermodynamik und Chemie eine immer größere Rolle spielen, über Wärmemaschinen und Verbrennungsmotor die Grundlage der Industrialisierung und damit der Arbeitsgesellschaft legen. Die Erforschung der Energie wird zunehmend interessant, wobei die "Energie" gleich wieder ein neues Denkmodell in die Psychiatrie einbringt, insbesondere seit Griesinger und Freud, leider - wie noch zu sehen sein wird - wiederum einseitig und unvollständig: "Gesellschaft und Mensch wurden nun als energieumwandelnde Motoren aufgefaßt" (S. 119). Entscheidend für die weitere Entwicklung und in gewissem Sinne Grundlage der gegenwärtigen Wissenschaft sind die thermodynamischen Hauptsätze, insbesondere der Satz von der Entropie (Clausius). Dadurch war es möglich, den Unterschied auszudrücken zwischen dem "nützlichen" Energie-Austausch innerhalb des Carnotschen Kreisprozesses und der "dissipierten (= sich zersplitternden), irreversibel vergeudeten Energie" (S. 126). Die Entropie-Erzeugung ist ein Ausdruck irreversibler Änderungen, die sich innerhalb des Systems vollziehen.

Die Entropiezunahme bedeutet eine *spontane Entwicklung* des Systems. Die Entropie wird dadurch zu einem "Indikator der Entwicklung" oder, wie Edington es geschickt ausgedrückt hat, zu einem "Zeitpfeil". "Für alle isolierten Systeme ist die Zukunft die Richtung der zunehmenden

Entropie" (S. 127f). Dies gilt auch für das Universum als das am besten "isolierte" System. Daher die kosmologische Formulierung der beiden Hauptsätze der Thermodynamik durch Clausius: "Die Energie der Welt ist konstant. Die Entropie der Welt strebt einem Maximum zu." Damit ist darüber hinaus anerkannt, daß es komplexe Systeme gibt, die sich aus einer ungeheuren Teilchenzahl zusammensetzen, die nur partiell kontrollierbar sind, schon gar nicht ihre Anfangsbedingungen, die nicht mehr reproduzierbar sind, die über die Entropie im historisch gerichteten Zeitlauf zu spontanen Entwicklungen neigen und die zu allem Überfluß auch noch die Regel sind. Mit diesen Begriffen der Irreversibilität, der Komplexität, der gerichteten Zeit, für welche Vergangenheit und Zukunft nicht mehr dasselbe ist, der nur noch teilweisen Kontrollierbarkeit eines Systems und der spontanen Selbstorganisation war mit einemmal die klassische Naturwissenschaft mit ihrem Universalanspruch in Frage gestellt, zumindest in ihrer Bedeutung eingeschränkt. Dies löste zunächst einen derartigen Schock aus, daß die neuen Erkenntnisse nur unter dem Verlustaspekt (Energieverlust z.B. bei Reibung) wahrgenommen wurden, am besten in dem populär gewordenen Begriff vom "Wärmetod" verdichtet. Dem entsprach der Kulturpessimismus des ausgehenden 19. Jahrhunderts mit seiner Angst vor dem "Untergang des Abendlandes" und seinen Abwehrideologien, von der "gelben Gefahr" über den modernen Antisemitismus, die "Herrschaft der Minderwertigen", den Entartungs- und Degenerationstheorien bis zur Euthanasie für "lebensunwertes Leben" - sämtlich Denk- und Fühlstrebungen, die sich auf den besonders sensiblen Bereich der Psychiatrie ideologisierend und destruktiv auswirkten. Die Angst vor der nunmehr nachweisbaren Unkontrollierbarkeit der Natur, der Gesellschaft und des Menschen wirkte sich darüber hinaus als epochaler Gefühlsgrundton auch dabei aus, als durch Kraepelin u.a. tragischerweise um dieselbe Zeit die Krankheitseinheiten in der noch heute gültigen Form und damit die Psychiatrie als wissenschaftliches Krankheitssystem konzipiert wurden: Alle psychiatrischen Krankheiten wurden als Verläufe mit negativem Ausgang formuliert, besonders wirksam und nachhaltig bei der Dementia praecox bzw. Schizophrenie - nach dem Denkmodell des Wärmetodes - bei allem Richtigen was in diesem begrifflichen System auch enthalten war.

Und doch sind es dieselben neuen Erkenntnisse, die den Weg zu einer humaneren, zumindest auch das Leben und den Menschen einbeziehenden Konzeption der Wissenschaft ebneten. Das Komplexe, das Unkontrollierbare, das Irreversible kann nicht mehr wegrationalisiert oder -reduziert werden. Es wird vielmehr als solches wahr- und ernstgenommen. Daraus entstehen die Wissenschaften vom Komplexen, damit auch vom Leben - von der Biologie bis zur Soziologie. Prigogine beschreibt gleichgewichtsferne Zustände, die die Voraussetzungen für die spontane Entwicklung neuer dissipativer Strukturen im Sinne der Selbstorganisierung der Natur darstellen, über chemische Schwingungen, nichtlineare Oszillationen (z.B. Glykose). Über die Selbstorganisation von Ordnung durch Schwankungen (z.B. der Wandel von einzelligen zu mehrzelligen Gebilden), wobei chemische Uhren oder chemische Wellen Kommunikationsmittel darstellen, und über Verzweigungen von Prozessen, die sich zwischen Zufall und Notwendigkeit zu Enscheidungspunkten, zu einer Wahl führen, was von der *Geschichte* eines Systems abhängt. Die irreversiblen Prozesse sind also nicht nur negativ zu sehen (Energieverlust). Sie sind vielmehr wie alles Negative - seit Hegel - der Motor des Konstruktiven, konstituieren Leben, Geschichte, Werden, für welches Vergangenheit und Zukunft - anders als bei Newton - unterschiedliche Bedeutungen haben. Newton und die klassische Wissenschaft hatten sich ihre Objekte sorgfältig im makroskopisch-mittleren Bereich ausgewählt. Hier gelten unter bestimmten Bedingungen Stabilität und Einfachheit. Sie sind jedoch die Ausnahme, wenn man die Gesamtrealität (den mikrospkopischen und kosmologischen Bereich) betrachtet: "Die Realität ist zu reich und in ihren Umrissen zu komplex, als daß eine einzige Lampe Licht auf sie werfen könnte" (S. 237). Die inzwischen erfolgten Entdeckungen physikalischer Unmöglichkeiten - wie die Relativitätstheoric und die Quantenmechanik, vermittelt über die Heisenbergsche Unschärferelation - sind nur unter dem klassischen Blickwinkel als Schranken anzusehen. Unter dem gegenwärtigen vollständigeren Blickwinkel bedeuten sie, daß unerwartet eine tatsächliche Struktur der Realität entdeckt wurde, bedeuten sie "die Eröffnung neuer Gelegenheiten" (S. 225). Übertragen auf die Psychiatrie: Die psychiatrische Unmöglichkeit, durch die Beschäftigung mit einem Individuum etwas über eine psychiatrische Störung ausmachen zu können, bedeutet nur unter dem Blickwinkel der klassischen Psychiatrie eine Schranke. Unter gemeindepsychiatrischem Blickwinkel bedeutet sie die Eröffnung neuer Gelegenheiten einen Menschen nur in der Wechselbeziehung mit seinen Bezugspartnern, mit seiner "Landschaft" (Kapapa) zu verstehen, gerade weil die Anfangsbedingungen nicht kontrollierbar sind.

In diesem Zusammenhang ist ebenfalls neu zu lernen, daß wir es in der Psychiatrie ebenso wie in der Wissenschaft im allgemeinen nur selten mit einzelnen Punkten, fast immer jedoch mit Gebieten (Systemen, Landschaften) zu tun haben, wofür Wahrscheinlichkeitsrechnung und Statistik nicht fehlerhafte, sondern präzise, angemessene Annäherungsmethoden darstellen: "Während die Entwicklung eines Punktes reversibel und deterministisch ist, ist die Beschreibung eines Gebietes, so klein es auch sein mag, grundsätzlich statistischer Natur ... Die Beschreibung durch Ensembles läßt sich nicht weiter reduzieren. Sie muß im Gegenteil als Ausgangspunkt genommen werden. Statistische Begriffe sind nicht länger nur eine Näherung bezüglich einer "objektiven Wahrheit", sondern das einzige verfügbare theoretische Werkzeug. Gegenüber diesen instabilen Systemen ist der Laplacesche Dämon ebenso machtlos wie wir, und so virtuos er auch rechnen mag, ist er doch einer deterministischen Beschreibung "nicht näher" als wir es sind" (S. 257f). "Dabei ist es faszinierend, daß der Übergang zu Wahrscheinlichkeiten nicht mit einem Verlust an Information verbunden ist. Wir berufen uns zu keiner Zeit auf unsere Unkenntnis oder andere subjektivistische Faktoren. Es ist im Gegenteil die Art der Bewegung, deren chaotischer Charakter, was den Übergang zu einer probabilistischen Beschreibung ermöglicht" (S. 266). Im Gegensatz zur Meinung der Heisenberg-Generation handelt es sich hierbei nicht darum, daß nur aufgrund der menschlichen Unvollkommenheit und der Subjektivität des Wissenschaftlers die Wahrscheinlichkeitsbeschreibung angemessen ist bzw. 2 Messungen (Körper/Welle) nicht gleichzeitig vorgenommen werden können. Vielmehr handelt es sich um den angemessenen Umgang mit der eben derart beschaffenen Realität. Dabei ist zu beachten, daß ebenso wie in der Wissenschaft im allgemeinen auch in der Psychiatrie die verschiedenen Bestandteile bzw. Partner eines Systems gleichzeitig unterschiedliche innere Zeiten haben. Und dies gilt insbesondere auch für den jeweiligen Wissenschaftler oder Beobachter oder psychiatrisch Tätigen, die selbst ein Bestandteil des jeweiligen Systems sind, an ihr partizipieren: "Das Universum ist ein selbstangedrehter Kreislauf. Während es expandiert, abkühlt und sich entwickelt, läßt es Beobachter-Partizipation entstehen. Die Beobachter-Partizipation läßt wiederum das entstehen, was wir 'fühlbare Realität' des Universums nennen." (Zitat von J.A. Wheeler, S. 267).

Noch einmal: Die Wissenschaft liefert uns heute ein Bild von der Natur, das hinreichend komplex ist, daß wir - die wir genauso komplex sind - uns allmählich darin wiederzuerkennen vermögen. "Wir stehen nicht mehr vor der tragischen Wahl zwischen einer entfremdeten Wissenschaft oder einer antiwissenschaftlichen Ideologie" (S. 277). In diesem pluralistischen

Naturbild sind reversible und irreversible Prozesse, sind gleichgewichts- und gleichgewichtsferne Prozesse nicht aufeinander reduzierbar: "So stellt beispielsweise der Ruhezustand eines Axons, das der Weiterleitung eines Nervenimpulses dient, einen Nichtgleichgewichtszustand dar, während die Erregung des Axons zu einer Situation führt, die dem Gleichgewicht näher kommt" (S. 277). Leben ist ein Nichtgleichgewichtszustand zwischen Gleichgewicht und Gleichgewichtsferne, also ein ständig in Schwankung befindlicher Spannungszustand, der durch Selbstorganisation *aktiv* ständig neu seine eigene ökologische Nische schafft, seine Landschaft - dies gegenüber der klassischen und deterministischen Alternative: Vererbung gegen Milieu. Ebenso wie der Mensch sich selbst organisiert, sein Leben gestaltet und grundsätzlich jederzeit neue Richtungsperspektiven aus sich entwickeln kann, so gilt dies auch für die Wissenschaft: "Konvergierende Entwicklungen in der Forschung können die Fachgrenzen durchbrechen und zu neuen Synthesen führen, deren Konsequenzen über den engeren Raum der Wissenschaft weit hinausgehen." (S. 277). Deshalb wendet sich Prigogine auch gegen Thomas Kuhn, der "die positivistische Konzeption der Entwicklung der Wissenschaft bekräftigt hat: Daß die Tendenz zu fortschreitender Spezialisierung und Fächerabgrenzung gehe" (S. 277) - die einzige Bewegung, die von den Vertretern der klassischen Psychiatriekonzeption für die eigene Wissenschaft wahrgenommen werden kann, während die Entwicklung der psychiatrischen Realitätswahrnehmung längst darüber hinaus gegangen ist.

"Der grundlegende Betrachtungswandel der modernen Wissenschaft, der Übergang zum Zeitlichen, zum Mannigfaltigen kann als Umkehrung jener Bewegung aufgefaßt werden, die den Himmel des Aristoteles (= die ewig gültigen Gesetze, K.D.) auf die Erde brachte. Nun bringen wir die Erde zum Himmel. Wir entdecken, angefangen von den Elementarteilchen bis hin zu den kosmologischen Modellen, den Primat von Zeit und Wandel. ... Die von der Natur eingeschlagenen Wege können nicht mit Sicherheit vorausgesagt werden: Der Zufall spielt in ihr eine irreduzible ... Rolle: In einer Natur, die Verzweigungen aufweist, können geringfügige Unterschiede, unbedeutende Schwankungen, sofern sie unter geeigneten Umständen auftreten, sich über das gesamte System ausbreiten, neue Funktionen, ein neues Gesamtverhalten begründen" (S. 281f). Ähnlich haben wir es in der Psychiatrie, so meine ich, mit der auf nichts reduzierbaren Natur des Menschen, mit seinen Entwicklungsmöglichkeiten zu tun - auch wenn jemand schon seit 10 Jahren als "schizophrener Defekt" hinreichend beschrieben zu sein schien. "Das wichtigste Resultat dieser Diskussion besteht darin, daß die Zukunft nicht länger gegeben ist. Sie ist nicht länger in der Gegenwart enthalten. Das bedeutet das Ende des klassischen Ideals der Allwissenheit. ... Die Naturwissenschaften haben sich somit auf der makroskopischen wie auf der mikroskopischen Ebene von einer Konzeption der objektiven Realität befreit, die glaubte, das Neue und das Mannigfaltige im Namen eines unwandelbaren, universellen Gesetzes leugnen zu müssen. Sie haben sich von einer Faszination freigemacht, die uns die Realität als etwas Geschlossenes und die Erkenntnis als etwas Abschließbares erscheinen ließ. Dadurch sind sie offen geworden für das Unerwartete, das sie nicht länger zum Resultat einer unvollkommenen Erkenntnis oder einer unzureichenden Kontrolle (so nach Heisenberg, K.D.) erklären. Sie haben sich dem Dialog mit einer Natur geöffnet, deren Inhalt nicht durch eine alles beherrschende Rationalität erschöpft werden kann" (S. 283f). Diese Öffnung der Wissenschaft ist von S. Moscovici als "Keplersche Wende" bezeichnet worden, im Unterschied zu der "kopernikanischen Wende", bei der die Idee eines absoluten Standpunktes noch aufrecht erhalten blieb. Auf die Psychiatrie übertragen: Der Dialog eines Menschen mit seiner Landschaft ist die Realität, hinter die nicht zurückgegangen werden kann, was offen dafür macht, das Unerwartete nicht länger zum Resultat einer unvollkommenen Erkenntnis oder einer unzureichenden Kontrolle zu machen, wobei die Zeitlichkeit, die Geschichte, das Werden der Landschaft die Grundlage für deren Räumlichkeit und Sprachlichkeit ist. Während Einstein noch 1922 in einer Diskussion mit Henri Bergson dessen Konzept der erlebten Zeit, der Durée ablehnte und kurz vor seinem Tode schrieb: "Für uns gläubige Physiker hat die Scheidung zwischen Vergangenheit, Gegenwart und Zukunft nur die Bedeutung einer wenn auch hartnäckigen Illusion", formuliert Prigogine den heutigen Standpunkt anders: "Dieser Zusammenprall zwischen der Idee einer irreversiblen, in die Zukunft gerichteten Zeit und der 'zeitlosen' Zeit der Physik, der Zusammenprall zwischen Dynamik und Entropie hat ... tiefe Gräben innerhalb der Wissenschaft aufgerissen, hat Wissenschaft und Philosophie voneinander entfremdet und ist einer der Faktoren gewesen, die für das Auftreten der 'zwei Kulturen' verantwortlich waren. Man kann sagen, daß die Physik heute nicht mehr die Zeit und auch nicht ihre Richtung leugnet. Sie erkennt an, daß es die irreversible Zeit der Entwicklung zum Gleichgewicht gibt, die rhythmische Zeit der Strukturen, deren Aktivität von den sie durchfließenden Strömungen genährt wird, die sich verzweigende Zeit der Entwicklung durch Instabilitäten, ja sogar die mikroskopische Zeit... Jedes komplexe Wesen beinhaltet eine Vielfachheit von Zeiten, die alle durch subtile und komplexe Verbindungen miteinander verknüpft sind. Die Entdeckung der Multiplizität der Zeit war keine plötzliche 'Offenbarung'. In Wirklichkeit haben die Wissenschaftler nur aufgehört etwas zu leugnen, was jeder wußte" (S. 286f). Hier zeichnet sich in der Tat die für die Psychiatrie so dringend benötigte Wiedervereinigung der beiden Kulturen, der Wissenschaft und der Philosophie ab - im Sinne einer philosophisch-anthropologisch fundierten Wissenschaft vom Leben und vom Menschen. Insofern war man in der Nazi-Zeit sogar auf dem richtigen Wege, als man versuchte, die Psychiatrie biologisch bzw. anthropologisch zu fundieren - wenn es nur nicht eine zur Abwehr des Kulturpessimismus ideologisierte und schon damals zutiefst unwissenschaftliche Drosophila-Biologie und -Anthropologie gewesen wäre. "Mittlerweile ist diese Wissenschaft jedoch imstande, die Natur, welche sie befragt, zu respektieren. Aus dem Dialog mit der Natur, den die klassische Wissenschaft mit ihrer Auffassung führte, daß die Natur ein Automat sei, ist eine völlig andere Auffassung erwachsen, nach der gerade die Tatsache, daß wir die Natur befragen, zu der ureigensten Aktivität der Natur gehört" (S. 290). Diese Wechselseitigkeit der Respektierung und Befragung ist auch in der Lage, die grundsätzliche Begegnungsstruktur der Psychiatrie zu konstituieren, wie wir dies bei Devereux ausführlicher wiederfinden werden.

"Wie M. Serres gezeigt hat, ist der unendliche Fall ein Modell, nach dem wir uns die Genese der Natur, die Störung vorstellen können, welche die Dinge entstehen läßt. Würde nicht der senkrechte Fall 'ohne Grund' durch das clinamen, die 'kleine Abweichung' (Lukrez, K.D.) gestört, so daß zwischen den monoton fallenden Atomen Begegnungen und sogar Verbindungen gestiftet werden, dann könnte keine Natur erschaffen werden ... Der Physik der universellen Zusammenhänge tritt eine andere Wissenschaft entgegen, die nicht mehr im Namen von Gesetz und Herrschaft die Störung oder die Zufälligkeit bekämpft. Gegen die klassische Wissenschaft, die von Archimedes bis Clausius reicht, tritt die Wissenschaft von den Turbulenzen und den sich verzweigenden Entwicklungen" (S. 291f). Und noch einmal zitiert Prigogine Serres: " Der Mensch ist (in der klassischen Naturwissenschaft, K.D.) für die Welt, für die Dämmerung, für den Himmel, für die Dinge ein Fremder. Er haßt sie, er bekämpft sie. Seine Umwelt ist ein gefährlicher Feind, den er bekämpft, den er in Knechtschaft halten muß ... Epikur und Lukrez leben in einer versöhnten Welt, wo die Wissenschaft von den Dingen und die Wissenschaft vom Menschen in eins fallen. Ich bin eine Störung, ein Strudel in einer turbulenten Natur" (S. 293). Auch dies leitet zu Devereux über: Der Mensch, das Ich ist eine Störung, die den Determinismus des freien Falls verhindert, dadurch konstruktiv ist, sowohl Natur als auch Gesellschaft dadurch erst entstehen läßt. Ähnlich ein Soziologe, H.P. Dreitzel: Das Individuum ist eine Abweichung. Wenn die Psychiatrie diese Erkenntnis, daß das Störende des Menschen nicht zu bekämpfen, sondern primär zu respektieren ist, verstanden hätte und in die Praxis umsetzen könnte, wäre sie auf dem richtigen Wege. Aktivität, Spontaneität, Freiheit ist gleichbedeutend mit störend. Dem entspricht auch, was Karl Popper/John Eccles in "Das Ich und sein Gehirn" (Piper, München 1982) formulieren: "Das Gehirn gehört dem Ich und nicht umgekehrt. Das Ich ist fast immer aktiv. Die Aktivität des Ich ist, wie ich meine, die einzige echte Aktivität, die wir kennen. Das aktive, psychophysische Ich ist der aktive Programmierer des Gehirns (das der Computer ist), es ist der Ausführende, dessen Instrument das Gehirn ist."

Abschließend erinnert Prigogine an den Respekt, den Bauern und Seeleute gegenüber ihrer jeweiligen Landschaft haben, deren natürliche Zeitmaße und eigenständige Wachstumsprozesse der in ihr enthaltenen Dinge und Lebewesen. Genau dies nannten die Griechen "physis": "In diesem Sinne ist unsere Wissenschaft endlich zu einer physikalischen Wissenschaft geworden, denn sie hat endlich eingeräumt, daß die Dinge, und nicht nur die belebten Dinge, autonom sind ... Sobald wir die Natur im Sinne von physis entdecken, wird es uns möglich, auch die Komplexität jener Probleme zu verstehen, mit denen es die Sozialwissenschaften zu tun haben. Soweit wir den "Respekt" erlernt haben, den uns die physikalische Theorie gegenüber der Natur aufnötigt, wird es uns möglich, auch andere geistige Ansätze respektieren zu lernen" (S. 293). Wir psychiatrisch Tätigen mögen das so übersetzen, daß wir es ohne Ausnahme mit Menschen zu tun haben, die - wie alle anderen - im spezifischen Austausch mit den Dingen und Lebewesen ihrer Landschaft ihr Werden und Wachsen selbsttätig organisieren, wobei alle noch so verrückten und schrecklichen Phänomene, die uns begegnen, zunächst mal grundsätzlich im Rahmen dieses Werdens und Wachsens wahrzunehmen und zu respektieren sind, bevor man sie unter eingeschränktem Blickwinkel u.a. *auch* als Defizit, Mangel oder Verlust bestimmen darf.

"Was ist das für eine Welt, die wir wieder zu respektieren gelernt haben? Wir haben nacheinander die klassische Weltauffassung und die sich entwickelnde Welt des 19. Jahrhunderts beschrieben. In beiden Fällen ging es um eine dualistische Welt, in der der Kontrolleur dem Kontrollierten der Herrschende dem Beherrschten gegenüberstand. Gleichgültig, ob man die Natur als eine Uhr oder als einen Motor auffaßte oder ob man in ihr den Gang eines Fortschritts sah, der zu uns hinführt - es ging um eine stabile Realität, deren Existenz man sich vergewissern konnte. Was können wir von der Welt sagen, die den gegenwärtigen Wandel der Wissenschaft hervorgebracht hat? Es handelt sich um eine Welt, die wir als eine natürliche verstehen können, sobald wir verstehen, daß wir ein Teil von ihr sind, eine Welt, aus der sich jedoch die alten Gewißheiten verflüchtigt haben. Nirgendwo - weder in der Musik noch der Malerei der Literatur oder den Sitten - finden wir ein Modell, das für sich allein Legitimität beanspruchen kann. Überall beobachten wir vielfältige Experimente, deren Ergebnis ungewiß ist und von denen einige gelingen, während andere nur von kurzer Dauer sind. Diese Welt, die anscheinend die Sicherheit von stabilen, dauerhaften Normen aufgegeben hat, ist zweifellos eine gefährliche und unsichere Welt. Blinde Zuversicht vermag sie uns nicht einzuflößen, aber vielleicht jenes Gefühl einer gedämpften Hoffnung" (S. 294). Auch unser gemeindepsychiatrisches Konzept kann nur das "Gefühl einer gedämpften Hoffnung" begründen, und auch das nur dann, wenn wir verstehen, daß wir psychiatrisch Tätigen, die Menschen mit psychischen Störungen sowie alle anderen Menschen gleichermaßen Mitglieder, Partner und Gegner innerhalb ein und derselben Natur, Landschaft, Gemeinde sind.

Nun zu Devereux

Der englische Titel seines schon 1966 erschienen Buches gibt das Thema genauer an: "From Anxiety to Method in the Behavioral Sciences". Devereux, selbst kulturell bzw. ethnisch gemischter Herkunft, ist zugleich psychoanalytischer Therapeut und Ethnologe. Der Charme seines Buches besteht darin, daß Devereux eigentlich nur einige Seiten Theorie mit Hilfe von 439 Situationsbeschreibungen aus der Ethnologie und aus der analytischen Psychotherapie durchspielt bzw. für die eigene Praxis anwendbar macht. Daß ich dieses Buch referiere, ist um so wichtiger, als es unbegreiflicherweise auf Deutsch nicht mehr zu haben ist.[1]

---

1 Das Buch ist inzwischen wieder lieferbar: Suhrkamp Taschenbuch Wissenschaft, Frankfurt: Suhrkamp-Verlag

Devereux beginnt mit seiner These: "Mein Buch nimmt seinen Ausgang bei einer der Grundtheoreme Freuds, das im Lichte der Einsteinschen Konzeption vom Ursprung wissenschaftlicher Daten modifiziert wurde. Freud behauptet, die Übertragung sei das elementarste Datum der Psychoanalyse, wenn man sie als eine Forschungsmethode betrachtet. Im Lichte der Einsteinschen Anschauung, daß wir Ergebnisse nur 'am' Betrachter beobachten können - d.h., daß wir lediglich wissen, was an dem experimentellen Apparat, dessen wichtigste Komponente der Beobachter ist, und mit ihm geschieht - bin ich auf dem von Freud gewiesenen Weg einen Schritt weiter gegangen. Ich behaupte, daß das entscheidende Datum jeglicher Verhaltenswissenschaft eher die *Gegenübertragung* denn die Übertragung ist, weil man eine aus der Übertragung ableitende Information gewöhnlich auch noch auf anderen Wegen gewinnen kann, während das für die Information, die aus der Analyse der Gegenübertragung hervorgegangen ist, nicht zutrifft. Diese Spezifizierung hat ihre Gültigkeit, obwohl Übertragung und Gegenübertragung verbundene und gleichermaßen elementare Phänomene sind. Worauf es uns hier ankommt, ist, daß die Analyse der Gegenübertragung, *wissenschaftlich* gesehen, mehr Daten über die Natur des Menschen erbringt.

Die wissenschaftliche Erforschung des Menschen

1. wird durch die angsterregende Überschneidung von Objekt und Beobachter behindert, was
2. eine Analyse von Art und Ort der Trennung zwischen beiden erfordert;
3. muß die wissenschaftliche Erforschung des Menschen die *Unvollständigkeit* der Kommunikation zwischen Objekt und Beobachter auf der Ebene des Bewußtseins kompensieren, muß
4. aber der Versuchung widerstehen, die *Vollständigkeit* der Kommunikation zwischen Objekt und Beobachter auf der Ebene des Unbewußten zu kompensieren, was
5. Angst und infolge dessen Gegenübertragungsreaktionen hervorruft, die
6. wiederum die Wahrnehmung und Deutung von Daten verzerren und
7. Gegenübertragungswiderstände hervorbringen, die sich als Methodologie tarnen und somit weitere Verzerrungen *sui generis* verursachen.
8. Da die Existenz des Beobachters, seine Beobachtungstätigkeit und seine Ängste (sogar im Fall der Selbstbeobachtung) Verzerrungen hervorbringen, die sich sowohl technisch als auch logisch unmöglich ausschließen lassen, muß

9. jede taugliche verhaltenswissenschaftliche Methodologie diese Störungen als die signifikantesten und charakteristischsten Daten der Verhaltenswissenschaft behandeln und
10. sich die aller Beobachter inhärente Subjektivität als den Königsweg zu einer eher authentischen als fiktiven Objektivität dienstbar machen, die
11. eher anhand des real Möglichen zu definieren ist, als anhand dessen, was 'sein sollte'.
12. Ignoriert man diese 'Störungen' oder wehrt sie durch als Methodologie getarnte Gegenübertragunswiderstände ab, so werden sie zu einer Quelle unkontrollierter und unkontrollierbarer Irrtümer, obwohl sie, wenn man sie
13. als elementare und charakteristische Daten der Verhaltenswissenschaft behandelt, gültiger und der Einsicht förderlicher sind als irgendeine Art von Datum.

Kurz, verhaltenswissenschaftliche Daten erregen Ängste, die durch eine von der Gegenübertragung inspirierte Pseudomethodologie abgewehrt werden. Dieses Manöver ist für nahezu alle Mängel der Verhaltenswissenschaft verantwortlich." (Bl. 17f)

Dies ist schon der gesamte theoretische Inhalt des Buches. Mir geht es im folgenden nur noch um die Verdeutlichung einiger Schritte der Argumentation, die ich für die Psychiatrie für besonders wichtig halte. In der Tat löst jede Begegnung mit einem "Anderen" (Ding, Tier, Mensch) in mir Angst aus, da es in Bezug auf diese Begegnung mir unbekannt, fremd ist. Während ich persönlich und wissenschaftlich erzogen bin, diese Angst als subjektiv verzerrend auszublenden, ist die Angst in Wirklichkeit mein wichtigstes Signalsystem, Sinnesorgan, um mir den oder das Unbekannte bekannter zu machen. Es ist der Sinn der Angst, mir mitzuteilen, was der Andere in mir auslöst. Damit bettet Devereux die natürlich auch richtige Subjekt-Objekt-Begegnung der Psychoanalyse bzw. der klassischen Psychiatrie in eine umfassendere und grundlegendere Subjekt-Begegnung ein. Alles, was im psychiatrischen Tun dem Anspruch der Wissenschaftlichkeit genügen will, hat davon auszugehen. Es geht also beim Umgang mit einem Problem darum, "daß man die jeweils größte Komplexität frontal angeht, indem man die äußerst praktische Anweisung befolgt, die Schwierigkeiten *an sich* als fundamentales Datum zu behandeln, dem man nicht ausweichen, sondern das man, soweit irgend möglich, auswerten soll, und das man nicht erklären, sondern als Erklärung für *scheinbar* einfachere Daten benutzen soll" (S. 18). Jede wissenschaftliche bzw. therapeutische Begegnung hat zu zwei Aussagen zu kommen: Einmal "Und dies nehme ich wahr" und später zum anderen "Dies bedeutet daß...", was eine stets subjektive Entscheidung (Definition von Konsequenzen und Abschätzung ihrer Wahrscheinlichkeit) darstellt, egal, wieviel objektive Filter (Tests, Laboruntersuchungen usw.) ich dazwischenschiebe, da dies nur leicht den Ort der Trennung zwischen mir und dem Anderen, zwischen Beobachter und Objekt verrückt. Denn "Man entwickelt keine vernünftige Wissenschaft, solange man deren fundamentalste und charakteristischste Daten ignoriert, die auf ganz spezifische Weise die *bezeichnenden* Schwierigkeiten dieser Wissenschaft sind. Der Verhaltensforscher kann die Interaktion zwischen Objekt und Beobachter nicht in der Hoffnung ignorieren, sie werde sich schon allmählich verflüchtigen, wenn er nur lange genug so täte, als existiere sie nicht. Wenn man sich weigert, diese Schwierigkeiten schöpferisch auszuwerten, so kann man es nur zu einer Sammlung von bedeutungsloseren, zunehmend segmentären, peripheren und sogar trivialen Daten bringen, die das, was am Organismus lebendig oder am Menschen menschlich ist, fast gänzlich unbeleuchtet zu lassen. Der Wissenschaftler sollte deshalb aufhören, ausschließlich seine Manipulation am Objekt zu betonen, und statt dessen gleichzeitig - und bisweilen ausschließlich - sich selbst als Beobachter zu verstehen suchen" (S. 19). Für den Verstehensprozeß in der Psychiatrie bedeutet das die "Keplersche Wende": Es geht nicht darum, den Anderen zu verstehen, sondern - innerhalb der Begegnung mit dem Anderen - sich selbst zu verstehen und sich für alles Unerwartete offen zu halten, was aus mir dabei auftaucht und mir widerfährt. "In diesem Sinn ist jedes Rattenexperiment auch ein am Beobachter vorgenommenes Experiment. Seine Ängste und Abwehrmanöver können ebenso wie seine Forschungsstrategie und seine Art, Daten wahrzunehmen und Entscheidungen zu treffen (d.h., die Daten zu deuten), auf die Natur des Verhaltens im allgemeinen mehr Licht werfen, als es mittels der Beobachtung von Ratten - oder sogar von anderen menschlichen Wesen - möglich ist" (S. 20). Dazu gehört auch die Klarheit über das eigenen Menschenbild. Devereux: "Jedem Buch über den Menschen liegt eine bestimmte Einschätzung des Menschen zugrunde, zu der man sich offen bekennen sollte. Ich glaube, daß der Mensch nicht vor sich selber gerettet werden muß. Es genügt, wenn er selbst sein kann. Die Welt hat Menschen nötiger als 'Humanisten' ... Platon war Humanist, da er im Namen der Menschheit die Menschheit vor sich selber retten wollte. Jede Unterdrükkungsphilosophie gründet in der platonischen ... Eine authentische Verhaltenswissenschaft wird es dann geben, wenn ihre Vertreter erkannt haben, daß eine realistische Wissenschaft vom Menschen nur von Menschen geschaffen werden kann, die sich ihres eigenen Menschseins vollkommen bewußt sind, was vor allem bedeuten muß, daß dieses Bewußtsein in ihre wissenschaftliche Arbeit eingeht" (S. 21f).

Devereux beschreibt vier Stufen eines auf Begegnung und Interaktion basierenden wissenschaftlichen Vorgehens: 1. "Genaue Untersuchung der komplexen Matrix der Bedeutungen, in die ihre relevanten Daten sämtlich eingebettet sind, sowie Spezifizierung der Mittel, durch die der Forscher zu einer möglichst großen Anzahl dieser Bedeutungen Zugang gewinnen kann." 2. "Die persönliche Verstrickung des Verhaltenswissenschaftlers mit seinem Material und die Realitätsverzerrungen, die diese 'Gegenübertragungs'-Reaktionen nach sich ziehen, zu studieren", da er letzten Endes das Material selbst ist, was unvermeidlich Ängste in ihm auslöst. 3. "Analyse von Ort und Art der Trennung zwischen Objekt und Beobachter". 4. "Der 4. und (vorläufig) letzte Schritt ... besteht darin, die Subjektivität des Beobachters und die Tatsache, daß seine Gegenwart den Verlauf des beobachteten Ereignisses so radikal beeinflußt wie die Messung des Verhaltens eines Elektrons beeinflußt ('stört') zu akzeptieren und auszuwerten ... Glücklicherweise werden die sog. 'Störungen', die durch die Existenz und das Agieren des Beobachters entstehen, wenn sie entsprechend ausgewertet werden, zu Ecksteinen einer wissenschaftlichen Erforschung des Verhaltens und bleiben nicht - wie man gemeinhin glaubt - bedauerliche Malheurs, die man am besten eilends unter den Teppich kehrt" (S. 28f). Auf die Psychiatrie übertragen: Bisher dürfte - bedingt durch die medizinische Einengung der Wahrnehmung - der erste Schritt am häufigsten unzulässig übersprungen sein: "Die komplexe Matrix der Bedeutung", die Beziehung eines Menschen zu seiner Landschaft, zu der der Untersucher selbst gehört, ist der Schlüssel für alles weitere. Darüber hinaus ist für die Psychiatrie von diesem Konzept zu lernen, "Störungen" nicht gleich zu bekämpfen und dies noch als Erfolg auszugeben, sondern zu akzeptieren, zu respektieren, um sie für den Betroffenen auswertbar zu machen. Von einer Wissenschaft, die mit derart komplexen Zusammenhängen zu tun hat, sind im größeren wissenschaftstheoretischen Zusammenhang Rückschlüsse auf die "einfacheren" Wissenschaften erlaubt: "Was sich in methodischer Hinsicht auf eine Wissenschaft anwenden läßt, deren Daten ein komplexes Gewebe von biologischen, psychologischen, ökonomischen, historischen, sozialen und kulturellen Variablen darstellen und deren Bezugsrahmen das Individuum ebenso wie die Gruppe umfasst, ist notwendigerweise auch auf jede segmentäre Verhaltenswissenschaft anwendbar, die als sog. 'Grenzfall' fungiert" (S. 29), wobei Devereux auf J. Meyer verweist, der 1935 die Physik als Grenzfall der Biologie angesehen hat, was bezogen auf den Komplexitätsgrad einer Wissenschaft sicher einiges für sich hat und was vor der Ideologie warnt, daß etwas um so wissenschaftlicher sei, je exakter, quantifizierbarer und mathematischer es sich gibt. Unser psychiatrisches Denken und Tun ist noch voll davon, menschliche Gefühle oder Handlungen entweder auf etwas scheinbar Exaktes oder Einfaches zu reduzieren ("Nichts als Krankheit, ... Stoffwechsel") oder ihm eine solche Sonderstellung einzuräumen, daß es mit der Realität nichts mehr zu tun hat: "Gleichviel, ob diese beiden Manöver, das reduktionistische und das abduktionistische, nun den Organismus zu einem teilweise physikalischen System 'degradieren' oder die Psyche zum 'reinen Geist' erheben - die Folgen bleiben dieselben: das, was erklärt werden soll, wird *weg*erklärt" (S. 36). Prigogines Ansatz - 14 Jahre später geschrieben - geht freilich noch ein Stück weiter, indem er auf die begrenzte Gültigkeit der einfachen und exakten Erklärung auch für die sog. exakten Wissenschaften hinweist.

Wechselbeziehung ist die Basis jedes Umgangs von Lebewesen miteinander: "Das grundlegende Merkmal der Verhaltensforschung ist die aktuelle oder potentielle Reziprozität der Beobachtung zwischen Beobachter und Beobachtetem, die theoretisch eine symmetrische Beziehung konstituiert: der Mensch beobachtet die Ratte, die Ratte aber auch den Menschen. So ist die in einer Richtung geführte Beobachtung in der Verhaltensforschung weitgehend eine konventionelle Fiktion, der mit Hilfe der Versuchsanordnung Genüge getan werden soll. Gegenbeobachtung oder Gegenreaktion sollen dadurch auf ein Minimum beschränkt werden, da die (vermeintlich) 'unerwünschte' Gegenbeobachtung des Experimentators durch das Versuchstier die erwünschten 'objektiven' Resultate 'verhindern' kann" (S. 42). Woran das liegt, erklärt Devereux unter Vorwegnahme von Ciompis "Affektlogik". "Auch das logischste und wissenschaftlichste Gedankensystem hat eine subjektive Bedeutung für das Unbewußte der Person, die es entwickelt oder annimmt. Als Abwehr gegen Angst und Desorientierung entspringt jedes Gedankensystem ... im Unbewußten; es wird zuerst eher auf affektive als auf intellektuelle Weise in der (alogischen) 'Sprache des Unbewußten' (Primärprozeß) formuliert ... Daher gewinnt man aus der Neuformulierung eines Gedankensystems durch einen philosophischen Dichter ausgezeichnete Hinweise auf die originale (affektive) Formulierung des Wissenschaftlers, die dem endgültigen, intellektualisierten System vorausging" (S. 41). Hier möchte ich noch einen Schritt weitergehen: Wenn es uns in der Psychiatrie um eine Logik, um Regeln des Umgangs mit Gefühlen zu gehen hat, gehört die Verwendung eines Bildes für ein Gefühl zu den hier angemessenen, d.h. "exakten" Methoden, weshalb man einen Kernbereich der Psychiatrie durchaus auch zur Literaturwissenschaft rechnen kann. Devereux: "Ich glaube, daß nicht das, was wir wissen, unsere Patienten heilt, sondern das, was wir sind" (S. 43). Wir wollen die Gegenbeobachtung als unwissenschaftlich oder die Therapie "störend" ausblenden, "weil wir uns selber und unseren Reizwert nicht kennen und auch nicht kennenlernen wollen. Anstatt zu lernen, uns selbst zu beobachten und zu verstehen, suchen wir zu verhindern, daß unsere Objekte uns beobachten und entscheidend für ihre Anwendung ist es, daß man diese Techniken nicht aus bloßer Angst vor der Gegenübertragung, aus Angst vor dem Anderen, anwendet und bewußt abschätzen kann, wann und wo durch den Einsatz dieser Techniken der Zugewinn an Selbsterkenntnis und Selbsthilfekompetenz größer als der Verlust ist. Die meisten professionellen Abwehrstrategien sind einfach Variationen der Isolations-Strategie, die angsterregendes Material 'entgiftet', indem sie es verdrängt oder seinen affektiven Inhalt und seine humane wie persönliche Relevanz leugnet" (S. 109). Es gibt aber auch die Angstabwehrmethode der "stellvertretenden Vorerfahrung" wonach man schon im voraus über jede Situation "Bescheid weiß". "Abwehr durch Aktivität", wodurch man Spannung abbaut, statt etwas oder jemanden sein zu lassen, ist in der Psychiatrie und der Medizin insbesondere eine Berufskrankheit von Pflegern und Schwestern. Die Abwehrmethode des "kulturellen und ethischen Relativismus" leugnet die Besonderheit der Beziehung eines Menschen zu seiner Kultur, zu seiner Landschaft oder verneint im Namen der Wissenschaft die Berechtigung ethischer Urteile überhaupt. Man kann aber auch zur "Entgiftung des Materials" einen Menschen komplett durch seinen kulturellen Zusammenhang, seine soziale Schicht, seine Landschaft "erklären" bzw. "weg-erklären", ein fragwürdiges Verdienst soziologischer Positionen. Beliebter in der Psychiatrie - wohl vor allem dank ihrer medizinischen Anteile - ist die atomistische Angstabwehr mit der man so tut, als könne man einen Menschen aus einem Zusammenhang heraus präparieren und dann noch irgend etwas von ihm verstehen. Ähnlich können auch Persönlichkeitstests dazu dienen, einen Menschen zu "sterilisieren". Für die "intellektualistische Angstabwehrmethode" schließlich sind wir wieder alle anfällig: Man mache eine richtige Aussage oder Theorie über die weniger angstmachenden Anteile eines Menschen oder einer Situation, steige dann auf eine andere

Ebene, auf der man diese Aussage bzw. Theorie systematisch verallgemeinere, um sie dann als vollständig anzugeben: "Worauf es hier ankommt, ist daß die (korrekte) partielle Theorie dann zu dem Zweck mißbraucht wird, die Formulierung einer wirklich vollständigen Theorie zu verhindern" (S. 119). Zusammenfassend meint Devereux zum richtigen und falschen Gebrauch von Methoden und Techniken: "Es ist legitim, daß der Wissenschaftler, der mit angsterregendem Material umgeht, nach Mitteln sucht, die seine Angst so weit reduzieren, daß er seine Arbeit effektiv durchführen kann, und so kommt es, daß ein Vorgehen, das die Angst am tiefsten und am dauerhaftesten reduziert, gute Methodologie ist. Sie entleert die Realität nicht ihres angsterregenden Inhalts, sondern 'zähmt' ihn, indem sie beweist, daß auch er vom bewußten Ich verstanden und bearbeitet werden kann. Zudem reduziert sie über die Einsicht die Angst selbst auf ein wissenschaftlich nützliches Datum. So verbürgt eine gute Methodologie in der Verhaltenswissenschaft ebenso wie in der Psychotherapie, daß Freuds Forderung 'Wo Es war, soll Ich werden' Genüge getan wird. Begriffene Angst ist eine Quelle der Gelassenheit und der Kreativität und damit auch guter Wissenschaft. Leider läßt sich auch die beste Methodologie, unbewußt und mißbräuchlich, in erster Linie als Beruhigungsmittel, als angstbetäubendes Manöver verwenden, und in dem Falle produziert sie wissenschaftliche 'Resultate', die nach Leichenhaus riechen und für die lebendige Realität nahezu irrelevant sind. Es kommt folglich nicht auf die Frage an, ob man die Methodologie *auch* als angstminderndes Verfahren nutzt, entscheidend ist vielmehr, ob man es auf *bewußte*, sublimatorische oder nur auf unbewußte, defensive Weise tut" (S. 124).

So gestört das Handeln eines psychiatrischen Patienten im Zusammenhang mit den Bezugspartner seiner Landschaft auch sein mag, die Begegnung mit einem psychiatrisch Tätigen bedeutet eine neuerliche, künstlich gesetzte, zusätzliche Störung, eine Störung der Störung, aber auch aller anderen Handlungsanteile des bisherigen Gleichgewichtes. Sie bedarf daher keiner Entschuldigung, sondern bedeutet eine Chance, allerdings nur, wenn der psychiatrisch Tätige sich zu ihr bekennt und sie nutzt: "Bei Auslösesituationen ebenso wie bei der Untersuchung der durch Beobachter und Beobachtung verursachten Störungen ist die imaginative Auswertung der Verzerrungen, denen unsere auslösenden Methoden unsere Daten unterwerfen, der Königsweg zur Objektivität. Eben weil die Realität erst einfach wird, wenn man ihre offensichtliche Komplexität akzeptiert hat, läßt die Wahrheit sich nur finden, indem man die Existenz von Komplexitäten und Schwierigkeiten als grundlegende und hervorstechendste Daten der Wissenschaft berücksichtigt" (S. 299). Ebenso darauf baut z.B. Watzlawick sein therapeutisches Handeln auf, indem er Symptome gestörter Menschen zunächst einmal als Problemlösungsversuche respektiert und seinerseits Störungen herstellt, die den Problemlösungsversuch des Patienten erfolgreicher werden lassen (vgl. sein Buch "Lösungen"). Devereux: "Statt die Störung, die durch unsere Anwesenheit im Feld oder im Laboratorium entsteht, zu beklagen und die Objektivität von Verhaltensbeobachtungen in Frage zu stellen, sollten wir das Problem konstruktiv zu lösen und herauszufinden suchen, welche positiven Erkenntnisse - die sich auf anderem Wege nicht erhalten lassen - wir von der Tatsache ableiten können, daß die Gegenwart eines Beobachters (der dieselbe Größenordnung hat, wie das, was er beobachtet) das beobachtete Ereignis stört" (S. 304). Es versteht sich, das die Begegnung mit einem psychiatrisch Tätigen nicht nur für den Patienten, sondern auch für seine Angehörigen eine künstlich gesetzte zusätzliche Störung bedeutet und nur, wenn man sich dazu bekennt, eine Chance darstellt, daß der Sinn der ursprünglichen Störung für alle Beteiligten deutlicher wird und deren Problemlösungskompetenz wieder instand setzen kann.

Auch wenn wir jetzt wissen, daß die Grundgegebenheit nicht in einer Subjekt-Objekt-Beobachtung liegt, sondern in der Selbst- und Fremd-Beobachtung zweier oder mehrerer Subjekte, also in der "Analyse einer Interaktion", kommt es darauf an, "mit spezifizierbaren Mitteln eine Trennung zwischen beiden vorzunehmen" (S. 309). "Sobald der Physiker Phänomene am Beobachter zu untersuchen begann, und auch die Bedeutung der Störungen erfaßte, die sein Apparat (= der Akt der Beobachtung) bei quantenmechanischen Experimenten produziert, wurde die Bestimmung des Ortes der Trennung zwischen Objekt und Beobachter in methodologischer Hinsicht zu einer Frage von überragender Bedeutung" (S. 315).

Niels Bohr zeigte, daß es bei der Untersuchung eines Gegenstandes mit einem Stock zu unterschiedlichen Wahrnehmungen führt, ob man den Stock fest oder locker im Griff hat. Ähnlich wie die Physiker gelernt haben, daß die Beobachtungen "in ihnen" wichtiger sind als die Beobachtungen "draußen", daß sie also die von ihnen gesetzte Störung in sich hinein lassen und in sich selbst die Trennung ziehen, so hat es dem psychiatrisch Tätigen zu gehen: "Er erlaubt seinen Patienten, ihn zu erreichen - und in ihn hineinzureichen. Er duldet, daß in ihm selbst eine Störung hervorgerufen wird und untersucht diese Störung sogar sorgfältiger als die Äußerungen seines Patienten. Er versteht seinen Patienten psychoanalytisch nur insoweit, als er die Störungen versteht, die sein Patient in ihm auslöst. Er sagt: 'Und dies nehme ich wahr', nur im Hinblick auf dieses Echo 'in ihm selbst'. Diese Entdeckung ist epistemologisch ausschlaggebend. Die Störung findet 'innerhalb' des Beobachters statt, und gerade diese Störung wird dann als der wirkliche Reiz erfahren und als relevantes Datum behandelt. Es ist logisch zulässig zu sagen, daß es diese - und nur diese - Störung sei, auf die der Beobachter reagiert, wenn er sagt: 'Und dies nehme ich wahr'. Außerdem findet die Störung an dem Punkt statt, an dem es keine 'dort draußen'-Erklärungen mehr gibt" (Bl. 335f).

Ob ich als psychiatrisch Tätiger also die Störung / Trennung durch einen Patienten oder Angehörigen "dort draußen" oder "in mir" verorte, entscheidet darüber, ob er mein Feind ist oder mein Gegner im Rahmen einer Begegnung: "Sinnvoll ist allein der Vorschlag, die Trennung zwischen Beobachter und Beobachtetem als den Ort einer Störung zu erkennen und die Störung als den Ort der Trennung ... Alle nachfolgenden Grunddefinitionen sind operational: 1. zu jedem gegebenen Augenblick kann man zumindest einen Punkt/Augenblick bestimmen, wo eine Störung auftritt; 2. diese Störung ruft die 'Und dies nehme ich wahr'-Reaktion hervor; 3. diese Störung (und deren Produkte) schaffen (= sind) eine Grenze und bestimmen (= sind) deren Ort; 4. diese Störung, ihre Produkte und ihre Grenze könnte man als das Ich ... etikettieren ... Das Einzige, was man auf operationale Weise nicht über das Ich aussagen kann, ist, daß es Grenzen *hat*; da es selbst als Grenze definiert ist, kann es nicht gleichzeitig auch noch eine Grenze *haben*, und vor allem nicht eine Grenze, die 'durchbrochen' werden kann ... Stricto sensu kann die Grenze nicht 'beweglich' sein, da sie ununterbrochen de novo geschaffen wird; die Trennung befindet sich dort, wo zu irgendeinem gegebenen Zeitpunkt eine Störung stattfindet. Gibt es keine Störung, so 'gibt' es auch keine Trennung ... In diesem Bezugsrahmen ist Leben ein Zustand der Materie, in dem sich selbst erweiternde, Trennung produzierende Störungen auftreten können" (S. 354 ff). Ähnlich wie Prigogine sieht Devereux das Ich als den Ort solcher Störungen, Trennungen, Grenzen, Abgrenzungen, die begegnungs-, beziehungs-, lebensförderlich sind, eben weil sie im jeweiligen Ich ihren Ort haben, nicht außerhalb desselben. Dieses Konzept Devereuxs erlaubt es, psychiatrisches Tun wissenschaftlich zu fassen, die Störungen eines Menschen, einer Familie, einer Landschaft als sinnvoll zu akzeptieren und zu beschreiben und der Begegnung zwischen psychiatrisch Tätigen, Patient und Angehörigen eine Zielrichtung vorzugeben, die darin besteht, die Störung durch eine künstlich gesetzte zusätzliche Störung zu stören und zunächst einmal ersatzweise handelnd ein Modell dafür zu geben, daß der Ort der Störung und damit der Trennung und Grenze zwischen Menschen wieder in die jeweiligen Ichs zu verlagern ist. Dabei hat der psychiatrisch Tätige eine Vorleistung zu machen, indem er die Trennung produzierende Störung in sein eigenes Ich hineinläßt, wodurch er - wenn er Glück hat - die Spannung einer wirklichen Begegnung wieder herstellen kann. Dadurch daß in der Begegnung mit den Angehörigen des Patienten genauso zu verfahren ist, wächst die Chance, daß der Sinn der ursprünglichen Störung der gesamten Familie oder Landschaft sich entfalten kann. Alle Betroffenen können ihr Ich wieder als Ort der Störung, Trennung und Grenze zur Verfügung stellen, so daß sie sich wieder gegenseitig als Partner oder Gegner einer lebendigen Begegnung akzeptieren können, statt sich als Feinde gegenseitig abzuwehren und zu bekämpfen, nachdem man sich zuvor allzu rückhaltlos geliebt hat.

Abschließend bleibt festzustellen, daß es lediglich mein Anliegen war, zum Nachdenken über die Wissenschaftlichkeit der Psychiatrie anzuregen, nicht, schon fertige Formulierungen vorzulegen. Immerhin, so scheint es mir, besteht eine gedämpfte Hoffnung dafür, das psychiatrische Denken und Handeln in einen Gesamtzusammenhang von Wissenschaftlichkeit hineinzustellen, in dem sowohl kosmische Prozesse als auch Elementarteilchen etwas zu tun haben mit der Natur, der Landschaft, der Gemeinde, der Familie, dem Ich des Menschen und in eins damit mit seinen fundamentalen und geschichtlichen Störungs- und Begegnungsmöglichkeiten. Soll die Psychiatrie als Wissenschaft vom Menschen für Menschen formulierbar und dadurch praktisch werden, bedarf sie eines so weiten Erfahrungs- und Begriffsrahmens, daß die verharschten Alternativen von Wissenschaft und Philosophie, Naturwissenschaft und Geisteswissenschaft überflüssig werden, damit sie sich innerhalb der Wissenschaften vom Leben bzw. der Wissenschaften vom Menschen konstituieren kann, wobei gerade das gemeindepsychiatrische Konzept zudem ökologische Anleihen notwendig macht.

NS-Euthanasie: Zur Normalisierung des therapeutischen Tötens (1984)

Meine Aufgabe im Rahmen dieser Fortbildungstagung ist die Auseinandersetzung mit der Frage: Wie war es möglich, daß einem psychiatrisch Tätigen unter den Bedingungen der Nazizeit - dadurch daß er dachte und tat, was üblich war - die Beteiligung am Töten von Menschen zum Bestandteil seiner Alltagsarbeit, normal wurde? Den Begriff des "therapeutischen Tötens" übernehme ich von dem amerikanischen Historiker Jay Lifton[1], der auf der Basis zahlreicher Interviews mit Ärzten aus der Nazizeit nachwies, daß damals die Herstellung einer heilen Gesellschaft als medizinische Behandlung der weniger wertvollen Bevölkerungsteile - von den Asozialen über die psychisch Kranken bis hin zu den Juden - aufgefaßt und durchgeführt wurde, wobei bei Mißerfolg auch Tötung als für alle segensreich, also als Euthanasie, Konsequenz des Behandlungsplanes war. Lifton zieht daraus drei Schlußfolgerungen:

1. Die Grenze zwischen Heilen und Töten ist brüchiger, als wir glauben.
2. Die heilenden Berufe sind abhängig vom jeweils herrschenden Fortschrittsglauben zur Erneuerung einer Gesellschaft, brauchen zumindest Fragmente davon zur Rechtfertigung ihres Tuns, indem sie sie als wissenschaftlich erwiesen bezeichnen.
3. Der idealistische Glaube, für "mehr Leben" Opfer in Kauf zu nehmen, Herr über Leben und Tod zu sein, eine Gesellschaft biokratisch zu verbessern, macht Ärzte zu allen Zeiten machtgefährdet, auch gemeingefährlich, zumal sie damit immer auch gesellschaftlichen Bedürfnissen entsprechen, - wie in jüngster Zeit das Verlangen Hackethals nach aktiver Sterbehilfe zeigt.

Lifton aktualisiert damit die Warnung Hufelands von 1806, der vom Arzt sagt: "Er soll und darf nichts anderes tun als Leben erhalten, ob es ein Glück oder Unglück sei, ob es Wert habe oder nicht, dies geht ihn nichts an. Und maßt er sich einmal an, diese Rücksicht in sein Geschäft mit aufzunehmen, so sind die Folgen unabsehbar, und der Arzt wird der gefährlichste Mann im Staate. Denn ist einmal die Linie überschritten, glaubt

---

1 Lifton, R.J.: Medical Killing in Auschwitz, Psychiatry 45, H. 2, 1982

sich der Arzt einmal berechtigt, über die Notwendigkeit eines Lebens zu entscheiden, so braucht es nur stufenweise, um den Unwert und folglich die Unnötigkeit eines Menschenlebens auf andere Fälle anzuwenden."[2]

Für meine Darstellung habe ich folgende Methode gewählt: Ich berichte Ihnen vom Denken und Handeln eines durchschnittlichen Psychiaters vom Jahrgang 1900, der in einer durchschnittlichen Heil- und Pflegeanstalt von den 20er bis in die 60er Jahre dieses Jahrhunderts tätig war. Wohlgemerkt, diesen Psychiater - ich nenne ihn Dr. O. - hat es nie gegeben. Es ist meine Erfindung, meine Ver-dichtung vieler wahrer und gut belegter Einzelheiten. Ich habe ihn und seine Mentalität konstruiert aus den Ergebnissen zahlreicher Interviews, Biographien, Studien von Personal- und Prozeßakten.

Damit Sie aber diese meine "empirische Dichtung" selbst hinterfragen können, muß ich Ihnen auch etwas von mir erzählen. Ich bin vom Jahrgang 1933 und habe noch nach 1945 glühend an die Heilung der Welt und den Fortschritt im Umgang mit Menschen durch den Nationalsozialismus geglaubt. Als ich im Radio von den Todesurteilen in den Nürnberger Kriegsverbrecherprozessen hörte, habe ich über den Tod der Helden meiner Kindheit geweint. Ab Ende der 50er Jahre erwartete ich Fortschritte im Umgang mit Menschen, wenn schon nicht vom Sozialismus, so doch vom Marxismus. Erst die wilden Jahre von 1968/69 haben mir allmählich die Augen dafür geöffnet, daß weder die rechten noch die linken angeblich wissenschaftlich fundierten Ideale des 19. Jahrhunderts für unsere Orientierung im 20. Jahrhundert noch etwas taugen und daß wir für die für uns nötigen Orientierungswerte unabhängig davon und neu suchen müssen. Und dennoch - als ich 1972 den plötzlichen Tod meines Vaters betrauerte, erschien dieser mir im Traum mehrfach in der freundlich-väterlichen Gestalt Adolf Hitlers. Es ist daher kein Zufall, daß ich meinen Dr. O. im Jahre 1900 geboren sein lasse, dem Geburtsjahr meines eigenen Vaters. Wenn ich mich also seit 20 Jahren mit der Euthanasie im Dritten Reich auseinandersetze, dann ist das auch eine Auseinandersetzung mit meinen Vätern. Nun bin ich 50 Jahre, also in einem Alter, wo es einem ansteht, mit seinem Vater einen kritischen Frieden zu schließen. Wenn ich also im folgenden aufzeige, wie ein durchschnittlicher Psychiater vom Jahrgang 1900 für ihn

---

2 Hufeland, C.W.: Die Verhältnisse des Arztes, in: Hufelands Journal 23, H. 3, S. 5-36, 1906

unmerklich sich in das therapeutische Töten seiner eigenen Langzeit-Patienten verstrickt, so kann meine Darstellung durchaus zu verstehend sein, was nicht mit Verzeihen zu verwechseln ist. Ich muß daher insbesondere die jüngeren Zuhörer bitten: Halten Sie sich in Ihrem Urteil unabhängig von meinem Bericht, bedenken Sie meine eigenen Verstrickungen, nehmen Sie eher auch mich als Zeitzeugen und meine Typisierung als historisches Dokument.

Doktor O. wuchs in einem liberalen Elternhaus auf. Der Vater war Ingenieur. Man glaubte zu Hause an den technischen und wissenschaftlichen Fortschritt zugunsten der eigenen Nation und der Menschheit und an den unterschiedlichen Wert von Nationen und Menschen. Sein Vater engagierte sich in der liberalen Bewegung für das Recht auf den eigenen Tod. Von Kaiser Wilhelm II. ist ihm ein Wort in Erinnerung: "Wer sich zur Arbeit nicht eignet, der scheide aus, und wenn er will, suche er sich ein besseres Land."[3] Zielstrebiges Handeln würde durch Industrialisierung und immer neue wissenschaftliche Erkenntnisse nicht nur nationale Größe, sondern auch Reichtum und Gesundheit für die meisten Menschen grenzenlos wachsen lassen. Der Erste Weltkrieg, an dem Dr. O. noch ein halbes Jahr teilnahm, war nur vorübergehend ein Schock; denn Schuld an dem ungünstigen Ausgang war ja der Neid der Westmächte sowie die neue bolschewistische Gefahr. Beides erklärte auch hinreichend die soziale Gleichmacherei und die wirtschaftliche Misere der Weimarer Republikzeit. Er hatte sich fürs Medizinstudium entschieden, denn Rudolf Virchow und Robert Koch waren seine Vorbilder als Besieger von Krankheiten und Kämpfer für die Gesundheit und Stärke der Menschen und des Volkes. Im Praktikum merkte er, daß er auf Distanz zu Patienten achten muß, um sich vor Angst, Ekel und vor allem Mitleid nicht wegschwemmen zu lassen. Psychiatrie hörte er bei einem Kraepelin-Schüler. Es werden schizophrene Fälle demonstriert, deren Verblödungsprozeß unrettbar fortschreitet und ihm leuchtet der Appell an die soziale Verantwortung des Arztes ein, der im Interesse des Volkes darauf zu achten hat, daß von Schizophrenie befallene Familien sich nicht fortpflanzen sollten. Am liebsten diskutiert er in Studentenzirkeln die Gefahr der Auszehrung der Leistungsfähigkeit der Gesellschaft durch Erbkrankheiten, eine Gefahr, die durch übertriebene Sozialfürsorge des Weimarer Systems noch künstlich verstärkt wird. Es ist nun mal wissenschaftlich erwiesen, daß der biologi-

---

3 Reden Kaiser Wilhelm des II., München: Rogner und Bernhard 1976

sche Wert der meisten Menschen pädagogisch, sozial und medizinisch sich steigern läßt, während die Minderwertigen sich nicht steigern lassen können oder wollen. Was sollen wir mit diesen machen? Diese Frage blieb offen. Seinem Interesse entsprechend sucht er sich als Doktorarbeit eine Untersuchung über die Auswirkungen der Tuberkulose auf den Leistungswert von Unterschichtfamilien. Nach dem Staatsexamen wäre er gern an der Universität geblieben, um über die Prävention bei inneren Krankheiten wissenschaftlich zu arbeiten. Es fehlt ihm jedoch das Geld. Daher muß er 1925 statt dessen eine wenigstens bezahlte Stelle in einer Heil- und Pflegeanstalt in der Provinz annehmen. Die Betreuung der überwiegend unheilbaren, untätigen und daher wertlosen Patienten bedrückt ihn. Sie befriedigt weder sein ärztliches Therapiebedürfnis noch seinen idealistischen Drang, etwas für die Gesellschaft zu tun. Ein Trost ist ihm um 1930 die Lektüre von Hermann Simons Buch, dessen auf menschliche Schwächen keine Rücksicht nehmender Appell zur totalen Betätigung aller Patienten bei sparsamster Mittelbewirtschaftung ihm aus dem Herzen spricht. Er kann sich mit diesen neuen Vorstellungen aber gegen seinen Chef nicht durchsetzen, der die traditionelle Bettenbehandlung bevorzugt. Er würde zwar nie wagen, ihn offen zu kritisieren, mokiert sich aber heimlich über dessen "Humanitätsduselei".

Auf den Stau seines aktiveren Heilbedürfnisses wirkt die Machtergreifung der Nationalsozialisten von 1933 wie eine Erlösung. Er kennt nur solche Leute, die - wie er - aufatmen. Endlich hat das deutsche Volk wieder eine Perspektive, für die zu arbeiten es sich lohnt. Sein Helferdrang kann sich jetzt voll entfalten. Mit einem Mal steht der Wert des Arztes, der Medizin, der Biologie im gesellschaftlichen Mittelpunkt. Wie 45 % seiner Kollegen tritt er begeistert in die NSDAP ein. Unter Hinweis auf seine erbbiologische Doktorarbeit bekommt Doktor O. alsbald eine Oberarztstelle in einer anderen Heil- und Pflegeanstalt. Hier kann er endlich wirken, kommt sich als heilender Arzt vor. Der reformerische Dammbruch zum Fortschritt im Umgang mit Menschen ist so gewaltig, daß sich in seine Begeisterung weder in ihm noch außer ihm Zweifel mischen können. Die Zwangssterilisierung macht endlich den Weg frei für präventive ärztliche Tätigkeit mit dem greifbaren Endziel der Abschaffung der Minderwertigen und der Herstellung der seelischen Gesundheit des Volkes. Die Zustimmung ist so allgemein und so überwältigend, liegt auch so sehr auf seiner Linie, daß Doktor O. nicht die geringste Chance hat, wahrzunehmen, daß er damit schon die Grenze zur Zustimmung zu einem Mordgesetz überschritten hat, was die Rechtlosigkeit der Opfer, die häufigen Todesfälle, die Auslöschung von Familien und die späteren Schwangerschaftsunterbrechungen angeht. Und fragt ihn seine Frau (angesichts des besseren Gehalts hat er inzwischen die Eheschließung riskiert) abends doch einmal, wohin das alles gehen solle, dann erklärt er ihr, daß zur Erreichung des Fortschrittsideals einer leidensfreien Gesellschaft wertvoller Menschen die gegenwärtig lebenden Menschen gut und gern ein paar Opfer bringen können. In diesem Rahmen kann er sich auch dazu bekennen, daß seine ärztliche Diagnostik den sozialen Wert oder Unwert eines Menschen festlegt, also zur "Wertbestimmung" wird, um ein Wort des Schöpfers der kinderpsychiatrischen Fach- und Tötungsabteilungen, Prof. Dr. Heinze[4] zu benutzen, während Therapie für ihn Wertsteigerung ist. Denn Doktor O. erlebt es jetzt täglich: Arbeitskraft ist wieder gefragt und zwar mehr als je zuvor. Dafür lohnt es sich jetzt, schärfer zu unterscheiden zwischen steigerungsfähigen Patienten und "unnützen Essern", zwischen akut und chronisch Kranken, zwischen Heilbaren und Unheilbaren. Für beide Gruppen entwickelt Doktor O. Behandlungskonzepte: Für die Heilbaren die Simon'sche Arbeitstherapie mit ihrer psychotherapeutisch-pädagogischen Führung, dazu im Laufe der 30er Jahre die Insulin- und Cardiazolschocktherapie; für die Unheilbaren zwar auch Arbeitstherapie, entscheidender jedoch die präventive Maßnahme der Sterilisierung, die damit zugleich rehabilitativ ihre Entlassung erlaubt (viele Bürger lehnen dies als zu liberal und fortschrittlich ab, haben Angst vor den jetzt wieder frei herumlaufenden Irren). Aus diesem Ansatz macht Doktor O. auch ein ambulantes System: Zur erbbiologischen Versorgung aktiviert er die Außenfürsorge zu so etwas, was wir heute flächendeckende sozialpsychiatrische Betreuung nennen würden, ermöglicht den Ärzten dadurch ambulantes Arbeiten; denn die neue nationalsozialistische Medizin soll ganzheitlich sein, alle Aspekte - auch die sozialen - des menschlichen Lebens umfassen: das ist der Sinn von "biologisch".

Da er in der Zwischenzeit auch zahlreiche erbbiologische Fortbildungsvorträge gehalten hat, bleibt es nicht aus, daß er 1938 vom Träger zum Direktor seiner alten Anstalt ernannt wird. Als sein ehemaliger Chef ihm bei der Einführung vorsichtig zur Behutsamkeit rät, geht er nachsichtig darüber hinweg, kann ihn aber nicht verstehen, hält ihn für senil. Nun

4 Heinze, nach E. Klee: "Euthanasie" im NS-Staat, Frankfurt; Fischer 1983, S. 380

kann er seine neuen Impulse auch an der alten Wirkungsstätte voll zur Entfaltung bringen. Die Arbeit macht ihm Freude. Er hadert nicht mehr mit seinem Schicksal, daß er die internistische Universitätskarriere nicht hat einschlagen dürfen. Denn für ihn ist nun auch die Psychiatrie umfassend eine medizinisch heilende Wissenschaft und Praxis geworden. Daher spricht ihm auch Carl Schneiders Buch über die "Behandlung und Verhütung der Geisteskrankheiten"[5] von 1939 aus der Seele. Denn hier wird die positivistische Zerlegung des Lebens in Einzelvorgänge gegeißelt, Krankes nur als Teil der gesamten Lebensvorgänge gesehen und Psychiatrie "gesamtbiologisch" als Integration psychologischer, sozialer, neurologischer und internistischer Ansätze und damit als vornehmste Form der biologischen Wissenschaft interpretiert. Psychiatrisches Heilen sei daher ganzheitliche, "aktiv biologische Behandlung", wobei durch Arbeitstherapie, psychologische Führung, Schocktherapie, Hormontherapie und Diät eine "biologische Gesamtbeanspruchung" des zu heilenden Patienten herzustellen sei. Das Heilen des Einzelnen und das Heilen des Volkes sei eine Einheit, weshalb Doktor O. auch die Verknappung der Mittel für die Psychiatrie während der 30er Jahre ausdrücklich begrüßt, weil jetzt immerhin noch die Mehrzahl der Patienten aus minderwertigen Unheilbaren besteht. Da diese aber dank der Zwangssterilisation in absehbarer Zeit verschwunden sein würden, würde auch die psychiatrische Anstalt der Zukunft nur noch ein nach exakt naturwissenschaftlichen Prinzipien heilendes Krankenhaus sein.

Am 1. September 1939 bricht der Krieg aus. Doktor O. weiß, daß nun auch für ihn an der Heimatfront härtere Arbeitsbedingungen gelten werden. Es ist ein Krieg gegen die äußeren und die inneren Feinde. Doktor O. ist bereit. Flüchtig erinnert er sich, daß während des Ersten Weltkrieges ungefähr 100.000 psychiatrische Patienten am Hunger gestorben sind. Aber vielleicht mußte das im Krieg schon aus eugenischen Gründen so sein. Polenfeldzugteilnehmer erzählen ihm, daß schon ab Ende September 1939 systematisch psychiatrische Patienten polnischer Anstalten erschossen werden, und zwar ohne große Geheimhaltung. Teils mag er es nicht glauben, teils sagt er sich, daß die Polen auch nicht die hochwertigsten Menschen sind und er mit ihnen nichts zu tun hat. Außerdem berührt es ihn mehr, daß mehrere Ärzte und Pfleger eingezogen werden, was die Arbeit

---

[5] Schneider, C.: Behandlung und Verhütung der Geisteskrankheiten, Berlin; Springer 1939

spürbar erschwert. Im November 1939 muß er in vier Wochen das Krankengebäude räumen, da dort ein Lazarett eingerichtet werden soll. Manövriermasse dafür sind natürlich nur die weniger wertvollen Unheilbaren. Er legt so lange Stationen zusammen, bis die chronischen Patienten zu zweit oder zu dritt übereinanderliegen. Er registriert zwar das Stöhnen der Mitarbeiter, die dort tätig sind, daß solche zusammengeballten Massen von Menschen jetzt noch wertloser seien, hat aber nicht den Abstand, um wahrzunehmen, daß es diese Maßnahme ist, wodurch er selbst die Entwertung der chronisch Kranken steigert. Ihm wird nur bewußt, daß der Raummangel ihm seine heilenden Aktivitäten erschwert.

Im Juli 1940 kommen die Meldebögen aus Berlin. Die Fragen verraten Doktor O., daß man sich im Reichsinnenministerium vor allem für die Verwertbarkeit der Patienten interessiert: Heilbarkeit, Arbeitsfähigkeit, Angehörigenkontakte, Verdienste im Ersten Weltkrieg. Ihm fällt auf, daß für die hochgeschraubten Leistungsnormen der neuen Volkswirtschaft "mechanische" Tätigkeit als wertlos gilt, die in Simons Arbeitstherapie einem Patienten noch soziale Anerkennung und Existenzberechtigung eingetragen hätte. Wertvoll ist jetzt nur noch "produktive" Tätigkeit, nur solche macht "schaffendes Leben" aus. Während er sich über den Sinn der Meldebögen noch unschlüssig ist, hört er, daß ein Arzt aus Bethel empfohlen habe, die Bögen nicht auszufüllen, da sie zum Abtransport und vielleicht zur Tötung der unheilbaren Patienten dienen sollten. Er ist zutiefst getroffen, kann die Möglichkeit nicht mehr leugnen. Die Vorstellung, daß ein Teil seiner chronisch Kranken getötet werden sollte, war ihm genauso ungeheuerlich wie die Vorstellung, eine ministerielle Anordnung nicht zu befolgen. Er fühlte sich wie gelähmt. Seine vorgesetzte Behörde beruhigt ihn. Er läßt nicht locker und wendet sich an den Regierungspräsidenten. Auch hier Beruhigung, es habe alles seine Ordnung, mögliche Evakuierungen seien kriegsbedingt, außerdem habe er nur Vorteile davon, wenn seine überfüllte Anstalt von einigen Hundert chronisch Kranken geräumt werde. Das war nur zu wahr, wie er sich eingestehen muß: Er hätte dann endlich wieder den Raum, um seine heilbaren Patienten therapieren zu können. Er gibt nach und gehorcht. Seine Lähmung verhindert eindeutigere Widerstandsschritte - wie bei den Kollegen, mit denen er sich berät. Was besagte die Lähmung? Er tat etwas, was er nicht wollte, aber nicht stark genug nicht wollte. Ohne religiöse Bindung war seine Wertorientierung zu schwach. Denn es war ja nach wie vor seine wissenschaftlich gesicherte Grundüberzeugung, daß der Wert der Menschen unterschiedlich ist, daß

Minderwertigkeit zu beseitigen ist, daß der schizophrene Endzustand geistig tot und wertloser ist als der heilbare Patient. Dem entsprach die gesamte Organisation seiner Anstalt. Und bei diesem politisch und wissenschaftlich herrschen Menschen- und Weltbild, zu dem er sich gern und besten Gewissens bekannte, konnte er sich jetzt zwar sagen: "Aussterbenlassen durch Sterilisierung: ja, Töten: nein". Aber dies "Nein" mußte schwach ausfallen, da es sich nur quantitativ gegen eine übertrieben harte Maßnahme richtete, keine Grundsatz-Stütze in seinem Menschenbild fand, für das das Töten zwar hart war, aber konsequent auf der Linie lag. Kam hinzu, daß Doktor O. die Euthanasie als Erlösung von einem unheilbaren und wertlosen Leiden zwar verwarf, aber als möglichen Segen für alle Beteiligten doch schon gelegentlich erwogen hatte, daß er außerstande war, sich Vorgesetzten offen zu widersetzen und daß das bloße Ausfüllen der Meldebögen kaum als Beteiligung am Töten zu werten sei. Bei alledem konnte Doktor O. sich zwar extrem unwohl, aber doch eben nicht schuldig fühlen. Der Widerwille gegen B war zwar groß, doch nicht groß genug, um A in Zweifel zu ziehen. Oft handelte es sich daher um Y oder Z, so daß das ganze schon gesprochene Alphabet anzuzweifeln gewesen wäre? - Er war schon zu viele kleinere Schritte auf einem gefährlichen und falschen Weg gegangen. - Er hielt, einmal zur Geheimhaltung verpflichtet, seine drei Ärzte, die ihm für 1.400 Patienten noch geblieben waren, zum Ausfüllen der Meldebögen an. Eine Diskussion mit den Ärzten darüber lehnte er ab: Er hatte Angst, sie nicht auszuhalten, seine mühsam aufrechterhaltene Fassung zu verlieren. In den nächsten Monaten fiel ihm auf, daß er einigen seiner Privatpatienten abriet, sich stationär aufnehmen zu lassen, die ambulante Behandlung für ausreichend hielt. Im September 1940 kam die Anordnung, die jüdischen Patienten in eine andere Anstalt zu verlegen, von wo sie in eine östliche Anstalt weitergeleitet werden sollten. Obwohl dies der erste befürchtete Transport war, berührte er ihn wenig. War es bereits Gewöhnung oder Ausblendung? Er hatte für die antisemitischen Parolen der Nationalsozialisten wenig übrig. Er hatte aber auch für Juden wenig übrig. Aussonderungsmaßnahmen gegen Juden waren schon lange üblich, sie gingen ihn wenig an.

Viel mehr bewegte es ihn, als ein Studienfreund, jetzt Direktor einer benachbarten Anstalt, ihm unter dem Siegel der Verschwiegenheit erzählte, daß er aufgrund seiner bekannten erbbiologischen Gesinnung von Berlin aus mit der Begutachtung der Meldebögen aus dem Reich beauftragt sei, über Leben und Tod der Patienten zu entscheiden habe. Rechtsgrundlage sei ein Geheimerlaß Hitlers, was rechtlich aufgrund des herrschenden Führerprinzips als "besonderes Gewaltverhältnis" in Ordnung sei. Als Doktor O. empört dennoch Zweifel an der Rechtmäßigkeit äußerte und befürchtete, damit werde das Vertrauen der Bevölkerung in die Psychiatrie untergraben, womit auch der erbbiologische Auftrag der Psychiatrie gefährdet sei, zur Gesundung des deutschen Volkes beizutragen, beruhigte ihn sein Freund und erzählte, daß ihm bereits ein Euthanasie-Gesetzentwurf zur Stellungnahme zugeleitet worden sei. Er las ihm auch die ersten beiden Paragraphen des "Gesetzes über die Sterbehilfe bei unheilbaren Kranken"[6] vor. Der § 1 sollte ungefähr so lauten: "Wer an einer unheilbaren, sich oder andere stark belästigenden oder sicher zum Tode führenden Krankheit leidet, kann auf sein ausdrückliches Verlangen mit Genehmigung eines besonders ermächtigten Arztes Sterbehilfe durch einen Arzt erhalten." Doktor O. fand, daß dies ein echter Fortschritt im Umgang mit Menschen sei, erinnerte sich daran, daß sein Vater vor 40 Jahren dafür schon gekämpft hatte. Der Wortlaut des § 2: "Das Leben eines Kranken, der infolge unheilbarer Geisteskrankheit sonst lebenslänglicher Verwahrung bedürfen würde, kann durch ärztliche Maßnahmen, unmerklich für ihn, beendet werden." Das lehnte Doktor O. ab, diesen Fortschritt konnte er nicht mehr mitvollziehen, obwohl die Beteuerung seines Freundes ihn doch beeindruckte, daß die bekanntesten deutschen Psychiatrie-Professoren sich sowohl an der Begutachtung als auch an dem Gesetzentwurf beteiligten. Auch Heydrich, der Chef der Sicherheitspolizei, sei an dem Euthanasiegesetz beteiligt und wünsche seine Verknüpfung mit dem ebenfalls in Arbeit befindlichen "Gemeinschaftsfremdengesetz", das über Pädagogik, Zwangsarbeit und medizinische Sonderbehandlung die Endlösung des Problems der Asozialen und der "sozialen Frage" überhaupt beabsichtige. Mit diesen beiden Gesetzen könnten die Fortschrittsträume ihrer gemeinsamen Jugend von einer Gesellschaft ohne psychisches und soziales Leiden endlich Wirklichkeit werden. Daß all diese Maßnahmen gesetzlich geregelt werden sollten, beruhigte Doktor O., die ihm berichteten Vorhaben verstärkten gleichwohl seine Lähmung - und zwar so sehr, daß er dieses Gespräch vom Oktober 1940 geradezu verdrängte und die ihm verbleibende Zeit nicht mal zur Rettung einzelner, ihm nahestehender Patienten nutzte.

6 Aus der Zeitschrift: Recht und Psychiatrie, Rehburg: Psychiatrie-Verlag, Jg. 2, H. 1, 1984, S. 47

Ab Februar 1941 kamen dann Schlag auf Schlag die Transportlisten. Eine Kommission seiner Behörde schärfte ihm strengste Geheimhaltung und peinlichste Einhaltung der Termine für die Vorbereitung der Patienten zum Abtransport ein. Angst, Empörung, Ohnmacht und Gehorsam, versetzt auch mit ein bißchen widerwilliger Zustimmung, mischten sich in ihm so, daß er nicht mehr denken, sondern nur noch funktionieren konnte. Er ordnete die Fernhaltung der Angehörigen von den Patienten bis zum Transporttermin an und lehnte weiterhin die Diskussion mit seinen Ärzten ab, obwohl es klar war, daß diese inzwischen auch die Wahrheit ahnten. Als er den ersten Transport verabschiedete, liefen ihm die Tränen über das Gesicht, wie überlebende Patienten noch nach dem Krieg berichteten. Waren das die unbeabsichtigten Folgen seiner stets guten Absichten? Der Arzt und die Pfleger, die den ersten Transport begleiteten, erfuhren nun vom Personal der Ziel-Anstalt die volle Wahrheit über die Mordaktion. Wieder zu Hause, berichtete der Arzt seinen Kollegen und die Pfleger ihren Kollegen. Die Empörung war fast einhellig, man überlegte, was man tun könne, aber es war bei der straff hierarchischen Struktur der Anstalt undenkbar, daß Ärzte und Pfleger gemeinsam darüber gesprochen hätten oder sich zur Abstimmung ihrer Hilfsversuche zusammengesetzt hätten. Die sozialen Schranken waren auch jetzt zu mächtig, um gemeinsames Handeln zu ermöglichen. Beide Seiten stellten sich gegenseitig unwissend. Doktor O. beobachtete auch Unterschiede zwischen den Ärzten. Während zwei Ärzte gemeinsam mit dem Anstaltspastor sich bemühten, Diagnosen zu fälschen, Krankengeschichten umzuschreiben, Angehörige zum Abholen von Patienten zu motivieren und Patienten von den Listen zu streichen, bekannte sich der dritte Arzt, der auch die erbbiologische Kartei führte, offen zum Euthanasiegedanken, hielt die möglichst schonende Tötung eines unheilbaren Patienten für eine Erlösung für alle Beteiligten, berief sich dabei auch auf manche Äußerungen von Patienten oder Angehörigen, verwies auf das hohe Ziel, das die Opfer rechtfertige, und tat mit Eifer seine Pflicht. Doktor O. erkannte in ihm seinen eigenen früheren Fortschrittsglauben und therapeutischen Idealismus, die er jetzt weder befolgen noch aufgeben konnte. Er blieb gelähmt und konnte sich auf keine der beiden Seiten festlegen, war mehr oder weniger untätig.

Mitte 1941 hörten die Transporte auf, der Alltag ging weiter, man war mehr für die Lebenden als für die Toten verantwortlich und Doktor O. erinnerte sich immer an den Seufzer seines vorgesetzten Dezernenten aus der Zeit der Transporte: "Das ist nur eine Modekrankheit, die geht auch mal vorbei." Merkwürdigerweise konnte er sich damit selbst Trost zusprechen. War das nicht wirklich so? Sollten die Anstalten nicht mit Hilfe dieser Aktion von dem Ballast der Unheilbaren befreit werden, um damit endlich ihr Reformziel erreichen zu können, zu Krankenhäusern für Heilbare zu werden? Würde es nicht so sein, daß aufgrund der sich ständig verbessernden Heilungserfolge nur noch einzelne Menschen unheilbar würden, so daß die Euthanasie, der Gnadentod nach dem Krieg nur nach gesetzlicher Vorschrift und unter strenger wissenschaftlicher Absicherung in seltenen Einzelfällen nötig sein würde? Müßten in diesem Krieg nicht genauso wie die äußeren Feinde, so auch die inneren Feinde, also die minderwertigen Bevölkerungsgruppen, bekämpft und vernichtet werden, wofür die biologisch gewordene medizinische Wissenschaft zuständig war, um eine heile und leidenslose Gesellschaft zu erreichen? War er nicht nur zu kleinmütig und bürgerlich, während sein jüngerer Kollege die nationalsozialistischen Ideale besser verstanden hatte? Vieles sprach dafür. Dasselbe Ministerium, das ihm die Transportlisten geschickt hatte, rüstete seine Anstalt mit den ersten Elektroschockgeräten aus, mit denen jetzt auch er die sagenhaften, schlagartigen Heilungserfolge erzielen konnte, was den Ruf der Anstalt erheblich verbesserte. Mit Hilfe der freigewordenen Stationen konnte er seine Anstaltsreform vorwärtstreiben, darüber hinaus sogar den Antrag auf Angliederung einer internistischen und chirurgischen Abteilung stellen, mit dem Ziel der Umbenennung seiner Anstalt in ein allgemeines Krankenhaus. Er erreichte trotz des Krieges die Kooperation mit einer Universitätsklinik mit regelmäßigen wissenschaftlichen Vorträgen. Sollte er nicht andere Anstalten beneiden, die eine kinder- und jugendpsychiatrische Fachabteilung bekommen hatten? Ihm imponierte bei Besuchen deren unglaubliche wissenschaftliche Sorgfalt, mit der behinderte Kinder untersucht und behandelt wurden und nur bei gesicherter Aussichtslosigkeit der Heilungsbemühungen sanft von ihrem Leiden erlöst wurden. Im Hinblick auf die Zeit nach dem Krieg und um den Anschluß an den Fortschritt zu halten, wurde ihm von seinem Dezernenten die Einrichtung der Stelle eines Pathologen und eine kleine Leichenverbrennungsanlage angeboten. Im Rahmen dieser größeren Perspektive und weil die Bombardierung und das Sterben immer gewöhnlicher geworden waren, fand man die zweite Welle der Patientenevakuierungen, dieses Mal in östliche Anstalten, 1943 schon fast normal, fand weniger dabei, daß jetzt über die Angst vor der Tötung nicht nur von seiten des Personals, sondern auch von seiten der Patienten öffentlich gesprochen wurde. In diesem Rahmen wurde es auch als fast natürlich empfunden, daß bei den herabgesetzten Rationen für nichtarbeitende Patienten die Sterbefälle sich häuften. Dagegen lehnte Doktor O. es ab, einzelnen Patienten durch eine Spritze beim Sterben zu helfen, obwohl er wegen solcher Inhumanität von einer Kommission des Ministeriums gerügt wurde. All das tat Doktor O. nur halbherzig. Er machte mit, was allgemein üblich war. Das Nachdenken hatte er sich abgewöhnt. Zu sehr hatte es ihn getroffen und gebrochen, daß sein psychiatrisch-wissenschaftliches Menschenbild, sein Fortschrittsglaube, sein Reformeifer, sein therapeutischer Idealismus zu unbeabsichtigten Folgen geführt hatten, deren Opfer er dadurch geworden war, daß er gegen seine Überzeugung sich zur Hilfestellung bei der Tötung seiner eigenen Patienten hatte zwingen lassen. Er wagte nicht mal, sich diesen Zusammenhang klarzumachen. Nur einmal wurde diese Situation für ihn blitzartig deutlich: 1943 schrieb ihm ein Soldat von der Ostfront: "Wenn meine seit Jahren in Ihrer Anstalt befindliche Mutter nach dem Krieg nicht mehr lebt, mache ich Sie, Herr Direktor, persönlich dafür haftbar." Die Mutter lebte nach dem Krieg.

Und dann kam die Kapitulation. Mit einem Mal war vom Anspruch her alles anders und blieb doch im Alltag dasselbe. Die Anstaltsarbeit und die psychiatrische Sprache waren am 7., 8. und 9. Mai unverändert. Wenn jetzt Zeit zum Nachdenken, zur Revision des Menschenbildes, zur Besinnung, zum Trauern und zum Neuanfang gewesen wäre! Es gab diese Zeit nicht. Wahrscheinlich war Doktor O. auch ganz froh darüber - er hätte sie vielleicht nicht ausgehalten. Woher hätte er auch die dazu notwendigen Gesprächspartner nehmen sollen. Wie durch stillschweigende Einigung ergab sich, daß alle Beteiligten sich daran gewöhnten zu schweigen - bis heute. Sie sprachen darüber nicht miteinander und nicht mit ihren Kindern und - was noch erstaunlicher ist - wurden auch nicht gefragt. Ihm kam der harte Existenzkampf der Nachkriegszeit gerade recht. Dann die Zeit der Verhöre, der Anklagen und Verteidigungen - vom Träger unter dem Stichwort "Beseitigung der Geisteskranken" vorgegeben, was deutlich machte, daß sich auch die Behördensprache nicht änderte, so wenig wie die allgemeine Sprache oder die psychiatrische Sprache von Defekten und Endzuständen. Und bis auf wenige Ausnahmen waren es auch dieselben Menschen, die bis zum 8. Mai zusammengearbeitet hatten, die nach dem 8. Mai 1945 sich auf die Rollen der Ankläger und der Angeklagten aufteilten. Einigen befreundeten Psychiatern wurde der Prozeß gemacht. Doktor O. wurde zigmal als Zeuge vernommen, blieb unvereidigt, weil die Richter meinten, daß Doktor O. ja desselben Verbrechens schuldig sein könnte, was Doktor O. innerlich nur bestätigen konnte. Sein Rechtsanwalt empfahl ihm, er solle nach Möglichkeit behaupten, von den Tötungsabsichten nichts gewußt zu haben. Auch das kam Doktor O. entgegen, nicht nur, weil er bei den sich bis 1960 hinziehenden Prozessen immer wieder die Existenz seiner Familie bedroht sehen mußte, sondern auch, weil er auch vor sich selbst am liebsten von nichts gewußt hätte. Bis zu seinem Lebensende konnte Doktor O. sich nicht unschuldig, aber genausowenig schuldig fühlen. Ist es daher verwunderlich, daß Doktor O. bis zu seiner Pensionierung 1963 sich auf die schlichte tagtägliche Betreuung seiner Patienten und seiner Anstalt beschränkt hat - einschließlich der Asylgewährung für einen nicht kleinen Teil der entwurzelten Ost-Flüchtlinge. Ist es verwunderlich, daß er ängstlich auch nur den leisesten Anschein einer neuen Reformbewegung vermieden hat? Daß er sich - im Gegensatz zur jüngeren Generation - weder von der Psychopharmaka-Ära noch von der Psychotherapie oder Sozialpsychiatrie begeistern ließ? War das nicht das beste, was er tun konnte? Und war das nicht vielleicht verdienstvoll auch für uns, daß er die Zwischenzeit der Nachkriegszeit in dem Bemühen überbrückt hat, die bei ihm arbeitenden jüngeren Ärzte so sarkastisch wie möglich gegen rechte wie linke Heilsversprechen und gegen allzu große Fortschritts- und Wissenschaftsgläubigkeit zu impfen, um sie und uns offenzuhalten, bis die Zeit reif würde für eine Auseinandersetzung mit Hadamar, wenn immer das Wort stimmt, daß Hadamar das Hiroshima der Psychiatrie sei? Und ob heute die Zeit für diese Auseinandersetzung wirklich schon reif ist, werden auch wir erst später wissen. Ebenso wie wir später erst wissen können, ob wir unsere psychiatrische Sprache vom Grundsatz, vom Menschenbild, von der Begegnung zwischen Menschen her, vom Bild der Minderwertigkeit befreit und neu formuliert haben, unsere diagnostische Sprache frei von Tendenzen der "Wertbestimmung" und unsere therapeutische Sprache frei von Tendenzen der "Wertsteigerung" gemacht haben.

Was unterscheidet die heutigen Überlegungen zur Sterilisation von Menschen mit geistiger Behinderung von der Zwangssterilisation der NS-Zeit (1987)

Ihnen meine Gedanken zu diesem Thema zuzumuten, rechtfertige ich damit, daß ich erstens ärztlicher Leiter des Landeskrankenhauses Gütersloh bin und damit zuständig für solche geistig behinderten Menschen, mit denen die "normalen" Einrichtungen für geistig Behinderte überfordert sind (und für die die *Lebenshilfe* in den letzten Jahren mehrfach versprochen hat, die Zuständigkeit übernehmen zu wollen); zweitens, daß ich als Historiker die hier anstehenden Fragen insbesondere im Zusammenhang mit der NS-Zeit seit über 20 Jahren durchleide, und drittens, daß ich als Soziologe gelernt habe, gesellschaftliche Strukturen und Normen im Zusammenhang miteinander wahrzunehmen.

Vorab habe ich ein doppeltes Bedürfnis, mich zu bedanken: Einmal bei den Verantwortlichen der *Lebenshilfe* für die Durchführung dieser Tagung; Ihnen gebührt das historische Verdienst, hiermit erstmals seit 1945 eine öffentliche Tagung und Diskussion über die bisher tabuisierte Sterilisierung geistig behinderter Menschen ermöglicht zu haben. Welcher Mut gehört dazu! Zum anderen möchte ich den Angehörigen geistig behinderter Menschen unter uns danken: Wie Sie trotz des "Kloßes im Hals" sich offengemacht, Ihre Probleme geschildert und berichtet haben, wie vielfältig Sie sich und Ihre Meinungen in den letzten Jahren und Jahrzehnten weiterentwickelt haben in Richtung auf die wirkliche Gleichstellung, Gleichberechtigung und Gleichbehandlung von Menschen mit und Menschen ohne Behinderung, hat mich auch insofern tief beeindruckt, als ich im psychiatrischen Bereich mir zugute halten kann, in den letzten Jahren die Selbsthilfe der Angehörigen psychisch Kranker als notwendig erkannt und nach Kräften gefördert zu haben. Auch Ihnen gebührt mein Respekt wegen Ihres Mutes zur Bereitschaft, den von Ihnen eingeschlagenen Weg weitergehen zu wollen.

Ihr Mut hat auch mir Mut gemacht, denn bis gestern hatte auch ich einen "Kloß im Hals" bei der Frage, ob ich Ihnen meine Thesen überhaupt zumuten könne. Ich habe jetzt mehr Mut, dies zu wagen, obwohl ich sicher bin, daß einige meiner Thesen einige von Ihnen kränken werden. Sollte das der Fall sein, dann kann ich das nur damit rechtfertigen, daß dies nach meiner tiefen Überzeugung Kränkungen sind, die auch ich durchlitten habe und die wir alle durchleiden müssen, da die Schatten der NS-Zeit und mehr noch der ganzen letzten 100 Jahre länger sind, als wir gedacht haben, noch bis in unsere Zeit hineinragen, aber auch heute von uns erkannt, benannt, öffentlich diskutiert und aufgehoben werden können. Das beweist allein schon die Tatsache, daß diese unsere Tagung jetzt und hier möglich ist.

Hier nun meine wichtigste These: Seit ziemlich genau 100 Jahren glauben wir - im Namen eines liberalen Fortschrittsglaubens und im Namen eines manchmal wahnhaften Glaubens an die Wissenschaft, besonders an die Medizin -, daß wir die mit der Industrialisierung verbundene "soziale Frage", d. h. die Frage, was machen wir mit den Menschen, die sich in Leistung und Wohlverhalten an die Normen der Industrialisierung nicht recht anpassen können, technisch lösen können. Dabei spitzt sich heute die "soziale Frage" in der Formulierung von der "Zweidrittel-Gesellschaft" zu. Insbesondere ist es unser manchmal wahnhafter Glaube an die Medizin, für die "soziale Frage" eine Endlösung finden zu können. Wir tragen solche Erwartungen an die Medizin heran, und die Mediziner sind in den letzten 100 Jahren einer solchen Verführung zum Machtgewinn nicht selten erlegen. Die NS-Zeit macht dies wie in einem Vergrößerungsglas unabweisbar deutlich. Begonnen hat es aber schon vor 100 Jahren, daß menschlichem Leben ein positiver oder negativer Wert beigemessen wird, je nachdem, ob ein Mensch in der industrialisierten Gesellschaft nach Leistung und Verhalten funktionieren kann oder nicht. Begonnen hat es, seit in der medizinischen Ausbildung das Philosophikum durch das Physikum ersetzt wurde, wodurch das Behandeln von Menschen zur - nur scheinbar wertneutralen - Objektivierung von Menschen geführt hat. Und begonnen hat es damit, daß insbesondere Menschen mit Behinderung negativ bewertet, objektiviert wurden und ihnen u. a. das Recht abgesprochen wurde, Kinder zu bekommen. Wir leben seit 100 Jahren in einer Epoche der "medizinischen Ordnung" für soziale Probleme.

Aber heute können wir erstmals diesen Prozeß reflektieren und hinterfragen. Heute können wir uns freimachen für einen nächsten Schritt der Gleichstellung behinderter Menschen: Wir können heute endlich den Satz wagen, daß Menschen mit Behinderung genauso wie Menschen ohne Behinderung grundsätzlich das Recht haben, Kinder zu bekommen, wie es das Grundgesetz ohnehin garantiert. Dies ist ein atemberaubender Satz, der zunächst einmal Angst und Kränkung auslösen muß, der aber auch unendliche Spielräume dafür öffnet, daß wir jedes Einzelproblem als ein besonderes wahrnehmen und lösen können und zwar so, daß auf diese Weise keineswegs mehr Menschen mit Behinderung Kinder bekommen müssen als bisher. Aber wir würden damit von einem anderen Grundsatz ausgehen - von dem Grundsatz, den das Grundgesetz vorschreibt.

Um zu einer solchen grundgesetzlichen und damit wirklichen Gleichstellung von Behinderten zu kommen, sollten wir auf die Möglichkeit der Sterilisierung von nicht einwilligungsfähigen Behinderten für die nächsten ca. 20 Jahre verzichten, um die Vorschriften, aber auch Spielräume des Grundgesetzes wirklich erkennen und ausschöpfen zu können. Zumindest sollten wir aber für einen solchen Zeitraum auf die gesetzliche Festschreibung einer Sterilisierung nicht einwilligungsfähiger Behinderter verzichten. Denn welche Möglichkeiten wir eigentlich haben, können wir nur dann erkennen, wenn wir uns die scheinbar technisch einfachste Endlösung der Sterilisierung eine Zeitlang selbst verbieten. Ich weiß sehr wohl, daß eine solche Position zunächst weh tut und kränkt. Ich hoffe aber, daß Sie meine Position am Ende meiner Ausführungen besser verstehen, nicht als Hirngespinst eines Theoretikers abtun und vielleicht sogar für erwägenswert halten können.

Bevor ich Sie auf eine historische Reise durch die letzten 100 Jahre bitte, möchte ich ein Fallbeispiel aus dem verwandten Bereich des Kastrationsgesetzes berichten:

Etwa 150 km von hier entfernt betreuen wir von Gütersloh aus ein Wohnheim für Behinderte. Als wir damit begannen, sprach mich der kompetente Heimleiter auf einen Bewohner an: Über längere Zeit habe dieser Bewohner auf schamlose Art mit seiner Freundin öffentlich herumgeknutscht, sowohl in der Heimöffentlichkeit als auch in der Öffentlichkeit des Kurortes. Er, der Heimleiter, habe sich nicht anders zu helfen gewußt, als dem kompetenten konsiliarischen Psychiater vorzuschlagen, diesen Bewohner kastrieren zu lassen. Der Psychiater habe ein befürwortendes Gutachten geschrieben. Der kompetente Vormund und das kompetente Vormundschaftsgericht haben zugestimmt. Und der kompetente Kastrationsausschuß der zuständigen Landesärztekammer stimmte ebenfalls zu. Der Bewohner hatte gemeint, daß eine solche Maßnahme wohl richtig sei, wenn so viele kompetente Leute auch dieser Meinung seien. Nun stand der Operationstermin an, und der Heimleiter hatte ein schlechtes Gewissen bekommen. Wir haben gemeinsam die Lebensgeschichte, die besondere Persönlichkeit und die Situation des Bewohners erarbeitet und kamen von daher auf den Problemlösungsversuch, diesem Bewohner ein Einzelzimmer und damit eine Intimsphäre zu geben. Von diesem Tag an war das Problem des schamlosen Knutschens behoben. Der Kastrationsantrag konnte zurückgezogen werden.

Ich habe diese Geschichte nicht deshalb erzählt, weil ich der naiven Auffassung bin, daß jeder andere Fall ähnlich einfach zu lösen ist. Vielmehr soll die Geschichte nur als Beispiel dafür gelten, daß wir immer wieder leicht der Versuchung erliegen, eine Problemlösung nicht im Bereich der banalen Alltagsgestaltung zu suchen, sondern vielmehr der Faszination durch die technische Endlösung leicht erliegen. Zur Zeit werden umfangreiche Nachuntersuchungen bei nach dem Kastrationsgesetz behandelten Menschen durchgeführt. Sie zeigen, daß unser Fall wahrlich kein Einzelfall ist. Dies wirft aber auch ein Schlaglicht auf die Gefahr, zu einem zu frühen Zeitpunkt und vor Ausschöpfung aller anderen Möglichkeiten ein soziales Problem durch Erlaß eines Gesetzes, das eine medizinische Problemlösung vorsieht, lösen zu wollen. Auch ein noch so gut abgesichertes Verfahren kann dann den Mißbrauch nicht mehr verhindern. Und wie lange dauert es, ein Gesetz aufzuheben oder zu ändern.

Nun zur Geschichte der letzten 100 Jahre. Ich beginne mit den 90er Jahren des letzten Jahrhunderts, in dem aus dem Kulturpessimismus, der Angst der Bürger vor der erstarkenden Arbeiterklasse und der Angst der Männer vor den sich emanzipierenden Frauen eine Reihe von medizinischen Umwertungen oder Vorschlägen zur Lösung sozialer Probleme sich verdichtet hat: z. B. das "Recht auf den eigenen Tod", die Liberalisierung des Suizids; das Konzept der "Entartung" für alle möglichen Fehlverhaltensweisen von Menschen; der empirisch nicht abgesicherte Glaube an die Erblichkeit solcher unpassenden Verhaltensweisen und Störungen; das Konzept der "Dementia Praecox"; das Konzept der "psychopathischen Minderwertigkeiten" - sowie auch der moderne Antisemitismus und andere Formen des zeitgemäßen Rassismus, bis hin zur "gelben Gefahr". In diesem Jahrzehnt machte ein berühmter Arzt, Psychiater und Sozialreformer viel von sich reden: August Forel. Ich zitiere:

"Durch Recht und Religion beherrscht und die soziale Hygiene vernachlässigend, verlangt die Medizin von den Ärzten, daß sie selbst das elendeste Geschöpf so lange am Leben erhalten, als nur möglich. Für einen Geburtshelfer ist es ein Triumph, die Geburt selbst der traurigsten Wesen zu ermöglichen und sie am Leben zu erhalten. Als Ärzte haben wir leider die Pflicht, das Leben der Idioten, der Entarteten, der geborenen Verbrecher und der Irrsinnigen so lange wie möglich zu erhalten; wir sind sogar verpflichtet, viele derselben, die sich selbst töten möchten, daran zu hindern" (Forel 1924, S. 126)

Ich bitte Sie, aus diesem Zitat folgendes festzuhalten:

Einmal den Umstand, daß bei den medizinischen Lösungsvorschlägen für soziale Probleme die Forderungen nach Sterilisierung und nach Euthanasie für industriell unangepaßte Menschen, insbesondere Behinderte, eng nebeneinander liegen, eine Einheit bilden. Zum anderen ist festzuhalten, daß Forel deutlich sieht, daß es zwei Institutionen gibt, die seinen segensreichen sozialen Problemlösungsvorschlägen durch die Medizin entgegenstehen. Die Religion und das Recht. Beide Institutionen müssen - so Forel - durch die Mediziner besiegt werden, da sie dem technischen Fortschritt im Wege stehen, zu rückständig sind. Wir wissen heute, daß dies den Medizinern im Laufe der folgenden 100 Jahre an vielen Stellen gelungen ist.

Zuerst gelang es ihnen bei den Kirchen. In einer Art Kulturkampf haben Mediziner zunehmend die Macht in den bis dahin kirchlich geleiteten Behinderteneinrichtungen übernommen. Nehmen wir als Beispiel Bethel: Dort ergriffen seit Ende der 20er Jahre nacheinander zwei potente Mediziner und Psychiater die Macht, Professor Villinger und Professor Carl Schneider, die beide alsbald mit Beginn des Dritten Reiches in der Zwangssterilisierung und in der Euthanasie-Mordaktion führend waren. Die Frage ist nicht überflüssig, wie der Kampf zwischen Medizin und Kirche heute steht.

Der Kampf der Mediziner gegen die Justiz war sicher nicht so spektakulär, jedoch nicht ohne Erfolge, wie mein weiterer Bericht zeigen wird. Ich zitiere noch einmal Forel:

"Ich gestehe hier ganz offen, daß ich in den 90er Jahren an einem psychisch kranken Scheusal, das in meiner Anstalt sich befand und wegen

Schmerzen im Samenstrang die Kastration selbst verlangte, diese Operation vornehmen ließ, obwohl die Sache für mich mehr eine Vorbeugungsregel gegen Kindererzeugung durch den Kranken als einen Eingriff, seines persönlichen Leidens wegen, bedeutete. Ich ließ auch ein hysterisches 14jähriges Mädchen kastrieren, deren Mutter und Großmutter Kupplerinnen und Dirnen waren und die sich bereits aus Vergnügen jedem Knaben auf der Straße hingab, weil ich dadurch der Entstehung unglücklicher Nachkommen vorbeugen wollte. Damals war es Mode, Hysterische therapeutisch zu kastrieren, und ich nahm diese Mode als Vorwand für mein Vorgehen, das in Wirklichkeit nur einen sozialen Zweck hatte." Forel fährt fort, indem er betont, es sei ihm darum gegangen, solchen Menschen "ihre Freiheit lassen zu können, die sonst z. B. durch Internierung in geschlossene Anstalten beschränkt werden müßte" (Forel 1913, S. 444 f.). "Wir bezwecken keineswegs, eine neue menschliche Rasse, einen Übermenschen zu schaffen, sondern nur die defekten Untermenschen allmählich ... durch willkürliche Sterilität der Träger schlechter Keime zu beseitigen, und dafür bessere, sozialere, gesündere und glücklichere Menschen zu einer immer größeren Vermehrung zu veranlassen" (a.a.O., S. 593).

Dem Zitat von Forel ist leicht zu entnehmen, daß es ihm und seinen Kollegen zugleich immer um drei Zwecke ging: um die liberale Durchsetzung individueller Freiheitsrechte der Selbstbestimmung, um eugenische Vorbeugung und Zucht sowie um Verbesserung der sozialen Verhältnisse, einschließlich der ökonomischen Einsparung.

Dies alles sollte das Ideal einer Gesellschaft aus immer besseren, sozialeren, gesünderen und glücklicheren Menschen verwirklichen helfen. Alles andere sollte so oder so ausgemerzt werden. Ist es das Ideal der Aufklärung? Für heute drängt sich aus diesem Zitat unabweisbar die Frage auf, ob diese zwei Zwecke, Interessen oder Motive nicht zwangsläufig gleichsinnig sind, überhaupt voneinander getrennt werden können? Anders ausgedrückt: Wenn man heute noch so sehr das "wohlverstandene Interesse" des Kindes oder des Mündels in den Vordergrund schiebt, verbergen sich dahinter nicht doch immer untrennbar sowohl die eugenischen als auch die sozialökonomischen Interessen? Was könnte eine noch so wohlabgewogene Gesetzesformulierung daran ändern? Schließlich können wir von Forel lernen, daß das sensationelle Buch von Binding und Hoche über die Freigabe des "lebensunwerten Lebens" zur Vernichtung gar nicht nötig gewesen wäre: Die entsprechende Mentalität war in der Medizin längst vorhanden, insbesondere nach dem ersten Weltkrieg.

Gleichwohl gab es zunächst noch Gegenkräfte. Deshalb war der erste Entwurf eines Sterilisierungsgesetzes von 1914 motiviert von der Abwehr allzu leichtfertigen Sterilisierens durch die Ärzte: Solches Tun sollte unter Strafe gestellt sein, falls nicht eine unmittelbare Lebensgefahr vorliege. Aus diesem Entwurf wurde nichts, da der Beginn des ersten Weltkriegs dazwischen kam.

Der zweite Entwurf eines Sterilisierungsgesetzes stammt von 1918. Auch wenn hier vielleicht die kriegsbedingte Angst vor mangelndem Nachwuchs mitmotivierend wirkte, wurde in diesem Entwurf noch einmal eindeutig festgelegt, daß sowohl die eugenische als auch die soziale Indikation gegen die "sittliche und rechtliche Auffassung" verstoße. Diesmal verhinderte die Novemberrevolution die Behandlung des Entwurfs im Reichstag.

Der dritte Entwurf hatte eine umgekehrte Stoßrichtung; denn inzwischen hatte sich das Denkmodell der medizinischen Ordnung zur Lösung sozialer Probleme wesentlich stärker durchgesetzt. Jetzt formulierten die Mediziner Gesetzentwürfe: 1923 gab Medizinalrat Boeters den Vorschlag eines "Gesetzes zur Verhütung unwerten Lebens durch operative Maßnahmen" an den Reichstag. 1928 legte der sächsische Landesgesundheitsrat dem zuständigen Ministerium einen Gesetzentwurf vor. Und 1923 folgte der Entwurf eines Sterilisierungsgesetzes von seiten des preußischen Landesgesundheitsamtes, der insbesondere von allen Ärzteorganisationen unterstützt wurde. Das schon üblich gewordene eugenische Sterilisieren sollte legalisiert werden, wenn auch noch mit der Freiwilligkeitsklausel, wenn "nach den Lehren der ärztlichen Wissenschaft bei ihrer Nachkommenschaft mit großer Wahrscheinlichkeit schwere körperliche oder geistige Erbschäden vorauszusehen sind." Damit hatte sich der empirisch-wissenschaftlich gar nicht beweisbare wahnhafte Glaube an die Erblichkeit aller möglichen Behinderungen weitgehend durchgesetzt. Die Medizin war in diesem Punkt nicht mehr wissenschaftlich, sondern sozial-missionarisch und machtpolitisch geworden. Wie sehr inzwischen das Denkmodell der medizinischen Ordnung für soziale Probleme die Kirchen besiegt hatte, mag ein Vortrag des Leiters von Bethel, Pastor Fritz von Bodelschwingh von 1929 in Lübeck zeigen, worin dieser - wenn man der stenographischen

Nachschrift glauben kann - ausführt, daß unter eugenischem Gesichtspunkt die Anstalt Bethel ein "scharfes Instrument in der Hand ihres himmlischen Meisters" sei. In diesem Vortrag ist durchaus auch die Rede davon, daß Untermenschen und Minderwertige sich nicht fortpflanzen dürfen, weil dies so wissenschaftlich erwiesen sei.[1]

Als vierter Entwurf hat das NS-Erbgesundheitsgesetz von 1933 die Verkehrung der Richtung der früheren Entwürfe vervollständigt und dokumentiert damit den endgültigen Endsieg der Medizin über Kirche und Recht - sowohl im Hinblick auf die auch damals erkennbare wissenschaftliche Unhaltbarkeit des Gesetzesinhalts als auch in Bezug auf die gewählte Form des Verfahrens. Mit Recht ist daher das NS-Erbgesundheitsgesetz auch das "Grundgesetz" der Nationalsozialisten genannt worden, da alle späteren gesetzlichen und ungesetzlichen Vorgehensweisen der Nazis sich aus diesem Denkmodell ableiten - immer in Zielrichtung auf die Endlösung der sozialen Frage, die Abschaffung der weniger angepaßten Menschen und die Herstellung einer Gesellschaft aus ausschließlich guten, sozialen, gesunden und glücklichen Menschen, wie dies Forel vorgeschrieben hatte. Auch der Entwurf eines Euthanasiegesetzes von 1941 schmiegt sich an das medizinische Denkmodell des Erbgesundheitsgesetzes an. Im *Kommentar zum Erbgesundheitsgesetz* von A. Gütt, E. Rüdin und F. Ruttke (1934) heißt es dazu:

"Die nationalsozialistische deutsche Regierung hat damit bewiesen, daß sie bereit ist, aufbauend auf den Grundsätzen der wissenschaftlichen Erkenntnisse, das Interesse des erbkranken Einzelwesens dem Gesamtwohl des erbgesunden deutschen Volkes und damit dem Gedeihen der "Deutschen Nation" unterzuordnen" (S. 13). - Nicht die wirtschaftlichen Gesichtspunkte stehen im Vordergrund, sondern der entschlossene Wille unserer Regierung, den Volkskörper zu reinigen und die krankhaften Erbanlagen allmählich auszumerzen ... Es ist aber noch etwas anderes, was als Grundgehalt des Gesetzes Bedeutung erlangt, das ist das Primat und die Autorität des Staates, die er sich auf dem Gebiet des Lebens, der Ehe und der Familie endgültig gesichert hat" (S. 5).

Auch hier sind wieder soziale und eugenische Indikationen, aber auch das Bedenken der Freiheit und des Wohls des Einzelmenschen, untrennbar

---

1 zit. nach Arbeitskreis "Geschichte Bethels", Hrsg. 1983, S. 57-68

miteinander verbunden - vor allem, wenn man bedenkt, daß auf der Basis des Erbgesundheitsgesetzes Menschen mit geistiger oder seelischer Behinderung nur um den Preis der Sterilisierung aus einem Krankenhaus oder einer Anstalt entlassen wurden. Und wenn man aus dem Zitat die Bemerkung über "das Primat auf dem Gebiet des Lebens" ernst nimmt, so gehört dies in der Praxis nunmehr weniger dem Staat als vielmehr der Medizin. Es ist also keine Übertreibung, wenn der amerikanische Historiker R. Lifton die gesamte Vernichtungsarbeit der Nationalsozialisten vom Erbgesundheitsgesetz bis zur Vergasungsanlage in Auschwitz als *"therapeutisches Töten"* beschreibt, wozu der junge Victor von Weizsäcker in den 30er Jahren eine *"medizinische Vernichtungslehre"* als Theorie beigesteuert hat. Von den damals fälschlich als erbkrank eingeschätzten 500.000 Menschen wurden etwa 350.000 zwangssterilisiert.

Daß sich das Sterilisieren auf beliebige unangepaßte Menschen ausdehnte, ist inzwischen allgemein bekannt. Weniger bekannt ist, daß die renommierten medizinischen Wissenschaftler selbst wußten, daß in den meisten Fällen die Erblichkeit eines Leidens nicht bewiesen war, und daß selbst bei Unterstellung der Erblichkeit eine einfache mathematische Rechnung zeigen konnte, daß das Verfahren der Zwangssterilisierung nicht einmal den eugenischen Zweck erreichen konnte. Deshalb spreche ich hier von einem wahnhaften Glauben der Wissenschaftler, der nach dem Motto vorging: "Wer erbkrank ist, bestimme ich", und der von der Herstellbarkeit einer leidensfreien Gesellschaft geradezu besessen war.

Um nun eine Stimme von der anderen Seite, der Seite der Opfer, die ich erst in den letzten Jahren persönlich kennenlernen wollte und konnte, zu Gehör kommen zu lassen, berichte ich von einer Frau, die als 16jährige in den 30er Jahren zwangssterilisiert wurde, wobei man ihr einredete, die Operation sei wegen einer Blinddarmentzündung nötig. Erst später hat eine Diakonisse sie über die Wahrheit aufgeklärt. Sie war danach so verzweifelt, daß sie die Lektüre eines Buches über jemanden, der sich suizidiert hatte, zum Anlaß nahm, sich zu sagen: Ich kann nur weiterleben, weil ich weiß, daß ich mich am Ende dieses Jahres umbringen werde. Nur auf diese Weise hat sie die ersten Jahre lebend hinter sich bringen können, bis sie einen anderen Grund zum Weiterleben fand. Noch bis heute geht sie zu keiner Krebsvorsorge-Untersuchung, weil sie die Fragen der Ärzte nach der Herkunft der Narbe nicht aushalten kann. Statt Kinder bekommen zu können, hat sie viel später als Hochschullehrerin Erzieherinnen ausgebildet.

Wenn ich dazu auffordere, die NS-Zeit nur als Vergröberung eines schon seit den 90er Jahren des letzten Jahrhunderts bestehenden Denkmodells der medizinischen Ordnung für soziale Probleme wahrzunehmen, dann mögen die Verwunderung und das Erschrecken darüber nicht ganz so groß sein, wenn ich Ihnen sage, daß 1945 in unserer Hinsicht keinerlei Umdenken mit sich brachte, sondern daß der nächste und fünfte Entwurf für ein Sterilisierungsgesetz bereits am 6.6.1947 vorlag, ausgearbeitet vom Gesundheitsausschuß beim Stuttgarter Länderrat, ausgerechnet von einem der Täter in der NS-Zeit, Prof. Villinger, auf ausdrückliches Ersuchen der amerikanischen Militärregierung.[2] Natürlich stand auch bei diesem Entwurf wieder die eugenische Indikation im Vordergrund, die übrigen Indikationen mitmeinend.

Fast schon verständlich wird es jetzt, daß bei der Beratung, ob die Zwangssterilisierten in das Bundesentschädigungsgesetz als Verfolgte aufgenommen werden sollten, in den 60er Jahren im Wiedergutmachungsausschuß wieder die Täter über die Opfer zu Gericht saßen. Als Sachverständige sprachen sich u. a. Prof. Villinger, Prof. Nachtsheim und Pastor von Bodelschwingh gegen die Anerkennung der Zwangssterilisierten als Verfolgte aus. Wie hätten auch die Täter zu den Opfern sich anders verhalten können. Demgegenüber nimmt sich der Gesetzentwurf der sozialliberalen Koalition von 1972 in dieser historischen Entwicklung wie eine exotische Wunderblume aus, da er die Sterilisierung nicht einwilligungsfähiger Menschen ausschließt und überhaupt eine Sterilisierung behinderter Menschen vor dem 25. Lebensjahr nicht zuläßt. Natürlich löste dieser Entwurf auf seiten des *Diakonischen Werkes* und der *Lebenshilfe* starke Bedenken aus. Eine öffentliche und offene Diskussion dieses tabuisierten Bereiches war damals noch nicht möglich. Dennoch muß man sich fragen, wie dieser siebte Gesetzentwurf von 1972, wenn er auch zurückgezogen wurde, überhaupt möglich war. Es müssen so tiefgreifende Umdenkungsprozesse in der Gesellschaft sich vollzogen haben, daß wir heute historisch noch zu nahe daran sind, um sie richtig würdigen zu können.

---

2 *Schmacke u. Güse* 1984, S. 137 f.

Und heute? Wir müssen sehen, daß erstmals in größerem und wirksamem Umfang das Unrecht der NS-Zwangssterilisierung diskutiert werden kann. So werden in wenigen Tagen, am 24.6 1987, vor dem Innenausschuß des Deutschen Bundestages erstmals Betroffene und Angehörige der ausgeschlossenen Opfergruppen für sich selber sprechen dürfen, so daß die Chance besteht, daß über die öffentliche Diskussion die NS-Zwangssterilisierten als Verfolgte anerkannt werden. Zur selben Zeit, seit Anfang der 80er Jahre, kann erst öffentlich und offen darüber geredet werden, daß auch in der gesamten Nachkriegszeit bis heute nicht einwilligungsfähige Menschen sterilisiert werden. Es kann darüber diskutiert werden, ob dies Recht oder Unrecht sei. Damit ist endlich das 100 Jahre alte Tabu gebrochen. Man kann dies nur als einen gewaltigen Fortschritt, als eine Erleichterung und Befreiung empfinden - ganz unabhängig davon, welches das Ergebnis der jetzigen Diskussion sein wird, wie also der achte Entwurf eines Sterilisierungsgesetzes in der deutschen Geschichte aussehen wird, und ob es überhaupt dazu kommen wird.

Etwas stimmte mich allerdings dabei nachdenklich: Kaum daß wir über das schwierige Thema der Sterilisierung nicht einwilligungsfähiger Menschen frei sprechen können, kaum daß wir uns überhaupt über dieses Thema freisprechen können, wofür wir - so meine ich - erst einmal eine längere Zeit brauchen, um zu den richtigen Diskussionsergebnissen kommen zu können, beeilen sich alle Gruppen in unserer Gesellschaft damit, Vorschläge für ein neues Sterilisierungsgesetz vorzulegen, so als ob dieser brisante Kessel nicht mal eine Zeitlang frei dampfen dürfte, und als ob man nach erwiesener Unbrauchbarkeit der alten Deckel ganz schnell wieder einen neuen Deckel finden müßte. *Bethel* hat einen Vorschlag entwickelt. Der *Verband der Evangelischen Einrichtungen* bereitet einen Vorschlag vor. Im *Bundesjustizministerium* macht man sich Gedanken. Die *Lebenshilfe* stellt ihren Vorschlag hier und heute zur Diskussion. Und die *Bundesärztekammer* hat schleunigst merkwürdige Richtlinien entwickelt, die aber so sehr den Geist der medizinischen Ordnung für soziale Probleme der letzten 100 Jahre atmen, daß sich alle übrigen Vorschläge wohltuend von ihnen abheben.

Bevor ich zu meiner persönlichen Einschätzung der jetzigen Situation komme, möchte ich die mir mit dem Thema gestellte Frage versuchen zu beantworten: Die heutigen Überlegungen zur Sterilisation von Menschen mit geistiger Behinderung unterscheiden sich von der Zwangssterilisation sicher im Umfang der zu sterilisierenden Gruppen in unserer Bevölkerung, aber noch nicht eindeutig im Grundsatz. Hier steht nämlich nach wie vor zur Frage, ob Menschen mit Behinderung und Menschen ohne Behinderung in der Bewertung nach den Grundrechten des Grundgesetzes wirklich schon von uns allen als gleichgestellt und gleichberechtigt gesehen werden können. In den meisten vorliegenden Vorschlägen ist zumindest das Bemühen hierzu deutlich erkennbar, in den Richtlinien der *Bundesärztekammer* freilich noch nicht. Ich kann daher die Frage nur so beantworten, daß wir heute - seit 100 Jahren - die historisch erste und einmalige Chance haben, vom Grundsatz her unsere Überlegungen zur Sterilisierung von Menschen mit geistiger Behinderung gegenüber der NS-Zeit endgültig zu ändern. Diese Chance sollten wir nutzen.

Diese Chance muß bei der *Lebenshilfe* deutlicher erkennbar sein als anderswo in unserer Gesellschaft. Das liegt einfach darin, daß die *Lebenshilfe* als Angehörigen-Selbsthilfeorganisation aufgebaut ist. Hiermit kommen die Angehörigen von Menschen mit geistiger Behinderung und damit die Betroffenen am besten selbst zu Wort. Das ist schon daran zu erkennen, daß die *Lebenshilfe* sich am frühesten und am meisten von der medizinischen Ordnung emanzipiert hat, also etwa vom Krankheitsmodell für geistige Behinderung. Für die *Lebenshilfe* stehen Menschen mit Behinderung und Menschen ohne Behinderung nebeneinander. Durch diese berechtigte und wissenschaftlich gut gestützte Veränderung der Sichtweise ist der Beitrag der Medizin für das Wohlergehen von geistig behinderten Menschen nicht etwa geschmälert, sondern eher gestärkt, weil besser begründet. (Als Psychiater kann ich nebenbei sagen, daß es für Menschen mit seelischer Behinderung ähnlich aussieht).

Deshalb komme ich - diesmal mehr soziologisch als historisch - zu folgender Beurteilung der gegenwärtigen Situation:
Wir stehen - nicht zuletzt durch die Vorreiterfunktion der *Lebenshilfe* - in der Bundesrepublik seit zwanzig bis dreißig Jahren in einem grundsätzlichen Entwicklungs- und Lernprozeß mit dem Ziel der wirklichen und vollständigen Gleichstellung von Menschen mit Behinderung. Dieser Prozeß läßt sich vielfältig beschreiben: Wir streben die Teilhabe der Menschen mit Behinderung an der Gemeinschaft an. Wir bewirken die Teilhabe der Menschen mit Behinderung an der gesellschaftlichen Arbeit ebenso wie an sexueller Partnerschaft. Wir können deshalb auch schon den Satz aussprechen, daß grundsätzlich Menschen mit Behinderung dasselbe Recht darauf

haben, Kinder zu bekommen, wie Menschen ohne Behinderung, und nähern uns damit schon den Normen des Grundgesetzes. Wir emanzipieren uns für den Bereich der Behinderten von der medizinischen Ordnung. Wir kommen immer mehr dazu, daß zur Erziehung von Menschen mit Behinderung auch die Sexualpädagogik gehört - und zwar durchgehend von Anfang an, weil sie einen besonders sensiblen Bereich betrifft und deshalb gerade für Behinderte besonders lange Zeit benötigt. Wir wissen immer besser, daß die sexuellen Handlungsweisen ein Teil der allgemeinen sozialen Handlungsweisen sind und daher auch besser "Befähigung zum Lieben" genannt werden sollten. Und wir werden immer sensibler für die Möglichkeit der Sterilisierung, von der wir uns alle einig sind, daß sie als eine endgültige Lösung möglichst selten angewandt werden sollte, daß sie aber auch für den konkreten Einzelfall eine richtige und segensreiche Lösung sein kann.

Man kann aber nicht genug betonen, daß es sich um einen Prozeß handelt, in dem wir stehen. Ein Sterilisierungsgesetz zum jetzigen Zeitpunkt würde die Gefahr beinhalten, diesen schwierigen und für uns alle anstrengenden Prozeß dadurch zu stoppen, daß wir - gesetzlich abgestützt - die wesentlich weniger anstrengende, kurzfristig erfolgreiche, technisch faszinierende und leichter und endgültig machbare Sterilisierungsmöglichkeit zur Verfügung hätten. Und wie froh wären wir alle, wenn wir sicherer sein könnten. Ich bitte Sie auch, daß wir uns weder gegenseitig noch selbst etwas vormachen: Die Gesetzesformulierungen können so restriktiv sein, wie sie wollen, der Verfahrensweg kann so gut abgesichert sein, wie man es nur will. Dennoch wird es sich um "Gummi-Bestimmungen" in dem schwierigen Bereich der nicht einwilligungsfähigen Behinderten handeln. Außerdem wird in der Praxis die Abhängigkeit der Kinder von den Eltern, der Mündel von den Vormündern und der Institutionsbewohner von der Institution ein ausschlaggebender und vom Gesetzgeber nicht kontrollierbarer Faktor sein. Ich jedenfalls gebe offen zu, daß - wenn ich bloß will - ich 80 % der nichteinwilligungsfähigen Behinderten meiner Institution unter die Paragraphen eines wie auch immer gearteten Sterilisierungsgesetzes fassen kann und dafür auch noch die Zustimmung der Behinderten finden werde, wenn man mir nur etwas Zeit läßt. Gerade vor dieser Versuchung graut es mir - und die bisherige Geschichte gibt mir darin Recht.

Deshalb mein Appell, daß wir uns selbst die Möglichkeit der Sterilisierung nicht einwilligungsfähiger Behinderter für die nächsten zwanzig

Jahre verbieten sollten, um uns innerlich und äußerlich von dem Denkmodell der medizinischen Ordnung der letzten hundert Jahre lösen zu können, und um uns Freiräume zu schaffen, die wir gestalten könne. Es könnte sich nämlich dann der von mir beschriebene Prozeß am besten weiterentwikkeln. Wir könnten ihn wirken lassen. Wir könnten die Zeit nutzen, um Untersuchungen über die positiven oder negativen Folgen der bisherigen Sterilisierungen durchzuführen.

Wir könnten Untersuchungen darüber durchführen, was aus den Kindern wird, die in der letzten Zeit von Menschen mit Behinderung gezeugt und teilweise erzogen werden. Wir könnten uns in Ruhe über die Sterilisierung und Alternativen dazu öffentlich Gedanken machen. Wir könnten die Systematisierung der sexualpädagogischen Möglichkeiten fördern. Wir könnten die sozialpolitischen Rahmenbedingungen verbessern, so daß etwa die Großeltern zu den Unterhaltskosten des behinderten Enkels eines behinderten Kindes nicht herangezogen werden können.

Ich bin mir in der Voraussage sicher: dadurch würden noch wesentlich mehr Menschen mit Behinderung einwilligungsfähig werden. Wir würden besser wissen können, welche Möglichkeiten des Kinderbekommens es für Menschen mit Behinderung gibt, und wo die Grenzen liegen.

In der Zwischenzeit würden sich mit Sicherheit noch mehr alternative Verhütungsmöglichkeiten ergeben (z. B. Verhütungsmittel mit mehrjähriger Wirkung). Wir könnten unsere Einrichtungen weiterentwickeln auch dahin, daß im Einzelfall ein behindertes Elternpaar ein Kind unter betreuten Bedingungen erziehen kann. Und für die kleine Restgruppe, die auch dann noch einwilligungsunfähig bleibt, hätten wir ohnehin die sittliche Plicht, gerade für sie als die allerschwierigsten Menschen aus dieser Gruppe einen wesentlich höheren personellen Betreuungsaufwand durchzusetzen, da diese Menschen nicht nur im sexuellen, sondern auch im sozialen Bereich eine personell hautnahe jahrelange Begleitung benötigen, um die ihnen auch vom Grundgesetz garantierte Teilhabe am gesellschaftlichen Leben zu ermöglichen. (Im Landeskrankenhaus Gütersloh haben wir gerade für diesen Personenkreis eine kleine Intensivstation mit fünf Einzelzimmern in einer wohnungsähnlichen Abteilung organisiert und ihnen einen zweimal höheren Personalaufwand zugebilligt als allen anderen behinderten Gruppen, um auch ihnen - notfalls mit hautnaher Begleitung links und rechts - die Teilhabe an allen tagesgestaltenden sozialen Aktivitäten im Krankenhaus, in der Stadt und darüber hinaus zu ermöglichen, da der Gleichheitssatz des Grundgesetzes ihnen das Recht dazu einräumt).

Wenn wir uns zehn oder zwanzig Jahre Zeit für eine solche Arbeit lassen, bin ich mir fast sicher, daß dann eine gesetzliche Regelung etwa entsprechend dem sozial-liberalen Entwurf von 1972 ausreichen würde. Damit hätten wir aber auch endgültig unser Ziel erreicht, daß sämtliche Normen des Grundgesetzes auch für die Menschen mit Behinderung Geltung gefunden haben, wenn der Verfassungsrechtler Hans Reis damit Recht hat, daß die Sterilisierung nicht einwilligungsfähiger Personen unter dem Gesichtspunkt des Rechts auf freie Entfaltung der Persönlichkeit nur bei Lebensgefahr zulässig sei. Und immerhin haben die Väter des Grundgesetzes das Grundrecht auf körperliche Unversehrtheit in das Grundgesetz aufgenommen, um u. a. so etwas wie die NS-Zwangssterilisierung auf ewig unmöglich zu machen.

Sollte mein Appell und Vorschlag eines Selbstverbotes der Sterilisierung für zehn bis zwanzig Jahre uns alle zu sehr überfordern, weil sowohl wir als auch die Verhältnisse noch nicht so weit sind, so würde ich es für den zweitbesten Vorschlag halten, weiterhin zum gegenwärtigen Zeitpunkt auf eine gesetzliche Regelung zu verzichten und statt dessen freiwillig sich einer Regelung zu unterwerfen, wie sie im Augenblick wohl am besten im vorliegenden Diskussionspapier der *Lebenshilfe* wiedergegeben ist - wobei die eine oder andere Formulierung sicher noch verbessert werden kann - mit dem Ziel, daß in der Bundesrepublik alle mit behinderten Menschen befaßten Einrichtungen, Personen, Angehörige und Ärzte sich freiwillig diese Normen zur Richtschnur ihres Handelns machen. Dadurch wäre das Restrisiko der Strafbarkeit zwar nicht völlig verschwunden, aber sicherlich noch geringer, als dies in den letzten vierzig Jahren ohnehin der Fall war. Solange diejenigen von uns, die mit Behinderung leben, noch nicht in den vollen Genuß sämtlicher Grundrechte des Grundgesetzes kommen können, weil wir und die Verhältnisse noch nicht so weit sind, ist es nur recht und billig, daß nicht so sehr sie, sondern vielmehr wir, die wir ohne Behinderung leben, ein solches Restrisiko tragen. Wir könnten mit einer solchen Regelung leben und gleichwohl den genannten Prozeß der Gleichstellung der Menschen mit Behinderung fortsetzen.

Die schlechteste Lösung bestünde für mich nach den Ergebnissen dieser aufwühlenden Tagung in Marburg darin, daß jetzt schon eine gesetzliche Regelung der Sterilisierung getroffen würde. Ich hätte mehr Angst vor dem Mißbrauch einer wie auch immer gearteten gesetzlichen Regelung zum jetzigen Zeitpunkt als vor dem Mißbrauch, wie er bisher schon vorgekommen ist. Der bisher praktizierte Mißbrauch würde durch die öffentliche Diskussion in Zukunft ohnehin geringer werden, zumal allein die öffentliche Diskussion jetzt schon dafür gesorgt hat, daß wir uns die Indikation zur Sterilisierung ernsthafter überlegen. Eine gesetzliche Regelung zum jetzigen Zeitpunkt würde die Verhältnisse eben dieses Zeitpunktes gewissermaßen festfrieren und - einmontiert in ein neues Vormundschaftsrecht - möglicherweise wiederum für die nächsten einhundert Jahre gelten, während begründete Aussichten dafür bestehen, daß sowohl wir als auch die Verhältnisse sich in den nächsten zwanzig Jahren noch einmal erheblich ändern werden.

Die Chance der Fortsetzung des Prozesses zur Gleichberechtigung der Menschen mit Behinderung auch hinsichtlich sämtlicher Normen des Grundgesetzes sollte um keinen Preis vorschnell abgebrochen und vertan werden.

Literatur:

Arbeitskreis "Geschichte Bethels", (Hg.): Lesetexte zum Problemkreis Eugenik, Sterilisation, Euthanasie. Bielefeld-Bethel 1983

Forel, A.: Die sexuelle Frage. Reinhard, München 1913.

Forel, A.: Der Weg zur Kultur. Anzengruber, Leipzig, 1924.

Gütt, A.: Rüdin, E.; Rüttke, F.: Kommentar zum Erbgesundheitsgesetz. Lehmann's, München 1934.

Schmacke,N.; Güse, H.-G.: Zwangssterilisiert. Bremen 1984.

Die deutsche Verdrängung der Ermordung der psychisch Kranken in Polen (1989)

Mein erstes und tiefstes Bedürfnis ist es, mich bei Ihnen dafür zu bedanken, daß ich aus Anlaß des 50. Jahrestages des Kriegsbeginns bei Ihnen sein und zu Ihnen sprechen darf. Das ist für mich ein weiteres Zeichen Ihres Vertrauens, Ihrer Bereitschaft, Ihre Hand zu mir auszustrecken und Ihrer Bereitschaft, unsere Schuld, die wir Ihnen gegenüber auf uns geladen haben, nicht zu vergessen, aber mit uns darüber zu sprechen. Nur weil ich in den letzten Jahren so viele Beweise Ihrer Großzügigkeit erhalten und inzwischen so viele Freunde unter Ihnen gewonnen habe, kann ich mir Ihres Vertrauens so weit sicher sein, daß ich meine große Angst in den Mut verwandeln kann, hier und heute als Stellvertreter der psychiatrisch Tätigen der Bundesrepublik Deutschland das Gespräch mit Ihnen zu suchen.

Mein Thema ist die deutsche Verdrängung der Ermordung der psychisch Kranken in Polen. Ich spreche also darüber, warum die Verbrechen deutscher Ärzte, Krankenschwestern, Pfleger, Soldaten und Polizisten an den psychisch Kranken in Polen, worüber Herr Jaroschewski gerade berichtet hat, von uns Deutschen nach 1945 so lange und total vergessen und verdrängt worden sind. Damit spreche ich über meine eigenen Verdrängungen. Wir wissen aber von Freud, daß ein Patient, der beginnt, das von ihm Verdrängte sich wieder bewußt zu machen, selbst für sich allein gar nicht wissen kann, ob das Ergebnis eine wirkliche Bewußtmachung ist und nicht vielmehr eine neue Form der Verdrängung. Deshalb muß ich Sie bitten, meine Therapeuten zu sein; denn nur Sie können beurteilen und mir zurückmelden, wieviel von meinen Überlegungen wirkliche Bewußtmachung und damit wirkliche Wahrheitssuche ist. Ich selbst bin mir sicher, daß ich bestenfalls seit ein paar Jahren mit dieser Wahrheitssuche begonnen habe.

Zunächst möchte ich beschreiben, wie total und wie machtvoll diese Verdrängung nach meiner eigenen Wahrnehmung gewesen ist und sicher auch noch ist. Ich hoffe, daß ich am ehrlichsten und glaubwürdigsten bin, wenn ich mich selbst zum Objekt mache und die Verdrängung an der biographischen Entwicklung meiner eigenen Person aufzeige. Einige von

Ihnen wissen bereits, daß ich 1933 geboren bin, nationalsozialistisch erzogen und aufgewachsen bin, mindestens bis Mitte der 50er Jahre nicht intellektuell, aber emotional von den Intentionen der Nazis infiziert war und genügend Beweise dafür habe, daß ich auch noch später aktiv zum kollektiven Verdrängungsprozeß der Verbrechen der deutschen Psychiatrie beigetragen habe. Ich habe das inzwischen in einem kleinen Buch mit dem Titel "Tödliches Mitleid" (Verlag Jakob van Hoddis, Gütersloh 1988) dokumentiert. Dabei hätte gerade ich eher besonders gute Chancen gehabt, meiner Verdrängung eher auf die Spur zu kommen. Denn ich bin nicht nur Psychiater geworden, sondern habe auch noch Philosophie, Geschichte und Soziologie studiert. Ich habe mich ab Anfang der 60er Jahre aktiv mit den Mordaktionen deutscher NS-Psychiater auseinandergesetzt und dafür alles gelesen, was mir erreichbar zu sein schien. 1967 habe ich einen Aufsatz zu diesem Thema publiziert. Daß dies der erste Aufsatz zur sogenannten Nazi-Euthanasie gewesen ist, der in einer historischen Zeitschrift in der BRD erschien, macht deutlich, daß die Verdrängung der psychiatrischen Verbrechen nicht nur innerhalb der Psychiatrie, sondern auch in anderen Wissenschaften in der BRD kollektiv und total war. Ich weiß noch genau, daß ich damals gedacht habe: "Mit diesem Aufsatz hast du deine Verdrängung bewältigt; du kannst das Thema für dich abhaken und zu anderen Themen übergehen." In Wirklichkeit war es eine bloß intellektuelle Bewältigung, auch hier noch lückenhaft, erreichte meine Gefühle nur teilweise und mein psychiatrisches Handeln fast gar nicht. Beweis: Ich habe in diesem Aufsatz zwar über die Opfer, die psychiatrisch Verfolgten in der BRD, die Zwangssterilisierten und Euthanasiegeschädigten, klug geredet. Aber ich bin erst 17 Jahre später, 1984 auch nur auf den Gedanken gekommen, ich könnte mit den noch überlebenden psychiatrisch Verfolgten reden, sie aus ihrer Vereinsamung herausholen und dafür kämpfen, daß sie in der BRD überhaupt als Verfolgte anerkannt werden. Damit haben ich und andere erst 1984 begonnen, was dazu führte, daß der Deutsche Bundestag 1988 die psychiatrischen NS-Opfer wenigstens teilweise als NS-Verfolgte anerkannt hat.

Aber die Verdrängung der deutschen Verbrechen an psychisch Kranken in Polen war noch machtvoller und noch besser geschützt. Auch das läßt sich beweisen: Erst Anfang der 80er Jahre war ich offen genug, um mich aktiv dafür zu interessieren, obwohl ich es intellektuell schon viel früher hätte wissen können. Als das Interesse geweckt war, fand ich natürlich auch bald in einer französischen Zeitschrift einen Aufsatz von Herrn

Jaroschewski über die Ermordung der psychisch Kranken in Polen. Ich habe ihn übersetzen lassen. Er erschien 1982 in den "Sozialpsychiatrischen Informationen" (Jg. 12, H. 71/72, S. 6-17). So unglaublich es klingt: Mit diesem Aufsatz konnten deutsche Leser zum ersten Mal in deutscher Sprache etwas über die Ermordung der psychisch Kranken in Polen durch die Nazis erfahren. Das beschämt mich zutiefst, und noch heute stehe ich fassungslos davor. Es gehört zur "zweiten Schuld", also zu der Schuld, die die Nachkriegs-Generation in Deutschland auf sich geladen hat. Dies können wir mit Sicherheit nicht auf die Generation unserer psychiatrischen Väter und Großväter verschieben.

Heute glaube ich zu wissen, warum die Ermordung der psychisch Kranken in Polen in Deutschland noch besser verdrängt worden ist als die Ermordung der psychisch Kranken in Deutschland und als die Ermordung der Juden: Das Vergasen, Erschießen und Erschlagen der psychisch Kranken in Polen war nämlich in seiner historischen Bedeutung noch unfaßlicher und entsetzlicher als die Mordaktionen gegen psychisch Kranke in Deutschland und gegen die Juden, weil ganz konkret mit der Vergasung polnischer psychisch Kranker am 15. Oktober 1939 im Fort VII in Posen zum ersten Mal in der Geschichte der Menschheit die Industrialisierung des Tötens eines Teils der Gesellschaft stattgefunden hat. Es war der Beginn des industriellen und systematischen Tötens von Menschen, um aus einer Gesellschaft Teile, die man als negativ bewertet hat, herauszuoperieren. Zwar wurden in der folgenden Zeit immer größere Zahlen von Menschen mit immer größerer industrieller und technischer Perfektion ermordet. Aber am 15. Oktober 1939 in Posen ist dieses größtmögliche Extrem an Verachtung und an Verdinglichung des Menschen am Beispiel polnischer psychisch Kranker erst möglich geworden, weil das Erschießen von Menschen, das Töten mit der eigenen Hand, das handwerkliche Töten, gemessen an den großen Zielen der Welteroberung und Weltveränderung nicht mehr effektiv genug war.

Damit war die abendländische Tradition, die auf der Achtung vor der einmaligen Persönlichkeit jedes Menschen gründet, als lästiges und hemmendes Hindernis auf dem Weg zur totalen industriellen Verwertung des Menschen endgültig beiseite geräumt. Warum aber gelang dies den Nazis aber das erste Mal ausgerechnet gegenüber polnischen psychisch Kranken? Soweit ich das heute wahrnehmen kann, muß die Antwort folgendermaßen lauten: Da selbst die Nazis anfangs von der erwähnten abendländischen

Tradition gehemmt waren, konnten sie diese Hemmschwelle zum totalen industriellen Umgang und damit auch Töten von Menschen am leichtesten und am ehesten gegenüber einer Gruppe von Menschen überwinden, die für sie am extremsten entwertet waren. Bei dieser Gruppe kam im Denken der Nazis ein innenpolitischer und außenpolitischer Entwertungsprozeß zusammen. Innenpolitisch war es in Deutschland schon mindestens seit Ende des 19. Jahrhunderts üblich, die psychisch Kranken nicht nur zu den Minderwertigen, zu den Ballastexistenzen, zu den Untermenschen zu rechnen, die fortpflanzungsgefährlich waren, wobei die psychisch Kranken wegen ihrer sprichwörtlichen Unberechenbarkeit geradezu das Gegenbild gegenüber dem Ideal des berechenbaren, industriell verwertbaren Menschen darstellten; insofern waren sie für die Nazis die Extremform der minderwertigen Menschen. Außenpolitisch war es in Deutschland ebenfalls schon seit Jahrzehnten gesellschaftsfähig geworden, von den Polen als den "slawischen Untermenschen" zu sprechen. Insofern war es am leichtesten, gerade polnische psychisch Kranke zu den ersten Opfern des industriellen Tötens zu machen. Nachdem aber nun einmal die traditionelle Hemmschwelle grundsätzlich beiseite geräumt war, fiel es den Nazis immer leichter, das industrielle Töten von Menschen, insbesondere durch Vergasen, einerseits auf immer mehr als minderwertig definierte Gruppen in Deutschland anzuwenden, andererseits auf immer mehr außenpolitisch als minderwertig definierte Menschengruppen in den besetzten Ländern zu übertragen. So gibt es eine direkte Verbindungslinie zwischen dem Fort VII in Posen und Auschwitz. Dieser Zusammenhang zwingt uns, dem 1. September 1939 eine umfassendere Bedeutung zu geben: Dieses Datum war der Beginn des globalen industriellen Vernichtungskrieges nach außen und innen. Diese Formel wurde von der "Deutschen Gesellschaft für Soziale Psychiatrie" in einer Denkschrift zum 40. Jahrestag des Kriegsbeginns am 1. September 1979 entwickelt. In den letzten 10 Jahren haben sich uns immer mehr Beweise für die Wahrheit dieser Formel ergeben.

Sollten Sie meine bisherigen Gedanken akzeptieren können, dann dürfte es etwas verständlicher geworden sein, warum gerade die Ermordung der psychisch Kranken in Polen mehr als alle anderen Verbrechen der Nazis von uns Deutschen verdrängt und abgespalten worden ist. Ich gebe auch gern zu, daß die meisten der von mir bisher vorgetragenen Gedanken nicht von mir stammen, sondern von einem immer größeren Kreis jüngerer psychiatrisch Tätiger in der BRD, die gegenüber dem Nationalsozialismus distanzierter und unbefangener sind und sich daher seiner Analyse leichter nähern können. Es ist tröstlich für mich und vielleicht auch für Sie, daß immer mehr jüngere psychiatrisch Tätige in der BRD meist über die Analyse der NS-Vergangenheit ihres eigenen psychiatrischen Krankenhauses sich mit der Frage beschäftigen, wie es möglich war, daß die deutschen Psychiater der Nazizeit sich in diese Verbrechen verstricken konnten, und was wir für unser heutiges psychiatrisches und ethisches Handeln daraus zu lernen haben. Gerade die Suche nach Antworten auf diese Fragen hat uns in den letzten Jahren zu unserem Erschrecken dazu gebracht, daß wir mindestens die gesamte Geschichte des 19. Jahrhunderts neu überdenken müssen, um zu begreifen, welche menschenverachtenden Traditionen sich damals entwickelt haben, auf denen die Nazis aufbauen konnten und die zum Teil möglicherweise heute noch wirksam sind. Immer mehr haben wir den Eindruck, daß die Wurzel für unsere Verdrängung in der Nachkriegszeit weit in das 19. Jahrhundert zurückreichen und uns auch daher bei unseren heutigen Aufgaben blind machen können. In der Kürze der mir hier zur Verfügung stehenden Zeit kann ich nur einige dieser Gedanken stichwortartig aufzählen. Ausführlicher habe ich sie in meinem schon erwähnten Buch "Tödliches Mitleid" dargestellt: Vor der Industrialisierung im 18. Jahrhundert bestanden die europäischen Gesellschaften überwiegend aus landwirtschaftlichen und handwerklichen Großfamilien, die zugleich wirtschaftliche und soziale Einheiten waren, also auch Kranke, Behinderte und alte Mitglieder der Großfamilien im Regelfall in einem Netz zwischenmenschlicher Beziehungen auffangen und versorgen konnten. Die Industrialisierung hat in einem Prozeß von 50 bis 100 Jahren die Großfamilien in Kleinfamilien zerschlagen, die integrierende Funktion religiöser und philosophischer Systeme auch als Schutz für Behinderte relativiert und das Wirtschaftssystem im Interesse der Leistungssteigerung immer konsequenter von kranken, behinderten und alten Menschen befreit, für die komplementär ein flächendeckendes Sozialsystem aus Altenheimen, Krankenhäusern, Waisenhäusern, Arbeitshäusern, Obdachlosenheimen, Gefängnissen und psychiatrischen Krankenhäusern geschaffen und finanziert wurde. Die Herstellung eines solchen Sozialsystems für die wirtschaftlich behinderten Gruppen, die man zunehmend "Ballastexistenzen" nannte, war die Antwort auf das, was man damals und heute die "soziale Frage" genannt hat. Die Insassen dieser sozialen Institutionen wurden anfangs im 19. Jahrhundert einem pädagogischen Regime unterworfen. Je mehr aber die Verwissentschaftlichung der Gesellschaft fortschritt, wurden die erwähnten Gruppen der "sozialen Frage" zunehmend als krank definiert und medizinisch wahrgenommen und behandelt, da man sich davon einen effektiveren und kostengünstigeren Umgang versprach. Ende des 19. Jahrhunderts wurden dieselben Gruppen der Sozialen Frage zunehmend auch noch als erbkrank und fortpflanzungsgefährlich definiert und zunehmend mit Hilfe negativ wertender Begriffe wie Degenerierte, Entartete, Psychopathen, Minderwertige und Untermenschen entwertet. Um 1900 hatte dieser Entwertungsprozeß alle industrialisierten Gesellschaften Europas erfaßt, woran sich alle gesellschaftlichen Richtungen, alle politischen Parteien und auch alle Kirchen beteiligten, wenn auch Deutschland tragischerweise, insbesondere auch in der Begriffsbildung der Psychiatrie, hier eine gewisse Federführung übernommen hatte. So wurde es in Kauf genommen oder geradezu als ausgleichende erbbiologische Gerechtigkeit begrüßt, daß in den psychiatrischen Krankenhäusern Deutschlands im Ersten Weltkrieg 70.000 psychisch Kranke an Hunger und Infektionskrankheiten starben. Daher konnte wahrscheinlich das berüchtigte Buch von Binding und Hoche "Die Freigabe der Vernichtung lebensunwerten Lebens" (Leipzig 1920) am leichtesten in Deutschland geschrieben werden. Unter einem gesamtgeschichtlichen Blickwinkel kann man den Prozeß der Industrialisierung aber auch sehen im Zusammenhang mit dem Prozeß der äußeren und inneren Kolonisierung der Welt durch die industriellen Gesellschaften Europas. Einerseits versuchten sie, den Rest der Welt in Kolonien zu verwandeln und aufzuteilen, wobei ein Teil der dort lebenden Menschen ausgerottet wurde, ein anderer Teil in Arbeitssklaven verwandelt wurde und ein dritter Teil den eigenen Absatzmärkten nutzbar gemacht wurde. Andererseits haben sie aber auch die Kolonisierung nach innen gerichtet und behinderte, behindernde und störende Menschen in ihren Gesellschaften in Kolonien in Form von Institutionen, Heimen, Anstalten und psychiatrischen Krankenhäusern kontrollierbar, unschädlich und nützlich gemacht. Sprachlich hat die stets staatsnahe evangelische Kirche in Deutschland dies nachempfunden: Sie unterschied seither zwischen äußerer Mission und innerer Mission.

Unter den Aspekten der Industrialisierung und Kolonisierung kann man sagen, daß die Nazis keine neuen Ideen erfinden mußten: sie konnten sich vielmehr weithin auf die schon vorhandene gesellschaftliche Mentalität und Bestrebungen stützen. Hinzugefügt haben sie lediglich eine bis dahin unfaßbare Radikalisierung, Totalisierung und Brutalisierung der Umsetzung der schon vorhandenen Ideen in die Praxis. Man kann daher sagen, daß eine Kernabsicht der Nazis in der Endlösung der "Sozialen Frage", also in der Disziplinierung und notfalls Tötung aller "nutzlosen

Esser" bestand. Sie wollten damit beweisen, daß eine Gesellschaft, die sich radikal von aller sozialen Last, von allen "Ballastexistenzen" befreit, wirtschaftlich und militärisch unschlagbar sei. Da allgemein bekannt ist, daß die Nazis, weil Deutschland im Ersten Weltkrieg beraubt war, sich die osteuropäischen Länder zu Kolonien machen wollten, können wir auch sagen, daß sich in der Vergasung der polnischen psychisch Kranken im Fort VII von Posen am 15. Oktober 1939 die Brutalitäten der äußeren und der inneren Kolonisierung miteinander verbunden und verdichtet haben, um fortan die Industrialisierung und Kolonisierung der Welt nach innen und außen mit dem Mittel des industriellen Tötens betreiben zu können.

Einschränkend muß ich hinzufügen, damit ich recht verstanden werde: Ich habe nicht den Anspruch, die Verbrechen der Nazis auf eine einzige neue Formel zu bringen. Mir ging es vielmehr darum, diesen neuen Erklärungsversuch neben vielen anderen bekannten Erklärungen zumindest zur Diskussion zu stellen, obwohl wir in der BRD bis heute kaum einen Historiker finden, der die "Endlösung der Sozialen Frage und der äußeren/inneren Kolonisierung" als zentrale Absicht der Nazis ernsthaft zu diskutieren bereit gewesen wäre. Dieser Gedanke ist auch so schwindelerregend, daß wir glauben, daß es kein Wunder ist, daß wir ihn über 40 Jahre nach Ende des Krieges verdrängen mußten, weil wir ihn gar nicht wahrhaben konnten, ohne vor Scham zu versinken. Ob wir damit unsere Verdrängung in der Nachkriegszeit auf den Grund oder wenigstens näher gekommen sind, muß und möchte ich Ihnen und den nächsten Jahren überlassen, von denen ich hoffe, daß das zumindest für uns bitter nötige Gespräch zwischen Ihnen und mir nicht abreißt.

Die Entwicklung der Psychiatrie im internationalen Vergleich: BRD (1991)

Nach dem Ende der Nazi-Herrschaft arbeiteten alle Deutschen - die psychiatrisch Tätigen, aber auch alle anderen - nach Kräften und erfolgreich daran, die Psychiatrie im allgemeinen und die Existenz von psychisch kranken Mitbürgern im besonderen sowohl aus der Öffentlichkeit mit ihren Medien als auch aus dem Bewußtsein aller Deutschen zu tilgen. Von heute her wird man vielleicht sogar sagen müssen, daß dieses Vorgehen - angesichts der objektiv unendlichen Schuld und Scham - das einzig mögliche gewesen ist. Die etwas älteren psychiatrisch Tätigen arbeiteten unter unsäglich armseligen Bedingungen in den verrotteten Krankenhäusern brav vor sich hin nach dem Motto: "Einmal - bei den Nazis - sind wir auf eine Gesellschafts- und Psychiatriereform hereingefallen und haben mitgemacht; daher werden wir uns nie wieder an etwas beteiligen, das uns als Psychiatriereform verkauft wird und werden daher auch darauf verzichten, als Lobby für die psychisch Kranken in der Öffentlichkeit aufzutreten." Auf diese Weise war daher nach zwei Jahrzehnten die Psychiatrie nachgerade der einzige gesellschaftliche Bereich in der Bundesrepublik, der noch nicht einer Reform unterzogen war.

Die jüngere Generation hingegen, die noch im Krieg war und nach 1945 ihr Studium beendete und sich der Psychiatrie zuwandte, war zunächst für den demokratischen Aufbau engagiert, ließ sich jedoch diese Begeisterung von den nach einiger Zeit an die Schalthebel der Macht zurückkehrenden Polit-Profis abkaufen, las stattdessen Sartre und Heidegger und konstituierte auf diese Weise eine neue daseins-analytische, anthropologische oder existenzphilosophische Sichtweise in der Psychiatrie der Nachkriegszeit. Historisch gesehen war dies insofern ein bedeutendes Ereignis, als sich psychiatrisches Denken und Handeln seit Mitte des 19. Jahrhunderts zunehmend von der als reaktionär erlebten Philosophie fortschrittlich abgekoppelt hatte, nur noch auf die positive, nicht mehr kritisch reflektierte Wissenschaftlichkeit der Psychiatrie bauend. Dieser jungen Nachkriegsgeneration gebührt also das Verdienst, nach 100 Jahren psychiatrisches Denken und Handeln wieder an philosophische Denktraditionen anzubinden, was - wie wir heute wissen - ein wichtiger und wirksamer Schutz davor ist, daß der Glaube an eine Wissenschaft mörderisch wird.

Ich nenne ein paar Namen dieser Generation: Kisker, Häfner, Kulenkampff, Wulff, Bräutigam, Richter, Degkwitz, J.E. Meyer usw.

Wenn auch dies Philosophieren an der Trostlosigkeit der Versorgungssituation psychisch kranker Menschen nichts änderte, ist dennoch aus dieser Tabu-Latenzzeit von einem Ereignis zu berichten, das bis heute Auswirkungen gehabt hat. Ich meine das Buch "Psychiatrie der Verfolgten" von v. Baeyer, Häfner und Kisker, Heidelberg: Springer 1964. Dies Buch widerlegte nämlich die bis dahin herrschende psychiatrische Lehrmeinung, daß nur innere (endogene), nicht aber äußere (psychosoziale) Bedingungen eine nicht nur vorübergehende, sondern dauernde psychische Schädigung bewirken können. Das Buch verknüpfte psychiatrisches mit psychodynamischem Denken, griff amerikanische Erfahrungen auf und konstituierte eine neue biographische Methode, wonach aus der Analyse des Lebenslaufs beweisbar wurde, daß eine Extremsituation, z. B. Konzentrationslager, Ghetto, lange und isolierende Kriegsgefangenschaft, dauerhaft und schwerwiegend einen Menschen psychisch schädigen kann. Wenn für uns heute das biographische Denken im Umgang mit psychisch Kranken selbstverständlich ist, dann geht dies auch auf dieses Buch zurück, das damals den Durchbruch dafür brachte, daß viele Nazi-Opfer eine Entschädigung wegen Gesundheitsschadens auf psychischem Gebiet bekommen konnten, wenn auch nicht die verfolgten psychisch Kranken.

Im übrigen waren es aber die "wilden" antiautoritären 68er Jahre, die in der Bundesrepublik im gesellschaftlichen Bewußtsein und in der Öffentlichkeit sozusagen die Wiederentdeckung des "Psychischen" mit sich brachten. Seither ist das Psychische in den öffentlichen Medien wieder zugelassen, und zwar sowohl das innere Psychische jedes einzelnen, nicht zuletzt durch Wiederaufgreifen der psychoanalytischen Denktradition, als auch das Psychische in der Gesellschaft und im Zusammenhang damit auch die Versorgungseinrichtungen für psychisch Kranke. Mit einem Schlage gerieten die Landeskrankenhäuser als rettungslos vermasste Schlangengruben in das grelle Licht allgemeiner Kritik.

Unmittelbare Folge davon waren etwa die Gründung der "Deutschen Gesellschaft für Soziale Psychiatrie", aber auch die Psychiatrie-Enquete, 1972 in Auftrag gegeben, 1975 dem Bundestag vorgelegt. Vielleicht ist es das größte Verdienst dieser Enquete, daß ihre Autoren sich frei genug fühlten, offen auf die inzwischen vorliegenden gemeindepsychiatrischen

Erfahrungen in allen anderen Gesellschaften zurückzugreifen. Denn jetzt wurde erst richtig deutlich, daß alle vergleichbaren Gesellschaften offensichtlich die Greuel der Nazi-Psychiatrie weltweit schneller reflektiert hatten, erkannt hatten, daß diese Nazi-Psychiatrie die Verabsolutierung einer 100jährigen Tendenz zur Ausgrenzung psychisch Kranker gewesen ist und daß nun konsequent eine entgegengesetzte Richtung in der Psychiatrie zu verfolgen sei, die Richtung auf gemeindepsychiatrische Organisation mit dem Ziel der Integration psychisch Kranker. Federführend bei der Erarbeitung der Psychiatrie-Enquete waren übrigens die oben erwähnten Vertreter der psychiatrischen Nachkriegsgeneration, die aus ihrer zunächst mehr philosophierenden Haltung heraus die Wende zu konkreter Sozial- und Gemeindepsychiatrie anstrebten. Daher ist es auch das wichtigste Ergebnis der Psychiatrie-Enquete, daß durch die Diskussion derselben schließlich alle wichtigen politischen und gesellschaftlichen Gruppen in der Bundesrepublik sich zur Gemeindepsychiatrie bekannt haben, was bis heute gilt. Daneben sind die kritischen Einschränkungen der Enquete, also die zu starke Orientierung am Krankenhaus und am medizinischen Denkmodell, aber verständlich und wohl ein notwendiges Durchgangsstadium.

Die Folgen der nunmehr in Gang gekommenen Psychiatrie-Reform waren in den 70er Jahren unterschiedlich. Einmal begegneten die Landeskrankenhäuser der Kritik an ihnen damit, daß sie zu Hunderten ihre chronisch Kranken, die Langzeitpatienten, in das sich gleichzeitig marktwirtschaftlich bildende Netz von Heimen verschoben. Kitzig aus Osnabrück hat errechnet, daß das System der Landeskrankenhäuser sich um 50.000 Menschen verkleinerte, das System der Heime sich aber ungefähr um dieselbe Zahl vergrößerte - ein makabrer Befund, zumal wir wissen, daß die Förderungsmöglichkeiten der Langzeitpatienten sich dadurch noch einmal verschlechtert haben. Wenn dies heute auch mit Recht zu kritisieren ist, wird man den Verantwortlichen der 70er Jahre deswegen vermutlich doch kaum einen Vorwurf machen können, weil sie es einerseits nicht besser wußten und weil sie andererseits keine andere Möglichkeit hatten, um die übrigen Patienten einigermaßen menschenwürdig unterzubringen, Baumaßnahmen beginnen zu können, das Krankenhaus nach diagnostischen Gesichtspunkten zu untergliedern und zu spezialisieren und die übriggebliebenen Patienten in stärkerem Maße persönlich wahrzunehmen, was die Voraussetzungen für gezielte rehabilitative Förderungspläne darstellt. Schließlich entwickelten sich in dieser Zeit nach dem Prinzip der gemeindeorientierten Dezentralisierung an vielen Allgemeinkrankenhäusern kleinere psychiatrische Abteilungen mit einem definierten Einzugsbereich, was inzwischen dazu geführt hat, daß wir heute deutlich mehr Abteilungen als Landeskrankenhäuser haben, ein Prozeß, der weiterhin fortschreiten wird, zumal dies auch der internationalen Erfahrung entspricht. Ich möchte an dieser Stelle jedoch auf ein Versäumnis der 70er Jahre hinweisen, das zumindest mich sehr beschämt. Wir haben damals mit aller Macht dafür gekämpft, daß die Unterbringungsbedingungen der psychisch Kranken in den Krankenhäusern sich verbesserten, darüber hinaus aber vor allem für uns selbst gesorgt, was etwa Verbesserungen der Stellenpläne und auch Verbesserungen der Einkünfte der psychiatrisch Tätigen angeht. Niemand von uns hat damals aber an die vielleicht wichtigste Forderung gedacht, nämlich daran, daß zunächst mal die längerfristig psychisch Kranken auf dem Wege der Berentung zu einer ökonomischen Existenzsicherung zu bringen seien, vor allem auch dann, wenn sie bis zum Beginn ihrer Erkrankung noch keine Rentenansprüche haben ansammeln können, was ja im Falle der psychischen Störungen leider sehr häufig ist. Es hat schon eine entscheidende Bedeutung, wenn ich im Fall einer längerfristigen psychischen Erkrankung von mir weiß, daß ich einen gewissen Betrag wert bin, sagen wir DM 1.000,- im Monat, womit ich mich notfalls aufrechterhalten kann, auch leichter einen Arbeitgeber finde, der mich einstellt, ganz zu schweigen von der außerordentlichen Bedeutung einer solchen Finanzierung für die betroffenen Familien, die sonst sehr oft selbst für ihr psychisch krankes Familienmitglied zahlen müssen, bis sie in den sozialen Offenbarungseid hineingetrieben werden, was schlimme Folgen für alle Beteiligten oft genug hat. In diesen 70er Jahren, als im gesamten Europa das Geld verhältnismäßig locker saß, haben wir diese Chance verpaßt, haben mehr an uns als an die psychisch Kranken gedacht, während Länder wie die Schweiz, die Niederlande, die skandinavischen Länder, aber auch die osteuropäischen Länder einschließlich DDR dieses Grundrecht auf Rente im Falle einer psychischen Behinderung eingeführt haben.

In den 80er Jahren erfolgte zunehmend systematisch der Aufbau ambulanter Begleitstrukturen, entscheidende Voraussetzung dafür, daß Menschen mit längerfristigen psychischen Störungen nur einen immer kleineren Teil ihres Lebens in Krankenhäusern und anderen Institutionen sein müssen, während sie den immer größeren Teil ihres Lebens in ihrer Kommune leben können, falls eben die entsprechenden Begleitstrukturen vorhanden sind. In diesem Zusammenhang war es sicher hilfreich, daß mit Hilfe des Bundesgesundheitsministeriums in 14 Modellregionen das gemeindepsychiatrische Prinzip erprobt wurde, wonach ein psychisch kranker Bürger alle Hilfen, die er benötigt, in seiner eigenen Region vorfindet. Darüber hinaus war es vielleicht das wichtigste Ereignis der 80er Jahre, daß wir psychiatrisch Tätigen die Angehörigen psychisch Kranker als Menschen mit eigenen Bedürfnissen und Rechten entdeckt haben. Dies begann mit dem Aufbau von Angehörigengruppen von den jeweiligen Krankenhausstationen aus und hat sich in wenigen Jahren explosionsartig vermehrt und verselbständigt bis zu dem jetzigen Ergebnis, daß es darüber hinaus über 300 Angehörigenselbsthilfegruppen gibt, die in Landesverbänden und in einem Bundesverband der Angehörigen psychisch Kranker organisiert sind. Sowohl für die psychiatrische Wahrnehmung des Umgangs mit den einzelnen Menschen als auch für die politische Einflußnahme ist dies von höchster Bedeutung. Weiterhin müssen wir feststellen, daß erst das Elend der Arbeitslosigkeit erforderlich war mit der dadurch bedingten fast ausnahmslosen Arbeitslosigkeit gerade für die Gruppe der psychisch Kranken, damit wir psychiatrisch Tätigen die Bedeutung der Arbeit für den Menschen im allgemeinen und für psychisch Kranke im besonderen entdeckt haben. In der Vergangenheit hatten wir höchst einseitig die krankmachende Wirkung der Arbeit in den Vordergrund gestellt; jetzt lernten wir mühsam, daß Arbeit auch Halt geben kann und daß darüber hinaus psychisch Kranke wie alle übrigen Menschen das existenzielle Bedürfnis haben, sich durch Arbeit als Menschen zu verwirklichen, weil jeder Mensch notwendig sein will. Die Folge davon war, daß wir die Nutzung der Werkstätten für Behinderte stärker in Anspruch nahmen, darüber hinaus eine Bewegung von Selbsthilfefirmen und Zuverdienstfirmen in Gang brachten, die heute schon ein eindrucksvolles Ausmaß erreicht hat. Schließlich ist zu berichten, daß in eben diesen 80er Jahren die Landeskrankenhäuser damit anfingen, systematisch ihre Langzeit-Patienten zu entdecken, sie individuell zu fördern, ihre Krankengeschichten in Lebensgeschichten umzuwandeln, damit die Langzeit-Patienten zu rehistorisieren, ihnen dadurch Zukunftsperspektiven wiederzugeben und sie auf diesem Wege in immer größerem Ausmaß in eigene Wohnungen und auch in eigene Arbeit zu entlassen. So haben wir in Gütersloh von 350 Langzeitpatienten in den letzten 8 Jahren 250 in eigene Wohnungen und in eigene Arbeit entlassen. Die Methode des Vorgehens dabei, die richtige Art des fördernden Umgangs mit Langzeitpatienten und die Ergebnisse dieses Tuns haben wir veröffentlicht in dem von Konstanze Koenning herausgegebenen Band: "Spät kommt ihr... Gütersloher Wege mit Langzeitpatienten", Verlag Jakob van Hoddis, Gütersloh, 1986. Wichtigstes und vielleicht letztes schriftliches Produkt dieses 20jährigen Prozesses der Psychiatriereform sind wohl die "Empfehlungen der Expertenkommission der Bundesregierung zur Psychiatriereform" vom 11.11.88. Hier wird erstmals in dankenswerter Konsequenz ausgesprochen, daß psychiatrische Versorgung von den Schwächsten auszugehen hat, daß alle oder doch zumindest fast alle chronisch Kranken in ihrer Region Lebens-, Wohn- und Arbeitsmöglichkeiten finden müssen. Daher wird denn auch von den "Empfehlungen" gefordert, daß die Federführung der psychiatrischen Organisation bei den Kommunen zu liegen hat, die daher aufgefordert werden, Koordinatoren einzusetzen und die Initiative zur Bildung eines kommunalpsychiatrischen Verbundes aufzunehmen, in dem alle an der psychiatrischen Versorgung beteiligten Personen, Verbände und Institutionen zusammenzuschließen sind. Wie man das organisiert, haben wir auf der Gütersloher Fortbildungswoche 1989 diskutiert und dabei den bewußt provozierenden Begriff der "Gemeindepsychiatrischen Pflichtversorgung" geprägt, der insbesondere für die Freiheit der freien Wohlfahrtsverbände zunächst mal anstößig ist, der aber unvermeidlich ist, wenn das alte und falsche Prinzip abgeschafft werden soll, daß die einen die Rosinen essen und die anderen den Kuchen. Die Methoden der Herstellung einer solchen kommunalpsychiatrischen Kooperation sind in dem von mir herausgegebenen Band veröffentlicht: "Jetzt wird's ernst - die Psychiatriereform beginnt", Verlag Jakob van Hoddis, Gütersloh, 1990.

Abschließend komme ich nun zu den 90er Jahren und damit zu den Aufgaben der nächsten Zukunft. Hier möchte ich die Aufgabe der Wiederentdeckung der Heime an die erste Stelle setzen. Mal wieder haben wir in der Psychiatrie Wiedergutmachung zu leisten an den Opfern einer vorausgegangenen Reform. Inzwischen ist es nachgewiesen, daß die chronisch Kranken in den Heimen genauso förderbar sind wie die chronisch Kranken in den Landeskrankenhäusern, daß also auch von den Heimbewohnern ein Drittel oder die Hälfte auch unter den jetzt finanzierbaren ambulanten Hilfskonstruktionen in eigene Wohnungen und in Arbeit zu entlassen sind. Die Impulse hierfür müssen - schon nach dem Verursacherprinzip - im wesentlichen von den Landeskrankenhäusern ausgehen. Daß dies möglich ist, haben wir z. B. am Beispiel der Heime des Sozialwerks St. Georg in Westfalen gezeigt. Dabei ist es von entscheidender Bedeutung, daß es uns ebenfalls gelingt, auch die schwierigsten Langzeitpatienten in eigene Wohnungen zu entlassen und für diese kleinere Gruppe die Finanzierung der hier intensiveren Betreuung durchzusetzen, wie dies vorbildlich in Bremen gelungen ist. Dies muß auch für solche Patienten gelten, die wir mit dem unschönen Wort "Verhaltensgestörte" benennen. Weiterhin muß es uns in den 90er Jahren gelingen, die längerfristig gestörten psychisch Kranken ebenso zur Bildung von Selbsthilfegruppen zu ermutigen, wie dies in den 80er Jahren für die Angehörigen möglich geworden ist. Durch eine intensive und realistische Öffentlichkeitsarbeit müssen wir die ohnehin bewiesene Toleranz der Bevölkerung belohnen und noch selbstverständlicher machen. Schonungslos selbstkritisch müssen wir die Anwendung von Psychopharmaka überprüfen und an den konkreter zu fassenden Rechten von psychisch Kranken orientieren.

Die andere Hauptaufgabe der 90er Jahre wird in einer Reflexion und Veränderung der Arbeit auf den akut-psychiatrischen Stationen bestehen. Diese sind nämlich gerade durch die Erfolge der Psychiatriereform in eine immer schwierigere Lage gekommen: Hier sammeln sich nämlich auf engem Raum Menschen, die nur noch in einer sehr akuten und entsprechend erregten und gewalttätigen Verfassung auf die Station kommen und hier in immer kürzerer Zeit wieder für die ambulante Weiterbetreuung fitgemacht werden müssen. Dies macht die Situation auf den akut-psychiatrischen Stationen sowohl der Landeskrankenhäuser als auch der Abteilungen für die Patienten ebenso wie für die Mitarbeiter immer unerträglicher. Wir müssen Strategien finden für die Entzerrung dieses Potentials an Erregbarkeit und Verletzbarkeit - räumlich und zeitlich. Therapeutische und versorgerische Aspekte müssen über den Tag hin vermehrt aus der Station ausgelagert werden. Ebenso muß in der nächsten Zukunft überprüft werden, ob der reformerische Fortschritt der Spezialisierung nach diagnostischen Gruppen nicht wieder rückgängig gemacht werden muß, damit Menschen mit ganz unterschiedlichen Problemen auf einer Station gegenseitig zur Beruhigung und Beschäftigung miteinander anregen und damit der Förderbedarf jedes einzelnen Patienten im Unterschied zu den anderen Patienten wahrgenommen werden kann. Möglicherweise - ich weiß das noch nicht genau - muß an die Stelle der Spezialisierung, bezogen auf die jeweils einzelne Station, stärker das Strukturprinzip der Sektorisierung und der Subsektorisierung treten, mit dem Ziel, daß eine Station eine nur noch kleine Region versorgt, dafür aber alle psychisch kranken Menschen aus dieser Region aufnimmt. Wenn ich recht sehe, liegen hierfür auch schon geeignete Denkkonzepte hinsichtlich der Auffassung von psychischer Erkrankung und des Umgangs damit vor. Als Beispiel hierfür zitiere ich abschließend eine Formulierung über das Wesen und den Sinn schizophrener Störungen, die aus der Korrespondenz zwischen Gütersloher Mitarbeitern und dem greisen Manfred Bleuler in Zürich zustandegekommen ist, eine Formulierung, die darüber hinaus den in der Psychiatrie immer noch seltenen Vorteil hat, daß man mit den Begriffen dieser Formulierung nicht nur über, sondern ausgezeichnet mit psychiatrischen Patienten ins Gespräch kommen kann: "Nach unserem heutigen Wissen bedeutet Schizophrenie in den meisten Fällen die besondere Entwicklung, den besonderen Lebensweg eines Menschen unter besonders schwerwiegenden inneren und äußeren disharmonischen Bedingungen, welche Entwicklung einen Schwellenwert überschritten hat, nach welchem die Konfrontation der persönlichen inneren Welt mit der Realität und der Notwendigkeit zur Vereinheitlichung zu schwierig und zu schmerzhaft geworden ist und aufgegeben worden ist" (Neue Praxis braucht neue Theorie, herausgegeben von K. Dörner, Gütersloh; Verlag Jakob van Hoddis 1987, S. 18).

Schizophrenie als Versorgungsleiden (1987)

Schizophrenie wird nur in extremen Ausnahmefällen als Versorgungsleiden anerkannt. Diese Praxis stützt sich auf eine wissenschaftlich überholte, einseitige Betonung dispositioneller Faktoren bei der Entstehung der Krankheit, unter denen der Erblichkeitsfaktor eine unangemessen zentrale Rolle einnimmt. Um dem Einzelnen gerecht werden zu können, müssen neben den längerfristig wirkenden dispositionellen auch die kurzfristig manifestationsfördernden Schädigungsfaktoren in einer detaillierten Bedingungsanalyse herausgearbeitet und entsprechend bewertet werden. Die "Anhaltspunkte" für die Anerkennung der Schizophrenie als Versorgungsleiden müssen deshalb neu formuliert werden. Ein entsprechender Vorschlag, der die Bedingungsanalyse mit einbezieht, wird zur Diskussion gestellt.

Vor zwei Jahren schrieb mir der damals 74jährige Klempnermeister Heinrich Born aus Bielefeld. Er stellte mir Fragen im Zusammenhang mit seinem Kampf um Anerkennung der Schizophrenie seiner Frau als Versorgungsleiden, nachdem diese Ende des 2. Weltkrieges nach einem Luftangriff im schwangeren Zustand und einer Totgeburt schizophren wurde und blieb, seit Jahren in einem Bielefelder Pflegeheim betreut. Ich war fasziniert von der Fachkenntnis und von den für mich unangenehm präzisen Fragen des Herrn Born. Als ich ihn näher kennenlernte, stellte ich fest, daß er auch andere Fachleute schon fasziniert hatte: Er besitzt eine umfangreiche Sammlung ausführlicher Stellungnahmen zur Verursachung der Schizophrenie von zahlreichen anerkannten psychiatrischen und humangenetischen Fachleuten, auf die ich mich in meiner späteren Argumentation zum Teil beziehe. Die bohrende Frage des Klempnermeisters Born: "Wenn alle Fachleute sich so unsicher hinsichtlich der Ursache der Schizophrenie sind, warum muß sich das dann in den Entscheidungen der Versorgungsämter und Sozialgerichte fast immer zuungunsten der Betroffenen auswirken?" Ich war verunsichert und wußte keine rechte Antwort. Das nahm ich zum Anlaß, mich in das Problem einzuarbeiten.

Die Kontroverse zwischen v. Baeyer und Panse

Zum Verständnis des heutigen Standes der Diskussion um die Verursachung schizophrener Störungen und damit die Frage, ob sie als Versorgungsleiden anzuerkennen sind, muß man zumindest bis in das Jahr 1964 zurückgehen. Damals erschien das Buch von v. Baeyer, Häfner und Kisker "Psychiatrie der Verfolgten."[1] Ich kann mich noch gut an die Aufregung erinnern, die diese und einige ähnliche Publikationen auslösten. Ging es doch darum, daß die Schicksale von verfolgten Menschen bewiesen, daß extreme äußere Lebensumstände erlebnisreaktiv bleibende psychische Schäden bewirken konnten, was nach der klassischen Lehrmeinung nicht möglich war. Die Autoren der "Psychiatrie der Verfolgten" hatten methodisch einen Ansatz gewählt, der von einer biographischen Situationsanalyse ausging, der die Aussonderung des "Psychischen" anthropologisch für künstlich hielt und der das Vorbereitungsfeld für die Entwicklung einer Psychose besonders bewertete - dabei die Gefahren des Erblichkeits-Dogmas, des Psychodynamik-Dogmas und des nur summierenden Pragmatismus vermeidend. Damit war zugleich das im engeren Sinne und einseitig medizinische Denkmodell der Psychiatrie nicht widerlegt, sondern vielmehr in einem umfassenderen Konzept integriert und aufgehoben. Dieser von der biographischen Besonderheit des je einzelnen Menschen ausgehende Ansatz hat sich heute weitgehend durchgesetzt. Es ist klar, daß die Bewertung von äußeren Schädigungsfaktoren als Ursachen für psychische Leiden nach dem Bundesentschädigungsgesetz bzw. nach dem Bundesversorgungsgesetz sich solchen neueren Erkenntnissen anzupassen hatte.

1968 gab der Bundesminister für Arbeit und Sozialordnung das heute noch gültige Grundsatzgutachten von Panse heraus mit dem Titel "Zur ursächlichen Bedeutung einzelner Faktoren für die Entstehung und den Verlauf der Schizophrenie."[2] Dies in der Materialsammlung eindrucksvolle Werk interpretiert die gestellte Frage freilich dennoch einseitig aus dem Blickwinkel der entscheidenden Erblichkeit der Schizophrenie: "Die echte Schizophrenie ist nachgewiesenermaßen ein Erbleiden... Scheiden aber, nach aller Möglichkeit, die symptomatologisch den Schizophrenien sehr

---

1 W. v. Baeyer, H. Häfner, K.P. Kisker: Psychiatrie der Verfolgten, Berlin-Heidelberg 1964

2 F. Panse: Zur ursächlichen Bedeutung exogener Faktoren für die Entstehung und den Verlauf der Schizophrenie, Schriftenreihe des Bundesversorgungsblattes Heft 5 (Kohlhammer-Verlag), Bonn 1968

ähnlichen Psychosen erkennbar exogener oder psychogener Herkunft aus, so ist bei den echten Schizophrenien als wesentliche, letzte und unabdingbare Tatsache eine (erbliche) Genstörung vorauszusetzen." (S. 35 bzw. 33) Panse empfiehlt daher auch: "Fehlen von Schizophrenien bei Blutsverwandten sollte aber dazu anregen, der Frage einer etwaigen schizoformen Psychose nichtgenetischer Ursache besonders sorgsam nachzugehen." (S. 35) Wenn schizophrene Störungen Erbleiden sind, dann sind sie für Panse zugleich auch körperlich bedingte Erkrankungen, womit für ihn die Ursachenfrage positiv geklärt ist. Es gibt für ihn keine Ungewißheit mehr hinsichtlich der Ursachenfrage: "Erblichkeit bedeutet heute keine unbekannte Ursache mehr, sondern ist erwiesener Ausdruck eines molekularen chemischen Vorgangs, der, getragen von der Erbsubstanz, der Desoxyribonukleinsäure, sich in allen Geno- und Phänotypen genetisch bestimmter Anlagen und Erkrankungen auswirkt." (S. 31) Damit sind für Panse alle anderen, also insbesondere psychosozialen Schädigungsfaktoren, grundsätzlich zweitrangig. Panse tut daher auch alle psychodynamischen oder sozialwissenschaftlichen Erklärungsansätze schizophrener Störungen im wesentlichen als Spekulation ab, was man ihm nicht verargen kann, da ja sein wissenschaftstheoretischer Ansatz derart eng somatologisch-medizinisch ist, daß er sogar vor der Analogie zwischen Schizophrenie und progressiver Paralyse nicht zurückscheut. Folgerichtig liefert für ihn lediglich ausgerechnet die Erbforschung Beweismittel dafür, daß in seltenen Einzelfällen auch einmal psychodynamische Schädigungsfaktoren eine Schizophrenie zur Manifestation bringen können, was dann als Versorgungsleiden anzuerkennen wäre: Panse argumentiert nämlich, daß die nicht 100 %ige Konkordanz bei schizophrenen eineiigen Zwillingen das gelegentliche Mitwirken exogener Einflüsse wahrscheinlich mache. Es ist dann auch nicht erstaunlich, daß Panse die "Psychiatrie der Verfolgten" von v. Baeyer, Häfner und Kisker als besonders spekulativ in Frage stellt: "Dogmatisieren die Autoren nicht doch, wider Willen, das Problem, was sie ja gerade vermeiden möchten, wenn sie psychodynamische Vorgänge ("Verklammerungen") so in den Vordergrund rücken lassen, daß die genetische, die somatische Seite, die an sich doch (zumindest als Anteil) unbestreitbar ist, an Bedeutung ganz zurücktritt." Lasse sich mit diesen dynamischen Aspekten nicht alles "beweisen"? (S. 29) Und nochmals, deutlich im Blick auf seine Kritik an der Methode der "Bedingungsanalyse" in dem Buch von v. Baeyer warnt Panse: "Sowohl bei den Kriegsbeschädigten als besonders auch bei den politisch Verfolgten spielen weltanschauliche und ethische Momente mit in die Gesamtproblematik hinein, insbesondere auch, als Abscheu gegenüber dem Geschehenen, das Mitgefühl mit den Betroffenen, die Scham über das von Deutschen begangene schwere Unrecht leicht dazu führen, das Urteil zu beeinflussen ... Das ist menschlich verständlich, man fühlt sich als Gutachter auch ständig selbst unter dem Druck dieser Verantwortung, aber es darf dadurch das wissenschaftliche Fundament der Urteilsfindung nicht angetastet werden" (S. 33).

Heute - im Jahre 1987 - ist es nicht schwer, das Grundsatzgutachten Panse Satz für Satz aus den Angeln zu heben. Das schon deshalb, weil sein wissenschaftstheoretischer Ansatz, sein allzu einseitig linearer Ursachenbegriff, allzu sehr der Körpermedizin entlehnt, heute rettungslos überholt sind. Der methodische Ansatz der "Bedingungsanalyse" von v. Baeyer, Häfner und Kisker hat sich durchgesetzt - und dies wahrlich nicht nur für die Geisteswissenschaften, sondern gerade auch für die exakten Naturwissenschaften der Physik und Chemie, z. B. von Prigogine[3], aber auch von vielen anderen Wissenschaftstheoretikern dargestellt.

Doch auch schon von dem Wissensstand von 1968 her ist die Panse-Position wenig tragfähig. Das bei ihm vorliegende Ausmaß an Erblichkeits-Einseitigkeit ist selbst von dem Chefdenker der NS-Psychiatrie, Carl Schneider[4], in seinem berühmten Buch über die Psychosen-Behandlung von 1939 als reduktionistischer Positivismus zurückgewiesen worden. Es ist auch schon für 1968 peinlich, wie sehr Panse psychodynamisches Denken als Spekulation abtut (z. B. S. 23) und wie er den Begriff der "Deutschen Psychiatrie" als Unterscheidungskriterium für Wissenschaftlichkeit mit amerikanischer oder schweizerischer Psychiatrie konfrontiert, letztere für unwissenschaftlich haltend: "Der psychische Einfluß kann wohl nur als über pathophysiologische Wirkungen gehend verstanden werden, falls man nicht, was die deutsche Psychiatrie aber nicht tut und kann, den Gesamtkomplex der Schizophrenie psychodynamisch deuten will, wie in manchen psychoanalytisch orientierten Schulen in den USA" (S. 32). Wenn man bedenkt, daß 1968 mit Sicherheit schon die Mehrheit der Psychiater über die abstrakte und metaphysische Alternative "erblich" gegen "psychodynamisch" längst hinweggekommen ist, grenzt Panse mit solchen Formulierungen diese Mehrzahl der Psychiater als "undeutsch"

3 I. Prigogine u. I. Stengers: Dialog mit der Natur, München 1981

4 C. Schneider: Behandlung und Verhütung der Geisteskrankheiten, Springer-Verlag, Berlin 1939

aus. Peinlich ist es auch, daß er die Beziehung der Konstitutionstypen von Ernst Kretschmer zu den Psychosen als weiteres Argument für die Bedeutung der Erblichkeit für unbezweifelbar hält, während zur selben Zeit Kretschmers Befunde bereits empirisch widerlegt oder erheblich eingeschränkt waren. Seine Parteilichkeit und sein erbbiologisches Wunschdenken gehen ihm vollends durch, wenn er ausgerechnet Kallmann, der in seinen Untersuchungen die höchsten Erblichkeitszahlen gefunden hatte, als einzigem zitierten Wissenschaftler die "ihm eigene Gewissenhaftigkeit und unbestechliche Genauigkeit" bescheinigt, während schon damals bekannt war, daß gerade Kallmanns Zahlen methodisch besonders schlampig gesammelt waren und daher als unhaltbar und korrekturbedürftig galten und gelten.

In den Richtlinien des Bundesarbeitsministeriums zur sogenannten Kann-Versorgung bei solchen Leiden, bei denen wissenschaftliche Unsicherheit bezüglich der Ursachen besteht, wird aber die Schizophrenie seit 1968 ausgeschlossen und auch dieser Ausschluß im letzten Rundschreiben vom 03.06. 1983[5] aufrechterhalten - und zwar unter ausdrücklichem Hinweis darauf, daß das Grundsatzgutachten Panses die Ursachenfrage bei der Schizophrenie als hinreichend geklärt bezeichne. Es heißt dort: "Die Forschungsergebnisse aus vielen Ländern über die Ätiologie und die Pathogenese der Schizophrenie lassen es nicht zu, die ursächliche Bedeutung exogener Faktoren physischer und psychischer Art für die Entwicklung dieses Leidens als so ungewiß anzusehen, daß nur deshalb die Wahrscheinlichkeit eines ursächlichen Zusammenhangs nicht beurteilt werden könnte. Dies ergibt sich aus dem alle wissenschaftliche Forschungsergebnisse berücksichtigenden Grundsatzgutachten von Prof. Panse ... Unter Begutachtung aller in diesem Gutachten aufgeführten Gesichtspunkte kann im Einzelfall die Frage eines ursächlichen Zusammenhangs mit Wahrscheinlichkeit beantwortet werden. Eine Kannversorgung nach § 1 Abs. 3 Satz 2 BVG kommt bei der Schizophrenie nicht in Betracht." Schon jetzt können wir sagen, daß diese Formulierung wissenschaftlich keinen Bestand haben kann.

---

[5] Rundschreiben des BMA vom 3. Juni 1983 - VI a 7-55470-2

Der Matrose von der "Bismarck"

Als das Schlachtschiff "Bismarck" am 27.05. 1941 versenkt wurde, gehörte ein Matrose zu den wenigen Überlebenden, kam in englische Kriegsgefangenschaft, wo im September 1946 von englischen Ärzten Anzeichen einer Schizophrenie bemerkt wurden, was seine alsbaldige Überführung nach Deutschland auslöste. Hier war er einige Male in stationärer Behandlung und seit 1947 mit bleibenden schizophreniebedingten Beeinträchtigungen als Hilfsarbeiter tätig. 1969 beantragte sein Pfleger für ihn Anerkennung der Schizophrenie als Versorgungsleiden. Das Sozialgericht gab diesem Antrag statt, während das Landessozialgericht ihn ablehnte, wodurch es am 25.11. 1976 zum Urteil des Bundessozialgerichtes kam (9 RV 230/75). Das BSG rügte einerseits mangelnde Sachaufklärung durch das LSG, wobei es so weit ging, daß zu diesem Zweck die vorhandene Literatur über den Untergang der "Bismarck" zu lesen und auszuwerten gewesen wäre. Wenn man so will, folgte das BSG damit methodisch dem Ansatz der "Bedingungsanalyse" v. Baeyers. Zum anderen zitierte das BSG in seinem Urteil ausführlich Passagen aus Arbeiten von Manfred Bleuler über Schizophrenie, zog also wiederum einen Autor zu Rate, der die "Bedingungsanalyse" bevorzugt, und kam von daher zu dem Ergebnis, daß der Stand der wissenschaftlichen Schizophrenie-Forschung es nicht erlaube, mit abstrakter Gewißheit allgemeine Erkenntnisse darüber zu vermitteln, aufgrund derer eine Wahrscheinlichkeit kausaler Faktoren im Einzelfall zuverlässig beurteilt werden könnte. Zweifelsfrei unterliege das Tatbestandsmerkmal "abstrakte Gewißheit" gerichtlicher Nachprüfung. Das BSG kam zu dem Leitsatz: "Bei Schizophrenie als einem Leiden, über dessen Verursachung im allgemeinen in der medizinischen Wissenschaft Ungewißheit besteht, kommt eine Kannversorgung nach § 1 Abs. 3 S. 2 in Betracht." Daraufhin wurde das Verfahren an das LSG rückverwiesen. Dem Vernehmen nach ist es dort mit einem Vergleich abgeschlossen worden (MdE 50%).

Damit hatte sich das BSG in Gegensatz zu den Richtlinien zur Kannversorgung, aber auch zu den sonstigen Kriterien nach dem Panse-Gutachten, wie sie der BMA vertritt, gesetzt. Darauf wies u. a. Möllhof[6] 1977 hin, der es darüber hinaus für bedenklich hielt, daß das BSG sich

6 G. Möllhof, Schizophrenie und "Kannversorgung", Med. Sach. 73 (1977), S. 66-68

gewissermaßen durch eigene Literaturstudien mit Manfred Bleuler nur einen einzigen Psychiater zum Gewährsmann gemacht habe: "Ätiologie und Pathogenese der Erkrankungen aus dem Formenkreis der Schizophrenien erfahren eine eingeengte Bewertung unter Akzentuation noch bestehender Erkenntnislücken, die im wesentlichen mit Quellenhinweisen auf einen Autor gestützt werden; ... so wird insbesondere übersehen, daß endogene Faktoren eine conditio sine qua non für die gesamte Krankheitsentwicklung sind. Nachdem das aber allgemein unbestritten ist, so muß diesen Determinanten auch ein angemessenes Gewicht im Hinblick auf die Manifestation der Erkrankungen gegenüber anderen, möglicheren Ursachen eingeräumt werden. Wenn äußere Einflüsse, z. B. Psychotraumen, das Auftreten des Leidens mitbestimmen, so müssen sie, wenn es zu einer Anerkennung kommen soll, einen erheblichen Stellenwert im Gesamt aufweisen, denn nur, wenn sie wesentliche, zumindest aber annähernd gleichwertige Bedingungen gegenüber anderen sind, können sie als "Ursache" im Sinne des BVG angesehen werden." (S. 68) Durch dies BSG-Urteil war wieder eine Situation entstanden, ähnlich wie nach dem Erscheinen der "Psychiatrie der Verfolgten", wo die Frage zu beantworten war, ob die Beurteilung der Schizophrenie als Versorgungsleiden revidiert werden müsse. Das Bundesarbeitsministerium kam dieser Aufforderung pflichtgemäß nach, insbesondere dadurch, daß es Glatzel mit einem Referat zu dieser Frage beauftragte.

Die Position Glatzels

Glatzel[7] kam 1979 zu dem Ergebnis, daß es nur so aussehe, als ob die Ursachenforschung zur Schizophrenie außer erbgenetischen Befunden nur Spekulation biete: "Tatsächlich aber stellen sich die Dinge nur so scheinbar aussichtslos dar, weil sich die geläufige Fragestellung in der Ursachendiskussion einlinig an einem biologischen Krankheitsverständnis orientiert und deswegen dem besonderen Gegenstand nicht angemessen ist." (S. 6) Heute sei allgemein akzeptiert, daß die Psychiatrie eben nicht - wie Panse - mit einem biologischen Krankheitsbegriff an schizophren leidende Menschen herangehen könne, da dies dem Gegenstand nicht angemessen sei. Neben der notwendigen, aber nicht hinreichenden Bedeutung des Erbfaktors habe z. B. die Psychoanalyse nachgewiesen, daß eine als Anlage

---

7 J. Glatzel: Kausalitätsfragen bei der Schizophrenie, Med. Sach. 75 (1979), S. 2-8

mitgegebene oder aber auch erworbene Disposition eine ebenso unerläßliche Voraussetzung sei, wozu aber noch zusätzliche Faktoren kommen müßten, um eine Schizophrenie zu manifestieren. Da schizophrene Symptome diagnostisch nicht verbindlich seien, gebe es auch keine Schizophrenie als Typus.

Die Diagnose Schizophrenie sei die "begriffliche Kennzeichnung einer individuellen Beziehungsstörung, die... aus der gewordenen Persönlichkeit in ihrer aktuellen Situation resultiert." Das "verbietet die Zusammenstellung eines Katalogs schizophrenieverursachender Faktoren analog dem Vorgehen etwa in der Inneren Medizin" (S. 6). Da Schizophrenie aber keine Krankheitseinheit im Sinne der primär naturwissenschaftlich orientierten medizinischen Disziplinen sei, "können keine überindividuell gültigen pathologischen Momente beschrieben werden." Denn dann würde man übersehen, "daß alle ggf. mitursächlich wirkenden Traumatisierungen ihr pathogenetisches Gewicht stets nur gewinnen können auf dem Hintergrund der besonderen, in Struktur, Bestand an Erfahrungen und Art und Weise des Erlebens von Um- und Mitfeld einmaligen Persönlichkeit. Konkret heißt das, daß dasselbe Erlebnis bzw. dieselbe Erlebnissequenz im einen Fall zu einer nachhaltigen Erschütterung des Persönlichkeitsgefüges und ggf. auch zu dessen Destruktion zu führen vermag, während es im anderen Fall gänzlich wirkungslos bleibt" (S. 7). Es ist leicht festzustellen, daß sich Glatzel hier in der Denktradition der "Bedingungsanalyse" bewegt.

Ein psychosozialer Faktor sei dann wesentlich mitverursachend, wenn erfolgende Bedingungen erfüllt:

1. Unmittelbarer zeitlicher Zusammenhang zwischen Erkrankungsbeginn und fraglich pathogenetischer Konstellation.
2. Der Betroffene muß diese Konstellation über eine längere Zeitspanne - in der Regel über mehrere Jahre - ausgesetzt gewesen sein.
3. Die fraglich pathogenetische Konstellation muß so sein, daß sie den Betroffenen in einer Haltung und ein Verhalten zwingt, die das bislang verbindliche System von Normen und Werten außer Kraft setzen bzw. die fundierte Entwicklung eines solchen überhaupt inhibieren.
4. Die besondere Gestaltung der schizophrenen Psychosen, also das abgewandelte Selbst- und Fremdverständnis muß in einem thematisch adäquaten Zusammenhang mit der fraglichen pathogenetischen Konstellation stehen, was bedeutet, "daß der krankheitsbedingte Erlebenswandel für den Betroffenen eine Entschärfung der Situation bzw. eine

Entlastung verspricht - und sei es allein durch den gänzlichen Rückzug aus aktuellen sozialen Bezügen."

5. Ob ein psychosozialer Faktor mitverursachend für eine schizophrene Psychose ist, "darf nicht davon abhängig gemacht werden, ob beim konkreten Probanden eine hereditäre Bereitschaft vermutet werden kann oder nicht" (S. 7). Denn auch wo man keinen psychosozialen Faktor entdecken kann, könne man heute nicht behaupten, "die Schizophrenie sei aus heiterem Himmel aufgetreten, einem lediglich genetisch determinierten biologischen Gesetz folgend."

Abschließend grenzt Glatzel sich vom Gutachten Panses ab:

1. Die von Panse einleitend gezogene Parallele zwischen Schizophrenie und progressiver Paralyse sei falsch: "Das sich in diesem Vergleich aussprechende Schizophrenieverständnis ist mit unserem gegenwärtigen Wissensstand nicht vereinbar. Schizophrenie meint keine Diagnose im Sinne einer naturwissenschaftlichen Medizin, sondern lediglich eine im Grunde beliebige und durchaus vorläufige rein psychopathologisch bestimmte Konvention."
2. Entgegen der Auffassung Panses stehen sich biologische und soziodynamische Hypothesen zur Verursachung nicht alternativ gegenüber: "Die multikonditionale Betrachtungsweise räumt beiden Faktorenbündeln einen gewichtigen Einfluß auf die Entstehung und den Verlauf des Leidens ein."
3. "Angesichts der Tatsache, daß die absoluten Konkordanzziffern bei eineiigen Zwillingen offenbar unter 50 % liegen, ist der Diagnostiker im Umgang mit einem jeden Patienten dazu aufgefordert, zu prüfen, ob die besondere Lebenssituation, das besondere Schicksal, Determinanten aufweist, die unter Berücksichtigung der genannten allgemeinen Kriterien begründet als wesentliche Teilursachen zu qualifizieren sind."
4. "Die Schizophrenie ist weder ein Erbleiden noch eine psychotraumatische Fehlhaltung bzw. Fehlentwicklung... Die alte Unterscheidung zwischen spontanen und ausgelösten Schizophrenien muß als obsolet aufgegeben werden, da sich im Ursachenbündel genetische und psychosoziale Bedingungskonstellationen als gleichwertige Teilursachen miteinander verbinden" (S. 8).

Für den unbefangenen Leser war damit klar, daß Glatzel das Gutachten Panses vom Grundansatz her (biologische Krankheitseinheit) für nach dem heutigen Wissensstand widerlegt hält. Es gilt hingegen die auf den jeweiligen Einzelfall bezogene und begrenzte Bedingungsanalyse. Man kann nach Glatzel auch nicht mehr von wesentlichen und zusätzlichen Faktoren sprechen: Vielmehr sind nach ihm genetische und psychosoziale Bedingungskonstellationen grundsätzlich gleichwertige Teilursachen.

In einer Anmerkung bemerkt Rauschelbach[8] vom Bundesarbeitsministerium in derselben Nummer des "Medizinischen Sachverständigen" die Position Glatzels aber anders, indem er seine Aussagen wieder in das biologische Krankheitsmodell Panses hineinzwängt, möglicherweise ohne dies zu merken. In seiner Interpretation Glatzels stellt er fest, daß dieser ähnlich wie Panse den Erkenntnisstand für so gesichert hält, daß Wahrscheinlichkeitsaussagen zur Kausalität gemacht werden können, daher die Kannversorgung entfällt. Er gibt der endogenen Komponente auf der Basis einer Genstörung wieder die Bedeutung eines wesentlichen Faktors im Unterschied zu anderen Faktoren, faßt die fünf Bedingungen Glatzels für die Gültigkeit eines psychosozialen Schädigungsfaktors in drei Bedingungen zusammen, stellt fest, daß diese Schlußfolgerungen nicht im Widerspruch zu Panse stehen und erklärt abschließend: "Unverändert bleibt, daß in praxi nur selten die Voraussetzungen für eine Anerkennung einer Schizophrenie als Schädigungsfolge gegeben sein können" (S. 8). Entsprechend ist dann auch der Text der "Anhaltspunkte" von 1983 ausgefallen, als ob es das Gutachten Glatzels nie gegeben hätte.

Keine Sonderrolle des Erblichkeitsfaktors

Die Frage, ob von der Sonderrolle des Erblichkeitsfaktors etwas übrig bleibt, scheint die Kernfrage zu sein sowohl für die Frage der Kannversorgung als auch für die Bestimmungen der "Anhaltspunkte". Zu dieser Kernfrage ein paar Äußerungen aus jüngster Zeit:

Am 20.05. 1985 schreibt Frau Prof. Zerbin-Rüdin an den eingangs erwähnten Klempnermeister Born: "In keinem Fall von Schizophrenie kann man ein geschädigtes Gen einwandfrei feststellen. Man kann nur aus größeren Serien mit statistischen Methoden darauf schließen, daß an Schizophrenie ein oder mehrere geschädigte Gene beteiligt sein müssen. Daher

---

[8] H.H. Rauschelbach: Anmerkungen zur Arbeit Glatzel, Med. Sach. 75 (1979), S. 8

kann ich Ihre Frage nicht beantworten, ob es Schizophrenie ohne geschädigtes Gen gibt. Man nimmt an, daß es eine sehr kleine Zahl (Bruchteile eines Prozent bis höchstens ein bis zwei Prozent) solcher Fälle gibt." Bei der Begutachtung geht es aber immer nur um einen ganz konkreten Einzelfall. Wie soll der Richter entscheiden, wenn er nicht weiß, ob er einen Menschen mit oder ohne geschädigtem Gen vor sich hat?

Am 05.02. 1985 schreibt der Humangenetiker Prof. Vogel aus Heidelberg an Herrn Born: "Es hat sich tatsächlich herausgestellt, daß bei solchen schizophrenen Formen, die später im Leben auftreten, die Erkrankung bei nahen Verwandten der Patienten seltener ist als bei solchen, wo die Erkrankung früh auftritt, das weist natürlich, wie Sie richtig sagen, daraufhin, daß bei später auftretenden Fällen die Veranlagung sicher nicht so stark durchschlägt wie bei früher auftretenden Fällen." Einer der mageren Hinweise auf die Art, wie das System "genetische Ausstattung" und das System "Umwelt" miteinander kooperieren. Man kann dann sagen, daß das genetische Risiko eines Menschen im Laufe des Lebens abnimmt.

Schließlich noch ein Schreiben des Humangenetikers Prof. P. Propping aus Bonn: "Auch ich bin der Meinung, daß die Interaktion zwischen exogenen Faktoren (Umwelt) und genetischer Ausstattung ein wichtiges Erklärungsmodell für die Entstehung seelischer Krankheiten ist. Man muß sich aber darüber im klaren sein, daß die Argumentation im wesentlichen auf Analogien zu anderen genetischen Erkrankungen beruht. Es ist daher nicht gelungen, einen entsprechenden Mechanismus auch bei seelischen Krankheiten tatsächlich nachzuweisen." Ein klares Wort! Empirisch gesehen bleibt nicht viel mehr als die Feststellung, daß es manche - auch nur manche - Familien gibt, in denen schizophrene Störungen gehäuft vorkommen. Daß es sich dabei um eine genetische Störung handeln könnte, ist bis heute nur durch Analogie-Schluß zu vermuten, also - trotz allem - Hypothese oder Spekulation. Was kann und soll der einzelne Betroffene damit anfangen?

Ähnlich hat sich der Humangenetiker Prof. Müller-Hill mir gegenüber brieflich und später in seinem Referat auf der Gütersloher Fortbildungswoche 1986 mündlich ausgesprochen: Es sei heute wissenschaftlich unhaltbar, bei der Begutachtung eines Einzelfalles einer schizophrenen Psychose die Vererbung als kausalen Faktor zu veranschlagen, da bis vielleicht auf ganz seltene Ausnahmen kein Mensch sagen könne, ob ein bestimmter

Mensch, der schizophren wird, erblich belastet oder nicht erblich belastet sei. Möglich seien nur statistische Aussagen.[9]

In diesem Dilemma hat Gregory Bateson[10] in seiner "Ökologie des Geistes" wissenschaftstheoretisch den ökologischen Ausweg formuliert, genetisches System und Umwelt-System als eine Einheit aufzufassen, möglicherweise beim Herangehen an einen Einzelfall in der Praxis brauchbar, freilich wissenschaftlich noch nicht so ausgearbeitet, daß dabei anwendbare theoretisch gesicherte Erkenntnisse bisher herausgekommen sind.

Endlich haben Rose, Kamin und Lewontin[11] 1984 in einer kritischen Überprüfung der bisherigen Erblichkeits-Untersuchungen festgestellt, daß selbst bei der Interpretation der Zwillings- und der Adoptionsstudien die Befunde ebenso viel für die Erblichkeit als auch für die Umweltbedingtheit der Schizophrenie hergeben, wobei sie auf geradezu haarsträubende Mängel bei der Befunderhebung gestoßen sind, was darauf hinweist, daß das ganze Thema weltanschaulich so brisant ist, daß selbst sonst honorigen Wissenschaftlern das Wunschdenken durchgeht nach dem Motto "was erblich ist, bestimme ich".

Und was ist mit jüngeren Versuchen, das Wesen des Schizophrenseins auf einen Begriff zu bringen? Manfred Bleuler hat in einem Brief an mich Schizophrenie folgendermaßen definiert, damit zugleich die Bilanz eines ganzen Forscherlebens ziehend: "Nach unserem heutigen Wissen bedeutet Schizophrenie in den meisten Fällen die besondere Entwicklung, den besonderen Lebensweg eines Menschen unter besonders schwerwiegenden inneren und äußeren disharmonischen Bedingungen, welche Entwicklung einen Schwellenwert, einen point of no return überschritten hat, nach welchem die Konfrontation der persönlichen inneren Welt mit der Realität und der Notwendigkeit zur Vereinheitlichung zu schwierig und zu schmerzhaft geworden ist und deshalb aufgegeben wurde."

---

9 B. Müller-Hill: Sind Menschen mit Psychosen Erbkranke? In K. Dörner (ed.), Neue Praxis braucht neue Theorie, Gütersloher Fortbildungswoche 1986, Gütersloh 1987

10 G. Bateson: Ökologie des Geistes, Frankfurt 1983

11 F. Rose, L. Kamin, R. C. Lewontin: Not in our genes, Penguin Books ltd., Harmonds worth, Middlesex, England 1984

Bleuler[12] hat diese Formulierung für die Gütersloher Fortbildungswoche 1986 ausdifferenziert, dabei auch auf den point of no return verzichtend, zumal ja sowohl von ihm[13] als auch von Ciompi und Müller[14] als auch von Huber[15] biographische Langzeituntersuchungen stammen, die belegen, daß weniger als ein Drittel der einmal an Schizophrenie erkrankten Menschen mit einem schweren Verlauf des Leidens zu rechnen haben. Deutlich wird an der Formulierung Bleulers, daß hier das Krankheitsmodell weitgehend verlassen ist zugunsten eines biographischen Entwicklungsmodells, was uns vielleicht eines Tages dazu zwingt, schizophren gewordene Menschen nicht unter dem Oberbegriff "Psychosen", sondern unter dem Oberbegriff "Entwicklungsstörungen" zu begutachten. Ähnlich formuliert Scharfetter[16] Schizophrenie: "Das schizophrene Syndrom kann als noxen-unspezifisches menschen-mögliches Erlebens- und Verhaltensmuster (Reaktionsmuster) aufgefaßt werden." Es ist für all diese neueren Formulierungen natürlich selbstverständlich, daß sie ein Zusammenwirken genetischer, somatischer, psychischer und sozialer Faktoren unterstellen. Weiterhin ist erwähnenswert, daß eine biographische Langzeituntersuchung über schizophren erkrankte Menschen von Hartmann[17] stammt, der dabei zu dem theoretisch und praktisch wichtigen Ergebnis kommt, daß Menschen, die aus den deutschen Ostgebieten flüchten mußten, d. h. deren Entwurzelung und territorialer Vertrauensverlust anthropologisch und ökologisch besonders groß war, eine weitaus größere Chance hatten, an Schizophrenien zu erkranken und chronisch-schizophren zu werden, als eine im übrigen vergleichbare Population Niedersachsens. Dies beleuchtet zumindest den Umstand, daß der Entwurzelungsfaktor gegenüber dem genetischen Faktor offenbar höher zu gewichten ist, als dies bisher üblich war.

12 M. Bleuler: Schizophrenie als besondere Entwicklung, in: K. Dörner (ed.): Neue Praxis braucht neue Theorie, Gütersloher Fortbildungswoche 1986, Gütersloh 1987

13 M. Bleuler: Die schizophrenen Geistesstörungen, Stuttgart 1972

14 L. Ciompi und C. Müller: Lebensweg und Alter der Schizophrenen, Berlin-Heidelberg 1976

15 G. Huber u.a.: Schizophrenie, eine verlaufs- und sozialpsychiatrische Studie, Berlin-Heidelberg 1979

16 C. Scharfetter: Schizophrene Menschen, München 1981

17 W. Hartmann: Schizophrene Dauerpatienten, Stuttgart 1981

Nach der Vorgeschichte mag es den Leser nicht verwundern, daß wir für die Gütersloher Fortbildungswoche 1986 noch einmal Herrn Glatzel[18] gebeten haben, einen Beitrag mit dem Thema "Haben Psychosen Ursachen?" beizusteuern. Er hat dies zum Anlaß genommen, seine Position zu präzisieren und kommt im Zusammenhang mit den uns interessierenden Fragen nach Schädigungsfaktoren für die Anerkennung von Schizophrenie als Versorgungsleiden zu dem Ergebnis, daß es sowohl längerfristig wirkende disponierende als auch kurzfristige manifestationsfördernde Schädigungsfaktoren zu unterscheiden und zu bewerten gilt. "Hinweise auf Regelhaftigkeiten bezüglich des Zusammenwirkens disponierender und manifestationsfördernder Faktoren gibt es nicht, d. h. wir wissen nicht, welche Kombination den Ausbruch der Erkrankung garantiert.

Das kann deswegen nicht überraschen, weil allenfalls die beiden Faktoren ermittelt und beschrieben werden können, nicht aber die individuelle Artung desjenigen, der unter ihrem Einfluß mit der Ausbildung einer entsprechenden Symptomatik antwortet. Dabei ist zu bedenken, daß auch die individuelle Artung keine Konstante darstellt, sich vielmehr in Abhängigkeit von der konkreten Lebenssituation jeweils unterschiedlich profiliert."

Es sei, so meint Glatzel zum Schluß, zwar berechtigt, nach Ursachen, also nach dem Warum oder Woher von Psychosen zu fragen, ebenso wie es berechtigt ist, nach dem Warum oder Woher jeder anderen psychischen Verfassung, jeder anderen Weise seelischen Befindens zu fragen.

Vernünftig sei es aber lediglich, nach dem Warum der Psychose eines einzelnen, ganz konkreten Menschen zu fragen, "nicht nach der Ursache der Schizophrenie bzw. der Melancholie. Das heißt konkret: Nach der Ursache einer endogenen Psychose zu fragen heißt, nach jenen Faktoren zu fragen, die angesichts der schizophrenen bzw. zyklothymen Persönlichkeitsstörung eines bestimmten Menschen - gemäß dem gegenwärtigen Wissensstand - mit Wahrscheinlichkeit Manifestation und charakteristische Ausgestaltung der Erkrankung ermöglichen. Dabei kommt somatischen Befunden die gleiche Bedeutung zu wie psychosozialen, in der Regel ist mit einem individualspezifischen Zusammenwirken von Befunden der einen ebenso wie der anderen Art zu rechnen."

---

[18] J. Glatzel: Haben Psychosen Ursachen? In: K. Dörner (ed.): Neue Praxis braucht neue Theorie, Gütersloher Fortbildungswoche 1986, Gütersloh 1987

Wir kommen also zu dem Ergebnis, daß genetische Schädigungsfaktoren bestenfalls ebenso wesentlich sind wie somatische oder psychosoziale Schädigungsfaktoren.

Ist die Kannversorgung zu bejahen?

Da das Dogma von der wesentlichen und letzten Ursache der Schizophrenie in der Erblichkeit und damit die Charakterisierung der schizophrenen Psychosen als Erbleiden als unhaltbar verworfen ist, entfällt auch der Hinweis auf das Grundsatzgutachten Panses zur Begründung der Ablehnung der Kannversorgung für die Schizophrenie. Damit kommen wir aber noch nicht automatisch zu einer Bejahung der Kannversorgung für die Schizophrenie. Vielmehr gilt es, zwei Möglichkeiten zu unterscheiden. Das liegt daran, daß wir in den "Anhaltspunkten"[19] von 1983 auf der Seite 138 die Bemerkung finden, im Versorgungsrecht werde der Begriff der Ursache im "naturwissenschaftlich-philosophischen" Sinne angewandt. Wie ist das nun gemeint? Nehmen wir an, der naturwissenschaftlich-philosophische Sinn sei im Stile der klassischen Naturwissenschaft (Typ Newton) gemeint. Dann können nach unseren Befunden weder die genetischen noch die psychosozialen Bedingungen für sich in Anspruch nehmen, mit hinreichender abstrakter Gewißheit als wesentliche Ursachen für schizophrene Erkrankungen anerkannt zu werden. In diesem Fall muß die Kannversorgung für die Schizophrenie zugestanden werden.

Die andere Möglichkeit besteht dann, wenn der naturwissenschaftlich-philosophische Sinn des Begriffs der Ursache nach dem heutigen wissenschaftstheoretischen Stand des naturwissenschaftlichen Ursachen-Begriffs interpretiert werden soll, also etwa im Sinne von Prigogine "Dialog mit der Natur", da dieser Ursachen- und Naturwissenschaftsbegriff Wechselseitigkeit, curvilineare Strukturen, dissipative Strukturen sowie den historischen und subjektiven Charakter zu beobachtender Prozesse ins Kalkül mit einbezieht. In diesem Fall müßte der methodische Begutachtungsansatz akzeptiert werden, wie er von v. Baeyer in der "Psychiatrie der Verfolgten" entwickelt worden ist, wie er bei Bleuler und Glatzel zu finden und wie er ohnehin in der heutigen Psychiatrie üblich ist, also der Ansatz der biographischen Bedingungsanalyse, die im Rahmen eines historischen Entwick-

19 Anhaltspunkte für die ärztliche Gutachtertätigkeit im sozialen Entschädigungsrecht und nach dem Schwerbehindertengesetz, Bonn 1983

lungsdenkens kausale Bedeutung aller Faktoren einer konkreten Situation gewichtet. Diese Methode beruht auf einem anthropologisch-ökologischen Konzept, das die Analogie der Schizophrenie zum Konzept der körperlichen Erkrankung, die Hypothese der potentiellen Erblichkeitsbelastung gleichwertig mit längerfristigen und kurzfristigeren psychosozialen Schädigungsfaktoren berücksichtigt. Fänden diese Methode und dieser Ansatz versorgungsrechtlich Anerkennung, was im Interesse der Weiterentwicklung einer sachadäquaten Logik wünschenswert wäre, dann kommen wir zwar zu Wahrscheinlichkeitsaussagen auf dem weniger "harten" Niveau der Plausibilität, haben aber dafür keinen Bedarf mehr nach Anwendung der Kannversorgung.

Neufassung der "Anhaltspunkte"

Um es dem Leser leichter zu machen, geben wir zunächst den Wortlaut des Abschnitts 69 über "Psychosen" der "Anhaltspunkte" in der Fassung von 1983 wieder:

1. Endogene Psychosen können nur ausnahmsweise als Schädigungsfolge angesehen werden, da im allgemeinen Einwirkungen des Krieges, der Gefangenschaft, des Wehrdienstes usw. nicht von wesentlicher Bedeutung für ihre Entwicklung sind.
2. Bei der Manifestation einer Schizophrenie mit chronischem Verlauf ist das Zusammenwirken mehrerer Faktoren zu beachten. Dabei sind einerseits stets endogene Komponenten auf der Basis von Genstörungen und andererseits psychodynamische Faktoren zu berücksichtigen. Ein Zusammenhang mit einer Schädigung ist dann als wahrscheinlich anzusehen, wenn
   a) als Schädigungsfaktoren über längere Zeit (in der Regel mehrere Jahre) psychische Belastungen vorgelegen haben, von denen im Hinblick auf die Primärpersönlichkeit des Betroffenen anzunehmen ist, daß sie tief in das Persönlichkeitsgefüge einzugreifen vermochten,
   b) die Erkrankung in enger zeitlicher Verbindung mit diesen Belastungen begonnen hat und
   c) die besondere Gestaltung der Psychose eine thematisch adäquate Beziehung zu den Schädigungsfaktoren erkennen läßt.
3. Von den Schizophrenien sind die - relativ seltenen - symptomatischen Psychosen mit einem schizophrenieähnlichen Krankheitsbild abzu-

grenzen, die Ausdruck einer organischen Krankheit mit Hirnbeteiligung sind. Sie sind nach dem Grundleiden zu beurteilen.

4. Erkrankungen aus dem manisch-depressiven Formenkreis können durch schwerwiegende exogene Faktoren (Verletzungsfolgen, somatische Krankheiten) oder schwere seelische Erschütterungen mitverursacht sein, wobei dies jedoch nur für die Manifestation oder Vertiefung einer einzelnen Krankheitsepisode gelten kann.

Im Anschluß an die oben angeführte Darstellung und Auseinandersetzung mit den wissenschaftlichen Ergebnissen der Schizophrenieforschung lassen sich diese Anhaltspunkte jetzt **neu formulieren:**

1. Psychosen können als Schädigungsfolge angesehen werden, wenn in der psychiatrisch üblichen biographisch-situativen Bedingungsanalyse aller genetischen, somatischen und psychosozialen Einflußfaktoren und ihrer Wechselwirkung die Wahrscheinlichkeit auf dem Niveau der Plausibilität dafür spricht.
2. Bei der Manifestation einer Schizophrenie ist ein Zusammenhang mit einer Schädigung in diesem Sinne als wahrscheinlich anzusehen, wenn
   a) als Schädigungsfaktoren dispositionell über längere Zeit (in der Regel mehrere Jahre) und/oder manifestationsfördernd kurzfristige psychosoziale Belastungen vorgelegen haben, von denen im Hinblick auf Artung und Entwicklungsstand der Persönlichkeit des Betroffenen anzunehmen ist, daß sie tief und anhaltend in das Persönlichkeitsgefüge einzugreifen vermochten;
   b) die Erkrankung in nachweisbarer zeitlicher Verbindung mit diesen dispositionell und/oder manifestationsfördernd wirkenden Belastungen begonnen hat und
   c) die besondere Gestaltung der Psychose eine sinnhafte adäquate Beziehung (z. B. Rückzug von der Belastungskonstellation) zu den Schädigungsfaktoren erkennen läßt.
3. Dieser Absatz bleibt in seiner alten Fassung erhalten.
4. Der Inhalt dieses Absatzes gehört nicht unmittelbar zum Thema meines Referates. Gleichwohl ist die Mehrzahl meiner Argumente auch auf die Beurteilung der manisch-depressiven Erkrankungen zu übertragen. Da der erste Absatz ohnehin für beide Psychosen-Typen gilt, könnte der Absatz 4 folgendermaßen lauten:
   Zyklothyme Erkrankungen können durch schwerwiegende exogene Faktoren (Verletzungsfolgen, somatische Krankheiten) oder individuell

> schwere psychosoziale Erschütterungen mitbedingt sein, wobei die Anerkennung als Schädigungsfolge jedoch nur über die Manifestation oder Vertiefung einer einzelnen Krankheitsepisode hinausgeht, wenn die biographisch-situative Bedingungsanalyse es plausibel macht, daß die Belastungen tief und anhaltend in das Persönlichkeitsgefüge einzugreifen vermochten und auch die übrigen für die Schizophrenie geltenden Bedingungen erfüllt sind.

Es versteht sich, daß dies zunächst nur ein Formulierungsvorschlag ist, der in der Diskussion Veränderungen offenzustehen hat.

"Ich wage es zu behaupten, auch die Erklärung, jemand sei zum Pflegefall geworden, trägt schon die Keime des Euthanasiegedankens"
Altenheimleiterin in Westfalen

"Wem gar nichts einfällt, der fordert eine strengere Kontrolle."
Werner Vogt, Arzt in Österreich

"Wer nicht reflektiert, hat keine Geschichte."
Pflegedienstleiter, Schweiz

Wie kann ich heute und morgen "Helfer" sein? Prüf-Fragen zu Krankentötungen. - Mögliche Gründe und Maßnahmen (1993)

A. Methodische Vorbemerkung

Zunächst eine Warnung an den Leser: Meine Gedanken müssen besonders kritisch gelesen werden, da sie mehr als sonst verzerrt, einseitig, falsch sein können. Denn es gehört zu unseren wichtigsten und erschrekkendsten Befunden, daß Krankentötungen offensichtlich in der Regel in einem schwer zu beschreibenden Kontext von Mitwisserschaft, Komplizenschaft, zumindest Befangenheit, Leugnung und anderen Abwehrstrategien erfolgen, mitgetragen werden, mitermöglicht werden - und dies in nach außen offenen beliebig vielen konzentrischen Kreisen: Station, Abteilung, Krankenhaus, Betriebsleitung, Träger, Kultur, Gesellschaft. Ich habe meine Gedanken daher auch im Sinne solcher konzentrischen Kreise geordnet, wobei es durchaus sein kann, daß dies den Erklärungswert beeinträchtigt; möglicherweise würde die umgekehrte Reihenfolge dem Verständnis dienlicher sein.

Die Quellen für meinen Text sind fast ausschließlich Gedanken, die innerhalb des vergangenen knappen Jahres Mitarbeiter der WK Gütersloh bei den unendlich vielen Gesprächen zu den Krankentötungen auf allen Ebenen der Klinik geäußert haben. Ich habe sie einmal in einem persönlichen Tagebuch fortlaufend gesammelt. Zum anderen sind sie in konzentrierter Form enthalten in den Protokollen der Sitzungen der beruflich gemischten Vorbereitungsgruppe zur Gütersloher Fortbildungswoche 1991.

Die meisten dieser Gedanken sind freilich inzwischen getestet im Rahmen von Vorträgen, die ich und etliche andere Mitarbeiter der WK Gütersloh im Laufe des letzten Jahres gehalten und diskutiert haben - vor allem vor Angehörigen pflegerischer Berufe, die in Krankenhäusern oder Heimen arbeiten. Nur in geringem Umfang sind auch Gedanken aus einschlägigen Veröffentlichungen der letzten Zeit berücksichtigt.

Um es noch einmal zu unterstreichen: Ich bin mit diesem Text nur sehr eingeschränkt der neutrale Beobachter, der einen Prozeß beschreibt. Vielmehr bin ich mit meinen Überlegungen noch weitaus stärker selbst ein Teil des Prozesses, bin Material für einen solchen neutralen Beobachter, falls es ihn denn idealerweise geben sollte. Einziger Trost: Vielleicht hat gerade das Subjektive an meinen Überlegungen den größten Erkenntniswert.

B. Mögliche Gründe

1. Zu den Tätern

Natürlich waren wir immer wieder verführt, über die Motive des Täters zu rätseln. Und ebenso natürlich haben wir uns dies immer wieder verboten, einmal weil wir es wirklich nicht wissen können, zum andern weil dies die Angelegenheit der Kriminalpolizei und der Staatsanwaltschaft ist, von deren Aufgabenbereich wir uns immer wieder bewußt abgegrenzt haben. Das ist nicht leicht und mußte uns immer wieder mißlingen; denn weil wir als Gesamtklinik nach wie vor Tatort sind, wie spätestens bei den Gründen der Absage der Fortbildungswoche noch einmal unabweisbar klar wurde, muß sich jeder von uns, ob er will oder nicht, immer wieder die Frage nach seiner Verwandtschaft mit dem Krankenpfleger, Mitarbeiter und Kollegen Wolfgang Lange stellen, sich nach eigenen indirekten oder direkten Tötungsimpulsen und den Gründen dagegen fragen. Aus diesem Gefühlsgemisch ist einem Mitarbeiter die GAU-Frage eingefallen: "Stellen Sie sich vor, daß jemand Ihnen sagt, daß in einem Jahr auf Ihrer Station, in Ihrer Abteilung, in Ihrem Krankenhaus, in Ihrem Heim ein Mitarbeiter Patienten töten wird, wenn alles so bleibt, wie es jetzt ist; was würden Sie tun?" GAU-Frage haben wir sie deshalb genannt: So wie wir gelernt haben, im Umgang mit Atomenergie und Umweltschutz vom GAU (vom größten anzunehmenden Unfall) auszugehen, so sind für uns fehleranfällige Menschen heute auch Krankenhäuser und Heime so unüberschaubar, komplex und überfordernd, daß wir auch für sie nach ihrem

GAU in einer vielleicht fernen Zukunft fragen müssen, um herauszufinden, was wir hier und heute zu tun haben, um den GAU möglichst unwahrscheinlich werden zu lassen. Und für Krankenhäuser, Heime und andere Institutionen, die für Menschen da sind und Menschen zu "verarbeiten" haben, dürften Tötungen der GAU sein. Diese Frage war und ist uns bis heute hilfreich, gerade in die gern verdrängten Aspekte des Arbeitens in Krankenhäusern und Heimen hineinzublicken, hat uns bei der Suche nach Gründen und Maßnahmen am meisten geholfen und ist auch jedem Leser für ihn persönlich zu empfehlen.

Die Frage nach dem Täter und seinen Motiven wirft jeden von uns auch deshalb auf sich selbst zurück, weil das wenige, was wir vergleichend auch von anderen bisher bekannt gewordenen Tätern wissen, dafür spricht, daß sie nach Persönlichkeit und Temperament sehr unterschiedlich sind, mit einem mittleren Lebensalter nicht zu alt und nicht zu jung sind, eher zu den erfahrenen und guten Pflegekräften zählen, keine besonders auffälligen Merkmale haben und mal unter schlechten, mal unter durchschnittlichen und mal unter eher besonders guten personellen Bedingungen auf internistischen Stationen, Intensivstationen oder in Altenheimen arbeiten. Das scheinen innere und äußere Voraussetzungen zu sein, die auch für jeden von uns jeden Tag zutreffen können. Jedenfalls müssen wir uns wohl den von uns allen gewünschten Ausweg, daß die Pathologie der Täterpersönlichkeit entscheidend sei, bis auf weiteres versperren. Deshalb kam uns wiederholt folgende Vermutung: "Wenn die verschiedenen Täter einmal nicht in der Situation wären, wo sie sich verteidigen, rechtfertigen und erklären müßten, dann würden sie wahrscheinlich sagen, daß Überforderung, Mitleid und ähnliches nicht die richtige Erklärung seien, ja, daß sie möglicherweise sagen würden, daß sie vermutlich bis ans Ende ihrer Tage selbst nicht genau wissen, wie sie dazu eigentlich gekommen sind." Das wäre alles andere als entlastend für uns, verweist vielmehr auf folgende Erklärungsmöglichkeit: Die Taten, die Krankentötungen, sind die Endstrecke vieler unterschiedlicher rationaler Trends, die wir in der Gesellschaft vorfinden, sind eine technische Endlösung für Unerträglichkeiten in einer strukturlosen Situation, wo die Existenz des einzelnen Menschen nicht mehr empfunden werden kann, geben dem einsamen Leiden daran scheinbar eine Struktur. Die Tötungen entlasten wenigstens kurzfristig, drängen aber gerade deshalb zur Wiederholung, was auch dadurch gefördert wird, daß der Täter es durchaus empfindet, daß seine Taten halb bewußt und komplizenhaft teilweise mitgetragen, daher vielleicht sogar gewünscht werden, und dies auf allen Ebenen von der eigenen Station bis hin zur gesamtgesellschaftlichen Erwartungshaltung. Bei der verzweifelten Sinnsuche für die Stationsarbeit wird der vermutete Auftrag der Gesellschaft, der vermutete Sinn der gesellschaftlichen Mehrheitsmeinung exekutiert und vollstreckt. Dabei kann der einsame Täter es sogar darauf anlegen, endlich aufzufliegen, um mit seinem Handeln aufhören zu können. Diese Überlegung hat der österreichische Arzt Werner Vogt[1] bewußt überspitzt ausgedrückt: Täter, die Patienten töten, sind wie Spitzensportler gegenüber dem Breitensport, sie erbringen lediglich die extreme Spitzenleistung eines gesamtgesellschaftlichen Systems, zu dem wir alle gehören, das das als überflüssig angesehene Leben von unheilbar Kranken und pflegebedürftigen Alten aus Gründen der Nützlichkeit, der Kosten und/oder des Mitleids/Selbstmitleids möglichst abzukürzen wünscht. Da unsere Krankenhäuser selbstverständlich nicht kälter oder asozialer seien als unsere Gesellschaft insgesamt, seien Täter wie Michaela Röder gesellschaftliche Vorbilder. Dazu scheint zu passen, daß nach einer Tat der Täter, aber auch die Station, die Abteilung, das Krankenhaus für die jeweils allgemeineren Ebenen als aussätzig, als unberührbar gelten - und das mit einer Energie, in der sich auch eigene verdrängte Wünsche äußern könnten. Aber: Natürlich können solche Überlegungen auch genausogut falsch oder zumindest sehr einseitig sein.

2. *Die Situation der Pflegeberufe*

In allen bekannt gewordenen Gerichtsprozessen über Patiententötungen in Krankenhäusern und Heimen waren Pflegekräfte die Täter. Warum das ein einseitiger und falscher Befund ist, hat Wolfensberger[2] in seinem Buch "Der neue Genozid" aufgezeigt: Die meisten Schädigungen und Tötungen von "Benachteiligten, Alten und Behinderten" geschehen nicht direkt und unmittelbar, sondern indirekt, arbeitsteilig, durch das Zusammenwirken vieler Beteiligter, von denen jeder einzelne für seinen Handlungsanteil ein gutes Gewissen hat, während Pflegekräfte unter den unterschiedlichen medizinischen und sozialen Berufsgruppen diejenigen seien, die nun mal weniger fürs verbale, administrative und entscheidungsfindende Handeln, sondern vielmehr für das unmittelbare praktische Handeln mit

---

[1] Vogt, W.: Arm. Krank. Tot., Wien: Europa-Verlag 1989

[2] Wolfensberger, W.: Der neue Genozid an den Benachteiligten, Alten und Behinderten, Gütersloh: Verlag Jakob van Hoddis 1991

den Händen zuständig seien. Gerade deshalb benötigen sie eigentlich von allen Berufsgruppen am meisten und häufigsten Pausen, in denen sie über ihr Handeln nachdenken, reflektieren können. In Wirklichkeit ist es gerade umgekehrt: Schwestern und Pfleger lernen in der Ausbildung das Reflektieren am wenigsten, und in ihren Tätikeitsmerkmalen und Dienstplänen kommen Pausen zum Nachdenken gar nicht vor, was damit begründet wird, daß Pflegekräfte ohnehin nur zu den Heilhilfsberufen zählen, die nur auf Anordnung des Arztes handeln, der gewissermaßen für sie mitdenkt. Daß der pflegende Beruf ein eigenes Handlungsfeld und eine eigene Wissenschaft darstellt, die nicht unter, sondern neben dem medizinischen Beruf bestehen, davon kommt in der Alltagswirklichkeit noch so gut wie gar nichts vor und wo es vorkommt, ist es ungeübt und störanfällig, hat noch nicht zu neuen Verhaltenssicherheiten, zu einer neuen beruflichen Identität geführt. Nicht selten kann man sagen, daß die Pflegekräfte die Macht und die Verantwortung, die sie einfach haben, die ihnen auch zugesprochen wird[3], mangels Übung und professionellem Selbstbewußtsein nicht in Anspruch nehmen, wodurch ein Macht- und Verantwortungsvakuum entsteht, das - wie allgemein bekannt - den gefährlichsten und destruktivsten Handlungen Raum gibt.

Überlegungen dieser Art haben uns schnell davon abgebracht, im Pflegenotstand, wie er heute in der Öffentlichkeit diskutiert wird, eine Erklärung für Patiententötungen zu finden. So berechtigt die Forderungen der Pflegenotstandsdiskussion auch sind, sind sie für die Patiententötungen zu vordergründig. Auch spricht die Unterschiedlichkeit der personellen Ausstattung der Tatort-Stationen dagegen. Vielmehr kamen wir zu der Feststellung, daß die Pflegekräfte sich zur Zeit in einer "Jammerkultur" gefallen; zudem fallen sie auch noch auf die Medien herein, die diese Jammerkultur geradezu züchten, da sich in ihr das schlechte Gewissen der Gesellschaft gegenüber der Pflegesituation kostenlos ausdrückt. Eine Krankenschwester, die die Freude an ihrem Beruf darstellen möchte, bekäme im Fernsehen keine Minute Sendezeit. Auch das hat aber gefährliche Folgen: Die Pflegekräfte haben es bisher noch wenig gelernt, den Kampf für ihre nur allzu berechtigten Forderungen von der schwierigen Organisation ihrer Alltagsarbeit zu trennen. Vielmehr neigen sie nicht selten dazu, ihre objektive Überforderung durch ihr subjektives Überforderungsgefühl noch

---

3 Dörner, K.: Brief an einen Anfänger in der Psychiatrie oder: Das Krankenhaus gehört den Schwestern und Pflegern, siehe auch Kapitel IV - 2

schlimmer, unerträglicher und auswegloser zu machen, als sie ohnehin ist. Auch dies kann Verzweiflungsschritte im Sinne von Übersprungshandlungen in Richtung auf Flucht oder Angriff zum Zwecke der Entlastung begünstigen. Dies ist um so gefährlicher, als Entlastung vielleicht die angesehenste und belohnteste Norm ist, die industrielle und noch mehr postmoderne Gesellschaften kennen - etwa im Sinne der Entlastung von körperlichen Tätigkeit, von Streß, von Leiden, von Abhängigkeit, Unfreiheit, Ohnmacht, Zugehörigkeit und vom Dienen; daß jemand anderen Menschen persönlich und hautnah dient, gilt gerade unter dem demokratischen Ideal der Gleichheit aller als verachtenswürdig. Sich gegenüber einem anderen zu erniedrigen, eine Last tragen wollen, die Tragfähigkeit eines Vorgesetzten zu strapazieren, eine haltende Struktur anstreben, wird daher statt als Entlastung leicht als Überforderung erlebt.

Es kommt hinzu, daß helfendes Handeln offenbar immer schon als eine so riskante Tätigkeit empfunden wurde, daß es ursprünglich nur im Rahmen von Ordensgemeinschaften möglich war. Diese haben sich inzwischen durch Säkularisierung wegrationalisiert. Vorübergehend gab es ersatzweise haltende Strukturen in Form von verehrten Vorbildern pflegerischer oder ärztlicher Herkunft (Florence Nightingale oder Geheimrat Sauerbruch). Inzwischen hat selbst das Rote Kreuz als Symbol für Zugehörigkeit, ethische Orientierung und Gemeinschaftsaufgabe abgewirtschaftet. Heute gibt es nur bürokratisierte und im wörtlichen Sinne bedeutungslose Berufsverbände, die vielleicht den Berufsinteressen dienen, jedoch keinen Halt mehr geben. Für psychiatrische Pflegekräfte mag heute vielleicht gerade noch die "Deutsche Gesellschaft für Soziale Psychiatrie" haltgebend sein, da sie immerhin die Idee der Gleichberechtigung psychisch Kranker und der gemeindepsychiatrischer Pflichtversorgung verkörpert; und einer Idee kann man heute noch wenigstens etwas leichter dienen als Menschen. Während Ärzte immerhin noch Ärztekammern haben, die unabhängig von aller Kritik an ihnen haltgebend wirken, können Pflegekräfte sich heute an gar nichts mehr festhalten. Sie müssen sich ihre Orientierung, ihre ethische Entscheidung in kritischen Situationen jeden Morgen neu aus der jeweiligen Situation, also aus dem hohlen Bauch herausholen. Dies ist in der Tat eine unerträgliche Überforderung.

Ohne haltende Strukturen kommen jetzt aber die ohnehin immer schon vorhandenen, nun aber technisch verschärften Risiken pflegerischen Handelns voll zum Zuge, ohne von einer noch so kritisierten Autorität mittels allgemein gültiger Vorgaben kanalisiert zu werden. Gehörte vor Jahrhunderten das Krankenhaus umfassend in Ordensgemeinschaften den "Schwestern und Pflegern"[4], während Ärzte bestenfalls ambulant zu Besuch (Visite) kamen, so obliegt auch heute noch faktisch der Umgang mit den Patienten den Schwestern und Pflegern, eine Verantwortung und Macht, die aber weithin nicht wahrgenommen wird, weil sie gegenüber der konkurrierenden Herrschaft der Ärzte und der Technik nicht mehr hinreichend erkannt und durchgesetzt wird. Faktische Macht, die nicht wahrgenommen wird, ist in hohem Maße gefährlich für die Betroffenen, die Patienten, und ist zugleich in hohem Maße entwürdigend für die eigentlichen Machthaber, die Pflegekräfte. Diese Würdelosigkeit wird als Ohnmacht erlebt und - ausgelebt. Nackt und ungeschützt tritt nämlich jetzt der riskante Charakter des Helfens zutage, der untrennbar ist von kontrollieren wollen und herrschen wollen. Macht aus der Position der Ohnmacht ist destruktiv. Wenn schon jeder Mensch psychisch, sozial und ökonomisch jemanden unter sich haben will, schlägt nun um so mehr zu Buche, daß junge Menschen nicht selten gerade dann einen sozialen Beruf wählen, wenn sie in ihrer Jugend unter Minderwertigkeitsgefühlen leiden, sich daher nicht trauen, in einem anderen Beruf sich mit Menschen auf gleicher Ebene auseinandersetzen zu müssen, sondern von einem sozialen Beruf erwarten, daß sie in diesem mit Menschen zu tun haben, die in irgendeiner Weise unter ihnen stehen und die sie beherrschen oder zu sich heraufziehen wollen, was in Institutionen leichter gelingt als im ambulanten Raum. In jedem Fall eine riskante Konstellation. Je mehr beim Helfen das Dienen in Verruf gerät, desto mehr kommt das Herrschenwollen zum Tragen, ohne daß ein Betroffener dies bewußt registriert.

Damit aber nicht genug. In den letzten 10 Jahren wurde die zunehmende medizinische Technisierung der Pflegeberufe als Fortschritt gefeiert. Der auf dieser Schiene erstrebte Gewinn kann aber bestenfalls dazu führen, daß Pflegekräfte sich als Hilfsärzte empfinden, landet also wieder in einer Sackgasse und im vermehrten Ohnmachtserleben. Die Anwendung technischer Fertigkeiten auf Menschen vergrößert aber die Gefährlichkeit des pflegerischen Handelns für Menschen, ohne daß diese Gefährlichkeit in gleichem Maße bewußt wird, aber in der Macht-aus-Ohnmacht-Spirale ausgelebt werden kann.

---

4 Dörner, K.: Brief..., a.a.O.

In dem Maße, wie die Verantwortlichen für die pflegerische Ausbildung dies erkannt haben, haben sie sich bemüht, die Pflegeschüler nicht nur in ihren technischen, sondern auch in ihren menschlichen Fähigkeiten zu entwickeln und besser zu machen. Hier heißt die Zauberformel "ganzheitliche Pflege". Dadurch wird die Problematik aber noch einmal verschärft. Die Ganzheitlichkeit, die nicht zufällig vor allem während des Dritten Reiches propagiert wurde, ist ein so irrsinnig hoher Anspruch, daß jeder, der darauf hereinfällt und in der Praxis alle seine Patienten ganzheitlich pflegen will, auf der Stelle scheitert und entweder nach kurzer Zeit schreiend davonläuft und einen anderen Beruf wählt oder den Anspruch aufgibt, zynisch wird und Menschen wie Sachen behandelt oder am uneinlösbaren Totalanspruch festhält, daher mit einem ständig schlechten Gewissen arbeitet und sich dafür irgendwann und irgendwie an den Schwächeren, den Patienten, rächen muß. Technisierung mit und ohne Ganzheitlichkeit kann also den Zerfall der haltenden Strukturen fürs Alltagshandeln nicht kompensieren. Jede Schwester und jeder Pfleger muß an dem Spagat zwischen technischer und menschlicher Perfektionierung innerlich zerreißen und scheitern. Ganz abgesehen davon, daß die zunehmend geforderte technische Spezialisierung den Sinn fürs Allgemeine und daher die Befähigung zum Umgang mit unterschiedlichen Menschen aus sich heraus beeinträchtigt oder verhindert.

Wer entwürdigt wird, wird gefährdet oder für sich und andere gefährlich. In diesem Sinne wirkt es sich auch aus, wenn ich als Pflegekraft erlebe, daß immer wieder interessante Anteile meines Berufshandelns an neue spezialisierte Berufsgruppen vergeben werden, so daß mir immer mehr die "Drecksarbeit" bleibt; wenn immer wieder gerade meine Berufsgruppe für fortbildungsbedürftig gehalten wird, ohne das an den Grundgegebenheiten meines Berufes etwas geändert wird; wenn mir das neue Zaubermittel Supervision verordnet wird, ohne daß man die Gefahr merkt, daß ich dadurch bestenfalls psychisch entlastet werde, das eigentlich Entwürdigende, Ohnmächtige und mich Wütendmachende dadurch um so gefährlicher weiter schwelt und sich irgendwann bahnbricht; und wenn als Erfolg gefeiert wird, daß immer größere und interessantere Anteile des medizinischen Tuns aus dem stationären in den ambulanten Sektor verlagert wird, meine Berufschancen aber nicht mitwachsen, weil meine Ausbildung dem nicht hinreichend Rechnung trägt und weil ambulante Träger (Gesundheitsamt, Psychiatrischer Dienst, Wohlfahrtsverbände) mich und meine Berufsgruppe nach wie vor ablehnen. Mir bleibt der Arsch der Welt.

3. Die Station

Als Mitarbeiter eines Betriebes, als Mitglied eines internistischen oder psychiatrischen Stationsteams oder eines Heimes bringe ich meine berufliche Kompetenz sowie ein bestimmtes Engagement mit. Ob mein Engagement ab- oder zunimmt, ob ich morgens gern oder ungern aufstehe, um zum Dienst zu gehen, hängt von den Arbeitsbedingungen ab, vor allem aber von der Perspektive meiner Station. Mit der Perspektive sieht es systematisch schlecht aus, sie kann auch nur noch schlechter werden. Ich registriere: Die Patienten kommen zu einem immer späteren Zeitpunkt, also in einem kränkeren Zustand zur Aufnahme, werden zu einem immer früheren Zeitpunkt entlassen, so daß man den Lohn seiner Arbeit nicht mehr sieht, werden also mit einer immer kürzeren Verweildauer durchgeschleust, man hat immer weniger Zeit, sie als Menschen kennenzulernen, die Reparatur wird immer fließbandartiger. Das Alter der Patienten wird immer höher, die Krankheitszustände werden immer chronischer, Freude über eine Heilung immer seltener. Auf der psychiatrischen Station wird die Konzentration akut-erregter Krankheitszustände und damit der Gewalt- und Unruhepegel immer größer. Auf der internistischen Station und im Altenheim wird die Konzentration der unheilbaren und aussichtslosen Fälle, bei denen man nicht mehr viel ausrichten kann, immer größer. Die Sterberate wird immer höher. Im Jahre 1910 starben nur 5% der Menschen in Krankenhäusern oder Heimen, heute sind es über 80%. Dabei ist zumindest die internistische Krankenhausstation vom Anspruch her immer noch aufs Heilen eingestellt, nicht aufs Sterben, das eher eine unerwünschte und lästige Komplikation ist. Die Diskrepanz zwischen Anspruch und Wirklichkeit wird innerlich immer zerreißender und unerträglicher. Wir werden von der Krankenhausleitung, vom Träger, von den Krankenkassen und anderen Kostenträgern und damit von der Gesellschaft, aber auch von unserem beruflichen Selbstbild her angetrieben, dazu beizutragen, daß all dies sich noch steigert und damit immer schlimmer wird. Für die Perspektive und damit für das Engagement ist der Horizont schwarz. Mehr Fixierungen, mehr Psychopharmaka, mehr palliatives Lindern, mehr Ohnmacht gegenüber den Krankheitsverläufen, mehr Aussichtslosigkeit, mehr Unerträglichkeit, mehr Verzweiflung, mehr Angst, mehr Ohnmacht, die ich nicht trennen kann von Wut, Ärger und der Frage, wo ich überhaupt noch Macht habe.

Da ich aber nicht jeden Tag über demographische Entwicklungen, gesellschaftliche Erwartungen, die Verschiebung zwischen den ambulanten und stationären Anteilen des Gesundheitssystems und über meinen Ort in demselben nachdenke, ohnehin keine Zeit zum Nachdenken habe, mich nur noch an der Fließbandarbeit festhalte und auch keine systematischen Informationen erhalte, wird im Laufe der Zeit nicht nur das Bild der Stationsperspektive, sondern auch das Bild von mir selbst, mein Selbstbild, negativ. Obwohl ich eigentlich doch einmal wußte, daß ich etwas kann, werden die Erfolge immer geringer, so daß ich zunehmend in Gefahr bin, diese Tatsache dem Verlust meiner beruflichen Kompetenz, meinem Versagen zuzuschreiben. Weil diese Entwicklung so allmählich und schleichend erfolgt, bekomme ich nicht einmal mehr bewußt mit, daß, wenn die Bedingungen für die Würde des Menschen verschwinden, auch die Würde des Menschen verschwindet, die Menschen zunehmend als Sachen wahrgenommen und auch so behandelt werden. Das wird noch dadurch begünstigt, daß die Verweildauer im pflegerischen Beruf immer kürzer wird, so daß die pflegerischen Kollegen im Team immer schneller wechseln, wir uns als Menschen, die das Team eigentlich ausmachen sollen, immer weniger gut kennenlernen können.

So haben wir kaum noch die Übersicht, um auf dem Wege einer Pflegeanamnese für die Station unterscheiden zu können, daß der akut kranke Patient vor allem unsere technische Kompetenz erfordert, der sterbende Patient unsere menschliche Kompetenz und der chronisch kranke Patient am ehesten wenigstens annähernd die ganzheitliche Wahrnehmung. Ganz schlimm wird es, wenn wir es nicht mehr hinkriegen, daß wir für unterschiedliche Patienten ein unterschiedliches Zeitbewußtsein benötigen. Das Fließband-Tempo wird pauschal gefahren. Wenn jetzt aber ein Patient in den Zustand kommt, daß therapeutische Maßnahmen nicht mehr greifen und er vielleicht ans Sterben kommt, können wir nicht mehr umschalten. Eigentlich müßte jetzt dieser Patient unser Zeitgeber sein, wir hätten seinen Sterbeweg zu begleiten, wobei er das Tempo angibt. Das aber fällt aus unserem "normalen" Tempo völlig heraus, sprengt die Betriebsabläufe, macht ihn zum Sand im Getriebe, weil nach den Gesetzen unseres Stationsbetriebes er eigentlich genau so schnell zu sterben wie vorher zu leben hätte. Dies ist um so gefährlicher, als wir nur die Stationszeitregeln kennen, nicht auch mal sinnlich erfahren können, wie die zeitlichen Abläufe außerhalb der Station, nämlich im ambulanten Bereich sind, wobei uns immer noch eingeredet wird, daß ambulante Arbeit gut, stationäre Arbeit schlecht sei. Da wir aber alle gleichzeitig auch normale Mitglieder der normalen Gesellschaft sind, haben wir zudem auch etwas von der Mentalität in uns, daß sinnloses Leiden kostenträchtig ist, uns auch leiden läßt und daher nicht übermäßig ausgedehnt werden sollte.

Sollte nun auf einer Station unter diesen Umständen einer von uns dazu übergegangen sein, hier nachzuhelfen und das sinnlose und den Stationsbetrieb störende Leiden abzukürzen, wären wir in doppelter Weise daran gehindert, dies wahrzunehmen. Einmal würde uns schon die Möglichkeit eines so entsetzlichen Verbrechens so lähmen, daß wir es nicht für möglich halten könnten, zumal schon das Zulassen dieser Möglichkeit mich dazu zwingen würde, das Basisvertrauen im Team, von dem wir alle abhängig sind, in Frage zu stellen und aufzukündigen. Auf der anderen Seite wäre ich in Gefahr, über Andeutungen im Sinne des Schädigens oder Tötens von Patienten deshalb hinwegzusehen, weil ein solches Handeln eher im Interesse des Aufrechterhaltens der Betriebsabläufe liegen würde.

Um soviel Mut aufzubringen, in einer solchen Situation mich nicht nur in Andeutungen oder in makabre Scherze zu retten sondern einsam und allein das Basisvertrauen zu durchschneiden, die Vermutung auszusprechen, die Vorgesetzten zu informieren, mich angreifbar, vielleicht sogar strafbar zu machen, da ich es so genau ja auch nicht wissen kann, dazu müßten zumindest mein Engagement und damit die Perspektive der Station noch stimmen. Ich werde ziemlich lange brauchen, um einen solchen Schritt gehen zu können.

Schließlich kann dabei auch der Team-Aspekt eine fatale Rolle spielen. Bei dem erwähnten historisch gewachsenen Notstand des Mangels an Orientierung und haltenden Strukturen ist der Begriff "unser Team" fast das einzige, woran man sich als Pflegekraft festhalten kann. Diese Bindung kann - als überdeterminierte Ersatzbindung - so stark, so zwanghaft starr sein, daß nicht selten ein Angebot abgelehnt wird, teilzeitlich nicht im Stationsteam, sondern z.B. in der Ambulanz oder in der Ergotherapie zu arbeiten, aus Angst, man gehöre dann nicht mehr eindeutig zum Stationsteam und werde als Verräter empfunden. Trotz ihrer Absurdität sind solche Prozesse Alltag, werden als solche aber meist gar nicht wahrgenommen. Das wiederum hängt damit zusammen, daß das Wort "Team" in der Regel als Begriff für einen Idealzustand benutzt wird: man ist nie ein Team, versucht es jedoch ständig zu werden. Die Energie dieser Idealisierung wird aber oft für die Lösung gegenwärtiger Alltagsprobleme mißbraucht. So wird etwa eine schwierige, zwiespältige Entscheidung (Entlassung, Beurlaubung) durch "Teambeschluß" geregelt. Der Gefahr der Ideologisierung des Teambegriffs unterliegt man dann, wenn der Teambeschluß für den einzelnen so entlastend wirkt, ihn von seiner persönlichen Verantwortlichkeit befreit, daß er seine abweichende Meinung oder Wahrnehmung gar nicht mehr äußern zu müssen oder auch nur zu dürfen glaubt. In dienstlichen Beurteilungen oder Zeugnissen finden wir regelhaft die Kooperationsfähigkeit eines Mitarbeiters in leuchtenden Farben beschrieben, aber nur selten seine Fähigkeit, von der Kooperation auch mal eigenverantwortlich abzuweichen. Wie selten ist es, daß ein Stationsteam nicht die Gemeinsamkeiten seiner Mitglieder, sondern die Unterschiede herauszustellen wagt, obwohl diese es sind, die die größere Wirksamkeit eines Teams ausmachen. Wegen all dieser Gefahren haben wir überlegt, ob man nicht auf den Gebrauch des Teambegriffs verzichten sollte.

4. Das Krankenhaus

In der Vorbereitungsgruppe zur Fortbildungswoche über die Krankentötungen erinnert sich ein Sozialarbeiter: Als er 1980/81 nach seiner Ausbildung in der WK Gütersloh seine erste Stelle fand, lief damals das Bettensaalabbau-Programm. Da dies nur über den Abbau von Betten umzusetzen war, erhielt er die Aufgabe, insbesondere alte und pflegebedürftige Langzeitpatienten, u.a. von einer Siechenstation, zu verlegen und für sie Plätze in Pflegeheimen zu finden. Naturgemäß wollte er erfolgreich sein und war es auch. Nicht nur er wurde dafür gelobt, sondern auch das ganze Krankenhaus und seine Betriebsleitung vom Träger, der froh darüber war, daß das Programm zügig durchgezogen werden konnte. Die Oberschwester dieser Siechenstation sammelte in den nächsten Wochen und Monaten die Zeitungen der Umgebung, bat nach einiger Zeit die Betriebsleitung auf ihre Station und präsentierte ihr die Rechnung: ein erschreckend großer Teil der auf diese Weise auf die Schnelle verlegten Patienten war in den Heimen nach kurzer Zeit tot, wie den gesammelten Todesanzeigen zu entnehmen war. Viele Menschen hatten arbeitsteilig, jeder an seinem Platz mit gutem Gewissen, gute Arbeit verrichtet, und am Ende waren viele Menschen tot. Wir haben das Geschehen damals breit in der Klinik diskutiert, wobei andere Sozialarbeiter berichteten, mit welchen Geschenken und sonstigen Aufmerksamkeiten in den 70er Jahren Heimleitungen das Patienten-Verlegungsgeschäft geschmiert hatten. Unter dem Schock der dramatischen Ergebnisse unserer "erfolgreichen" Arbeit legten wir uns damals ein Heimverlegungsverbot auf, von wenigen, im Einzelfall gut begründeten

Ausnahmen abgesehen. Dieser Beschluß war die Basis dafür, daß wir in den folgenden Jahren Hunderte von Langzeitpatienten in eigene Wohnungen entlassen haben. Für mich beschämend: Ich hatte die Toten der Siechenstation, obwohl sie Anlaß für eine Korrektur und für eine gute Klinikpolitik der folgenden 10 Jahre waren, vergessen gehabt, weil offenkundig die Erinnerung daran für mich zu unangenehm war. Dies ist nur ein Beispiel dafür, wie die GAU-Frage Verdrängung auflösen kann und wie Klinik und Träger gemeinsam etwas Gutes wollen, dabei aber den Aspekt der strukturellen Gewalt vergessen, durch die Menschen zu Schaden kommen, obwohl alle Mitarbeiter hinsichtlich ihres Arbeitsanteils ein gutes Gewissen haben.

Strukturelle Gewalt läßt die Betriebsleitung einer Klinik aber möglicherweise auch schon dann zu, wenn sie fördert, daß z.B. besonders pflegebedürftige oder besonders alte oder besonders unheilbare oder besonders akut-aggressive Patienten an einem Ort, auf einer Station konzentriert werden. Hierzu fiel uns eine andere Geschichte ein: Vor ein paar Jahren hatte eine Schülergruppe im Rahmen des Wettbewerbs des Bundespräsidenten den Umgang mit psychisch Kranken im Dritten Reich am Beispiel der WK Gütersloh untersucht. Sie kam zu folgender Rechnung: Wenn, wie damals geschehen ist, in eine Station für 30 Patienten 60 Patienten hineingepfercht werden, dann hat man allein schon durch die Herstellung solcher entwürdigenden Bedingungen die Würde dieser Menschen halbiert, damit auch ihre Wertschätzung für andere, womit man zugleich die Bereitschaft der Mitarbeiter, diese Patienten nicht zu schützen, sondern zu schädigen, verdoppelt, weil sie als weniger wertvoll erlebt werden. Für mich und viele von uns ist es besonders deprimierend daß wir in Gütersloh wie vielleicht sonst nur in wenigen Krankenhäusern über die Gefahren der strukturellen Gewalt in der Vergangenheit und Gegenwart bewußtseinsmäßig unermüdlich aufgeklärt haben, dabei aber offenbar zu sehr an den Effekt der Aufklärung geglaubt haben, und nicht hinreichend wach für die realen Bedingungen der strukturellen Gewalt gewesen sind. Wir, als Betriebsleitung, saßen und sitzen in der Klemme, daß man sein eigenes Krankenhaus für ein gutes Krankenhaus halten muß, wenn man die Wahrscheinlichkeit guter Arbeit vergrößern will, daß wir uns aber auf demselben Weg blind machen für die Gefahren der strukturellen Gewalt oder für die unbeabsichtigten Nebenwirkungen der guten und segensreichen Entwicklungsprozesse. Beides getrennt voneinander zu berücksichtigen, ist unendlich schwer.

Hilfreich war für uns in diesem Zusammenhang der Artikel von Georg Seeßlen "Tod in weiß": "Das Krankenhaus ist eine soziale Maschine, die wie die meisten sozialen Maschinen unserer Zeit, immer mehr Maschine und immer weniger 'sozial' wird. Ihr Rohstoff sind kranke Menschen; daraus macht die soziale Maschine einerseits gesunde Menschen ... und Tote. Sand im Getriebe der Maschine sind Menschen, die weder gesund werden können noch sterben."[5] Viel zu sehr sind das Krankenhaus, aber auch die Aus- und Fortbildung von Ärzten wie Pflegekräften von dem Bild geprägt, das Krankenhaus sei zum Heilen von akuten Krankheitszuständen da; schlimmstenfalls sterben dabei einige dieser Patienten. Viel zu wenig nehmen wir wahr, daß der Regelfall - und dies zunehmend - somatisch und psychisch die chronisch Kranken, die Unheilbaren und diejenigen sind, bei denen es kaum noch lohnt. Dies "nur noch wenig", dies "kaum noch" hat bei uns allen fälschlicherweise eine geringe Wertschätzung, müßte aber die höchste Wertschätzung haben. Die falsche Definition des Krankenhausauftrags sieht die Unheilbaren einfach nicht vor, so daß es vielfältige halbbewußte Handlungsweisen geben wird, die Unheilbaren, den Sand im Getriebe zumindest zu ignorieren und damit die soziale Maschine Krankenhaus am Laufen zu halten. Der Krankenhausauftrag bedarf einer neuen Definition, die beim "Lindern" nicht aufhört, sondern anfängt. Die beschriebenen Gefahren werden dadurch verstärkt, daß die Krankenhausstruktur vertikal und horizontal - auch gemessen an jedem modernen Industriebetrieb - vorsintflutlich ist, dem Krankenhausauftrag nicht gerecht werden kann. Der Betriebsleitung mit wenn auch eingeschränkter Entscheidungskompetenz steht eine Masse von Mitarbeitern gegenüber, die ein noch geringeres Entscheidungsbewußtsein haben, als ihre geringen Entscheidungsbefugnisse reichen. Entsprechend muß die Betriebsleitung mehr entscheiden, als sie eigentlich übersehen und verantworten kann. Insbesondere fehlt ein Mittelbau in der pflegerischen wie ärztlichen Hierarchie, der eine klare Aufgabendefinition hat, im Rahmen der Erfüllung dieser Aufgaben dafür aber autonom entscheidungsbefugt ist. Dies gilt für die Schicht der pflegerischen Stations- und Abteilungsleitungen sowie der Oberärzte und ärztlichen Abteilungsleiter. Dies wäre allein schon für die Betriebssicherheit erforderlich. Noch mehr wäre dies erforderlich dafür, daß Vorgesetzte überhaupt als Vorgesetzte wahr- und ernstgenommen werden können, was zur Zeit kaum der Fall ist. Bei klaren Zuständigkeiten könnte sich erst bei

---

[5] Seeßlen, G.: Tod in weiß - kurzer Besuch im Hospital des Grauens, Deutsche Volkszeitung Nr. 19 v. 5.5.89, Seite 9

den jeweiligen Vorgesetzten aus der Sicht der Untergebenen die erforderliche tragende Mischung aus Vertrauen und Kontrolle herstellen. Während heute nicht zuletzt als Ersatz für diesen Mangel ständig nach Supervision gerufen wird, wäre die Reformierung des Vorgesetztenwesens die Voraussetzung dafür, daß Supervision danach für die Themen eingesetzt werden kann, für die sie sinnvoll ist. Daß nach Bekanntwerden der Krankentötungen die Betriebsleitung beschlossen hat, ein Mitglied der Pflegedienstleitung auch räumlich in der klinischen Zentrale zu verorten, um überhaupt die erforderliche Begegnungsnähe herzustellen, ist ein erster, sehr bescheidener Schritt in diese Richtung. Daß unter diesen Aspekten auch die Beziehung zwischen Krankenhausleitung und Träger noch einmal zu überprüfen ist, versteht sich.

Horizontal ist die Strukturierung des Krankenhauses seit fast 20 Jahren durch zunehmende Spezialisierung geprägt. Dies war für lange Zeit auch eine richtige Entwicklung. Inzwischen kommen die Schattenseiten dieses Prozesses zum Tragen. Die Konzentration von Patienten mit gleichen Problemen oder Diagnosen hat Vorteile der zweckrationalen Effektivität, da die Gleichartigkeit der Patientengruppe gleichartige Strategien nahelegt. Um so schwerer ist aber die Unterschiedlichkeit zwischen den einzelnen Patienten wahrzunehmen und zu berücksichtigen. Da aber seit längerer Zeit die Entwicklung der Medizin im allgemeinen und der Psychiatrie im besonderen dahin geht, jeden Patienten aus einer einmaligen und einzigartigen Bedürfnis- und Problemkonstellation heraus wahrzunehmen und das therapeutische und das rehabilitative Handeln danach auszurichten, mehren sich die Stimmen, die die Spezialisierung in Frage stellen und andere strukturierende Kriterien, etwa die Weiterführung der Sektorisierung vorschlagen, zumal auch die weitergehende Verflechtung stationärer und ambulanter Handlungsanteile immer vordringlicher wird. Auf solchen Wegen wäre vermutlich auch die Bildung von Stationsteams nicht mehr so ideologieanfällig. Spezialisierung heißt aber auch, daß man eine spezialisierte Wahrnehmung, Handlungsstrategie und Sprache entwickelt. Das hat zur Folge, daß benachbarte Stationen und Abteilungen sich immer fremder werden, immer weniger kooperieren oder auch nur kommunizieren können. Während dieser Prozeß bei den ärztlichen Mitarbeitern schon lange wirksam ist, finden sich inzwischen dieselben Spezialisierungstrends und -zwänge auch bei den pflegerischen Mitarbeitern, nicht zuletzt durch massive Fortbildungsangebote im Rahmen des Landschaftsverbandes gefördert. Da aber - nach einer vermutlich richtigen Formulierung - die Pflegekräfte die Spezialisten fürs Allgemeine sind, kann die gegenseitige kulturelle Entfremdung zwischen Stationen und Abteilungen jetzt bedrohliche Züge annehmen, da niemand mehr fürs Allgemeine zuständig ist und damit auch nicht mehr für das Besondere und Einmalige des einzelnen Patienten als Menschen.

In diesem Zusammenhang noch ein letzter fragwürdiger Aspekt: Alte ärztliche und pflegerische Mitarbeiter aus den 50er bis Anfang der 70er Jahre pflegen nostalgisch davon zu schwärmen, daß alle unter den damaligen, materiell und personell wesentlich schlechteren Bedingungen eine große Gemeinschaft gewesen seien, die wußten, wofür sie arbeiten, die sich blind verstanden und auch eine wirksame Geselligkeitskultur hatten. Heute kommen sie sich individuell verloren vor, atomisiert im Rahmen eines unüberschaubar und komplex gewordenen Zweckbetriebes. Mit anderen Worten: Die alte Anstalt hatte ihre eigene tragende Kultur; wie aber sieht die Kultur einer modernen, stromlinienförmigen Klinik aus, wie vermittelt sie das Gefühl der Zugehörigkeit, der gemeinsamen Aufgabe, an der jeder auf seinem Platz mitwirkt, sich auch schon mal krummlegt dafür, Nachteile in Kauf nimmt um der größeren Vorteile willen? In der alten Anstalt kamen sowohl Patienten als auch Mitarbeiter auch als Menschen vor, so versachlicht die Bezüge im übrigen auch waren. Wie kommen sowohl Patienten als auch Mitarbeiter in der heutigen Klinik als Menschen vor? Müssen wir Zonen des Menschseins schaffen? Nachdem das alte System und damit auch die alte Kultur unwiederbringlich verschwunden sind, stellt sich unabweislich die Frage nach der kulturellen Identität der heutigen Klinik. All diese Aspekte können geeignet sein, das realitätsgerechte Stellen und Beantworten der GAU-Frage für Krankenhausmitarbeiter im allgemeinen sowie für Betriebsleitung und Träger im besonderen zu erschweren.

5. *Institution und De-Instutionalisierung*

Menschheitsgeschichtlich sind die sich industriell-marktwirtschaftlich organisierenden Gesellschaften seit etwa 200 Jahren dazu übergegangen, erstmals die systematisch ca. 10 % der Bevölkerung, die besonders pflege- und behandlungsbedürftig, leistungsschwach, verletzbar, störend oder gefährlich sind, in flächendeckende Netze von spezialisierten sozialen Institutionen zu konzentrieren. Produktives und soziales Handeln, bis dahin anthropologisch eine Einheit, wurden auf diese Weise systematisch voneinander getrennt und professionalisiert. Die Insassen dieser Institutionen wurden aus ihren zwischenmenschlichen Bezügen ausgegrenzt und dadurch in der gesellschaftlichen Wertschätzung versachlicht, zu Sachen gemacht, zu Gegenständen der Betreuung, Erziehung, Behandlung, öffentlichen Finanzierung und Verwaltung.[6] Ihrer eigenen Geschichte verlustig, keine historischen Subjekte mehr, wurden sie auch aus der Geschichtsschreibung ausgegrenzt. Nach 1945, also nach Ende des Nationalsozialismus, ging dieser Ausgrenzungstrend weiter; daneben trat aber erstmals systematisch und weltweit ein gegenläufiger Trend in Richtung auf mehr Integration und De-Institutionalisierung, am meisten bis heute fortgeschritten für Gruppen wie die Körperbehinderten. So entstand in den zurückliegenden Jahrzehnten, für uns heute selbstverständlich, der Slogan "ambulant gut, stationär schlecht". Da jeder Mensch seine ihm eigene Würde unter ambulanten Bedingungen mit größerer Wahrscheinlichkeit vollständig ausleben kann, während er unter stationär-institutionellen Bedingungen stets mehr in Gefahr ist, für sich und andere nur ein Wert zu sein, der mal positiv, mal negativ sein kann, ist dieser integrative Gegentrend sicher zu begrüßen. Gerade das Fortschreiten der De-Institutionalisierung hat diesen Trend aber nunmehr in eine Krise gebracht. Es liegt auf der Hand, daß von dem bisher institutionalisierten Bevölkerungsanteil eher die leichter behinderten Menschen, die einen geringeren personellen und materiellen Betreuungsaufwand auslösen, in ambulante Lebensbedingungen überführt werden konnten. Die unbeabsichtigte Nebenwirkung dieses "Fortschritts": Die jetzt noch stationär lebenden Personengruppen stellen im Vergleich zu früher eine Konzentration schwerer behinderter, betreuungsbedürftiger, kontrollbedürftiger, älterer, aussichtsloserer, hoffnungsloserer, schwerer erträglicher oder untragbarer Menschen dar. Jeder Leiter eines Altenheims sagt: "Vor 20 Jahren hatten wir noch die gesunde Mischung aus fitteren und weniger fitten alten Leuten, das hat sich gut gegenseitig ausgeglichen, heute haben wir fast nur noch Leute, die aufs Sterben warten, was dazu führt, das meine Mitarbeiter weglaufen." Eine ähnliche Krise finden wir in allen vergleichbaren Institutionen: z.B. in den Einrichtungen für geistig Behinderte eine Konzentration Schwerstbehinderter, auf normalen internistischen Stationen eine Selektion Schwerstkranker und Schwerstpflegebedürftiger, in akut-psychiatrischen Stationen eine Konzentration von akuter Gewalttätigkeit; ähnliches finden wir auch in Gefängnissen, in der Kinder- und Jugendpsychiatrie oder in der forensischen Psych-

---

6 Dörner, K.: Tödliches Mitleid, Gütersloh: Verlag Jakob van Hoddis, 1989

iatrie. Leiter von Einrichtungen für geistig Behinderte fordern daher etwa eine politische Entscheidung darüber, daß entweder auch für die Schwerstbehinderten eine Lebensnische in ihrer Gemeinde geschaffen wird oder die Rückkehr zur "gesunden Mischung" der Anstalts-Idylle.

Diese Krise bringt uns alle, die wir für soziale Institutionen zuständig sind, in eine kaum lösbare Klemme. Gerade weil wir mit Recht sagen müssen "ambulant gut, stationär schlecht", also an der möglichst weitgehenden Überflüssigkeit der Institution arbeiten und dafür auch gelobt werden, werten wir einerseits den noch stationären Teil unserer Patienten zusätzlich ab, werten zugleich auch uns selbst ab, soweit wir im stationären Bereich selbst tätig sind. Objektive und subjektive Faktoren kommen also zusammen und bewirken gemeinsam die Gefahr, daß wir unseren noch stationären Patienten oder Bewohnern mit weniger Wertschätzung begegnen, ihre Würde weniger gut wahrnehmen können oder zu Handlungsweisen der strukturellen, indirekten Gewalt neigen, was den Nährboden dafür bereitet, daß einige wenige zu direkteren Formen der Gewalt übergehen, wie vielleicht am besten bei den Patiententötungen in Lainz/Wien erkennbar, ohne daß die Einzeltäter auf der "technischen Endstrecke" überhaupt nur die Chance haben wahrzunehmen, welcher komplizierte, gesellschaftsumfassende Nährboden die Motivation für ihr Tun zustande gebracht hat.

Es ist also lebensnotwendig, daß die beschriebene Krise der De-Institutionalisierung öffentlich breit diskutiert wird, um eine politische Willensbildung und Entscheidung zu ermöglichen. Jeder von uns, der sich um diese extrem unangenehme Diskussion drückt, macht sich mitschuldig.

6. Handlungsleitende Normen

Vieles spricht dafür, daß nicht nur christliche Normen, sondern inzwischen auch die weltlichen universalistischen und allgemein gültigen Normen, wie etwa die Menschenrechte, die noch unser Grundgesetz inspiriert haben, an Wirksamkeit fürs Alltagshandeln verlieren. So orientiere ich mich für meine Entscheidungen an den Bedingungen der je konkreten Situation, was in Ermangelung eines besseren die Gefahr mit sich bringt, daß meine Entscheidung zunehmend zum Vollzug der allgemeinen, mehrheitlichen Meinung wird. In unserer postmodernen Kultur wächst das Mißtrauen gegen jede allgemein-verbindliche Kultur, gegen allgemein-verbindliches, universelles Denken, das als metaphysisch belächelt wird. Der gesellschaftliche Pluralismus versteht, fördert und schützt vielmehr die Unabhängigkeit und Autonomie jeder besonderen Gruppenkultur mit ihren besonderen Wünschen und Bedürfnissen, denen gegenüber Toleranz gefordert wird. Schließlich ist alles möglich und kann man alles verstehen in unserer Fernbedienungsgesellschaft, in der König Kunde herrscht, wie Finkielkraut[7] sagt und die psychosozialen Wissenschaften täglich neu beweisen. Niemand ist fürs Allgemeine zuständig: Es gilt den meisten heute als zu unverbindlich, obwohl man gerade aus ihm früher die Verbindlichkeiten abzuleiten versuchte. Man bezieht seine postmoderne Unabhängigkeit gerade aus der Freiheit von höheren, transzendenten oder gar absoluten Normen. Dem scheint zu widersprechen, daß in den letzten 10 Jahren Ethik-Diskussionen zunehmend Mode geworden sind. Bei genauerem Hinsehen spricht aber vieles dafür, daß heute von Ethik hauptsächlich der spricht, der nicht mehr weiß, was sich gehört, der es z.B. nicht mehr einfach so hinnimmt, daß das Lebensrecht für alle eine abgemachte Sache ist, sondern hierfür erst einmal rationale Gründe verlangt. Deshalb haben wohl auch diejenigen Konjunktur, die Rationalität mit Zweckrationalität gleichsetzen und die die Rationalisierung unserer Welt vollenden wollen. Bei diesem Streben haben sie nämlich herausgefunden, daß die bisherige Ethik noch zu sehr auf irrationaler Intuition oder auf allgemeinen, unbewiesenen Normen beruhe. Daher wollen sie nun auch die Ethik endlich auf eine rationale Basis stellen. Und wenn man diese für das Lebensrecht aller Menschen nicht finden kann, dann kann es eben nur noch unter ganz bestimmten Voraussetzungen und bei Erfüllung bestimmter Kriterien gelten. Das ist der bewußt provozierende Sinn der Frage "Warum sollte Wolfgang Lange nicht töten?". Es ist nicht leicht, sich bei gebotener weltanschaulicher Neutralität trotz noch vorhandener strafrechtlicher Barrieren sich dieser Logik zu entziehen, zumal heute schon die Bevölkerungsmehrheit sich für die Euthanasie zweckrational und selbstmitleidig ausspricht.

Es kommt noch hinzu, daß es natürlich gleichwohl Normen gibt, die sich zumindest in der Bevölkerung einer hohen Akzeptanz erfreuen. Eine der angesehendsten Normen dieser Art ist der von uns allen weithin reklamierte Anspruch auf Entlastung, demgegenüber eine Pflicht zur Belastung nur ein trauriges und belächeltes Schattendasein führt. Das eingeforderte Recht auf Entlastung und ein von daher verstandener Freiheitsbegriff betrifft im Zuge der Technisierung der Gesellschaft nicht nur den gesamten

---

7 Finkielkraut, A.: Die Niederlage des Denkens, Reinbek: Rowohlt 1989

Bereich eigener körperlicher Tätigkeit, was ohnehin dem Pflegeberuf kaum noch eine Chance einräumt. Unser gesamtes Wirtschafts- und Sozialsystem ist schließlich darauf angelegt, uns von Lasten zu befreien, vielleicht auch freizukaufen, womit nicht zuletzt lastende und lästige Menschen gemeint sind. Somit ist die Chance groß, daß Menschen, die subjektiv als unerträglich erlebt werden, dann auch leicht das objektive Kriterium der Untragbarkeit erhalten können. Wenn dann in der Aus- oder Fortbildung noch jemand kommt und vom Dienen spricht, dann kann man wohl noch darüber reden, der Technik zu dienen, vielleicht auch noch Ideen zu dienen, falls diese begründbar sind, jedoch Menschen zu dienen, und auch noch den aussichtslosesten Menschen zu dienen - das kann dann leicht schon an der schlichten Frage "warum" scheitern. Dies um so mehr, wenn die Entlastungsnorm Gesundheit zum höchsten gesellschaftlichen Wert erklärt und daher Leidensvermeidung in jeder Form zu einem gesellschaftlichen Gebot macht.

7. *Gesellschaftlicher Entwicklungszustand*

Wie kann ein Mensch, der in einem Krankenhaus oder Heim arbeitet, so umfassend gebildet sein, daß er über alle gefährlichen Tendenzen der gesellschaftlichen Entwicklung Bescheid weiß und dadurch vielleicht die Chance hat, nicht selbst zum Werkzeug dieser Tendenzen zu werden, ohne zu wissen, was ihn eigentlich treibt? Vor allem dann, wenn er in einem pflegerischen Beruf tätig ist, also unmittelbares handwerkliches Handeln als berufliche Ausdrucksmöglichkeit hat, während ihm wesentlich weniger Zeit zum Nachdenken gegeben ist als denjenigen Berufsgruppen, die mehr mit Worten handeln?

Hierfür zwei Beispiele: Demographisch informierte Menschen wissen, daß im Jahre 1900 nur 5% der Menschen über 65 Jahre alt waren, daß es heute an die 20% sind und daß es im Jahre 2030 33% sein werden. Sie können dann darüber nachdenken, daß es für unsere Vorfahren aus dem Jahre 1900 relativ leicht war, das Alter zu verehren, da das Alter Seltenheitswert hatte. Nun ist es inflationiert, damit auch entwertet, was bedeutet, daß wir es heute wesentlich schwerer haben, das Alter zu verehren, ohne daß wir ethisch schlechtere Menschen sein müssen.[8] Wenn sie soweit sind, können sie vielleicht auch überlegen, daß diese Entwicklung menschheitsgeschichtlich eine derart atemberaubend rasante Veränderung in kurzer Zeit darstellt, daß wir sehr lange Zeit benötigen und benötigen werden, um zu dieser Veränderung auf der Tatsachenebene bewußtseinsmäßig eine neue und veränderte Einstellung, eine neue ethische Haltung herzustellen. Dies um so mehr, wenn der betreffende Mensch auf seiner Station oder seinem Heim eine Konzentration alter, pflegebedürftiger und sterbender Menschen vorfindet. Was braucht er, um lernen zu können, diese Situation und diese Konzentration hier und heute wollen zu können? Denn nur wenn er es wollen kann, kann er einen angemessenen Umgangsstil finden, auch wenn er weiß, daß es nicht der Wunsch der Gesellschaft ist, daß Unheilbare in Krankenhausbetten liegen.

Wer zum anderen gut darüber informiert ist, wie unsere entwickelten Gesellschaften sich industriell und technisch verändern, kann registrieren, daß dabei offensichtlich bestimme Schadens- und Todesraten gesellschaftlich vorgesehen, akzeptiert und erlaubt sind. So kalkuliert die industrielle Entwicklung ein bestimmtes Maß an Umweltzerstörung und eine bestimmte Rate z.B. an Krebstoten. Die Entwicklung des Verkehrs nimmt die Verkehrstotenrate in Kauf. Und die Subvention unserer Landwirtschaft bewirkt, daß die Entwicklungsländer auf ihren Produkten sitzen bleiben und verursacht damit unmittelbar Millionen Hungertote. In all diesen Fällen besteht das herrschende Prinzip darin, fast um jeden Preis um der höheren Effektivität willen Sand aus dem Getriebe wegzuschaufeln. Wenn er nun als Pflegekraft auf einer Krankenhausstation arbeitet und deren ständig wachsende Technisierung über Ausbildung und über den Arbeitsalltag registriert, wie soll er sich klarmachen oder wer macht ihm klar, daß trotz allen mit Händen zu greifenden Anscheins hier eine andere Logik und eine andere Ethik herrschen soll, nicht die allgemeingültige Verwertungslogik, sondern eine Logik der Einmaligkeit der Würde jedes Menschen? Wie begreift er und wie kann er sein Handeln von innen heraus so steuern, daß Heilbare und Unheilbare dieselbe Würde haben, daß ausnahmsweise hier ein Ort ist, an dem der Sand und das Getriebe die gleiche Wertschätzung

---

8 Dörner, K. (ed): Die unwürdigen Alten - zwischen Familienidyll und geschlossener Gesellschaft, 39. Gütersloher Fortbildungswoche, Gütersloh: Verlag Jakob van Hoddis 1988

erfahren, daß ausgerechnet hier keine "technische Endstrecke" zu bewältigen ist?

C. Mögliche Maßnahmen oder: Was tun?

Die folgenden 22 Vorschläge - um es noch einmal zu wiederholen - stammen aus den unendlich vielen Diskussionen in der WK Gütersloh nach Bekanntwerden der Patiententötungen. Sie sind zum Teil getestet und erprobt im Rahmen von Vorträgen und Diskussionen außerhalb unserer Klinik. Sie können richtig oder falsch sein, sollen zur Diskussion anregen, wobei wir uns bei dieser Darstellung überwiegend auf solche Aspekte konzentriert haben, die in sonstigen Diskussionen eher zu kurz kommen. Ich versuche, einige Gemeinsamkeiten für diese Überlegungen und Vorschläge zu finden: Sie sollen alle Einrichtungen betreffen, in denen "mit Menschen statt mit Sachen gearbeitet wird", vor allem stationäre Einrichtungen, letztlich aber auch ambulante Einrichtungen, zumal auch hier in den letzten Monaten Tötungen bekannt geworden sind. Sie betreffen zum zweiten alle Mitarbeiter von Einrichtungen, in denen mit Menschen gearbeitet wird. Sie sind aber überwiegend so formuliert, daß sie insbesondere und vor allem für Mitarbeiter in pflegerischen Berufen zutreffen, weil wir von diesen Berufen ausgehen müssen, wenn wir die Realität von Einrichtungen, die mit Menschen arbeiten, erfassen und weiterentwickeln wollen. Sie sind aber auch zugleich so formuliert, daß sie auf Angehörige aller anderen Berufsgruppen zutreffen. Insofern betreffen drittens alle Überlegungen auch Aspekte, die unter dem Begriff "Pflegenotstand" diskutiert werden. Da alle Einrichtungen, die mit Menschen arbeiten, zum Teil zu Recht, zum Teil zu Unrecht, Menschen als Sachen behandeln und damit der ökonomischen Sachlogik folgen, wonach jemand von A nach Z verändert wird, bemühen sich viertens alle vorgestellten Überlegungen, Beiträge zu einer gegenläufigen ökologischen Menschenlogik zu liefern, wonach ein Mensch oder Menschen überhaupt von ihrem Entwurf, von Z aus aufgefaßt werden, damit sie dieses Z reflexiv oder zirkulinear aus ihrem A hervorbringen können. Einfacher fünftens ausge-drückt: Alle Überlegungen dienen der Verwirklichung des Unwahr-scheinlichsten, nämlich der Gleichbehandlung aller Menschen.

1. Zeitliche Selbstbestimmung

Es ist allgemein bekannt, daß alle Arbeitnehmer ihr Selbstwertgefühl, ihr Engagement, ihre Arbeitsfreude und ihre Verantwortlichkeit am meisten vom Grad ihrer Selbstbestimmung über die Arbeitszeit ableiten. Arbeitsfreude ist aber zur Zeit im Gesundheitswesen und insbesondere bei den Pflegenden ein Fremdwort, das nicht einmal dann in den Mund genommen werden darf, wenn es gerade einmal zutrifft. Wir sprachen von der "Jammerkultur", die durchaus auch als sich selbst erfüllende Prophezeiung wirkt. Es wird ein nach oben offener, ständig zunehmender und grundsätzlich nicht zu befriedigender Erfolgsdruck empfunden, der jede positive Perspektivbildung verhindert, ohne die sinnvolles Arbeiten auf Dauer unmöglich ist. Pflege von anderen und Selbstpflege stehen nicht im Gleichgewicht. Zahlreiche Beispiele sowohl aus der freien Wirtschaft als auch von gewerkschaftlicher Seite, z.B. A. Gorz[9], zeigen Wege, auf denen man dies Problem lösen kann. Das Gemeinsame all dieser Beispiele liegt in folgendem Doppel-Vorschlag: Jede Arbeitseinheit (Station, Heim usw.) erhält einen möglichst präzisen und kontrollierten Arbeitsauftrag, dafür aber völlige Freiheit hinsichtlich der Wege, über die sie den Auftrag erfüllen will. Diese Freiheit betrifft vor allem auch die Arbeits- oder Dienstzeiten. Es gibt keine fremdbestimmten Dienstpläne mehr. Die Mitglieder der Einheit können selbst herausfinden, wann und wo sie wen wie lange arbeiten lassen. Da hierbei der Arbeitsauftrag für ein Jahr vorgegeben und mit Hilfe von Instrumenten der Qualitätskontrolle überprüft wird, ist auch für die Arbeitszeit jedes Mitgliedes lediglich die Jahres-Arbeitszeit zugrunde gelegt. Diese zeitliche Selbstbestimmung erlaubt in einem bisher unbekannten Ausmaß ein Gleichgewicht zwischen Auftragserfüllung und Nutzung der nichtlohnabhängigen Lebenszeit, ein Gleichgewicht zwischen Fremdarbeit und Eigenarbeit, zwischen Pflege von anderen und Selbstpflege.

2. Vierteljahresgespräche über die GAU-Frage

Da wir alle in Krankenhäusern, Heimen und ähnlichen Einrichtungen völlig überfordert sind oder zumindest erwartet wird, daß wir dies so sehen, halten wir uns Tag und Nacht an der Menge der von uns verlangten Arbeit fest, verhindern wir - aus Not - jede Zeit, über die Qualität unseres

---

9 Gorz, A.: Kritik der ökonomischen Vernunft, Berlin: Rotbuch-Verlag 1989

Tuns nachzudenken. Dabei ist es besonders fatal, daß dies für Pflegende noch weit mehr gilt als für Angehörige anderer Berufe, obwohl das Arbeiten für Pflegende noch am meisten fremdbestimmt ist und obwohl die Arbeitsinhalte für Pflegende ohnehin am meisten über handwerkliches Aktivsein und am wenigsten über verbales und reflektierendes Tun läuft. Pflegende haben am wenigsten Gelegenheit gehabt, reflektieren zu lernen, und erhalten zur Strafe auch am wenigsten Arbeitszeit dafür. Pflegende drükken eigene Schwierigkeiten am ehesten durch das aus, was sie gelernt haben, nämlich durch Handeln, und nicht etwa dadurch, daß sie Bücher schreiben. Daher können Pflegende die ihnen eigene Rolle, Spezialisten fürs Allgemeine zu sein, auch am schlechtesten wahrnehmen. Daher erhält das Team jeder Einheit etwa jedes Vierteljahr eine halbtägige Klausur, in der es ausschließlich darüber nachdenken kann, wieweit das, was wir tun, noch mit dem im Einklang steht, was wir uns vorgenommen haben, ob alle Mitglieder damit noch in Beziehung stehen oder etwa in die innere Emigration gegangen sind. Wir stellen künstlich den Abstand zu unserem Tun her, der die Voraussetzung für die Reflexion unseres Tuns schafft.

Hierzu eignet sich die GAU-Frage besonders gut. Gerade besonders katastrophale Fehlentwicklungsmöglichkeiten jedes einzelnen Menschen und auch eines Teams lassen sich nämlich nur dann verhindern, wenn sie hinreichend früh zur Sprache gekommen sind, wenn nicht alles schon zu spät ist, wie etwa auch der Fernethik von Hans Jonas[10] zu entnehmen ist. Man kann bei der Gelegenheit erkennen, ob man im Hinblick auf eine schlimme Entwicklung sich daran gewöhnt, davor flüchten will oder wacher und aufmerksamer dafür werden will. Wenn aber die schlimmste aller Fragen regelmäßig gestellt wird, dann ist die Wahrscheinlichkeit zumindest gering, daß jemand sich etwa mit der Möglichkeit von Krankentötungen isoliert und daß diese Möglichkeit Macht über ihn gewinnt. Diese Vierteljahresgespräche sind als Forum dafür gedacht, daß jeder Gelegenheit findet, sich selbst zu begründen. Es ist aber so gut wie sicher, daß alle heutigen Leiter von Arbeitseinheiten auf allen Ebenen selbst erst lernen müssen, so schwere Fragen, wie die GAU-Frage, zu stellen. Ist dies aber einmal gelernt und geübt, wird es von allen als hilfreich und entlastend empfunden.

---

10 Jonas, H.: Das Prinzip Verantwortung - Versuch einer Ethik für die technische Zivilisation, Frankfurt: Suhrkamp 1985

Um dieses Lernen zu erleichtern, gebe ich hier wieder, welche Antworten leitende Pflegekräfte bei einer Veranstaltung in der Kaderschule des Schweizerischen Roten Kreuzes auf die GAU-Frage am 24.4.91 spontan gefunden haben:

- Den schmalen Weg zwischen Vertrauen und Hellhörigkeit finden und gehen.
- Den Zusammenhang von Macht und Ohnmacht immer wieder thematisieren, z.B. daß die mangelnde Anerkennung der Pflege als Ohnmacht erlebt wird und in übertriebenem Machtbedürfnis ausagiert wird.
- Darüber berichten, wo ich selbst schon mal Tötungsimpulse hatte (z.B. übertherapierte Patienten in aussichtsloser Lage), um mich so selbst zum Modell zu machen.
- Ohnmachtssignale meiner Mitarbeiter hören, verbalisieren, um ihnen so Entlastungsmöglichkeiten zu geben.
- Eine Stationskultur schaffen, wo z.B. bei jedem Sterbefall alles gesagt werden darf (auch z.B. daß dies gut sei) und Alarm schlagen, wenn zu diesem Thema nicht viel oder nicht auch unterschiedliches zu sagen gewagt wird.
- Immer wieder offen aussprechen, daß jeder von uns auch Tötungsimpulse kennt, auch zum Bösen fähig ist, auch den "Schatten" lebt, damit die professionelle Ideologie, daß Pflegepersonen gut zu sein haben, nicht dazu zwingt, daß wir die bösen Anteile so sehr in uns verdrängen, daß sie sich total entladen müssen.
- Meine Mitarbeiter stets in irgendeiner Weise in Atem halten, also sie zu animieren, daß sie sich ständig in irgendeiner Veränderung befinden, zu irgendwelchen neuen Ufern unterwegs sind, so daß sie sich ständig in irgendeiner perspektivischen Verbesserungsrichtung befinden und engagieren.
- Verhindern, daß die Möglichkeiten des Negativen in uns immer weggedacht werden.
- Dafür sorgen, daß alle Mitarbeiter die Zugehörigkeit zu einer Bewegung oder zu einem professionellen Verband (z.B. Rotes Kreuz) oder zu einem Berufsstand oder zum jeweiligen Betrieb oder zur Bewältigung einer bestimmten Aufgabe empfinden und erleben, was u.a. den Vorteil habe, daß tiefsinniges Nachdenken über Ethik überflüssig

wird, weil wir haltende Strukturen haben und weil wir wissen, was zu tun ist, was sich gehört.

3. *Nachbarschaftshilfe als horizontaler Schutz*

Jedes Jahr einmal laden wir unsere Nachbarn, etwa die benachbarte Station ein mit der Bitte, die Kollegen möchten ihr Bild von uns neben unser Selbstbild stellen, damit wir Selbst- und Fremdbild vergleichen können. Die nötige Ehrlichkeit wird dadurch erleichtert, daß wir uns umgekehrt ebenfalls einmal pro Jahr von unseren Nachbarn mit derselben Bitte einladen lassen. Es ist nämlich das Wesen der Nachbarschaft, daß sie über das ideale Gleichgewicht von Nähe zu uns und Abstand von uns verfügt. Besonders wenn es uns schlecht geht, ohne daß wir selbst schon so recht den Grund wissen, können wir ziemlich sicher sein, daß unsere Nachbarn uns besser kennen als wir uns selbst. Gerade die Krankentötungen in Gütersloh haben hinreichende Beweise für die Wahrheit dieser Behauptung erbracht.

Wir haben lange und oft darüber diskutiert, ob die Kultivierung von Vertrauen, Offenheit und Kritikbereitschaft innerhalb des Teams einer Einheit die Garantie dafür ist, daß auch die übrigen Beziehungen innerhalb der Gesamteinrichtung stimmen. Gegenargument: Man kann sich auch in einem Team so wunderbar verstehen, daß man die umgebende Wirklichkeit gar nicht mehr wahrnimmt; man versteht sich dann sozusagen auf Kosten anderer oder folgt dem Motto "viel Feind', viel Ehr". Wir haben aber eine Bedingung herausgefunden, unter der die erstere Behauptung dennoch stimmt: Wenn nämlich die intrastationäre Kritisierbarkeit durch die Nachbarn stimmt, dann ist das ein guter Beweis dafür, daß auch die intrastationäre Kritisierbarkeit und Offenheit tragfähig ist. Wir haben dies auch gegenseitige, kollegiale Supervision genannt. Wir brauchen lebensnotwendig ein Klima, eine Kultur, uns gegenseitig auch schmerzhaft auf die Füße treten zu können. Nur wenn wir das können, können wir behaupten, daß wir auf eigenen Füßen stehen.

4. *Die Team-Geborgenheit und die Einsamkeit der persönlichen Verantwortung*

Unser beliebtes Reden vom "Team," ist einerseits wichtig, weil ich das Gefühl der vertrauensvollen Zugehörigkeit brauche, kann andererseits aber auch leicht zur verdeckenden Ideologie werden, wenn ich damit meine

Individuelle und einsame Verantwortung etwa hinter "Teambeschlüssen" verstecke, meine persönliche und durch nichts zu ersetzende Verantwortung an der Team-Garderobe abgebe. Jeder einzelne hat jederzeit zu überprüfen, ob sein Gleichgewicht zwischen Teamzugehörigkeit und eigener Verantwortung, zwischen Vertrauen und Wachsamkeit, Zweifel und Mißtrauen noch stimmt. Es gibt zwar jede Menge Fortbildungsangebote über Teamarbeit, nicht jedoch zu der Frage, wie ich meine persönliche Verantwortung wahrnehme, obwohl letzteres offensichtlich viel schwieriger ist.

Dieses Gleichgewicht stimmt nämlich nur dann, wenn ich und jedes andere Team-Mitglied grundsätzlich jederzeit alles für möglich halten, jeder auch das Gegenteil von dem, was gerade im Team besprochen wird, für möglich hält, überprüft und äußert. Wachsamkeit, Mißtrauen und Zweifel gegen andere sind mir aber nur unter den Voraussetzungen möglich, daß mir dies auch gegen mich selbst möglich ist (vgl. Punkt 21).

Das Team einer Einheit kann seine Funktion nur wahrnehmen, wenn es mehr auf die Unterschiede zwischen den Eigenschaften und den Äußerungen aller Team-Mitglieder achtet als auf die Gemeinsamkeiten und wenn es auf diese Weise ständig besorgt ist, daß es ein Kooperationsbündnis von lauter einzigartigen und unabhängig handelnden Individuen darstellt (vgl. das Team-Kapitel aus "Irren ist menschlich")[11].

5. *Vorgesetztenhilfe als vertikaler Schutz*

Es ist schon lange eine falsch verstandene antiautoritäre Mode, Vorgesetzte grundsätzlich für verantwortungslose Schwachköpfe zu halten, unabhängig davon, ob sie es im Einzelfall auch sind. Das Vorgesetztenwesen ist zu überprüfen: Ein Teil von Vorgesetzten-Funktionen ist überflüssig und zu streichen (vgl. z.B. Punkt 1), ein anderer Teil ist jedoch notwendig. Denn jeder von uns, wo er auch arbeitet, hat einen Anspruch auf Schutz, in dem er sich mit seinen Problemen, seinen Wahrnehmungen, Ansichten und Vorschlägen auf einer höheren, allgemeineren Ebene aufgehoben und getragen fühlt, wobei diese höhere Ebene ihre Schutzfunktion nur wahrnehmen kann, indem sie das Mittel der Kontrolle einsetzen kann. Auch hier müssen wieder vertrauensvolle Tragfähigkeit und Kontrolle im Gleichgewicht sein. Ein Funktionsverlust des Vorgesetztenwesens kann niemals durch Supervision ausgeglichen werden, so sehr z.Zt. auch die Hoffnungen sich darauf richten. Dies ist ein gefährliches Wunschdenken, gefährlich

[11] Dörner, K. und U. Plog: Irren ist menschlich, Bonn: Psychiatrie-Verlag 1995

u.a. deshalb, weil kritische Äußerungen von Mitarbeitern in der Supervision psychisch tragfähig gemacht und damit zum folgenlosen Verschwinden gebracht werden können, eine Decke, unter der die realen Probleme um so besser vor sich hin schwelen können.

Vorgesetzte sind daher eine lebensnotwendige Möglichkeit der Distanzierung und der Entlastung für die Mitarbeiter. Der Funktionsverlust des Vorgesetztenwesens ist nicht zuletzt dadurch bedingt, daß Vorgesetzte heute dazu neigen, ihre eigene Autorität wegkritisieren zu lassen und damit leugnen oder das Ideal der demokratischen Gleichberechtigung an der falschen Stelle mißbrauchen, um das, wofür sie besser bezahlt werden, nicht in unbequemem Handeln verwirklichen zu müssen. Sie versagen dann bei ihrer Aufgabe, Schutz, Sicherheit und haltende Strukturen zu schaffen, indem sie den schwierigen Spagat zwischen Vertrauen und Kontrolle, Weichheit und Härte, Wärme und Kälte vermeiden. Heraus kommt eine funktionslose und gefährliche Lauwärme.

Da zuzugeben ist, daß heute das Durchhalten dieses Spagats unwahrscheinlicher ist als noch vor einigen Jahrzehnten, sind auch die Untergebenen mitverantwortlich dafür: Sie haben ihre Vorgesetzten in ihre Verantwortung notfalls hineinzuboxen. Da alle Beziehungen zwischen Menschen wechselseitig sind, gibt es auch eine Fürsorgepflicht für die Vorgesetzten. Dies ist heute nicht mehr selbstverständlich, sondern muß jederzeit neu eingeübt werden.

6. *Was ist heute Helfen und Dienen?*

Das Reden von den "helfenden Berufen" ist ein folgenschwerer Irrtum. Bezahlt werde ich nämlich nicht fürs Helfen oder Dienen, sondern für meine jeweilige fachlich-berufliche Kompetenz. Ich habe zwar dafür zu kämpfen, daß ich dafür besser bezahlt werde. Ich habe aber das Helfen davon zu trennen. Das Helfen ist eine allgemein-menschliche Tätigkeit, zu der alle Menschen aufgerufen sind und bleiben, um Nachteile für den schwächeren Teil der Bevölkerung auszugleichen und auf diese Weise Gleichheit der Menschen inhaltlich und materiell herzustellen. Daher ist es gewissermaßen zufällig, daß in unseren sozialen Berufen helfende oder dienende Tätigkeiten in konzentrierterer Form im Vergleich zu anderen Berufen hinzukommen. Menschheitsgeschichtlich gibt es Berufe, bei denen das Helfen sich konzentriert, erst seit 200 Jahren und vielleicht nicht mehr lange (vgl. "Tödliches Mitleid"). In demokratischen Gesellschaften mit der formalen Gleichheit aller Menschen ist das den Schwächeren-Dienen fremdartig. Wird in Diensten noch gedient? Es ist heute leichter, der Technik als den Menschen zu dienen. Am ehesten können wir heute noch Ideen dienen, etwa der Durchsetzung der universellen Menschenrechte. Dieses Dienen kann nach wie vor Motor der sozialen oder gesundheitlichen Arbeit sein.

Aus diesen Gründen kann "Dienen" nicht durch "Verdienen" ersetzt werden: beides verläuft getrennt voneinander. Was das Helfen angeht, so stimmt der zunächst absurd scheinende Satz, mit der ich auch mein professionelles Selbstwertgefühl zum Ausdruck bringen kann: "Ich arbeite nicht für Geld" (vgl. A. Gorz)[12].

7. *Unsere Ethik: bei den unerträglichsten Menschen anfangen*

Von Ethik kann man immer viel reden, obwohl es Leute gibt, die behaupten, daß Leute nur so lange von Ethik reden, wie sie nicht mehr wissen, was sich gehört. Dann wäre es nur in der Unsicherheit von Übergangszeiten nötig, von Ethik zu reden. Außerdem ist eine Ethik-Diskussion heute überaus gefährlich. Das liegt daran, daß allen allgemeingültigen, absolut gesetzten ethischen Normen mit dem größten Mißtrauen begegnet wird; man glaubt nicht mehr an sie, weil sie nicht begründbar seien. Deshalb führen heute vor allem solche Leute das Wort "Ethik" im Munde, die das Geschäft der Rationalisierung unserer Gesellschaft und unserer Welt abschließend vollenden wollen. Sie diagnostizieren die herkömmlichen ethischen Normen als noch nicht rationalisierte Restbereiche, die noch auf einer nur irrationalen oder intuitiven Basis stehen, entdecken hier ihre Marktlücke und wollen nur das als ethisch anerkannt wissen, was rational begründbar ist, was sie mit Zweckrationalität, also mit Nützlichkeit gleichsetzen. Der Schutz des Lebensrechts gilt dann nur noch, wo ein hinreichender Nutzwert nachgewiesen ist. Und dies ist selbstverständlich zumindest seit 100 Jahren herrschendes, mehrheitliches Denken aller marktwirtschaftlich organisierten Gesellschaften.

Daher hat sich in unseren Gesellschaften herausgestellt, daß wir angesichts dieser Situation mit einer einzigen ethischen Norm auskommen. Sie

---

12 Gorz, A.: Kritik der ökonomischen Vernunft, Rotbuch-Verlag 1989, Berlin

besagt, daß wir unseren höchsten Aufwand an Aufmerksamkeit, Engagement, Zeit und Einsatz unserer Ressourcen zunächst bei den jeweils schwierigsten, hoffnungslosesten, aussichtslosesten, ältesten und unerträglichsten Patienten einzusetzen haben, dort anzufangen haben. Begründungspflichtig sind dann nur noch die Abweichungen von dieser Regel. Das verschlägt uns natürlich den Atem. Da diese ethische Norm unserer üblichen Nützlichkeitsethik (Einsatz unserer Mittel, wo es sich am meisten lohnt), der wir natürlich genauso unterworfen sind wie alle anderen Menschen, ins Gesicht schlägt, ist es um so wichtiger, daß wir diese ethische Norm ständig im Kopf haben, sie zwar nie erfüllen können, aber stets daran zu arbeiten haben, daß wir uns ihr millimeterweise nähern. Ich kann versichern, daß das wirksam ist. Es werden nämlich dann im konkreten Alltag immer mal wieder und zunehmend uns Entscheidungssituationen bewußt, in denen wir uns im Zweifel - und es gibt viele Zweifel - zu unserer eigenen Überraschung für unsere Norm entscheiden. Wir erfahren dadurch, daß es zwar immer noch meistens nicht geht, aber immer öfter doch geht.

8. Ganzheitlichkeit - nur für den letzten Patienten

Dagegen ist die Norm der "Ganzheitlichkeit" meistens ideologisches Getöse, das insbesondere Pflegende unter einen idiotischen und unerträglichen Anspruch stellt, den sie nie einlösen können, der ihnen aber ständig ein schlechtes Gewissen verpaßt, vor dem sie bestenfalls mit Recht davonlaufen, da er sie sonst zu weit gefährlicheren Reaktionen zwingt. Ganzheitlichkeit ist nicht zufällig als totales, als totalitäres Ideal gerade im Dritten Reich entwickelt und glorifiziert worden. Keiner von uns ist aber ein solcher Mensch, daß er alle seine Patienten ganzheitlich wahrnehmen und behandeln kann. Das ist in der Mehrzahl der Fälle auch nicht nötig, eher gefährlich, stellt nämlich eine ideologische Inbesitznahme von Patienten dar, während für die meisten Patienten nur eine partielle, organbezogene, fachliche Kompetenz angesagt ist. Lediglich Patienten, deren Leiden chronifiziert, die lernen müssen, mit ihrem Leiden zu leben, bedürfen der ganzheitlichen Wahrnehmung ihrer Lebenssituation, wobei ihre Lebensgeschichte, ihre Angehörigen, vielleicht sogar ihr Kanarienvogel, also die Sinnfrage ihres Lebens gleichermaßen Bedeutung finden müssen.

Daher ist zu sagen: Beschränken wir uns mit unserem Ganzheitlichkeits- oder Allgemeinheitsanspruch zunächst mal auf einen einzigen, nämlich den schwächsten und aussichtslosesten Patienten, weil wir das nämlich jederzeit leisten können. Wenn wir dann an ihm einiges - auch von uns selbst - gelernt haben, können wir überlegen, ob wir danach noch für den einen weiteren Patienten für eine ähnlich biographisch umfassende Begleitung Zeit haben. Nicht mehr und nicht weniger.

Aus diesen Gründen gehört es zu den wichtigsten Fragen bei der Aufnahme-Diagnostik, wieviel oder besser wie wenig ein Patient, gemessen an seinem Problem, an das Krankenhaus oder Heim, also an unsere Kompetenz abzugeben und wieviel er von sich selbst bei sich behalten kann."Leben als Fragment" von H. Luther[12] ist zur notwendigen Demontage der Ganzheitlichkeit eine erhellende Lektüre.

9. *Schluß mit dem Allmachtsanspruch! Keiner kann alles, jeder kann etwas - anderes*

Unsere realitätsferne Ausbildung, die vom Wunschdenken geprägten Erwartungen der Gesellschaft und unsere eigene Eitelkeit haben unseren Omnipotenzanspruch geschaffen, der uns gefährlich macht für unsere Patienten, was wir jetzt spüren und weshalb wir von ihm Abschied nehmen müssen. Niemand von uns kann sich gleichzeitig fachlich und menschlich grenzenlos steigern und sich immer besser machen.

Betrachten wir unsere Realität so nüchtern, daß auch Arbeitsfreude wieder eine Chance hat: Auf unserer Station, in unserem Heim sind heilbare, sterbende und unheilbare Patienten. Bei den Heilbaren stehen die Ärzte im Vordergrund, bei den Sterbenden die Angehörigen und bei den Unheilbaren die Pflegenden. Dieselbe Dreiteilung bedeutet für die Pflegenden: Für die Heilbaren stehen diejenigen Pflegenden im Vordergrund, die eine hohe technische Kompetenz haben, bei den Sterbenden diejenigen mit hoher menschlicher Kompetenz und bei den Unheilbaren diejenigen, die am ehesten "Spezialisten fürs Allgemeine" sind. Jedes Pflegeteam hat also darauf zu achten, daß alle drei Kompetenz-Gruppen, die alle - für unterschiedliche Patienten - gleich wichtig sind, vertreten sind. Das Pflegeteam muß also aufmerksam sein für die Unterschiede zwischen den Pflegepersonen, für diese neue Art von Spezialisierung, die sich überall herstellen läßt

---

12 H. Luther, Leben als Fragment, in: Wege zum Menschen, 43. Jg. 1991, S. 262 ff.

und die den Vorteil hat, den wirklichen Bedürfnissen der Patienten zu entsprechen und jeden Patienten individuell nach seinen persönlichen Bedürfnissen wahrnehmen zu können. So findet jeder Pflegende gerade in seiner Unterschiedlichkeit Wertschätzung und Bedeutung. Schon die Ausbildung hat darauf zu achten. Da jeder Mensch auch ein anderes Temperament, ein anderes Tempo, einen anderen Zeitsinn hat, kommen die unterschiedlichen Begabungen auch in dieser Hinsicht zum Ausdruck: Heilbare benötigen Pflege mit Freude an schneller und präziser Arbeit, Sterbende brauchen jemanden als Begleitung, der zum Ausdruck bringen kann, daß Zeit keine Rolle mehr spielt, und Unheilbare, also chronisch Kranke, profitieren von dem, der immer wieder das Tempo wechseln kann.

Es kann sein, daß einer solchen Aufgabenauffassung, die möglichst nah an den unterschiedlichen Bedürfnissen jedes einzelnen Patienten orientiert ist, am ehesten Einheiten, also Stationen entsprechen, die diagnostisch eher entspezialisiert sind, in denen sich Menschen in ganz unterschiedlichen Lebenslagen befinden. Dies bedarf noch der Diskussion.

10. Die Schwächsten gleichmäßig verteilen

Das leitet organisch über zu der Forderung, die schwächsten, pflegebedürftigsten oder unerträglichsten Patienten möglichst gleichmäßig über alle Stationen, über das ganze Krankenhaus oder Heim zu verteilen. Diese Forderung ist für mich die wichtigste aus dem Kommissionsbericht über Krankentötungen in Wien. Natürlich ist diese Forderung schwer zu verwirklichen, nicht von einem zum anderen Tag umzusetzen, obwohl sie bereits schon den Wirbelsäulen gerade der pflegerischen Kollegen Gerechtigkeit widerfahren läßt. Sie ist darüber hinaus aber auch lebensschützend; denn je mehr ich die schwächsten und pflegebedürftigsten Patienten irgendwo konzentriere, desto mehr beraube ich sie ihres Selbstwertes und desto mehr fördere ich allein durch diese "unschuldige" organisatorische Maßnahme, daß unmenschlich mit ihnen umgegangen wird, ohne daß der einzelne Kollege, der unmenschlich handelt, dies als persönliche Entscheidung und damit als Schuld erleben kann, weil die Bedingungen eben so sind. Diese arbeitsteilige Unmenschlichkeit, an der wir alle mit einem so kleinen Teil mitwirken, daß jedes einzelne Teil nicht als unmenschlich und daher schuldhaft erlebt wird, ist der Kern dessen, was wir mit dem Begriff "strukturelle Gewalt" bezeichnen. Es hat die zwangsläufige Wirkung eines Naturgesetzes: Entwerte ich die Bedingungen, unter denen ein Mensch lebt, entwürdige ich ihn, nehme ich ihm etwas von seiner Würde, die er für sich und andere und andere für ihn empfinden, ohne daß jemand sich dagegen wehren kann. Das gilt natürlich auch umgekehrt für die Aufwertung der Bedingungen: Die Herabsetzung der Altersgrenze auf unseren gerontopsychiatrischen Stationen auf 60 Jahre brachte für die Betroffenen einen Zuwachs an Würde. In dieselbe Richtung wirkt es, wenn gerade die verwirrtesten Alterspatienten, also diejenigen, bei denen "es sich nicht mehr lohnt", die größte Dichte personeller Zuwendung für die Strukturierung ihres Tagesablaufs erfahren. Und die wichtigste gesellschaftliche Wirkung in Bezug auf die Aufwertung der Lebensbedingungen und damit der Wahrnehmung der Würde wird die Einführung der Pflegeversicherung mit sich bringen, da sie bedeutet, daß alte und behinderte Menschen von der Sozialhilfe loskommen, "Geldes wert" sind, Geldgeber (und damit auch Arbeitgeber) werden. Sie werden wieder historische Subjekte ihrer Lebenssituation, ihres Lebens.

11. Ambulant gut, stationär gut

Dies führt uns zum vielleicht wichtigsten Punkt: 20 Jahre Reformen im Gesundheits- und Sozialwesen haben dazu geführt, daß die jeweils ambulanten Betreuungsmöglichkeiten sich erheblich verbessert haben. Das gilt für alte Menschen, für geistig Behinderte, für ganz normal körperlich Kranke, für psychisch Kranke, für Kinder- und Jugendpsychiatrie, für psychisch kranke Straftäter - also letztlich für alle Bevölkerungsgruppen - sind es 10 % der Bevölkerung? - die eine Kompensation für irgendeine Schwäche benötigen, um inhaltlich mit anderen gleich zu sein. Die unbeabsichtigte negative Folge dieser unbestreitbaren Reformerfolge besteht darin, daß diejenigen Menschen, die dann noch in die jeweilige stationäre Betreuung müssen, eine ungünstige Auswahl an Krankheitsschwere, Pflegebedürftigkeit, Aggressivität, "Unerträglichkeit" darstellen. Das gilt für jede internistische Station, für jedes Altenheim, für Einrichtungen für geistig Behinderte wie für alle psychiatrischen Akut-Stationen. Als Beispiel kann man jeden beliebigen Altenheimleiter interviewen: "Wie war das doch vor 20 Jahren so schön, da hatten wir eine gesunde Mischung aus fitten und weniger fitten alten Menschen; jetzt ist es unerträglich, nur noch zum Weglaufen!"

Wic sehr haben wir aber selbst in der Vergangenheit zu diesem Würde-Wert-Gefälle, zu dieser schiefen Ebene beigetragen. Etwa wenn wir nach dem Motto geredet und gehandelt haben: "Ambulant gut, stationär schlecht." Auch wenn diese Aussage sachlich richtig ist, haben wir nicht bedacht, daß wir damit unseren stationären Einheiten, unseren stationären Mitarbeitern und vor allem unseren stationären Patienten einen negativen Wert und Selbstwert zugesprochen haben, was sich folgenschwer auswirkt. Das Überforderungsgefühl stationärer Mitarbeiter erklärt sich dadurch besser als durch alles andere. Hier sind wir mit unserer Reform selbst in eine lebensbedrohende Krise geraten, in der wir uns entscheiden müssen, ob wir die Reform zurückschrauben oder mit dem Anspruch "auch für die Schwächsten" radikalisieren wollen. Wir haben diese Krise zu einer öffentlichen Diskussion zu machen, da ihre Lösung politische Entscheidungen verlangt, die von der Gesamtgesellschaft getragen werden müssen.

12. Jeder Stationsarbeiter arbeitet auch ambulant und umgekehrt

Damit jeder einzelne stationäre Mitarbeiter diese Krise überhaupt empfinden kann und sich nicht nur als ihr bewußtloses Opfer fühlt, haben wir dafür Sorge zu tragen, daß jeder Mitarbeiter ein Bewußtsein dafür bekommt, Teil eines ambulant-stationären Gesamtversorgungsspektrums zu sein. Forderung: Jeder Mitarbeiter z. B. einer internistischen Station oder eines Altenheims arbeitet einen kleinen Teil seiner Arbeitszeit, etwa 5 oder 10 Stunden, in der nächstgelegenen Sozialstation und umgekehrt. Die PsychPV erleichtert für den psychiatrischen Teil des Versorgungsspektrums diese Entwicklung; sie macht nicht mehr die patientenfeindliche scharfe Trennung zwischen stationärem und ambulantem Arbeiten, sondern erlaubt für stationäre Mitarbeiter ambulante Arbeitsanteile. Die Gewerkschaften sind aufgerufen, endlich auch Pflegenden über eine angemessene Eingruppierung Chancen fürs ambulante Arbeiten zu geben, damit die Wohlfahrtsverbände oder die sozialpsychiatrischen Dienste der Gesundheitsämter systematisch auch Angehörigen der Pflegeberufe ambulante Arbeitsplätze einräumen.

13. Stationär-ambulante Durchmischung

Eine Forderung, die in dieselbe Richtung geht: Jede stationäre Einheit sorgt dafür, sich mit ambulant lebenden Menschen zu durchmischen, betreibt z.B. eine eigene Angehörigengruppe, beteiligt die Angehörigen an der stationären Arbeit, durchmischt sich mit Laienhelfern oder - wie man heute besser sagt - mit Bürgerhelfern. Im Interesse des verantwortlichen

Vollzuges der fortschreitenden De-Institutionalisierung ist es aber genauso wichtig, wenn auch schwerer zu verwirklichen, daß die ambulanten Dienste lernen, bestimmte Elemente der stationären Kultur sich anzueignen, was um so dringender ist, je schwerer gestörte Menschen auch ambulant betreut werden sollen. Das anzustrebende Ideal wäre ein Fließgleichgewicht der Versorgungsstrukturen, in dem sich stationäre und ambulante Anteile so durchmischen, wie es dem jeweils einzelnen Patienten am bekömmlichsten ist.

14. Abhängiges und unabhängiges Arbeiten schließen sich nicht aus

Eine weitere gleichsinnige Forderung: Jeder stationäre Mitarbeiter beteiligt sich ehrenamtlich an einer ambulanten Aktivität auf Vereinsbasis. Dies hat zudem den unschätzbaren Wert, daß ich nunmehr etwa als Vorstandsmitglied eines Vereins, also als freier Bürger, mich unabhängig von meiner Institution und ihrem Träger unternehmerisch betätigen kann. Dies steigert nicht nur mein Selbstwertgefühl, weil ich mir und anderen beweise, daß ich einen sozialen Teilbereich autonom und letztverantwortlich gestalten kann; es kann mir sogar den erforderlichen Spaß am stationären, also abhängigen Arbeiten wiedergeben.

Mit geringerem Risiko kann ich einen ähnlichen Effekt auch schon dadurch erreichen, daß ich Mitglied eines sozial engagierten Verbandes werde, vorausgesetzt, er vertritt nicht ausschließlich Berufsstandesinteressen. Für den psychiatrischen Bereich sei beispielhaft die "Deutsche Gesellschaft für Soziale Psychiatrie" genannt, da diese die Verwirklichung eines bestimmten gemeindepsychiatrischen Programmes betreibt, mir also Gelegenheit gibt, bestimmten Ideen zu dienen und Zugehörigkeit zu anderen zu empfinden, die sich demselben Ziel verschrieben haben, was als gemeinsame Kultur und als haltende Struktur sich für das Durchstehen des beruflichen Alltagsstresses tragend und entlastend auswirken kann.

15. Macht-Ohnmachtproblem der sozialen Berufswahl

Das ist auch deshalb wichtig, weil die meisten von uns in ihrer Jugend einen helfenden oder sozialen Beruf nicht zuletzt aus Minderwertigkeitsgründen gewählt haben: Wir haben uns nicht so recht getraut, einen Beruf zu wählen, in dem wir uns mit Menschen auf derselben Ebene auseinandersetzen müßten, sondern wollen beruflich lieber mit Menschen zu tun haben, die nach der gesellschaftlichen Wertschätzung als hilfsbedürftig noch unter uns stehen, um unter dem Vorwand, ihnen Gutes zu tun, sie zu uns heraufzuziehen, über sie herrschen zu können. Helfenwollen und Herrschenwollen sind untrennbar miteinander verbunden. Die Selbsterniedrigung kann jederzeit in Selbsterhöhung umschlagen, das Ohnmachtsgefühl in Machtbedürfnis. Wenn wir aber wenigstens teilweise ambulant arbeiten, kommen wir unserer eigenen Macht-Ohnmacht-Problematik besser auf die Spur, da ambulant lebende Menschen sich meist nicht so einfach beherrschen lassen wie stationär untergebrachte Menschen. Bei letzteren habe ich immer ein Heimspiel, bei ersteren ein Auswärtsspiel, bin ich Gast.

16. Entspezialisierung der Pflegeberufe

Insbesondere die Krankenhäuser haben sich in den vergangenen Jahrzehnten zunehmend diagnostisch spezialisiert, dem Fächer der medizinischen Wissenschaften entsprechend. Inzwischen gibt es gute Gründe für die Frage, ob dies immer noch zunehmend die richtige Richtung sein soll oder ob gerade im Interesse der Patienten gegenläufige Bewegungen angestellt werden sollten. Fatal wäre es aber, wenn die Pflegenden sich diesem medizinischen Denkmodell unterwerfen und die medizinische Spezialisierung kritiklos mitmachen würden. Dadurch würde die Breite der Kommunikation zwischen stationären Einheiten oder zwischen stationärem und ambulantem Bereich empfindlich leiden und gerade die biographischen Belange des jeweils einzelnen Patienten stünden noch mehr in der Gefahr, zwischen den unterschiedlichen medizinischen Fachsprachen hindurchzufallen und in Vergessenheit zu geraten.

Da die Pflegenden aber nach wie vor schwerpunktmäßig die Spezialisten fürs Allgemeine sind und insofern über die allgemeinen Belange gerade der chronischen Patienten die Krankenhäuser (und Heime) nach wie vor den Pflegern und Schwestern gehören,[13] sind alle Tendenzen zu begrüßen, in denen erkennbar wird, daß die Pflegenden ihren eigenständigen Verantwortungsbereich und damit ihre eigene Macht, die durch nichts anderes ersetzbar ist, wieder verstärkt wahrzunehmen lernen. Jenseits der nach wie vor notwendigen technisch-funktionellen Beziehung zwischen medizinischen und pflegerischen Berufen wird zunehmend wieder das Nebeneinander von medizinischen und pflegerischen Wahrnehmungs- und Handlungs-

[13] Dörner, Brief..., a.a.O.

strategien sichtbar - einschließlich der eigenständigen wissenschaftlichen Reflexion der Pflege, der Entwicklung einer eigenständigen Leitungskultur, der Definition eines eigenständigen Pflegeauftrags und eigenständigen, vom medizinischen Modell unabhängigen Spezialisierungswegen. Die Berücksichtigung dieser Entwicklung wird vielen Vorschlägen, die wir hier formuliert haben, größere Durchsetzungschancen geben. Es ist sogar die Frage, ob die Kultur des Dienstes am Menschen, die sich in den universellen Menschenrechten begründet, nicht leichter über diese neue pflegerische Professionalisierung als über die medizinischen Spezialwissenschaften zum Schutz der Patienten sich fördern läßt.

17. Organisationsreform der Krankenhäuser

Es wird zunehmend unabweisbar, daß bei zunehmender Kompliziertheit aller Abläufe des Krankenhauses die Häufigkeit von Fehlern in der Information, Kommunikation und Kooperation dadurch immer unerträglicher wird, daß für eine Betriebsleitung die Zahl und die Aufgabenvielfalt der Mitarbeiter immer unüberschaubarer wird. In Analogie zu Betrieben des freien Marktes ist es daher erforderlich, Zwischenstrukturen mit eigenverantwortlichen Leitungen zu schaffen, was sowohl für den ärztlichen wie für den pflegerischen Bereich gilt. Dies betrifft die Ebene der Stationen ebenso wie diejenige der Abteilungen. Zudem bedürfen beide Ebenen der Gestaltungsfreiheit in den ambulanten Bereich hinein, da sonst die verantwortliche Begleitung der Patienten in ihren unterschiedlichen Betreuungsphasen nicht mehr gewährleistet ist. Klarer Auftragsdefinition an die einzelnen Arbeitseinheiten muß ihre Gestaltungsfreiheit hinsichtlich der Durchführung der Aufträge entsprechen.

18. Sterben im Krankenhaus

Im Jahre 1910 starben in Deutschland nur 5 % aller Menschen im Krankenhaus. Heute wird zwar regelhaft im Krankenhaus gestorben. Man kann sich des Eindrucks aber nicht erwehren, daß das Krankenhaus als Institution dieser quantitativen Veränderung noch nicht qualitativ Rechnung getragen hat. Für das Krankenhaus ist das Sterben von Menschen bis heute etwas ihm Wesensfremdes geblieben, das es sich nicht angeeignet hat. Da mit einer weiteren Technisierung der Abläufe im Krankenhaus zu rechnen ist, was die Herausbildung einer Kultur des Sterbens im Krankenhaus nicht gerade begünstigen kann, muß man sich ernsthaft die Frage stellen, ob sich dies überhaupt ändern läßt, zumal nach wie vor über 90 % aller Menschen in ihren eigenen vier Wänden sterben wollen. Wenn aber nun einmal der letzte Wunsch von uns allen in diese Richtung geht, müßte es eigentlich doch naheliegen, daß wir alle unsere Kräfte mobilisieren, um diesem Wunsch zu entsprechen. Das würde bedeuten, daß wir mit aller Kraft die Tätigkeit der überall entstehenden Hospizbewegungen fördern, um überall nachbarschaftlich organisierte ambulante Teams zum Begleiten des Sterbens zu Hause verfügbar zu machen, da ohnehin die technischen Möglichkeiten eines solchen Weges sich ständig verbessern. Dies muß politisch gewollt werden. Würden wir aber einen solchen Weg wählen, würde sich die Zahl der unvermeidlich dennoch im Krankenhaus sterbenden Menschen wieder so verkleinern, daß das Krankenhaus dann auch in der Lage wäre, eine eigene Kultur des Sterbens im Krankenhaus zu entwickeln. Damit kämen wir zu der Forderung, daß auch das Sterben als eine besonders bedeutende Phase des Lebens jedes Menschen möglichst gleichmäßig über die Gesellschaft zu verteilen ist.

19. Klinik-Kultur

Dieser Begriff klingt fremdartig, eigentlich unmöglich. Das alte Krankenhaus hatte eine Kultur, die durch die technische Entwicklung zerschlagen und durch nichts ersetzt ist. Besonders deutlich wird das an der Psychiatrie: Alte Mitarbeiter trauern heute noch darüber, wie sehr die alte Anstalt ein in sich geordneter Kosmos war, welch hohes Gemeinschafts- und Zugehörigkeitsgefühl man gehabt habe, das einen über die armseligen Möglichkeiten hinweggetragen hat. Die heutige psychiatrische Klinik oder psychiatrische Abteilung hat nichts dergleichen zu bieten; es ist keine neue an die Stelle der alten Kultur getreten. Wir haben in unserer Diskussion keine Antworten, aber wenigstens die notwendige Frage gefunden: Wie stellt eine moderne, zeitgemäße psychiatrische Klinik aus sich selbst heraus eine Kultur her, die den Mitarbeitern Zugehörigkeit, Sinnhaftigkeit, eine tragende Struktur vermittelt, an der sie sich gerade bei besonderen Schwierigkeiten orientieren können. Je leichter die technische Klimatisierung gelingt, desto schwerer tut sich die psychosoziale. Vielleicht ist dieses Problem ja doch von G. Seeßlen richtig diagnostiziert, wonach das Krankenhaus als "soziale Maschine" Gesundheit oder - als Betriebsunfall - Tod produziert, während die zunehmend häufigeren chronisch Kranken, die Unheilbaren nach seinem Selbstverständnis einfach nicht vorgesehen,

"Sand im Getriebe" sind.[14] Wenn dem so wäre, könnte es dann nicht ein erster Schritt zur Ehrlichkeit und damit zu einer glaubwürdigen Klinik-Kultur sein, wenn wir damit aufhören würden, wahrheitswidrig das Heilen zum primären Ziel der Klinik zu erklären, wenn wir vom "Sand im Getriebe" als Regelfall ausgehen würden? Wenn wir die "zielgerichtete Heilbehandlung" als Auftragsdefinition gegen den Strich bürsten und die Klinikfunktionen in umgekehrter Reihenfolge aufzählen würden: Also zunächst die Linderung, dann die Verhinderung einer Verschlimmerung und erst zum Schluß die Heilung? Würde sich nicht schon einiges ändern, wenn wir sagen würden, die Klinik sei primär für die Unheilbaren, also für die schwierigere Aufgabe, und dann selbstverständlich auch für die Heilbaren da? Die Klinik sei ein Ort der Entaktualisierung der Not einer ganzen Familie, weil mit ihrer Hilfe einerseits der Patient, andererseits die Angehörigen, getrennt voneinander, Entlastung finden und wieder zu sich selbst kommen können? Die Klinik sehe für die unterschiedlichen Bedürfnisse der Patienten unterschiedliche Zonen vor: Zonen der zunehmenden Technisierung und damit der notwendigen und berechtigten Versachlichung von Menschen sowie Zonen für die nicht zu versachlichenden, nicht zu rationalisierenden Bedürfnisse der Menschen und schließlich auch Freiräume zum Sterben? Wenn endlich die Klinik nicht fälschlich als etwas ganz Eigenständiges und Zentrales, sondern als etwas Komplementäres und die übrigen Betreuungsmöglichkeiten sinnvoll Ergänzendes erlebt, dargestellt und entsprechend gestaltet würde - vielleicht wäre dann so etwas wie eine Klinik-Kultur in Umrissen erkennbar und irgendwann auch erlebnisfähig. Eine solche Klinik-Kultur wäre freilich eher geprägt von dem Bibelwort: "Die Letzten werden die Ersten sein."

20. Grenzen und Möglichkeiten der Supervision

Wir haben schon beschrieben, daß Supervision - dem Wunschdenken folgend - oft fälschlich eingesetzt wird, um strukturelle Mängel einer Einrichtung auszugleichen, was nicht nur zu ihrem Scheitern führt, sondern durch Psychologisierung von primär nicht psychologischen Problemen eine Gefährdung auch noch vergrößern kann. Nutzen hingegen kann Supervision bringen, wenn sie zusätzlich und mit definierten und vereinbarten Zielen eingesetzt wird. Sie kann dann ein Ort der Reflexion des Alltagshandelns und der Distanzierung der Mitarbeiter von sich selbst bedeuten. Es

[14] Seeßlen: Tod..., a.a.O.

sollte dabei nicht nur um psychologische, sondern vielleicht mehr noch um soziologische Bewußtmachung gehen, weil letztere vor allem für Mitarbeiter von Krankenhäusern und Heimen noch ungewohnter und verdrängter ist, für die Wahrnehmung des Arbeitsalltags und der begrenzten Handlungsmöglichkeiten aber von einer um so größeren Bedeutung ist. Wieder hat es dabei um solch sperrige Fragen zu gehen: Wenn die demographischen Kurven abstrakt die ständige Zunahme alter Menschen und Patienten anzeigen, wie setze ich das in eine innere Einstellung um, die sich im Arbeitsalltag bewährt? Welche inneren Konsequenzen ziehe ich für mich und meine Berufsauffassung daraus, daß die chronisch Kranken zunehmen? Wie verschaffe ich mir bei zunehmenden strukturellen Abhängigkeiten Möglichkeiten freien Handelns und einer für mich befriedigenden Zukunftsperspektive? Wenn ich vor allem in Hinblick auf die chronisch Kranken weniger Heilungsmöglichkeiten habe, wie lerne ich, durch Veränderung nicht des Patienten, sondern seiner sozialen, materiellen und ökologischen Lebensbedingungen vielleicht noch mehr zu erreichen?

21. Die Kunst der Distanzierung

Immer wieder haben wir uns mit der Frage herumgequält, daß die offensichtlich ständige, wenn auch seltene Möglichkeit zu Krankentötungen uns dazu zwingt, in unsere Grundhaltung etwas aufzunehmen, was bedeutet, gleichzeitig zwei entgegengesetzte Haltungen zu leben: Einmal das Vertrauen zu mir und allen übrigen Kollegen, das erforderlich ist, damit überhaupt Arbeiten im Krankenhaus möglich wird; andererseits die ständige, wache Bereitschaft, alles Vertrauen auch zu hinterfragen, in Zweifel zu ziehen, vor allem auch das Gegenteil bei mir selbst und bei anderen für möglich zu halten bis zur Möglichkeit, Kranke schädigen oder gar töten zu wollen. Dabei fiel uns auf, daß in den ersten Wochen nach Bekanntwerden der Krankentötungen bei uns besonders häufig Reaktionen sowohl von Patienten als auch aus der Bürgerschaft uns signalisierten: "Was regt ihr euch so auf. Wir haben doch immer schon gewußt, daß so etwas jederzeit in jedem Krankenhaus passieren kann." Leute, die sich so äußern, haben offenbar eine größere Distanz zu unserer Arbeit als wir selbst, eine so große Distanz, daß sie solche entsetzlichen und extremen Möglichkeiten überhaupt als Möglichkeiten zulassen können, ohne handlungsunfähig zu werden, weil sie ja auch nicht selbst handeln müssen. Ihre Distanz ist also so groß, daß man sie schon philosophisch nennen kann, etwa in dem Sinne: Wenn jeder Mensch der ganze Mensch ist, dann gehört auch das Töten zu den Möglichkeiten jedes Menschen. Offenbar muß man sich zu dieser Wahrheit bekennen, um sich nicht selbst blind gegen solche Möglichkeiten zu machen. Das würde Vertrauen und nicht Mißtrauen schaffen. Für mich als Krankenhausarbeiter besteht nun die atemberaubende Kunst darin, mein vertrauensvolles Alltagshandeln mit dieser geradezu philosophischen Selbstdistanzierung zu beobachten und zu begleiten, eine Zerreißprobe bis zur Schmerzgrenze, weil ich mir selbst während meines Handelns von ganz weit weg, vom Mond aus über die Schulter gucken muß, um mich auch für die schrecklichste Möglichkeit bei mir selbst und bei anderen offen zu halten, eine Zerreißprobe, ein Spagat, für den ich Formen finden muß, die ich dauerhaft mitleben kann. Uns wurde klar, daß jeder von uns nur in regelmäßig wiederholten Diskussionen die für ihn und nur für ihn zutreffende Form allmählich finden kann.

22. *Die Notwendigkeit des kommunalen Bewußtseins*

In einem gewissen Sinn all unsere Überlegungen zusammenfassend, kamen wir zu der Auffassung, daß jede institutionelle Einheit, jedes Krankenhaus und jedes Heim, als Betriebsziel für jeden einzelnen Mitarbeiter folgendes erlebnisfähig machen muß: nur ein Teil des ambulant-stationären, in jedem fall kommunalen Versorgungsauftrags zu sein für eine bestimmte Bevölkerungsgruppe, die eines Ausgleichs für eine Schwäche oder Schwierigkeit bedarf. Jeder Mitarbeiter muß dieses streng regional begrenzte kommunale Bewußtsein entwickeln, in einem umfassenden Solidaritätsnetz von Starken und Schwachen einer bestimmten Stadt oder eines bestimmten Landkreises eine bestimmte, aber in jedem Fall wichtige Rolle zu spielen, um aus diesem kommunalen Zugehörigkeitsbewußtsein heraus Freude daran zu haben, durch seine Arbeit das jeweilige Solidaritätsnetz zu verbessern und dadurch die Gleichheit aller Menschen herzustellen.

D. *Zusammenfassung*

Es ist die wahrscheinliche, weil herrschende Logik zumindest unserer Gesellschaft, sich auf Kosten von Schwächeren zu sanieren oder da zu investieren, wo es sich am meisten lohnt. Im Gesundheits- und Sozialwesen können aus dieser wahrscheinlichen Logik heraus auch Krankentötungen zustande kommen.[15] Damit dies wenigstens unwahrscheinlicher wird, haben wir mit unseren Überlegungen versucht, gegen die wahrscheinliche Logik eine unwahrscheinliche, weil Minderheiten-Logik zu setzen, die es sich verbietet, sich auf Kosten von Schwächeren zu sanieren und die da investiert, wo es sich am wenigsten lohnt.

[15] Wolfensberger, W.: Der neue Genozid an den Benachteiligten, Alten und Behinderten, Gütersloh: Verlag Jakob van Hoddis 1991,

Brief an einen Anfänger in der Psychiatrie oder: Das Krankenhaus gehört den Schwestern und Pflegern (1991)

Lieber Freund, Du kommst als Arzt oder Sozialarbeiter oder Psychologe von der Universität und willst in die Psychiatrie gehen. Du gehst in ein psychiatrisches Krankenhaus oder auf eine psychiatrische Abteilung und willst Psychiatrie lernen. Wahrscheinlich wirst Du erstmal auf eine unruhige Aufnahmestation gesteckt. So fangen die meisten an. Du gehst durch die Stationen nur hindurch. Nach einer Zeit wirst Du andere Stationen kennenlernen und anschließend wirst Du außerhalb des Krankenhauses Erfahrungen in anderen Einrichtungen sammeln. Oder Du rückst in der Hierarchie auf und wirst zum Beispiel Oberarzt oder Chefarzt. Jedenfalls bist Du auf der Aufnahmestation nur Gast. Dort triffst Du aber eine Berufsgruppe, die Schwestern und Pfleger, die immer dort sind oder wenigstens eine längere Zeit. Das allein ist schon ein gewaltiger Unterschied. Wenn Du ihn in den ersten vier Wochen nicht verstehst, dann packe lieber gleich wieder die Koffer. Denn Psychiatrie lernen ist Dir dann nicht mehr möglich.

Als nächstes denkst Du, man erwartet von Dir, daß Du etwas weißt. Schließlich hast Du ja ein Studium abgeschlossen. Jetzt bist Du in der Gefahr, so zu tun, als wüßtest Du etwas, obwohl das ja gar nicht möglich ist. Je unsicherer Du Dich wirklich fühlst, desto sicherer gibst Du Dich. Das kennt jeder von sich. So eine Art manische Angstabwehr. Entsprechend vorsichtig behandelt Dich das Pflegeteam. Wenn sie es gut machen und Du Dich behandeln läßt (Krankheitseinsicht zeigst), holen sie Dich auf den Boden der Tatsachen zurück. Wenn sie es nicht gut machen oder Du halsstarrig, behandlungsunmotiviert bist und Dich daher immer sicherer gibst, dann kannst Du wiederum die Koffer packen, bevor Du in alle Messer läufst. Die Lernchance ist jedenfalls weg.

Das heißt, daß Du am meisten lernen kannst, wenn Du gleich von Anfang an Deine Unsicherheit zugibst und sagst, daß Du nichts weißt. Damit hast Du gleichzeitig die beste Ausgangsposition, um eine gute Grundhaltung im Umgang mit Patienten zu entwickeln. Außerdem gibt Dir das die Möglichkeit, nach Lust und Laune "dumme Fragen" zu stellen. Denn die "dummen Fragen" sind das einzige Gastgeschenk, was Du zunächst einmal mitbringen kannst. Fragen nützen dem Pflegeteam, weil sie die immer bestehende Gefahr der Betriebsblindheit sichtbar machen.

Der dritte Teil des "Praxisschocks", der auf Dich wartet, ist das Ausmaß an Gewalt, das Dir auf der Aufnahmestation begegnet. Schließlich hast Du Deinen Beruf gewählt, um Menschen zu helfen. Hier wollen die meisten Patienten aber keine Hilfe. Sie wollen vielmehr raus. Und selbst wenn sie sagen, daß sie Hilfe wollen, und Du gibst Ihnen Hilfe, dann wird der Patient meist noch hilfsbedürftiger, und es geht ihm noch schlechter. Wenn Du jetzt innerlich zwei Schritte zurücktreten könntest, würdest Du sehen, wie absurd, wie unmöglich die Situation einer psychiatrischen Aufnahmestation ist. Da sind ungefähr 20 Menschen, die bis vor kurzem aus unaussprechbarer Angst, Unsicherheit und Hilflosigkeit - jeder für sich - mindestens ein Dutzend Menschen aus Familie, Nachbarschaft oder Arbeitsplatz im Laufe von Wochen oder Monaten durch körperliche oder psychische Terrorisierung bis zur Weißglut gereizt oder bis zur Verzweiflung hilflos gemacht und ans Ende gebracht haben. Und jetzt sollen zwei Pfleger oder Schwestern - gleichsam als Ersatzspieler - allein und nur durch sich selbst diesen Hexenkessel der gebündelten Folgen mißlungener zwischenmenschlicher Beziehungen, dies Unmaß erlittener und getätigter Gewaltsamkeit in Gewaltlosigkeit verwandeln. Juristen müßten dies eigentlich als ständigen übergesetzlichen Notstand definieren, wenn sie dieser Situation eine Zeitlang ausgesetzt wären. Da sie dies nicht sind, sondern meist in der kühlen Atmosphäre des Gerichtssaales handeln, neigen sie vielmehr eher dazu, im Stationsteam die Schuldigen zu suchen, wenn eine Selbsttötung doch nicht verhindert werden konnte oder wenn irgend jemand - aus sicherem Abstand - das Maß an Gewalttätigkeit der Station als zu hoch empfindet.

Und in diese unmögliche, jeden Menschen überfordernde Situation wirst Du hineingeworfen, der Du in der Regel ein ziemlich behütetes Elternhaus mit höherem sozialen Niveau gehabt hast und auch auf der Universität wenig vom Leben mitgekriegt hast. Die Schwestern und Pfleger auf der Station haben früher als Du mit der Berufspraxis, und damit auch mit der Lebenserfahrung, angefangen, haben im Beruf und im Leben Schläge gekriegt und haben selbst zupacken müssen, sind außerdem selbst an Lebensjahren meist älter als Du. Von einem Tag zum anderen erlebst

Du, wieviel Brutales, Schmerzhaftes und Böses es auf der Welt gibt. Du kannst das gar nicht so schnell in Dich hineinlassen, ohne selbst zusammenzubrechen. Wenn dann allein im Arztzimmer ein Patient in Deine vor Entsetzen geweiteten, gutmütigen Augen blickt, wird er manchmal der Versuchung nicht widerstehen können, Dir zu erzählen von dem ganzen Elend auf der Station, von den "brutalen, schlagenden" Pflegern oder den "bösartigen, giftigen" Schwestern. Irgend jemand muß ja schuld sein, Sündenbock sein.

Und da Du dergleichen oft schon in der Zeitung oder in klugen Büchern gelesen hast, besteht abermals die Gefahr, daß der Kreis sich schließt und Du die Koffer packen kannst, wenn es Dir nicht gelingt, Dich mit Deinem Entsetzen und mit Deiner Ohnmacht sowohl den Patienten als auch den Schwestern und Pflegern zu öffnen. Nur so hast Du eine Chance, mit den anderen auf dieselbe Ebene zu kommen, zu überleben und zu lernen. Damit wir uns recht verstehen, lieber Freund: Ich bin nicht der Meinung, daß ich Dir mit dieser Schilderung und diesen Tips Deine Erfahrungen abnehmen kann. Jeder muß seine Erfahrungen selber machen. Aber vielleicht hilft mein Brief Dir, die notwendigen Anfangsfehler Dir und anderen gegenüber etwas schneller zuzugeben. Ich kann all das ja auch nur deshalb schreiben, weil ich dieselben Fehler gemacht habe. Und vielleicht habe ich auch nur deshalb in der Psychiatrie bleiben können, weil ich in meiner Anfangszeit ein paar Leute gefunden habe, die mir hilfreich sein konnten. Einer von diesen war Karl Thomsen, Oberpfleger der unruhigen Männeraufnahmestation der Psychiatrischen Universitäts-Klinik Hamburg-Eppendorf, dessen Erreichung der Altersgrenze ich zum Anlaß nehme, mir diese Gedanken zu machen.

Was ich am meisten von vielen anderen, aber eben auch gerade von Karl Thomsen gelernt habe, ist am schwersten zu beschreiben. Es ist die Grundhaltung bei der Begegnung mit Menschen, deren Angst für sie unaussprechbar ist; denn das ist allen Patienten, die zur Aufnahmestation kommen, gemeinsam. Die meisten Patienten kommen voller Protest gegen ihre Einweisung, sind erregt, toben, wirken bedrohlich oder sind mißtrauisch, voller Stimmen und Wahnvorstellungen. Karl Thomsen ist klein, fast zierlich, wenn auch drahtig, den meisten Patienten an Körperkraft unterlegen. Bis heute ist mir seine Begrüßung des Neuankömmlings unvergeßlich und vorbildlich. Die entscheidende Frage ist ihm: Wie kommen wir auf dieselbe Ebene? In der Regel ist es das schlichteste Basisbedürfnis eines

Menschen: Eine Tasse Kaffee, ein wärmendes Bad, die Geborgenheit des Bettes oder "Jetzt wollen wir erst einmal eine Zigarette zusammen rauchen". Er gibt sich nie stärker, als er ist. So vermeidet er auch jede Geste des Versuchs der Unterwerfung des Gegners. Als einmal ein erregter Patient drohend auf ihn losgeht, hebt er zum Zeichen der Ergebung beide Hände, womit die Situation wortlos schon halbwegs entspannt war, eine Szene, die mir stets vor Augen steht.

Die Machtdemonstration des angreifenden Patienten ist Ergebnis nicht zugegebener Angst und Ohnmacht. Daher kann die gemeinsame Ebene nur die gemeinsame und geteilte Ohnmacht und Hilflosigkeit sein. Er gibt sich aber auch nicht scheinbar und unecht in die Hand des Gegners. Er nimmt ihn und seine Position, die nicht die seine ist, ernst. Ein Patient kann noch so eindrucksvoll von seinen Wahnerlebnissen erzählen. Karl Thomsen gibt mit ein paar Worten oder auch nur durch seinen listigen, beinahe schlitzohrigen Gesichtsausdruck zu verstehen, daß man die Wahnerlebnisse mal dahingestellt sein lassen kann. Daraus wird alsbald ein meist wortloses, augenzwinkerndes Einverständnis darüber, daß wir Menschen alle ständig zwischen den beiden Welten der realen Situation und der der Wünsche und Ängste uns bewegen. Er zeigt, wie es ihm geht und macht es gerade dadurch dem anderen leichter, zu zeigen, wie es ihm wirklich geht. Nähe ermöglicht Verständnis; Abstand erlaubt Orientierung; Stellungnahme gestattet es, daß sich die Spannung einer Beziehung zwischen Positionen wieder herstellt. In der Begegnung begegnen sich die Gegner.

Als im Mittelalter die ersten Hospitäler oder Krankenhäuser für solche Menschen errichtet wurden, die nicht mehr von ihren Familien getragen wurden, da waren dies Stätten für die ungeteilte Dreifaltigkeit menschlichen Leidens: körperlich, seelisch, sozial. Ordensmäßig organisierte Schwestern und Brüder, die Vorläufer unserer heutigen Schwestern und Pfleger, waren die Besitzer, Träger und Praktiker dieser Einrichtungen. Zwar nicht rechtlich, aber praktisch ist dies heute noch so. Ärzte gab es noch nicht. Der Arzt als Berufsrolle kam ins Krankenhaus erst einige Jahrhunderte später, als wissenschaftliches Interesse und Verdienstmöglichkeit bei städtischer oder später staatlicher Trägerschaft dies nahelegte. Auch dann noch kam der Arzt nur vorübergehend, konsiliarisch auf die Station. Im Prinzip ist auch das heute noch so, wie das Wort "Visite" (auf Deutsch: Besuch) dies deutlich macht.

Scheinbar hat sich dies im 19. und 20. Jahrhundert dadurch geändert, daß die Krankenhäuser sich auf die körperliche Form menschlichen Leidens und auf eine naturwissenschaftliche Sichtweise des Menschen eingeengt haben und das technische Therapieren die Öffentlichkeit an der Krankenhausarbeit am meisten fasziniert. Der strahlende Ruhm des Arztes drückte die Bedeutung der Pflege scheinbar zu einer unwesentlichen Basisfunktion herab, andere Berufsgruppen (Techniker, Psychologen, Sozialarbeiter) schnitten sich die interessanteren Anteile aus der pflegerischen Tätigkeit heraus und machten die eigentliche pflegerische Tätigkeit zu einer Heilhilfsberufstätigkeit randständig. Aber selbst unter den technisierten Bedingungen der heutigen Medizin trügt dieser Schein.

Auch heute noch finden sich auf jeder internistischen, chirurgischen oder urologischen Station Patienten, die dort hauptsächlich wegen des sozialen oder seelischen Anteils ihres Leidens sind. Auch heute noch kommt der Arzt nur vorübergehend (zur Visite) auf die Station. Auch heute noch wird das Klima, die Atmosphäre der Station vom Pflegeteam bestimmt. Die Ergebnisse des technischen Therapierens sind vom Pflegeklima weitgehend abhängig. Ohne Zweifel wird dies allmählich wieder deutlicher gesehen. Es scheint so, als ob die Zeit sich dem Ende nähert, in der die Spezialisten grundsätzlich ein besseres Ansehen haben als diejenigen, die nicht für das Besondere, sondern für das Allgemeine zuständig sind. Und die Pfleger und Schwestern sind - wenn man es übergangsweise so ausdrücken darf - die Spezialisten für das Allgemeine. Die therapeutische Wirkung dieser Tatsache wäre noch unendlich viel größer, wenn die Schwestern und Pfleger sich dessen bewußt wären, ein entsprechendes Selbstbewußtsein ihrer Bedeutung und Wirkung hätten. Dies ist so in der gesamten Medizin, in der Psychiatrie ganz besonders.

Hast Du die ersten Wochen auf der Station glücklich überlebt, dann kannst Du allmählich damit beginnen, Dein Interesse dafür zu zeigen, was sich auf der Station so tut. Vermutlich willst Du lernen, Menschen gesund zu machen, zu therapieren. Du wirst also besonders neugierig auf die therapeutischen Situationen sein, das Aufnahmegespräch mit dem Stationsarzt, die einzeltherapeutischen Gespräche, Gruppentherapien und ähnliches. Darauf wirst Du Deine Aufmerksamkeit richten, das wird Dich faszinieren. Nur mit einem halben Auge wirst Du wahrnehmen, daß da ein paar Schwestern oder Pfleger herumlaufen, die das Essen bereiten, die Betten machen, einen Flachmann oder ein Messer bei einem Patienten entdecken, einem Opa den Po abwischen. Blut abzapfen, Medikamente verteilen, einen störenden Patienten immer wieder aus dem Arztzimmer holen, einen anderen fixieren, einen dritten aus dem Bett holen, dem nächsten, der ständig schreit, die Bedarfsspritze geben, zwischendurch einen Patienten irgendwohin begleiten, mal mit den Patienten "Mensch ärgere Dich nicht" spielen, dann wieder Stationsbücher führen, Putzarbeiten machen und aufpassen, daß jemand nicht wegläuft. Du wirst denken, daß auf der Station übertrieben stark auf Ruhe und Ordnung geachtet wird, daß dies alles untergeordnete Handlangerdienste sind, wichtig nur dafür, daß die therapeutischen Situationen nicht gestört werden und auf den Patienten erfolgreich einwirken.

Aber auch das scheint nur so. Wenn Du bedenkst, was ich am Beispiel von Karl Thomsen über die Grundhaltung und auch was ich über die Geschichte des Krankenhauses gesagt habe, und wenn Du die psychiatrische Faustregel beherzigst, daß man von jedem Eindruck grundsätzlich und probehalber auch einmal das Gegenteil annimmt, dann kommst Du vielleicht auf den Gedanken, daß ein Patient bestenfalls seine therapeutische Stunde am Tag hat, daß er aber 23 andere Stunden am Tag irgendwie anders verbringt, und daß diese vermutlich wirksamer sein werden als die eine Therapiestunde.

Dann bist Du auf dem richtigen Weg. Wenn Du Glück hast, ahnst Du eines Tages, daß das eigentliche therapeutische Angebot des Krankenhauses nicht in der einen Therapiestunde besteht, die ohnehin ambulant wirksamer wäre, sondern darin, wie der Patient die 23 anderen Stunden auf der Station verbringt. Das therapeutische Angebot des Krankenhauses besteht in dem Stil, mit dem eine Station betrieben wird. Und das ist eine Kunst, die schwer wahrzunehmen, aber noch viel schwerer jeden Tag aufs neue wieder in Gang zu setzen ist. Diese Kunst besteht in folgendem: Es ist ein Klima, eine Atmosphäre herzustellen, die es jedem Patienten erleichtert, seine Angst zuzugeben und auszusprechen. Es ist so viel Ruhe, Ordnung und Sicherheit herzustellen, daß niemand für sich oder andere gefährlich wird. Es sind verläßliche Grenzen zu setzen, an denen der Orientierungslose sich orientieren kann, der Unsichere Geborgenheit findet, der Protestierende bei Grenzüberschreitung die Folgen seines Handelns spürt. Körperliche Krankheitsanteile müssen erkennbar werden. Menschen in sozialer Not müssen das Wohltuende eines Asyls empfinden. Die Stunden des Tages und der Nacht müssen in ihren Unterschieden wieder erlebt werden können. Bedürfnisse, gleich welcher Art, müssen zu ihrem Recht kommen. Zugleich muß so viel Freiraum sein, daß der Verrückte sich ausleben, der Protestierende protestieren kann, der Verspannte sich entspannen und zurückziehen kann. Der Isolierte soll das Zusammensein mit anderen Menschen wieder empfinden. Derjenige, der seine Grenzen nicht mehr empfinden kann, soll seine eigene Position im Unterschied zu den Positionen anderer Menschen wieder erfahren können. Jeder muß die Chance haben, sich und andere als Täter und Opfer von Recht und Unrecht zu erleben. Und das Wichtigste: Jeder soll in der Alltagsbegegnung mit anderen Menschen sich so zeigen dürfen, wie er wirklich ist, um sich selbst besser kennenzulernen, zu sich zu kommen, sich entwickeln und entfalten zu können um seinen eigenen Sinn zu finden.

All dies soll der Pfleger oder die Schwester eigentlich nicht selbst machen. Vielmehr soll er nur für die Bedingungen, für das Milieu, für das Klima dasein, das all die unterschiedlichen Situationen, Begegnungen und Wachstumschancen ermöglicht. Diejenige Station ist die beste, bei der Du, lieber Freund, die Regeln dieses Stils am wenigsten bemerkst, bei der das Pflegeteam am unscheinbarsten ist, sich zurückhält, sich dessen bewußt ist, nur Ersatzspieler für die Beziehungen zwischen dem Patienten und seinen Angehörigen zu sein; denn eine solche Station ist am wenigsten künstlich, kommt der Normalsituation am nächsten. Hinzu kommt das taktvolle Zeitgefühl, nachdem man das Leiden der Angehörigen genauso ernst wie das Leiden der Patienten genommen hat, zum richtigen Zeitpunkt, wenn jede Seite wieder hinreichend zu sich selbst gekommen ist, als Ersatzspieler ganz zurückzutreten und Patient und Angehörige wieder voll miteinander ins Spiel zu bringen. All dies zusammengenommen ist das Handwerk oder die Kunst der Pflege. Die therapeutischen Angebote der Spezialisten (Ärzte, Psychologen, Sozialarbeiter, Arbeits- und Beschäftigungstherapeuten usw.) sind zusätzliche Techniken. Sie können da sein, sie können aber auch fehlen. Jedenfalls besteht das therapeutische Angebot des psychiatrischen Krankenhauses im Kern in der Pflege durch die Schwestern und Pfleger.

Der Arzt und das "Personal" - Du verstehst es inzwischen sicher, lieber Freund, daß ich diese Bezeichnung ironisch meine. So wie der großbürgerliche Haushalt sein Haushaltspersonal hatte, so war in der bornierten, naturwissenschaftlichen Sicht der letzten 100 Jahre der Arzt der Herr auf der Station, auf seine ärztliche Verantwortung pochend, dem das Pflege-"Personal" zu dienen hatte. "Pflege-Personal" ist daher ein ebenso scheußliches wie verräterisches Wort. Es hat Gott sei Dank die Gültigkeit heute verloren. Daher spreche ich in diesem Brief auch nur vom Pflegeteam bzw. vom Stationsteam, dem Schwester, Pfleger, Sozialarbeiter angehören, auch wenn heute noch falsche Gesetze gelten, die so tun, als könnte der Arzt überhaupt die letzte Verantwortung tragen, was doch gar nicht möglich ist. Es geht also heute darum, die falschen gesetzlichen Vorschriften von gestern abzuschalten und durch neue Gesetze zu ersetzen, die der Wirklichkeit mehr entsprechen. Wenn Du heute noch meinst, Du müßtest auf Deine letztendliche ärztliche Verantwortung hinweisen, dann ist das für Dich ein Signal, daß Du Dich im falschen Jahrhundert befindest, daß Du Dich in etwas hineingesteigert hast. Du solltest schnell eine Kurskorrektur vornehmen oder aufgeben.

Etwas ganz anderes ist die geteilte Verantwortung zwischen Mitgliedern eines Stationsteams. Hier sind die heutigen Gesetze schon auf dem richtigen Weg. Immerhin gibt es in den meisten psychiatrischen Krankenhäusern jetzt schon die Organisationsform der Betriebsleitung, wonach Ärztlicher Leiter, Pflegedienstleiter und Verwaltungsleiter auf derselben Ebene sich die Verantwortung kollegial teilen. Unsere Aufgabe besteht heute darin, dieses Prinzip auch auf alle anderen Ebenen des Krankenhauses und vor allen Dingen auf die Ebene der Station zu übertragen. Jede Berufsgruppe im Stationsteam hat ihre eigene Kompetenz und ihren eigenen Verantwortungsbereich. Ich kann mich noch gut erinnern: Wenn ich einen etwas fragwürdigen Medikamentenvorschlag einbrachte und Karl Thomsen darauf erwiderte: "wenn Sie meinen, Herr Doktor", dann war dies eine rote Signallampe für mich, durch die Thomsen mich schonend darauf hinwies, daß dieser Vorschlag noch einmal überdacht werden sollte. Es ist sicher keine Übertreibung, wenn ich sage, daß ich Karl Thomsen und anderen Schwestern und Pflegern vor allem meine kostenlose Weiterbildung nicht nur in Lebenserfahrung, sondern auch in der Grundhaltung im Umgang mit Patienten und ebenso im Umgang mit Psychopharmaka verdanke.

Das Ehepaar Fengler hat in seinem schönen Buch " Alltag in der Anstalt" (Psychiatrie-Verlag Rehburg 1980) nachgewiesen, daß Ärzte aufgrund ihrer Ausbildung den Patienten mehr als Krankheitsfall sehen, ihn zur Krankheitseinsicht bringen wollen (obwohl für die meisten Patienten dies eine Vergewaltigung darstellt) und daraus aus sind, Patienten - therapeutisch - zu ändern. Demgegenüber sehen Pfleger und Schwestern den psychiatrischen Patienten - aufgrund ihres wesentlich hautnäheren Kontaktes - als eine Person mit einem Charakter und einem Schicksal, der außer sich geraten ist, und bei dem es darauf ankommt, ihn wieder zu sich selbst kommen zu lassen. Sie folgen also mehr einem pädagogischen Umgangsstil mit Menschen, der mit Sicherheit weniger eingreifend und daher weniger gewaltsam ist.

Inzwischen komme ich zunehmend zu der Überzeugung, daß diesem letzten Stil die Zukunft gehört. Etwas hochtrabend, aber darum nicht unbedingt falsch, könnte man folgendes sagen: Bis vor 150 Jahren war die Medizin stets von einem philosophisch-anthropologischen Denkansatz getragen, der sie vor allzu gewalttätigem Umgang mit Patienten schützte. Durch die naturwissenschaftliche Vereinseitigung und die Verkuppelung mit der Leistungsfähigkeit eines Menschen durch die Sozialgesetzgebung verlor die Medizin ihre philosophische Basis. Sie geriet in die Gefahr, alles Machbare auch machen zu wollen - um jeden Preis, besonders extrem in der Medizin und Psychiatrie des Dritten Reiches. Während dieser 150 Jahre haben die Schwestern und Pfleger, trotz oder wegen ihrer Unterdrükkung zu Dienern und Handlangern der Ärzte, den mehr philosophisch-anthropologischen Ansatz im Denken und Handeln bewahrt. Wir beginnen heute zu ahnen, daß wir es ihnen zu danken und von ihnen zu lernen haben.

Du solltest, lieber Anfänger-Freund, jede Gelegenheit nutzen, Dich mit älteren Schwestern oder Pflegern zusammenzusetzen und Dir von ihren Erfahrungen aus früheren Jahren erzählen zu lassen. Mehr als einmal habe ich mit Karl Thomsen zusammengesessen. Es dauerte eine Zeitlang - und ich mußte um einiges reifer werden -, bis wir genügend Vertrauen zueinander fanden. Er erzählte mir aus seinen jahrzehntelangen Erfahrungen im Umgang mit Ärzten und anderen psychiatrischen Berufsgruppen. Oft war die Rede von den Gefahren für die Patienten durch allzu sichere, forsche, entweder einseitig organisch oder naiv sozialreformerische Anfänger, wie ich einer war, von unfähigen Oberärzten oder von Dozenten, die sich in irgendeine Lieblingsidee verrannt hatten. (Daß es natürlich auch viele lern- und kooperationsbereite Ärzte gab, versteht sich). Oft mußten Ärzte und Psychologen behutsam mit der Wirklichkeit menschlichen Lebens vertraut gemacht werden. Oft mußten ungenügende oder gefährliche Vorschläge oder Medikation oder andere Maßnahmen korrigiert oder durch die Technik des Vergessens und des Mißverstehens verhindert werden. Manchmal mußten besonders gefährliche Vorschläge sabotiert werden. Nicht selten wurden Pfleger und Schwestern mit der überlebten Waffe der letztendlichen ärztlichen Verantwortung bedroht. Manchmal mußte etwas gedeckt werden, wobei man nicht immer sicher sein konnte, ob man auch selber gedeckt würde. Über lange Strecken war eine erniedrigende und entwürdigende Doppelmoral erforderlich: Man hatte als Pfleger oder Schwester offiziell anders zu sprechen, als man dachte und dabei zu entscheiden, ob man sein Handeln der offiziellen Sprachregelung oder der eigenen Erfahrung und dem eigenen Gewissen anpassen wollte. Vertrauensvolle Gegenseitigkeit zwischen Arzt und Pflegeteam war oft nur schwer herstellbar. Wenn sie erreicht war, wechselte der Arzt und das Spiel mußte von neuem beginnen.

Ich begann und beginne zu ahnen, wie unendlich mühselig die Stationsarbeit für Pfleger und Schwestern ist, wie groß die Gefahr ist, sich widerstandslos an eine immer neue Richtung anzupassen, dabei das Interesse an der Arbeit resignierend zu verlieren, das eigene Rückgrat zu verbiegen, den aufrechten Gang zu verlernen, also zu hospitalisieren oder die Geduld zu verlieren, den eigenen Standpunkt aufzugeben, den Arbeitsplatz oder gar den Beruf zu wechseln. Viele sind dieser Gefahr in der einen oder anderen Richtung erlegen. Wenn ich mit meinem Brief, lieber Freund, erreiche, daß Du - durch noch so gute Absichten - diese Gefahren für Schwestern und Pfleger nicht förderst, das wäre beinahe zu schön, um wahr zu sein. Ich glaube nicht, daß mir das in meiner Anfängerzeit gelungen ist. Je mehr mir diese Zusammenhänge klar werden, desto mehr kann ich Karl Thomsen und viele andere Schwestern und Pfleger bewundern, daß sie ihren Weg weitergegangen sind, einen mittleren Kurs beibehalten haben, weder resignierend aufgegeben haben noch ihr Rückgrat verbogen haben, sie behielten vielmehr ihren aufrechten Gang.

Aus meinem letzten Gespräch mit Karl Thomsen, vor meinem Weggang von Hamburg, habe ich folgendes in Erinnerung: Er sprach davon, daß in den letzten Jahren doch manches erträglicher geworden sei, daß man offener miteinander sprechen könne, sich nicht ständig hilflos bedroht fühlen müsse und daß man mehr Freiraum habe, den Stil der Station eigenverantwortlich zu gestalten. Er endete damit: "Wenn ich 10 Jahre jünger wäre - ich wüßte soviel, was ich für die Station noch tun möchte!" Das bringt mich auf folgende Frage: Könnte es sein, daß vieles von dem, was wir in den letzten 10 Jahren unter großartigen Überschriften wie Sozialpsychiatrie, Soziotherapie, Sozialtherapie, Milieutherapie usw. verkünden, nichts anderes ist als die Wiederentdeckung und endliche Anerkennung dessen, was Pfleger und Schwestern ohnehin schon immer getan haben - nämlich Pflege - in dem umfassenden und allgemeinen Sinn des Wortes, wie ich dies oben versucht habe zu beschreiben. Das spräche dann glatt dafür, daß es doch so etwas gibt wie Fortschritt - und das ist tröstlich.

Ich wünsche Dir und mir, lieber Anfänger-Freund, daß dieser Brief Dich ermutigt, diese Wiederentdeckung und Anerkennung weiterzutreiben und zugleich der damit verbundenen Erkenntnis Rechnung zu tragen, daß in der Tat das Krankenhaus und die Station in erster Linie dem Pflegeteam gehört. Für Dich brächte das den Vorteil, daß Du gleichberechtigtes Mitglied des Stationsteams werden könntest und zugleich mithelfen könntest, der Psychiatrie (auch der Medizin) ihr philosophisch-anthropologisches Fundament wiederzugeben. Dazu wünsche ich Dir alles Gute, genauso wie ich Karl Thomsen einen zufriedenen Feierabend wünsche, denn er kann mit sich zufrieden sein.

Diagnostik in der Gruppe
Fragmente zu einer Begegnungspsychopathologie (1981)

Die Psychopathologie jeder Zeit kann nur so sein, wie die Zeit mit ihren psychisch kranken Zeitgenossen umgeht, welches Menschenbild sie von ihnen hat, welche Bewertungen sie damit verbindet und welche individuellen wie kollektiven Problemlösungsvorschläge sie erarbeitet. Die Psychopathologie des beginnenden 20. Jahrhunderts, die uns heute als die klassische gilt und die in der "Psychopathologie" von Karl Jaspers ihren dauerhaftesten Ausdruck fand, ist genauso zu sehen wie die Psychopathologien anderer Zeiten. Das bedeutet für die Jaspersche Psychopathologie: 1. Sie ist stark von den Wahrnehmungs-, Verstehens- und Beschreibungsversuchen eines Einzelforschers geprägt. 2. Dieser Einzelne ist in eminenter Weise Arzt. 3. Die beschriebenen, verstandenen Verhaltensweisen sind im Wesentlichen gewonnen an Menschen, die zu dieser Zeit Krankenhauspatienten waren. 4. Entsprechend der Psychiatrie seiner Zeit trennt auch die Jaspersche Psychopathologie zwischen Erkennen und Handeln oder tut so, als ob man dies könnte. 5. Es handelt sich um eine Subjekt-Objekt-Psychopathologie, indem nämlich ein Subjekt ein Objekt (transitiv) beobachtet, wahrnimmt, beschreibt, erklärt und versteht. Und schließlich bleibt im Ergebnis dieser Psychopathologie ausgeklammert die reflexive Dimension, d.h. die schlichte Tatsache, daß auch innerhalb einer Beziehung zwischen zwei Menschen beide jederzeit und trennbar voneinander sich in Beziehung mit sich selbst befinden.

Hier nur in Klammern ein kurzer Hinweis auf Freud: Mit seiner Psychopathologie liegt ein Versuch vor, eine Subjekt-Subjekt-Psychopathologie zu entwerfen. Dabei ist jedoch zu bemerken, daß zwischen der klassischen psychiatrischen Psychopathologie und der psychoanalytischen Psychopathologie mehr Gemeinsamkeiten bestehen als vermutet: Die Attribute, mit denen ich eben der Psychopathologie von Jaspers nahegetreten bin, treffen in wesentlichen Anteilen auch für Freud zu. Dabei sehe ich sehr wohl, daß die Generationen von Psychoanalytikern bis heute zunehmend bemüht sind, Freuds Versprechen von einer Subjekt-Subjekt-Psychopathologie einzulösen. Gemessen an den Ergebnissen psychoanalytischer Arbeit frage ich mich freilich häufig, ob das Wissen um den Vorsprung des Psychoanalytikers hinsichtlich der Selbstreflexion (er hat sie ja auf dem Wege seiner Eigen-Analyse "immer schon" hinter sich, ist dem Kontrahenten in der Therapie also voraus) für das aktuelle Geschehen zwischen Therapeut und Patient eher förderlich oder hinderlich ist.

Nun hat Herr Schützmann in seinem Referat heute morgen, seiner bescheidenen Selbstaussage zum Trotz, für mein Gefühl etwas Wichtiges und irgendwo auch Neues in die Psychopathologie-Diskusion eingebracht. Er hat beschrieben, daß unter den zum Teil hektischen Bedingungen seiner nervenärztlichen Praxis "die Strategie der Begegnung" für ihn schon als erster Schritt zur Psychopathologie gehört, weil erst von dem Zeitpunkt an, in dem der Patient sich angenommen fühlt, sowohl Verstehen als auch Beschreiben in angemessener Weise möglich ist. Ich habe in den letzten Jahren bei ähnlichen Anlässen wie heute immer wieder die Nervenärzte, auch persönlich Herrn Schützmann gefragt: "Wie sieht eure Psychopathologie, die Psychopathologie der niedergelassenen Nervenarztpraxis aus? Wie unterscheidet sie sich von der Psychopathologie, die ich unter Krankenhausbedingungen entwickle? Und in welcher Weise können wir hier unsere Wahrnehmungen austauschen und voneinander lernen?"

Den heutigen Beitrag von Herrn Schützmann sehe ich für mich als eine wichtige Teilantwort auf meine Frage an. Ich fühle mich dadurch ermutigt, an dieser Stelle den Ansatz unseres Psychiatrie-Lehrbuches "Irren ist menschlich" daraufhin zu untersuchen, inwieweit darin ein Subjekt-Subjekt-Psychopathologieansatz enthalten sein kann. Wenn ich im folgenden versuche, diesen Ansatz zu beschreiben (dies wird sehr unvollkommen und unfertig aussehen), möchte ich ihn mit dem Arbeitstitel "Begegnungspsychopathologie" bezeichnen. Ich beginne mit einer vorläufigen Feststellung: Die Psychiatrie ist der Ort, an dem sich Subjekte begegnen, die handelnd sich austauschen zum Zwecke der Selbsthilfe. Ich spreche dabei von "Handeln" und nicht von "Verhalten", da ich davon ausgehe, daß Subjekte zunächst einmal sich handelnd begegnen, auch wenn später ein Teil ihrer Handlungen als Verhaltensweisen beschreibbar sind. Zum anderen sprach ich vom Handeln, um dabei nicht selbst zu vergessen, daß jeder Erkenntnis- oder Verstehensvorgang immer innerhalb eines Handlungsrahmens erfolgt, daß Handeln und Erkennen also nie voneinander trennbar sind (im Gegensatz zum Ansatz der klassischen Psychopathologie), wenn auch auf der anderen Seite Handeln und Erkennen natürlich nicht zusammenfallen, wie dies gelegentlich aktionistisch gemeint wird.

Mir geht es um Formen, in denen wir den Widerspruch, die Spannung zwischen Erkennen und Handeln aushalten und leben können.

Was die Subjekt-Subjekt-Beziehung angeht, möchte ich hier nur auf einige Aspekte hinweisen, die in der psychiatrischen Arbeit leicht vergessen werden (s. Abb.):

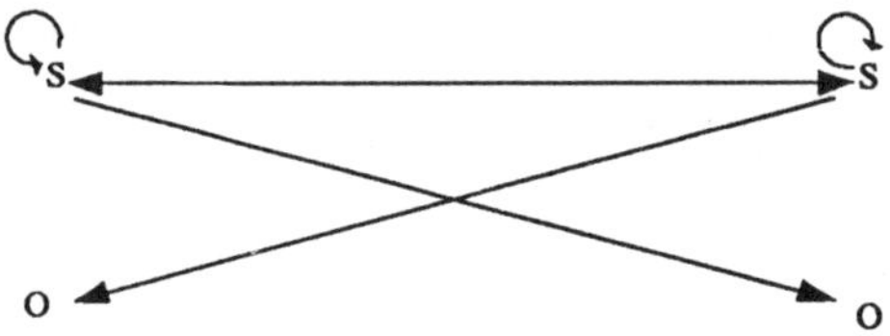

Die Vorstellung vom direkten Austausch Subjekt-Subjekt ist zumindest durch 2 Vorgänge zu ergänzen, die einmal grundsätzlich immer zeitgleich zu diesem direkten Austausch stattfinden und zum anderen in ihrer Bedeutung in dem Maße stärker hervortreten, in dem der direkte Austausch zwischen zwei Subjekten schwerer wird, wie dies bei schweren psychischen Störungen die Regel ist. Es handelt sich dabei erstens darum, daß jedes Subjekt das andere stets zu objektivieren versucht, zum Objekt macht. In der Begegnung zwischen dem psychiatrisch Tätigen und dem Patienten lassen sich hier die Vorgänge von Übertragung und Gegenübertragung beschreiben, aber auch der Prozeß des Diagnostizierens, "ich diagnostiziere dich". Dabei lege ich großen Wert darauf, daß dies ein wechselseitiger Vorgang ist: Der Patient diagnostiziert (etikettiert, definiert) den psychiatrisch Tätigen ebenso wie dieser ihn.

Zum zweiten befinden sich während des Austausches beide Subjekte in ständiger Beziehung mit sich selbst, dadurch stets die Trennung, den Unterschied und damit die Spannung zwischeneinander herstellend.
Innerhalb dieses Rahmens besagen nun im Hinblick auf eine Begegnungspsychopathologie die aus didaktischen Gründen schematisch dreigeteilten Aspekte aus "Irren ist menschlich" folgendes:

1. Der Vorgang des Verstehens ist in entscheidender Weise nicht nur transitiv (besitzergreifend, gewaltausübend, mich überstülpend) auf den anderen gerichtet, sondern innerhalb der Beziehung zum anderen reflexiv (nachdenkend, in mir selbst suchend) auf mich selbst bezogen.

Innerhalb einer Begegnung ist am Verstehen das "Ich-verstehe-mich" respektvoller dem anderen gegenüber, tiefergreifend und daher praktisch wichtiger als das "ich-verstehe-*dich*" (ich diagnostiziere dich, ich therapiere dich). Dasselbe gilt für das, was wir mit Einfühlung, Empathie bezeichnen. Dem liegt ein höchst einfacher Sachverhalt zugrunde, den jeder von uns auch von sich selbst kennt: Wer bei der Lösung irgendwelcher Lebensprobleme sich in eine Sackgasse hineinmanövriert hat, was sich durch psychiatrische (depressive, manische, paranoide, zwanghafte usw.) Symptome kundtut, drückt damit aus, daß er resigniert hat, seine Problemlösung tiefer in sich selbst zu suchen. Er braucht daher einen Menschen, der innerhalb der Begegnung mit ihm und angesichts des zu lösenden Problems noch den Mut und die Freiheit hat, in sich selbst zu suchen, was sich regelmäßig, aber eben indirekt auf den anderen auswirkt, ihn ansteckt, sich ihm mitteilt, wenn sie so wollen, nach dem lerntheoretischen Prinzip "Lernen am Modell": Der andere gewinnt wieder an Mut, in sich selbst zu suchen. Dies aber nur dann, wenn der "Helfer" eben nicht im anderen (der Verführung zum Trotz), sondern in sich selbst sucht.

2. Was wir als "Vollständigkeit der Wahrnehmung" bezeichnet haben, nimmt einmal Bezug auf den grundsätzlichen Zusammenhang von Erkennen und Handeln und verweist zum anderen den anderen, den Patienten, auf die situative Abhängigkeit seines Krankseins, seiner Symptome; denn da sich leicht feststellen läßt, daß diese je nach der Situation schlimmer oder weniger schlimm sind, wird für den Patienten erlebnisfähig, daß er zumindest im Ansatz mit der Wahl von Situationen die Verschlimmerung oder Ermäßigung seines Symptomdrucks selbst steuern kann, d. h. daß er nicht nur Opfer, sondern auch Täter seiner Krankheit ist.
3. Mit dem Prinzip der "Normalisierung der Beziehung" ist in diesem Denkzusammenhang vor allem folgendes gemeint: Wenn eine Begegnung davon lebt, daß die beteiligten Menschen eine gemeinsame Ebene finden, dann muß ich die Worte, Gedanken, Gefühle des anderen so ernst nehmen wie meine eigenen, dann habe ich Wechselseitigkeit in der Beziehung und damit Austausch dadurch herzustellen, daß ich nicht nur Gedanken und Gefühle des anderen sammele, um daraus geheimnisvolle Schlüsse zu ziehen, sondern ich habe auch meine eigenen Gedanken und Gefühle dem anderen mitzuteilen; anderenfalls würde ich zur Isolierung des andern nur noch beitragen.

Aus alldem ergibt sich ein Bild des psychiatrischen Patienten, nach welchem dieser in der Entwicklung und Gestaltung seines Lebens in Krisen geraten kann, wobei er bei seinen Lösungs- oder Selbstheilungsversuchen im ungünstigsten Fall die Sache noch schlimmer macht, wodurch sich Zustände von Krankheitswert, Krankheitszustände objektivieren können, die entweder mit Hilfe anderer auflösbar sind oder aber gewissermaßen zu bleibenden Eigenschaften der Persönlichkeit werden, was bei den jeweiligen Begegnungen zu berücksichtigen ist.

Das hier vorgeschlagene Bild der Begegnung wäre so zu vertiefen, daß man sich darüber klar wird, daß vom Wortsinn des Wortes "Begegnung" diejenigen Menschen, die sich begegnen, "Gegner" sind, also Menschen, die sich gegenüber-, entgegenstehen, wie etwa im Spiel oder im Sport, und die gerade in dieser Eigenschaft ihre gemeinsame Ebene finden, ihre gegenseitige Abhängigkeit wechselseitig machen, von der Achtung voreinander leben und miteinander etwas auszutragen haben, regelhaft auch in zeitlicher Befristung. Dieses Bild des "Gegners" für die Begegnung zwischen psychiatrisch Tätigen und Patienten deckt natürlich nicht alle Aspekte dieser Beziehung. Es hilft jedoch, wie ich inzwischen für mich erfahren habe, diese Beziehung nicht zu verwechseln, einmal mit einer gefühlsneutralen, sachlichen Begegnung; zum andern verhindert es die wesentlich gefährlichere Verwechslung mit einer Beziehung zwischen Freunden, was zwangsläufig zur Enttäuschung führt, sowie mit einer Beziehung zwischen Feinden, feit also gegen die in der psychiatrischen Tradition grundsätzlich auch immer vorhandene Gefahr vernichtender Gewaltanwendung.

Dieser Entwurf einer Begegnungspsychopathologie zieht die Schlußfolgerung daraus, daß die klinische Psychopathologie i. S. einer objektiven bzw. objektivierenden Psychopathologie für uns heute keine Möglichkeit mehr darstellt. Ich habe versucht, den Umstand ernstzunehmen, daß ich als psychiatrisch Tätiger in der Begegnung mit dem Patienten zunächst einmal nichts anderes als mich selbst in meiner nackten und ungeschützten Subjektivität habe und daß ich auf dieses Instrument angewiesen bin - genauso wie der Patient - bevor sich zu einem späteren Zeitpunkt die Frage sinnvoller und zusätzlicher Schutz- und Hilfsmittel (diagnostische Mittel, Medikamente, therapeutische Techniken) stellt.

Nun löst der Verzicht auf eine (gar nicht mögliche) objektive Psychopathologie nicht nur Angst und Unsicherheit aus, sondern er führt auch notwendig zum Vorwurf des reinen Subjektivismus psychiatrischen Arbeitens. An dieser Stelle kommt mir eine Vermutung, die sich nun endlich auf das Oberthema meines Vortrags bezieht, welches ich bisher in das Gesamtthema dieser Tagung einzubetten versucht habe. Ich vermute nämlich, daß wir psychiatrisch Tätigen deswegen zunehmend in Gruppen-Konstellationen arbeiten, weil wir auf diese Weise versuchen, bei fehlender objektiver wissenschaftlicher Basis den Vorwurf des Subjektivismus psychiatrischen Arbeitens ersatzweise mit Hilfe von Gruppenmöglichkeiten des sich wechselseitig Kontrollierens entkräften zu können.

Hierzu einige Beispiele:

1. Wir erfahren stationäre, teilstationäre und zum Teil auch ambulante Patienten zunehmend gern in Gruppen (Gruppentherapie, Beschäftigungstherapie, Arbeitstherapie, Bewegungstherapie, informelle Gruppen), was wir auch damit begründen, daß Menschen normalerweise immer in irgendeiner Form von Gruppenzusammenhang sich befinden, sowohl privat als auch in der Freizeit und beruflich. Wir gehen davon aus, daß ein Mensch erst mitsamt seiner Resonanz, also seinen Bezugspersonen, vollständig wahrnehmbar ist.
2. Wir haben das Gefühl, daß wir Patienten oft nur dann richtig kennenlernen können, wenn wir ihnen in ihrer Familie und in ihrer Wohnung begegnen. Sonst glauben wir, daß die Gefahr zu groß ist, daß wir uns von den betroffenen Patienten ein zu abstraktes, künstliches Laborbild, das wir ihm überstülpen, machen.
3. Mit Angehörigengruppen als bescheidener Vorform von Familientherapie versuchen wir, uns der Tatsache zu stellen, daß Angehörige von psychisch Kranken mindestens ebenso unter Druck stehen, mindestens ebenso isoliert sind wie ihre Patienten und deshalb in gleicher Weise Hilfe benötigen. Wir werden damit auch der Erfahrung gerecht, die Jan Gross einmal so formuliert hat: "Niemand kann eine Depression alleine herstellen, er braucht die Beziehung zumindest eines anderen Menschen dazu." Auf diese Weise kontrollieren wir auch die Gefahr unserer Parteilichkeit für den Patienten und gegen die Angehörigen.
4. Wesentliche Gespräche, z. B. Aufnahmegespräche, führen wir lieber zu dritt, weil die Gefahr einer unkontrollierten theoretischen oder praktischen Machtausübung den Patienten gegenüber für mich größer ist, solange ich alleine bin und mich durch niemand kontrolliert weiß. Hilfreich kann hier schon die Anwesenheit eines Praktikanten an sei-

nem ersten Tage sein, da es an dieser Stelle nicht um Fachwissen geht, sondern darum, daß jemand mitdenkt, mitfühlt.

5. Auf diese Weise ist auch unsere Vorliebe besser zu verstehen, daß wir heutzutage gern in einem "Team" arbeiten. Dabei ist freilich anzumerken, daß gegenüber einer weitverbreiteten Team-Ideologie, die zwar Sicherheit meint, aber auch die Gefahr mit sich bringt, Verantwortung nicht mehr übernehmen zu wollen, von einem Team erst zu sprechen ist, wenn die Mitglieder dieses Teams dasjenige, was sie unterscheidet, mindestens ebenso positiv schätzen wie dasjenige, was sie gemeinsam haben; denn die Chancen eines Teams vermehren sich erst im Hinblick auf die Unterschiede der Wahrnehmung der Mitglieder nach Berufszugehörigkeit, sozialer Schicht, Lebensalter und Temperament. Diese letztere Kontrollmöglichkeit halte ich auch im Hinblick auf unser gegenwärtiges Thema für besonders wichtig: Es ist heute eine Selbstverständlichkeit, daß eine Psychopathologie aus der Sicht des Arztes nur noch dann erlaubt sein kann, wenn sie sich ergänzt durch die sich davon unterscheidenden Psychopathologien aus der Sicht der Schwestern und Pfleger, der Sozialarbeiter, Beschäftigungstherapeuten und Psychologen.

Wenn wir uns mit Hilfe der hier vorgeschlagenen Begegnungspsychopathologie - oder auch von einem anderen Ansatz her - auf den Weg machen, einen breiteren und zeitgemäßen Rahmen für eine Psychopathologie und damit für eine neue Basis unserer Wissenschaft zu suchen, tun wir eigentlich nichts Aufregendes, vielmehr ziehen wir nur die Konsequenz aus dem, was uns die moderne Naturwissenschaft, z. B. die moderne Physik, vorgemacht hat, nämlich das Ernstnehmen der subjektiven Seite jedes Problems, der Reflexion überhaupt und des Zusammenhangs von Erkennen und Handeln. Nachdem diese Erkenntnisse nicht nur in den Naturwissenschaften, sondern auch in den psychosozialen Wissenschaften zu einer grundlegenden Veränderung des methodischen Vorgehens geführt haben, steht es der Psychiatrie wohl gut an, sich ihrerseits damit auseinanderzusetzen und nach jahrzehntelangem psychopathologischem Stillstand - bei schlechtem Gewissen - gleichfalls auf den Weg zu machen. Um einem Mißverständnis vorzubeugen, erscheint mir abschließend folgender Hinweis wichtig: Der von mir hier vorgetragene Vorschlag ist nicht als Alternative, sondern eher als Erweiterung der klassischen Psychopathologie gedacht: denn psychiatrisches Handeln sollte aus einer Grundhaltung hervorgehen, die es erlaubt, gleichermaßen einem Menschen mit Liebeskummer und einem Menschen mit Hirntumor gerecht zu werden. Es geht darum, einen Ansatz zu finden, der es erlaubt, in dieser Spannung leben zu können. Sollten wir für einen solchen weiteren Ansatz hinreichende Übereinstimmung unter uns psychiatrisch Tätigen aller Berufe zustande bringen können, dann würde man den Erfolg unter anderem auch daran ablesen können, daß die Ergebnisse der klassischen Psychopathologie (analog den Erkenntnissen der klassischen Physik im Rahmen der modernen Physik) innerhalb dieses weiteren Rahmens durchaus ihre relative Gültigkeit behalten und sogar noch besser zum Ausdruck kommen können.

Die Tagesklinik als Einrichtung zur Krisenintervention (1979)

Ich muß Ihnen zuerst die Frage beantworten, was denn eine Kriseninterventions-Tagesklinik ist und wie wir dazu gekommen sind. Wir haben mit der Tagesklinik-Arbeit 1970 angefangen, und zwar so, wie wir das andernorts gesehen hatten im Sinne einer Rehabilitations-Tagesklinik: d. h. Langzeitpatienten, meist psychotischer Diagnose, sollten nach einem längeren stationären Aufenthalt über eine Tagesklinik, wo man halbtags in der beschützenden Atmosphäre eines Krankenhauses ist, die andere Hälfte aber dem rauhen Alltagsleben irgendwo ausgesetzt ist, gleitend an diese rauhe Realität gewöhnt werden. Wir haben das, glaube ich, auch ganz gut gemacht, 5 Jahre lang, und hatten nur die Schwierigkeit - wir sind ja ein Teil einer Universitäts-Klinik - daß es dort kaum Langzeitpatienten gab. Statt dessen sind wir zu einem guten Arbeitsbündnis gekommen mit dem für uns zuständigen Landeskrankenhaus, also Hamburg-Ochsenzoll, bzw. mit den Gesundheitsämtern. Dann wurden um 1974/75 herum in Hamburg zwei weitere Tageskliniken gegründet, die auch zum Zwecke der Rehabilitation gedacht waren: eine Tagesklinik in Ochsenzoll und eine in dem von meinem Verein, der DGSP, getragenen Gemeinde-Psychiatrischen Zentrum in Hamburg, so daß es nun 3 Rehabilitations-Tageskliniken in Hamburg gab. Es wäre kein Problem gewesen, dafür auch genug Patienten zu finden. Wir haben aber gedacht, daß wir auf der anderen Seite auch Universitäts-Klinik sind und zu versuchen haben, neue Instrumente auszuprobieren. Drehen wir also den Spieß mal um: Machen wir mit der Tagesklinik nicht Rehabilitation, sondern Prävention, beschäftigen wir uns mal nicht mit Patienten, die schon längere Zeit im Krankenhaus gewesen sind und nun wieder raus sollen, sondern beschäftigen wir uns mit solchen Patienten, die an das Krankenhaus herangetragen werden zwecks stationärer Aufnahme, und versuchen wir, diese Patienten an der stationären Aufnahme vorbeizumogeln - mit dieser Tagesklinik. Das Ganze nannten wir "Krisenintervention", denn, wenn man so in der Literatur nachliest, findet man Dinge, wie wir sie vage vorhatten, am meisten unter diesem Begriff zusammengefaßt. Denn wenn man von "Krise" statt von "Krankheit" spricht, hat man die Chance, Menschen an den Erwartungen, die mit "Krankheit" verknüpft sind, und an der ganzen Patientenkarriere vorbeizubringen. Da hat das Wort "Krise" für uns eine große Bedeutung gehabt in unserem Nachdenken und dann auch im konkreten Umgang zwischen uns und den Patienten. So haben wir versucht und versuchen es nach wie vor, weil uns das erfolgreich zu sein scheint, mit einem Menschen, der zwecks stationärer Aufnahme zu uns kommt, so zu sprechen, daß wir gemeinsam an den Punkt kommen: "Du bist am Ende; so, wie Du bisher gelebt hast, die Methoden, wie Du Dein Leben hast bewältigen wollen, die haben sich als nicht hinreichend erwiesen, das ist schlimm, das tut weh, das schmerzt, das macht traurig, das macht verzweifelt. Wir versuchen, diese Trauer, diese Verzweiflung, diesen Schmerz zu teilen." Es hat aber auch eine Chance, weil jeder von uns, im Team und auch sonst jeder, es von sich kennt, daß er erst dann bereit ist, sich zu ändern, wenn er am Ende ist, wenn keine andere Möglichkeit mehr besteht. Und das ist es ja auch, was man im Alltagsverständnis "Krise" nennt, Krise in dem Sinne, das Alte geht nicht mehr, irgend etwas Neues - wenn überhaupt, muß her, was es ist, weiß man noch nicht. Die alten Abwehrsysteme und Schutzmethoden funktionieren nicht mehr so recht, sind außer Kraft gesetzt, ganz viel Angst ist da, die Angst ist offener, als sie sonst ist; sie ist nicht abgebunden, sie ist einfach da; und es geht darum, sie zu vertiefen und sie zu teilen, daß sie nicht zu der Isolation führt, die keinen Ausweg mehr sieht, und zu versuchen, aus dieser gefühlsmäßigen Umschau - das Innen- wie das Außenleben betreffend - etwas anderes, etwas Neues zu machen. Zunächst sind Trauer, Schmerz und Verzweiflung zwar zu teilen, aber - und da kommt dieses Aber rein - gleichzeitig ist dem Patienten gleichsam zu gratulieren, daß er am Ende ist, daß er in der "Krise" ist, daß es nicht weiter geht, weil jetzt endlich nach einer entweder kürzeren oder längeren Quälerei, oft einer maßlosen Quälerei mit sich und den lieben Mit-Menschen, eine Chance besteht, daß alles einmal außer Kraft zu setzen und zu gucken, ob es nicht irgendwie einen anderen Weg gibt. Etwa in dem Sinne versuchen wir, "Krise" zu verstehen. Und wenn Sie auf die Worte geachtet haben, die ich benutze, und auch weiter darauf achten, kommt eigentlich kaum ein Wort vor, das mit "Krankenhaus" oder mit "Behandlung" zu tun hat. Eine Absicht, die wir dabei haben, ist von vornherein auch die, zu versuchen, daß jemand, der sich in der konkreten Krise befindet, versteht, sie zu nutzen, etwas daraus zu machen und damit auch zu lernen, spätere Krisen entweder allein oder nur mit Hilfe seiner natürlichen Umgebung nutzen zu können. Das ist ein frommer Wunsch, ein idealer Wunsch, der nur manchmal vollständig verwirklicht wird, aber es ist eine präventive Perspektive, von der wir meinen, daß sie allein als Perspektive schon ganz gut ist, wenn man dann bloß nicht so schrecklich enttäuscht ist, wenn es nicht immer so ist.

Diesem Ansatz entsprechend, ist - so glaube ich - einigermaßen verständlich, daß in der Begegnung zwischen mir als einem Mitglied des Teams und einem der Patienten zwei Dinge eine Rolle spielen: Einmal der Versuch eines vertiefenden Verstehens, wobei für uns besonders wichtig ist, manchmal den Patienten tiefer zu verstehen, als er sich selbst versteht. Mit Tiefe meine ich nicht so sehr die psychodynamischen Zusammenhänge oder unbewußte Dinge, ich meine mehr die Tiefe des Schmerzes, die Tiefe der Verzweiflung. Es kennt jeder von Ihnen, der praktisch tätig ist, bei jemandem, der einen Suizidversuch hinter sich hat, wie wahnsinnig schnell die Abwehr wieder da ist, wie unglaublich wichtig es ist, möglichst schnell nach dem Suizid ein Gespräch mit dem Betreffenden zu haben, am besten dann noch, wenn die Tablettenwirkung noch gar nicht abgeklungen ist, weil dann wesentlich mehr Offenheit da ist, wesentlich mehr Möglichkeit, über die Angst, die Schmerzen, die Verzweiflung ins Gespräch zu kommen, als wenn man einen halben oder einen ganzen Tag wartet. Denn dann ist schon wieder alles ganz gut und dann geht's eben schon wieder weiter und "Herr Doktor, ich verspreche es, ich tue das auch nie wieder" und so. Und dann sind schon alle Chancen vertan. Manchmal - so haben wir die Erfahrung gemacht - ist es wichtig (bleiben wir bei dem Beispiel des Suizid-Patienten), auf der Tatsache des Suizids, des Suizidversuches zu bestehen, einfach darauf herumzureiten, da, wo der Patient schon wieder dabei ist, davon zu sprechen, daß er eigentlich nur aus Versehen aus dem Fenster gefallen ist beim Fensterputzen, einfach zu unterstellen, daß das nicht so ist, sondern daß es wenigstens während eines Tages, einer Stunde der Wunsch und der Wille des Menschen gewesen ist, in seiner Verzweiflung aus dem Fenster zu springen - und das 10mal so zu sagen, wenn auch der Patient eigentlich schon wieder weg davon will. Es ist manchmal fragwürdig, ob das überhaupt erlaubt ist, aber ich glaube, wenn "Krisenintervention" ernst genommen wird - intervenire heißt ja "Dazwischengehen", "Dazwischenkommen", man kann auch sagen "Dazwischenhauen" -, dann ist es manchmal wichtig, so auch zu arbeiten. Also ein vertiefendes Verstehen auch in dem Sinne, tiefer der Verzweiflung sich zu stellen, als es der Patient im Augenblick kann. Und nun kommt wieder die Kehrseite: auf der anderen Seite eine Distanzierung zum Patienten, eine Verweigerung seiner Erwartungen und seiner Hilfswünsche, eine Zurückweisung von dem, was so alles gewollt wird und erwartet wird von mir von seiten des Patienten an Behütung, Betreuung, Abnehmen von Sorgen, Nöten, usw., also so ein Gemisch aus einer sehr weichen Haltung und einer sehr harten Haltung.

Zu einem angemessenen Stil - oder zu einer angemessenen Grundhaltung - in der Begegnung mit dem Patienten gehört es, daß beide Haltungen haargenau gleich wichtig genommen und gemeinsam gelebt werden. Daher ist es fatal, wenn wir da eine Arbeitsteilung machen, wenn wir sagen: die einen Menschen, die mit dem Patienten umgehen, haben die weiche Haltung, sind freundlich, und die anderen Teammitglieder sind für den Alltag, für die Distanz, für die Härte, für die Disziplin, für die Ordnung, für die Notwendigkeit und solche Dinge da. Und das teilen wir gern zwischen akademischem und nicht-akademischem Personal, zwischen Ärzten und Psychologen auf der einen Seite und dem Pflegepersonal auf der anderen Seite. Das ist eine gefährliche Arbeitsteilung, weil eine glaubwürdige Begegnung so nie zustande kommt.

Begegnungsfördernd ist es nach unserer Erfahrung auch, daß wir gern in Bildern sprechen, weil die Bildersprache eine Sprache ist, in der ich mich mit meinen Erklärungsversuchen nicht so schnell festlege, nicht den Patienten so schnell vergewaltige mit dem, was ich mir Kluges über ihn ausgedacht habe, aus irgendeiner Theorie heraus. Ein Bild, das ich benutze für eine Situation, hat den Vorteil, daß ich es dem Anderen anbieten kann, und er kann selber sagen, wie weit er sich wiederfindet in dem Bild oder nicht. Das Bild ist nicht mein Besitz und nicht sein Besitz, sondern es steht quasi zwischen uns, eröffnet eine Art Spielwiese, wo wir gucken können, in welchen Bereichen wir uns begegnen, treffen, verstehen wollen, oder wo das seine Grenze hat und nicht mehr geht. Wir sind eigentlich dauernd dabei, neue Bilder zu suchen. Wenn wir unsere Phantasie in diese Richtung lenken, ist dies gut genutzte Zeit, gerade für die praktische Arbeit. Eines dieser Bilder besteht z. B. darin, daß jeder Mensch in jeder Situation eine "Täterseite" und eine "Opferseite" hat. Das in ein Gespräch mit einem Patienten eingebracht, "wo ist deine Täter-, deine Opferseite, wo ist meine Täter-, meine Opferseite?" ist etwas, das in alle Alltagsbereiche des menschlichen Lebens hineinspielt. 'Täter' und 'Opfer' ist ja etwas, was ebenso an den letzten Fernseh-Krimi erinnert, wie es für heikle Situationen etwas hergibt, wobei das Ganze mal spielerisch, mal ernst genommen werden kann. Und es ist etwas, um dessen Wahrheit sich kein Mensch drücken kann: jeder Mensch hat in jeder Situation eine "Täterseite" und eine

"Opferseite" - einen "Täteranteil" oder einen "Opferanteil". Dieses und ähnliche Bilder erhöhen die Chance, daß Menschen von ihren Krisensituationen profitieren.

Zu den mehr äußeren Bedingungen der Tagesklinik-Arbeit: Was für Menschen haben wir? Wir nehmen eigentlich die Patienten, die a) eine stationäre Behandlung bräuchten, und b) einen geschlossenen stationären Aufenthalt nicht zwingend benötigen, sei es aus Selbstgefährdungs- oder Fremdgefährdungsgründen. Außerdem muß so ein Mensch einen Wohnsitz haben, wo er, wenn er die Tagesklinik verläßt, hingehen kann. Das sind eigentlich die einzigen Kriterien. Die Entfernung des Wohnortes spielt erstaunlicherweise gar nicht so eine große Rolle: auch 50 km sind meist nicht problematisch.

Ein Kriterium noch: der Mensch muß in einer akuten Krise sein. Zur Verdeutlichung noch einmal: Bei "Krise" meine ich nicht nur eine Lebenskrise, sondern "Krise" kann sich auf psychiatrische Symptomatik und damit auch psychiatrische Diagnosen jeder Art beziehen. Also auch jemand, der wegen seiner eigentlich schon 5 Jahre andauernden Wahnideen oder Halluzinationen nicht mehr tragbar ist und insofern zwecks stationärer Einweisung an die Klinik herankommt, hat jetzt seine "Krise". Oder jemand, dessen lange Depression sich jetzt so zugespitzt hat, daß eine stationäre Einweisung erforderlich ist, ist eben jetzt in seiner "Krise". Oder der Suchtkranke, dessen Frau die Scheidung eingereicht hat, der das Bett angezündet hat usw., hat jetzt seine "Krise" und damit auch seine Chance, aus dieser Situation etwas zu machen.

Wir haben im Durchschnitt 20 Patienten gleichzeitig. Es ist uns einmal passiert, daß wir 34 Patienten hatten. Dabei haben wir eine witzige Entdeckung gemacht. Je mehr Patienten wir hatten, desto weniger Zeit hatten wir für die einzelnen Patienten, konnten uns nur um die Aufrechterhaltung des allgemeinen therapeutischen Milieus, um die Gruppe kümmern. Aber umso mehr Selbsthilfe entstand zwischen den Patienten. Wir sind nur deshalb wieder davon abgekommen, weil die Zahl der Berichte, die wir hinterher zu schreiben hatten, zu groß wurde sowie der sonstige bürokratische Aufwand mit Krankschreibungen und Krankenkassen-Bescheinigungen, Sozialhilfe usw.

Und wer ist nun dieses Team? Es besteht aus einem Arzt, der irgendwann Oberarzt geworden ist - das bin ich -, einer Psychologin, 3 Krankenschwestern, einer Sozialarbeiterin und einem Beschäftigungstherapeuten. Wie schon gesagt, wir sind jetzt im 10. Jahr des Bestehens, in dieser Kriseninterventions-Tagesklinik im 5. Jahr, und alle haben wir 8 Jahre lang zusammengearbeitet. Und erst dann kam ein Wechsel, auf den komme ich nachher noch zurück.

Wir bekommen unsere Patienten von niedergelassenen Ärzten, Nervenärzten von allgemeinen Krankenhäusern, aus dem Landeskrankenhaus, aus der eigenen Klinik, von sozialen Einrichtungen und von Gesundheitsämtern.

Die Dauer des Aufenthaltes - das ist einer der wichtigsten Punkte des Konzepts - beträgt höchstens 4 Wochen. Das heißt konkret - dies ist wieder ein hartes distanzierendes Moment unseres Konzeptes -: jeder Patient erfährt am ersten Tag, daß er nach 4 Wochen nicht mehr da sein wird. Dies wird auf einem riesengroßen Kalender auf dem allgemeinen Stationsflur veröffentlicht, so daß es auch alle Mit-Patienten mitwissen. Ich kann mich noch gut erinnern: der Vorschlag kam von den psychologisch oder sozialarbeiterisch tätigen Teammitgliedern und hat mir den Atem verschlagen. Ich habe mich heftig dagegen gesträubt: "wenigstens 6 Wochen, aber bitte nicht 4 Wochen." Aber man hat mich überstimmt. Jetzt muß ich sagen, ich bin froh, daß das so gekommen ist. Es gehört zu den aufregendsten Erlebnissen in meinem Leben, zu sehen, wie das Wissen um einen begrenzten Zeitraum, den man zur Verfügung hat, das Tempo und die Intensität meiner eigenen Arbeit und der Arbeit des Patienten gleichermaßen extrem beschleunigt hat. Wir hatten bis dahin in einer Rehabilitations-Tagesklinik gearbeitet mit endlosen Zeitabläufen. Da war es uns ziemlich gleichgültig, ob ein Patient ein halbes Jahr, ein Dreivierteljahr, ein Jahr, 1 1/2 Jahre, manche auch 2 Jahre da war. Wir haben uns da gesagt, das ist eben nötig und er braucht das auch und die Regression ist erforderlich. Ob ich nun irgend etwas Wichtiges heute tue oder morgen oder auch erst nächste Woche, das ist dann auch nicht so wichtig - und dieser Wechsel von einer endlosen Zeitstruktur zu einem sehr knapp befristeten Zeitraum hat uns allen sehr zu schaffen gemacht. Die Arbeit ist anstrengender geworden, aber der Spaß an der Arbeit hat im gleichen Maße zugenommen, so daß es jetzt so ist, daß wir einen Aufenthalt mehr als einen Kurs, einen Nachhilfeunterricht im Leben, sehen können. Manchmal sagen Patienten von sich aus, das hören wir dann natürlich gern, daß sie das wie so eine Art Lebensschule empfinden. Ein Kurs ist halt eben auch befristet. Wir haben gesagt, ein Zeitraum von 4 Wochen, das ist ein Zeitraum, den kennt jeder in seinem Leben: wenn er Urlaub macht oder wenn er sonst einmal zu irgendeinem Kurs fährt, das ist was *Normales*. Dies ist ein Beispiel für unseren Versuch, möglicherweise viel von dem Milieu, das wir in einem Krankenhaus haben, zu normalisieren, der Alltagsrealität von durchschnittlichen Menschen anzupassen, und dazu gehört auch schon der Umgang mit "Zeit". Es ist aber nicht ganz so schrecklich mit den 4 Wochen: uns fällt kein Zacken aus der Krone, wenn wir nach 4 Wochen sagen, "da haben wir uns geirrt, die Schwierigkeiten Deines Problems, Deiner Krise, Deiner Depression, Deiner Schizophrenie sind wesentlich größer und es geht jetzt auf der Station über eine längere Zeit weiter." Es kommt uns fast zu selten vor, daß wir zu diesem Mittel greifen müssen, weil das ein Zeichen dafür ist, daß wir zu viele zu gesunde Patienten haben. Das ist eine kritische Frage, die wir uns immer wieder stellen müssen. Außerdem haben wir inzwischen ein ganzes System von ambulanten Nachsorgemöglichkeiten gefunden. Das Wort "Nachsorge", da grübeln wir gerade darüber nach, durch welches bessere Wort man es ersetzen kann. Denn "Nachsorge" hat einen falschen Klang, aber wir haben noch kein gutes Wort gefunden. Vielleicht fällt jemandem von Ihnen eines ein. Wir haben eine Regelung getroffen, daß 3 Wochen nach der Entlassung alle Leute eine schriftliche Einladung bekommen: Früher hieß es "Nachsorge-Treffen", jetzt heißt es "Anschluß-Treffen"; es ist auch kein ideales Wort, auch wieder zu bürokratisch. Ein Beispiel für unseren hilflosen Versuch, mit der Sprache unsere Wünsche und Gefühle richtig abzubilden. Auf diesem 'Anschluß-Treffen' wird besprochen, ob der Patient sagt, "ja, ich komme wieder ganz gut zurecht, ich brauche nichts" oder "das war nichts für mich", und wir müssen neu darüber nachdenken, was angemessener ist, oder - das ist die Mehrzahl der Leute - "ich brauche noch so eine gewisse ambulante Betreuung", die wir dann meist selber leisten können, weil wir eine Regelung haben, daß jeder von uns *eine* ambulante Aktivität nebenbei hat. Das macht er entweder alleine oder mit jemandem, den er von anderswoher kennt, so daß wir 1 bis 2 fortlaufende Gruppen haben, ferner eine Alte-Damen-Gruppe, die inzwischen mehr eine Selbsthilfe-Gruppe geworden ist, eine Partnertherapiegruppe, eine ambulante Bewegungstherapiegruppe und eine Angehörigen-Gruppe. Einzeltherapien vermitteln wir über uns durch Praktika bekannte arbeitslose Psychologen, teils mit privater Bezahlung, teils gratis, teils bei Sozialhilfeempfängern mit Honorierung über BSHG gleichsam als ausgleichende Gerechtigkeit. Zudem entwickelte sich aus unserem präventiven Ansatz im Laufe der Zeit eine ganze Menge an Selbsthilfe-Aktivitäten, ein Netz von Leuten, die sich immer mal wieder treffen, entweder eine längere Zeit dieselben, oder es wechselt mal wieder. Dies Selbsthilfepotential ist für uns gar nicht mehr überschaubar. Wir haben auch gar nicht die Absicht, das zu überschauen, weil wir eher um Abbau von Kontrolle bemüht sind.

Die Aufnahmesituation ist für uns wichtig, weil sie durch unser Handeln unser Konzept deutlich machen soll. Mit dem Ankömmling wechseln wir erst einmal ein paar Worte und gucken, ob seinen Bedürfnissen oder Ängsten mit einer Tasse Kaffee oder einer anderen Gastfreundlichkeit zu begegnen ist. Im nächsten Schritt bekommt er etwas Hartes von uns, nämlich die Aufforderung, einen Lebenslauf-Fragebogen auszufüllen. Er kommt mit der Erwartung zu uns, daß wir nette Menschen sind und ihm helfen. Ein bißchen Freundlichkeit kriegt er auch, als Nächstes aber eine Forderung.

Ich habe hinterher oft mit Patienten darüber gesprochen, die das verwirrt hat. Sie fanden das teilweise schon bösartig, häufiger noch absurd: Jemand kommt z. B. mit einer tiefen Depression daher, für ihn ist die Welt ganz gefühlsleer, er kann nicht mehr, möchte Hilfe haben und kriegt statt dessen so einen blöden Wisch hingehalten, von dem ihm gesagt wird, ob er so freundlich wäre, ihn in der ersten halben Stunde auszufüllen; das diene dem Gespräch, das hinterher geführt wird; wir bräuchten uns dann nicht über jede Großmutter extra zu unterhalten. Ich glaube, daß man auch dieses Vorgehen gut verallgemeinern kann. Auch dies hilft bei der gefühlsmäßigen Normalisierung etwas: Geben und Nehmen soll gleich verteilt sein - und nicht, der eine gibt und der andere nimmt. Anschließend folgt das Aufnahmegespräch, das wir zu dritt führen, wenn es eben geht. Auch dabei hatte ich als Arzt die größten Schwierigkeiten, weil ich halt den Vier-Augen-Kontakt gewohnt war, gedacht hatte, das gehe nicht und die Patienten würden sich weigern. Das war anfangs auch so. Das lag aber nur daran, daß wir unsere Haltung nicht glaubwürdig genug vertreten konnten. Jetzt ist es seit 6, 7 Jahren so, daß kein Patient je auf den Gedanken kommt, das für etwas nicht Angemessenes zu halten, was eben mit unserer Glaubwürdigkeit zusammenhängt. Dies Dreier-Gespräch ist wichtig für mich, weil es mir die beste Selbstkontrolle bedeutet. Der Kollege, mit dem ich das Gespräch führe, muß nicht viel Ahnung in der Psychiatrie haben, es kann ein Laie sein oder ein Praktikant am ersten Tag, wenn nur überhaupt jemand da ist. Ich ertappe mich immer wieder dabei, wenn ich das Aufnahmegespräch allein mache, daß ich dem Patienten leicht meine Theorie auf's Haupt stülpe und ihm sage, "das ist doch so und so bei Ihnen", und wenn er das nicht recht glauben will, das für seinen Widerstand zu halten. Die Dreiersituation kann man auch so ausnützen: wenn wir an einen Punkt kommen, wo es nicht gut weitergeht mit der Vertiefung, dann machen die beiden Teammitglieder so eine Art Rollenspiel in Anwesenheit des Patienten über dessen Situation: "Wie kommt das eigentlich, daß ich an dem und dem Punkt nicht weiterkomme, hast Du eine Ahnung?", so daß der Patient aus der denkerischen Arbeit mal herausgenommen ist, ein bißchen Zeit gewinnt. Möglicherweise sind es ja zwei seiner Haltungen, die bei ihm im Widerspruch liegen, die wir beide vom Team getrennt darstellen, so daß er auf diese Weise mehr Klarheit über sich kriegt, gerade an den schwierigen "Knoten". Im übrigen beschränkt sich das Aufnahmegespräch im wesentlichen auf aktuelle Probleme, auf das Hier und Jetzt, was *jetzt* gerade anliegt. Wir haben auch gar nicht den Ehrgeiz, das Ganze zu fassen, vielmehr haben wir die Erfahrung gemacht - das ist jetzt auch ein bißchen ideal gesagt, aber das ist bei so einem Vertrag schwer zu vermeiden -: Wenn es uns nur gelingt, *ein* aktuelles Problem in der Gegenwart, das wirklich wichtig ist, zu finden und zu vertiefen, ob das das Arbeitsproblem ist, das sexuelle Problem oder das Problem mit der Schwiegermutter oder mit dem Ehepartner, dann können wir auch während der 4 Wochen so konkret daran arbeiten, daß diese Erfahrung sich verallgemeinert auf die anderen Probleme, die jemand hat, auch auf die Vergangenheit. Ich finde es immer aufregend, wenn ein Patient sagt: "So, wie ich jetzt die Erfahrung gemacht habe, oder wie ich jetzt mit meinem Ehepartner umgehe, oder mit der Tatsache, daß ich eigentlich immer mehr im Leben machen wollte, als ich konnte, wo ich da jetzt einen Ansatz gefunden habe, das einmal andersherum zu sehen und nicht mehr so verbissen, erscheint mir auch vieles in meiner Vergangenheit in einem ganz neuen Licht." Das ist für mich ein Zeichen, daß die Arbeit ganz gut gelaufen ist. Am Schluß des Aufnahmegespräches legen wir Ziele fest, Lernziele. Das ist ein Punkt, oder das sind 2, 3 Punkte, die man in 4 Wochen erreichen kann. Und dann überlegen wir uns gleich die ersten Schritte. Am Schluß des Aufnahmegespräches steht also nicht die vorläufige Diagnose, die kommt irgendwo in der Beschreibung auch schon mit vor, sondern da steht der vorläufige Plan, das, was man vorläufig machen will, weil alle wissen, man hat nur 4 Wochen Zeit, und die Zeit muß man ausnützen. In letzter Zeit haben wir uns überlegt, daß die Definition von *Zielen* allein für viele Menschen ein Leistungsdenken und damit u. U. ihr Symptom verstärkt, daher gefährlich ist. Und so sind wir jetzt dabei, auch mehr nach *Wünschen* zu fragen, also nicht nur Ziele, sondern auch Wünsche zu definieren. Wir meinen, wenn man von beidem etwas hat, dann hat man vielleicht ein realistischeres, ein normales Gemisch von Vorhaben, an denen man während des Aufenthaltes arbeiten kann.

Zur Darstellung des Programmes kann ich hier nur kurz kommen, nämlich etwa so, wie ich einem aufgenommenen Patienten das Tagesklinik-Programm beschreiben würde: "Wir bemühen uns, in der Tagesklinik ein Milieu oder Situationen zu schaffen, die möglichst ähnlich solchen Alltagssituationen von Ihnen sind, wie Sie es auch bei sich in Ihrem eigenen Privatbereich kennen. Es gibt Situationen, da spricht man miteinander, andere, da arbeitet man miteinander, es gibt Mahlzeiten, die man gemeinsam einnimmt, es gibt Situationen, da macht man auch mit dem Körper etwas gemeinsam. Bei uns heißt das erste 'Gruppentherapie', das zweite 'Werktherapie', das letzte heißt 'Bewegungstherapie'. Das Wort 'Therapie' ist dabei nicht so wichtig. Vielmehr geht es uns darum, eine Atmosphäre zu schaffen, die der ganz gemischten, mal langweiligen und monotonen, mal erfreulichen und lustigen Alltagsatmosphäre des durchschnittlichen Menschen einigermaßen nahekommt. Mit Sicherheit werden Ihnen dann alle die Schwierigkeiten, von denen wir gerade im Aufnahmegespräch gesprochen haben, in der Tagesklinik auch passieren. Das ist auch gar nichts Schlimmes, das muß so sein und ist sogar gut, wenn es passiert. Wenn Sie also mit sich und anderen zu depressiv umgehen oder zu ungeduldig sind, ein zu schnelles Tempo haben - oder wie immer auch - dann besteht hier zu Ihrem eigenen Alltag nur der eine Unterschied, daß Sie hier die Möglichkeit haben, über Ihr Handeln auf der Stelle sofort nachzudenken, es zu korrigieren oder andere Möglichkeiten auszuprobieren. Und zu *dem* Zweck, eigentlich nur zu *dem* Zweck, sind wir psychiatrisch Tätigen in der Tagesklinik da, um diese Situation aufrechtzuerhalten, zu garantieren, daß die gewohnten Pannen auch tatsächlich stattfinden, aufmerksam dafür zu sein, Sie an Ihre Wünsche und Ziele zu erinnern und Sie zu ermutigen: So hast Du es bisher gemacht und Du siehst, wie es gelaufen ist. Jetzt probier das doch mal anders aus. Du bist von der Situation, auch von den Menschen in der Tagesklinik Gott sei Dank nicht abhängig, im Gegensatz zu dem Verhältnis z. B. zu Deiner Frau, Du kannst sie mißbrauchen, denn Du weißt ja, die anderen mißbrauchen auch Dich - als Trainingspartner, probier es aus." Ungefähr so würde ich das Tagesklinik-Programm beschreiben.

Nun ein Satz zur "Angehörigen-Gruppe", in der alle wichtigen Angehörigen sich einmal in der Woche ohne Patienten mit zweien von uns treffen. Das ist eigentlich das Instrument, auf das wir am stolzesten sind, und von dem wir meinen, daß es ein Bestandteil jeder Station sein sollte. Erst seitdem wir dies machen, fallen uns Stück für Stück, auch heute immer noch, die Schuppen darüber von den Augen, mit welchem Ungleichgewicht wir Patienten und Angehörige sehen, in welch maßloser Weise wir leicht die Patienten für die guten Menschen und die Angehörigen für die bösen Menschen halten. In Wirklichkeit ist das fast immer ziemlich gerecht verteilt: die Opfer-Täter-Seiten beim Patienten und bei seinen Angehörigen. Erst wenn man dieses Verteilungsgemisch herausfindet, kann man einigermaßen angemessen mit dem Gesamtproblem, das in der betr. Familie vorliegt, zurechtkommen. Ich meine, da haben wir alle einen ziemlichen Nachholbedarf, das genauer wahrzunehmen. Und dann erübrigt sich oft eine ganze Menge theoretischer Überlegungen.

Das leitet über zum Team-Charakter unserer Arbeit - auch als Vorbereitung auf die Diskussion:

Alle Teammitglieder machen Aufnahmegespräche. Je zwei haben neben ihrer sonstigen Arbeit für eine Woche Aufnahmedienst. Es kommen etwa 15 Aufnahmegespräche zustande, von denen 5 Gespräche zur Aufnahme führen. Wenn wir 20 Plätze und 4 Wochen Zeit haben, kann man pro Woche im Durchschnitt 5 Patienten aufnehmen, was wir auch tun. So können Sie leicht die Gesamtzahl der Patienten, die pro Jahr durchlaufen, errechnen. Für die anderen, die nicht genommen werden, müssen Alternativen gefunden werden. D. h., der Aufnahmedienst ist am Ende der Woche immer sehr erschöpft und wird von den anderen entsprechend bemitleidet. Alle nehmen an den 3 Therapiegruppen teil, haben es inzwischen gelernt. Zu Anfang hat es keiner von uns gekonnt. Lediglich die Psychologin, Frau Plog, hatte Gesprächs- und Verhaltenstherapie gelernt. So haben wir uns durchgehangelt. Wir haben eine gesprächstherapeutische Phase gehabt, dann eine verhaltenstherapeutische, dann auch eine mehr analytische Phase. Jetzt sind wir bei einem Gemisch, das wir nicht mehr benennen können. Dafür ist es unser eigener Stil. Vorige Tage hat uns jemand von außen gesagt: "Ihr macht so etwas wie eine common-sense-Therapie", also eine Therapie des gesunden Menschenverstandes. Ich bin nicht sicher, ob das eine zutreffende Aussage ist oder nicht. Aber es hilft mir beim Nachdenken wieder ein Stück weiter.

Alle Teammitglieder machen Abschlußberichte, was für viele sehr mühsam war, vor allem für die, die das Schreiben nicht gut gelernt haben, die also viel Zeit brauchten, um das zu können. "Alle machen alles" gilt jedoch nur für das, was ich bisher gesagt habe. Auf der anderen Seite fördern wir sehr die Unterschiede zwischen uns: nach beruflicher Zugehörigkeit, nach dem Geschlecht, in der Beziehung zu dem Patienten, nach dem Lebensalter, auch nach der Persönlichkeitsartung, die man so hat, nach dem Temperament, z. B. nach der Fähigkeit zur Aggression. Je mehr Unterschiede im Team, desto normaler und desto größer die Breite der therapeutischen Wirksamkeit. Auch wenn wir jetzt versuchen, neue Teammitglieder hinzuzubekommen, versuchen wir, Menschen zu finden, die möglichst normal sind; wenn sie nicht zu viel Ahnung von Psychiatrie haben, ist uns das lieber als umgekehrt. In dem, was sie persönlich darstellen, sollen sie möglichst Ansätze zur Eindeutigkeit spüren lassen, damit wieder ein normales Gemisch von Persönlichkeitstypen entsteht, mit dem man die Alltagsrealität einigermaßen abbilden kann. Was wir nicht gern haben, sind Menschen, die sehr begeistert von der Psychiatrie sind, die wahnsinnig engagiert sind, die einen Helfer-Ehrgeiz haben und damit gar nicht mehr aufhören können. Dahin sind wir freilich erst gekommen, nachdem wir solche Anteile in uns selbst in mühsamer, jahrelanger Arbeit erkannt, bearbeitet und hoffentlich ein bißchen abgebaut haben.

Auch die Supervision ist ein Gemisch bei uns. Wir hatten, wie gesagt, nur die Psychologin, die Gesprächstherapie konnte. Deswegen hat sie anfangs die Supervision gemacht, 4mal in der Woche eine halbe Stunde nach der Gruppentherapie. Nach einigen Jahren ist die Rolle des Supervisors dann reihum gegangen. Jeder hat nacheinander Supervision gelernt, und zwar mit Hilfe der jeweils Supervidierten, was im Anfang schwierig war, weil die Supervidierten erst einmal den Supervisor lehrten, wie er sich gefälligst richtig zu benehmen hat, mit der entsprechenden Distanz usw., bevor dann umgekehrt der neue Supervisor den Supervidierten hat helfen können. Wir sind mit diesem Verfahren sehr zufrieden, weil es bei aller Schwierigkeit klappt, Spaß macht und das Teamgefühl stärkt. Die Supervision von außen wird uns im wesentlichen durch Praktikanten kostenlos beschert. Wir haben gern Praktikanten, obwohl es leicht zu viele werden. Wir haben das Gefühl, daß die Praktikanten mit ihren ewig dummen, ahnungslosen Fragen uns am besten zwingen, uns zu fragen, was macht man eigentlich und warum macht man das, bis zu der Erkenntnis: "Du hast das eigentlich nur noch aus Routine gemacht!"

Abschließend einige Gedanken zur Leitung:

Sie lag anfangs bei den Akademikern: bei der Psychologin, Frau Plog, und bei mir. Das konnte allerdings nie so ganz sein, weil wir beide in einer Universitäts-Klinik ja auch noch andere Aufgaben haben, teils wirklich, teils, weil man sich daran festhält. So ging im Laufe der Zeit die wirkliche Leitung an eine der Krankenschwestern über, übrigens an die jüngste. Das hat sich eigentlich so allmählich von selber entwickelt. Seit nun das Pflegeteam weg ist, ist die Leitung bei der Sozialarbeiterin gelandet, ohne daß es je so beschlossen worden ist. Das ergibt sich so. Und wenn's dann faktisch so ist, dann kann man's aussprechen, dann wird es akzeptiert. Diese Methode setzt Vertrauen voraus und schafft Vertrauen. Sie macht es überflüssig, von Hierarchie-Konflikten ewig reden zu müssen.

Wir achten sehr untereinander auf die Schonung, die Distanz und das Privatleben der einzelnen Mitglieder im Team, wechselweise. Wenn wir den Eindruck haben, daß jemand gestreßt ist, sei es auf der Station, sei es in seinem Privatbereich, dann kommt es nicht selten vor, daß wir sagen: "Jetzt bleibst Du 3 Tage weg, auch ohne Krankschreibung. Du hast Zeit für Dich nötig und dann kannst Du wiederkommen." Und wir können das Vertrauen haben, daß das wechselweise geht, also daß das nicht einseitig ausgenutzt wird. Wir achten darauf, daß wir privat nicht zu viel Berührung miteinander haben, obwohl wir alle das Privatleben des anderen kennen, schon durch persönliche Krisen, die wir fast alle in diesen 8 Jahren durchgemacht haben und die mit Scheidung u. ä. einhergingen. Da die meisten Krisen im ersten Drittel dieser Zeit stattfanden, überblicken wir jetzt eine lange Laufzeit und können sagen, daß wir unsere Krisen positiv genutzt haben.

Das, meinen wir, war nur möglich, weil wir scharf darauf achten, daß jeder von uns ein zufriedenes Privatleben hat und dieses nicht vermischt mit dem Berufsleben. Daher soll jeder *eine* ambulante psychiatrische Aktivität noch neben seinem Acht-Stunden-Tag haben, aber nicht mehr. Es ist heilsam, daß wir darauf achten, daß wir nicht immer noch mehr arbeiten und uns nicht immer noch mehr mit den Patienten beschäftigen, sondern daß wir uns auf Distanz boxen. Daher unsere Erfahrung, daß man nur dann in der Psychiatrie angemessen arbeiten kann, wenn man im Privatbereich auch ein gewisses Maß an Zufriedenheit hat. All das, meinen wir, haben wir nur lernen können dadurch, daß wir lange zusammengearbeitet haben.

Dabei freut mich besonders, daß bei uns das Umgekehrte vom üblichen der Fall war. Normalerweise bleibt das Pflegepersonal und die Akademiker kommen und gehen. Bei uns war es umgekehrt: erst sind alle 3 Krankenschwestern weggegangen. Die eine ist Unterrichtsschwester geworden, die andere hat einen Klinikleitungskurs gemacht, und die dritte ist nach Bethel ausgewandert und arbeitet da psychiatrisch. Und erst jetzt gehen wir Akademiker: Frau Plog ist nach Berlin gegangen, und ich bin dabei, hierhin zu gehen, hierher zu kommen.

Sucht, psychische und psychosomatische Störungen als menschliche Möglichkeit - Krankheit als Grenze (1980)

Wenn wir es mit einem Menschen mit einer psychischen Störung zu tun haben, dann löst das bei uns ein gut konditioniertes Reflexverhalten aus: Fast automatisch stellen wir zunächst einmal die Frage, um was es sich bei dieser Störung denn handelt, um Sucht, Neurose, Psychose, psychosomatische Störung? Wenn wir diese Frage beantworten können, sind wir schon ziemlich erleichtert. Wir können damit den betroffenen Menschen an das für ihn zuständige wissenschaftliche Begriffssystem und damit an die für ihn zuständige Institution verweisen. Seit Menschen mit psychisch auffallendem Handeln ein regelungsbedürftiges Problem geworden sind, bemühen wir uns, sie begrifflich und praktisch immer präziser den für sie zuständigen Fachabteilungen zu überantworten, sie dort unterzubringen - nach dem Motto: Teile und herrsche. Dabei stand stets die Medizin Pate mit ihrem Ansatz, die unterschiedlichen Krankheitssymptome erst einmal zu ordnen, Krankheiten abzuwehren, Krankheiten zu bekämpfen. Wie weit dieser Ansatz auf Menschen mit psychisch auffallendem Handeln überhaupt angewendet werden kann, ist eine Frage, der wir uns erst neuerdings stellen, auch der Frage, ob es dabei eigentlich überhaupt etwas zu "bekämpfen" gibt, ob dies nicht schon im Ansatz ein falscher Weg ist, der in die Sackgasse führt.

Dabei wissen wir es eigentlich schon lange, daß wissenschaftliches Herangehen an eine Sache nie das Ganze fassen kann. Wissenschaft lebt von der Abstraktion, sie abstrahiert von der Gesamtwirklichkeit, um bestimmte Aspekte besonders gut fassen zu können. Zweifellos brauchen wir eine solche Objektivierung von Sachen und Menschen, schon im Alltag. Aber ebenso unzweifelhaft ist es, daß dies nur zulässig und verantwortbar ist, wenn sie in einem vorher schon hergestellten Begegnungsrahmen zwischen handelnden Subjekten stattfindet. Sonst besteht die Gefahr, daß das Ergebnis inhuman und fachidiotisch wird.

Sie haben sich für die diesjährige Freiburger Sozialtherapiewoche die Aufgabe gestellt, nicht so sehr über die Unterschiede, sondern über die

Gemeinsamkeiten von seelisch leidenden und störenden Menschen nachzudenken. Dazu gehört nun, daß Sie damit gleichzeitig den auf Spezialisierung, Arbeitsteilung, zunehmendem Fachwissen, Ordnungs- und Herrschaftsbedürfnis basierenden Fortschritt im Erkennen und Handeln hinsichtlich seelisch auffallender Menschen in Frage stellen. Da es aber klar ist, daß wissenschaftliche und institutionelle Spezialisierung und Differenzierung nur dann die Gefahr der Unmenschlichkeit in sich birgt, wenn sie sich aus einem gemeinsamen Rahmen heraus verselbständigt, ist die Rückbesinnung auf einen solchen für unsere Zeit angemessenen gemeinsamen Rahmen, wie er früher durch Philosophie, Religion und die regionale Alltagswirklichkeit einer Gemeinde gegeben war, eine Frage von dringlichster Notwendigkeit. Aus diesem Grunde stelle ich mich mit meinen Überlegungen gern in den Dienst der Aufgabe, die Sie sich gestellt haben: der Rückbesinnung auf die Gemeinsamkeiten des Denkens und Handelns in der Begegnung zwischen seelisch störenden/gestörten Menschen und anderen Menschen, die deren "Helfer" sein wollen. Zu diesem Zweck möchte ich meine und Ihre Aufmerksamkeit auf jene vernachlässigten Bereiche richten, die nicht- oder vor-wissenschaftlich bzw. nicht- oder vor-institutionell sind. Ich muß dabei in Kauf nehmen, daß meine Überlegungen aus diesem Grunde ziemlich einfach, selbstverständlich und banal wirken werden. Das ist unvermeidlich, wenn man den Fortschritt gegen den Strich bürsten will.

Zunächst also fünf Gedanken zu den Gemeinsamkeiten von süchtigen, psychisch oder psychosomatisch kranken Menschen:

1. Süchtig, psychisch oder psychosomatisch Krank-Werden ist eine menschliche Möglichkeit schlechthin. Wir finden sie, trotz mancher Unterschiede nach Quantität und Qualität, in sämtlichen gegenwärtigen Kulturen und in sämtlichen historischen Epochen seit Adam und Eva. Diese allgemeinmenschliche Ausdrucksmöglichkeit muß daher vernünftigerweise als zugehörig zum Wesen des Menschen gesehen werden. Sicher handelt es sich dabei um eine Möglichkeit, die mit der Grenze des menschlichen Seins zu tun hat (allein schon von daher rechtfertigt sich die Frage, was denn überhaupt dabei herauskommen kann, wenn man im Einzelfall versucht, hier etwas zu "bekämpfen").

2. Beim süchtigen, psychischen oder psychosomatischen Krankwerden handelt es sich nie nur um ein *Verhalten*, sondern immer auch um ein *Handeln* von Menschen. In keinem Fall (selbst nicht im Delir oder beim Korsakow-Syndrom) ist der Mensch ausschließlich Opfer äußerer

Umstände. Vielmehr ist er in jedem Fall auch Subjekt, Täter, der sein Handeln selbst herstellt, wenn auch vielleicht nur deshalb, weil er keine andere Möglichkeit mehr sieht. Daher die ständige und berechtigte Frage sämtlicher Angehöriger: "Ist er krank oder ist er böse?"

3. In jedem Fall haben wir es damit zu tun, daß ein Mensch versucht, die ihm angemessene Weise zu finden, mit seiner Angst und seinem Leiden umzugehen. Insbesondere sehen wir immer auch Anzeichen dafür, daß der Betroffene sich gegen seine Angst, sein Leiden wehrt, dagegen protestiert, die Angst bekämpft, sie vermeidet, sie nicht als zum menschlichen Leben zugehörig erachtet, auch und gerade dann, wenn der einzig mögliche Weg darin bestünde, die Angst zunächst einmal zu akzeptieren, auf sie zuzugehen, ihre Botschaft entschlüsseln zu wollen, sich ihr zu öffnen.

4. In jedem Fall handelt es sich dabei auch um eine Auseinandersetzung mit meinem Selbst, mit meinem Körper und mit anderen Menschen. Insbesondere ist es undenkbar, daß jemand süchtig, psychisch oder psychosomatisch krank wird, ohne daß andere Menschen (besondere oder allgemeine Andere) wesentliche Begleiter und Mitverursacher dieses Weges sind.

5. Gleichgültig, ob jemand den Versuch, mit seiner Angst und seinem Leiden umzugehen, durch süchtig-abhängiges Handeln, durch Wahn-Handeln (Wahnsymptome), Stimmen, Zwangs-Handeln oder psychosomatisches Handeln (Symptome) zum Ausdruck bringt: In jedem Fall ist es von seiten des Betroffenen ein Versuch, sich selbst zu helfen, und nicht nur ein Krankheitssymptom. Dieser Aspekt wird wohl am meisten vernachlässigt, was leicht zu verstehen ist, da dies mit unseren Allmachtswünschen, mit unserer Rolle des "Helfers" (Fremd-Helfer) zu tun hat, wie wir noch sehen werden.

Was bedeuten diese fünf Gedanken, die natürlich nicht den Anspruch systematischer Vollständigkeit haben, für mein Handeln, für meine Grundhaltung in der Begegnung mit psychisch Kranken, gleichgültig, ob als Angehöriger, als Nachbar, als Laie oder als berufsmäßiger, dafür bezahlter Helfer?

1. *Achtung* als erstes, so denke ich, gebührt dem seelisch leidenden/störenden Menschen, der eine fundamental menschliche Ausdrucksmöglichkeit ausschöpft, indem er Grenzen zum Absoluten hin auch dann noch zu überschreiten versucht, wo es darum gehen würde, Grenzen anzuerkennen, gleichgültig, ob sich dies süchtig, psychotisch oder psychosoma-

tisch ausdrückt. Ich meine die Achtung vor dem Menschen, der gegen alle Vernunft und Einsicht protestiert und sich weigert, sich zu entwickeln, erwachsen zu werden, Entscheidungen zu treffen, Verzicht auf Wahlmöglichkeiten zu leisten, der alles will, Aktivität und Passivität, Kind-Sein und Erwachsen-Sein, Freiheit und Geborgenheit. Watzlawick drückt das aus mit seinem Begriff des Problemlösungsversuches durch "Mehr desselben". Einen anderen Beleg dafür finden wir darin, daß die meisten Suchtstoffe einen zugleich aktivierenden und passivierenden, zugleich stimulierenden und sedierenden Effekt haben. Ein anderes Bild: Das Anstreben des Absoluten kann ich auch so ausdrücken, daß ich meine einsame Einzigartigkeit leben und zugleich in der Welt und den Erwartungen der anderen Menschen aufgehen will.

2. Wenn der psychisch kranke Mensch nicht nur Opfer, sondern auch Täter ist, sein Handeln auch selbst herstellt, so kann ich ihn für sein Tun auch *verantwortlich machen*, muß ich ihn nicht durch Diagnose und Mitleid verobjektivieren. Vielmehr sind wir beide Subjekte, Gegner, die sich im Rahmen einer Begegnung austauschen und auseinandersetzen, und zwar so, daß wir beide, jeder für sich, wachsen können.

3. Wenn seelisches Kranksein das Ergebnis des Umgangs mit der eigenen Angst und dem eigenen Leiden ist, dann kann ich dem nur in dem Maße gerecht werden, wie es mir selbst gelingt, meine Angst und *mein Leiden meinem eigenen Leben zuzurechnen* und mich dem zu öffnen und auszusetzen. Kann ich aus meiner Angst heraus leben, so wird sich das übertragen, so wird der andere es auch können.

4. Findet seelisches Krankwerden grundsätzlich innerhalb von Beziehungen zwischen Menschen statt, dann habe ich es ebenso grundsätzlich nie mit nur einem individuellen Patienten zu tun. Vielmehr muß ich *für die Mitbetroffenen ebensoviel Zeit* und Aufmerksamkeit aufbringen; oft sogar mehr Zeit, denn ihr Leiden ist oft noch größer als das des "Patienten". Insofern auch ich mitspiele und damit Angehöriger werde, hat mein Handeln so zu sein, daß sowohl der sogenannte Patient als auch der sogenannte Angehörige als auch ich Gelegenheit, Zeit und Raum finden, uns innerhalb der Beziehung weniger um den Anderen, sondern wieder mehr um sich selbst kümmern zu können, damit die Begegnungen innerhalb dieses Rahmens wieder den Charakter wechselseitigen Austausches bekommen, frei werden von der Sucht, den jeweils Anderen zu kontrollieren.

5. Schließlich und nicht zuletzt muß meine Grundhaltung geprägt sein von Bewunderung für die unendliche Anstrengung und Bemühung um Selbsthilfe, die jeder psychisch kranke Mensch ausdrückt, gleichgültig, ob das kompromißhafte und mißlungene Zwischenergebnis dieses Bemühens in manischen, süchtigen, wahnhaften, depressiven oder psychosomatischen Handlungen (Symptomen) besteht. So ist es z. B. unsinnig, jemandem seine Angst vor einem möglichen Rückfall noch zu verstärken und den drohenden Zeigefinger zu erheben; vielmehr empfiehlt es sich, einen eventuellen Rückfall für etwas Erlaubtes und Gutes zu halten, da er zeigt, daß noch etwas zu lernen ist, und zugleich die Lern-Chance in sich birgt. Statt "Krankheitssymptome" "bekämpfen" zu wollen, gilt es, durch die Bewunderung des Bemühens um Selbsthilfe das Selbstvertrauen in diese zu stärken; denn nur dadurch kann die Notwendigkeit weiterer Syptombilder überflüssig werden. Dabei habe ich auch bei mir selbst weitere Symptombildung überflüssig zu machen: Während ich durch mein eigenes "Helfersyndrom", durch mein Gefallen an meiner eigenen allmächtigen Helferrolle die Selbsthilfebemühungen des anderen entmutige, fördere ich dieselben, indem ich meine eigene Hilflosigkeit im Rahmen unserer Begegnung mir selbst und dem Anderen erlebnisfähig mache.

Ich ziehe aus meinen Überlegungen einige Schlußfolgerungen:

1. Sucht, psychische und psychosomatische Störungen haben in der Tat mehr und fundamentalere Gemeinsamkeiten als Unterschiede. Darüber hinaus liegen die Unterschiede weniger in der diagnostisch-wissenschaftlichen und spezialistisch-institutionellen Zuordnung, sondern wesentlich mehr in der grundsätzlich einzigartigen Situation jedes betroffenen Menschen, die sich von allen anderen unterscheidet.

2. Aus diesem Grunde wird es hohe Zeit, daß wir unser Vertrauen nicht mehr (wie in den letzten 150 Jahren) darauf setzen, die Ausdrucksmöglichkeiten seelischen Störens und Leidens der Menschen immer zwanghafter diagnostisch-wissenschaftlich zu sortieren, sie angeblich immer genauer greifenden und psychisch zunehmend gewalttätigen, speziellen therapeutischen Methoden zu unterwerfen sowie immer arbeitsteiligeren und technokratischeren Institutionen (Beratungsstellen, Heilstätten, Kliniken usw.) zuzuordnen. Solches Vorgehen entspricht lediglich dem Umgangsstil des "Bekämpfens", besonders deutlich ausgeprägt in der Heilstättenideologie (räumliche und zeitliche Isolation, gehirnwäscheähnli-

che Erziehung, wie man "Ungläubige" bekehrt) und in den zunehmend einschneidenden, die Achtung vor dem Menschen verlierenden und sich vermarktenden Psychotherapiemethoden.

3. Stattdessen ist es dringend wünschenswert und notwendig, daß wir zurückfinden zu einem bescheideneren, dafür aber menschlicheren Umgangsstil im sozialen Miteinander. Wenn kleine, beruflich gemischte und mobile Teams im ambulanten oder auch im stationären Bereich für einen kleineren Einzugsbereich (Gemeinde) regional verantwortlich sind, ist es wesentlich leichter, daß sich ihr Umgangsstil philosophisch orientiert an der Achtung vor dem Menschen, seiner Verantwortlichkeit und Leidensfähigkeit, der wechselseitigen Gegnerschaft innerhalb des Begegnungsrahmens, der Besonderheit seiner familiären und nachbarschaftlichen Situation und der Bewunderung seiner Bemühungen. Dies würde den Verlust an Spezialisierung, Professionalisierung und Kontrollmöglichkeiten mehr als wettmachen, ohne daß man auf den Nutzen des bisher gesammelten Fachwissens verzichten müßte.

Zu weiteren Schritten in dieser Richtung möchte ich mich und Sie ermutigen!

Literatur:

Watzlawick, P.: Die Möglichkeit des Andersseins. Zur Technik der therapeutischen Kommunikation. Bern: Huber 1977

Meine korrektive Erfahrung der Langzeitpatienten (1988)

Korrektive Erfahrung - das ist das Zauberwort, das ich lebenslang mit meinem Lehrer Jan Gross verbinde, eine Einstellung, die ich von ihm gelernt habe. Er hat den Begriff oft mündlich und schriftlich benutzt und beschrieben. Was er genau meint, weiß ich immer noch nicht. Vielleicht ist das auch nicht notwendig. Es kommt wahrscheinlich mehr darauf an, wie man sich einen solchen Begriff aneignet, für die eigene Person passend macht. Ich jedenfalls denke bei "korrektiver Erfahrung" immer daran, *wie* Jan Gross etwas gesagt oder getan hat. Mit Hilfe des anschaulichen Denkens hat korrektive Erfahrung für mich in Situationen Platz, die unsicher, unklar, fremdartig, vielleicht auch bedrohlich und gefährlich sind, also Situationen, in denen man überhaupt nicht weiß, was man sagen oder tun soll. Mein anderer Lehrer, Hans Bürger-Prinz, hat in solchen Situationen meist irgendein randständiges Phänomen der Situation zum Zentrum des Gesprächs gemacht, also sich mit einem ihm unbekannten Patienten etwa über seine Heimat, seinen Beruf, seine Kleidung unterhalten. Jan Gross hat mich bei ähnlichen Gelegenheiten anders fasziniert. In meiner Wahrnehmung hat er irgend etwas gesagt, wie man etwa eine Sonde in den Weltraum schießt, mitunter aber auch gerade etwas, womit er den anderen provozierte oder besser noch, womit er sich selbst angreifbar machte oder gar ins Unrecht setzte. Er machte also eine Vorgabe, die es dem anderen verhältnismäßig leicht machte, seinerseits ins Gespräch einzusteigen.

Entscheidend für mich war aber dabei, wie er etwas sagte oder tat: das war so unnachahmlich gesagt oder getan, daß eine dabei etwa verbalisierte Verletzung gar keine Verletzung war, weil deutlich wurde, daß die Rede oder die Handlung eigentlich nur zum Öffnen eines Feldes gedacht war, dabei signalisierend, daß alle Inhalte auch wieder zurückgenommen, eben korrigiert werden könnten. Korrektive Erfahrung heißt also für mich, daß in einer unklaren Situation ein unbekanntes Feld durch eine aktive Vorgabe so befahren oder er-fahren wird, daß man sich an der Art des Fahrzeugs oder am Inhalt der Erfahrung dadurch negativ oder positiv orientieren kann, daß völlige Bereitwilligkeit signalisiert wird, sich zu korrigieren, den jeweiligen Inhalt fallenzulassen, auszutauschen oder durch einen anderen zu ersetzen. Das ist nur scheinbar völlige Beliebigkeit, in Wirklichkeit Respekt vor völliger Fremdheit.

Auf diese Weise ist es nahezu garantiert, daß durch meine Vorgabe, meinen ersten Schritt eine Erfahrung entsteht, die nie nur meine eigene, einseitige Erfahrung ist, sondern von vornherein eine gemeinsame Erfahrung herstellt. Und in dem Maße, wie das gelingt, wird diese erste Äußerung als gemeinsame Erfahrung auch das ganze folgende Gespräch oder die ganze folgende Handlung zu etwas Gemeinsamen machen. Die Situation hat jetzt alle Chancen, durch wechselseitigen Austausch, durch wechselseitige Selbstkorrektur zu einer Begegnung zu werden. Die Absicht ist, einen Stil zu prägen, mit dem ich signalisiere: "Entgegen Deiner Erwartung will ich nicht dich korrigieren, sondern ich will mich korrigieren und dadurch es dir leichter machen, auch deinen eigenen Beitrag korrekturfähig zu halten. Die wechselseitige Bereitschaft zur Selbstkorrektur, wobei ich mal als vertrauensbildende Maßnahme damit anfange, soll unseren Austausch möglichst offen und fruchtbar machen." Ich bin neugierig, ob Jan Gross sich in dieser meiner Darstellung wiederfindet.

Als ich 1979 für mich beschloß, wahrlich nicht leichten Herzens, die Eppendorfer Psychiatrie, in der ich es gut hatte, zu verlassen, bestand mein Hauptmotiv darin, einen Ort zu finden, wo viele Langzeitpatienten waren. Die wollte ich kennenlernen, wollte wissen, ob auch hier korrektive Erfahrung möglich sei. Ich landete schließlich auf etwas leidvollen Umwegen in Gütersloh. Im hiesigen Landeskrankenhaus gab es mehr als 300 Langzeitpatienten. Damit nicht nur ich, sondern das Landeskrankenhaus selbst die eigenen Langzeitpatienten kennenlernen konnte, bedurfte es zunächst der korrektiven Aktion, dem Krankenhaus ein Selbstverbot aufzuerlegen, Langzeitpatienten weiterhin in Heime zu verlegen. Nur dadurch, weil jetzt aufeinander angewiesen, wurde der Wille zum Kennenlernen möglich. Wie aber sollte das Kennenlernen nun stattfinden? Auf einer Langzeitstation mit 35 Patienten stieg ich selbst als Stationsarzt ein. Ich war glücklich, daß ich wenigstens eine Patientin fand, die von sich sagte, sie wolle entlassen werden. Ich krempelte die Ärmel hoch und machte mich daran, diese Frau zu entlassen. Dies mißlang gründlich. Denn obwohl wir verbal dasselbe wollten, rührte sich nichts. Wir kämpften miteinander, quälten uns redlich ab, ohne weiterzukommen.

Schließlich meinte die Frau eines Tages, daß sie deswegen nicht in ihre Heimatgemeinde entlassen werden könne, weil sie dort dasselbe Sozialamt aufsuchen müsse, das sie vor 18 Jahren in der Schande ihrer Verwahrlosung kennengelernt hatte, als sie zu uns zwangseingewiesen wurde. Wenn sie 700,- DM hätte, würde sie in eine fremde Stadt gehen, das dortige fremde Sozialamt aufsuchen und sich dann eine Wohnung nehmen. In meiner Verzweiflung gab ich ihr die 700,- DM. Statt daß sie ihre Absicht verwirklichte, kaufte sie sich alle möglichen Sachen zum Anziehen, auch viel überflüssiges Zeug, wie ich meinte, schließlich einen röhrenden Hirschkopf. Als sie den größeren Teil des Geldes verausgabt hatte, meinte sie zu mir, daß wir jetzt zu ihrem Sozialamt gehen könnten; denn jetzt habe sie das Gefühl der Freiheit durch den Besitz eigenen Geldes gekostet, nun mache ihr die Schande nichts mehr aus. So geschah es, und nach kurzer Zeit war sie in der Lage, ihre eigene Wohnung zu bewohnen, zu bewirtschaften und zu genießen. Sie war ein glücklicher Mensch.

Eigentlich erst in Gesprächen in ihrer eigenen Wohnung konnte sie mich über meinen Fehler aufklären. Ich hatte die nichtkorrektive Erfahrung gewählt, die "action directe", den Frontalangriff nach dem inhumanen Motto "ich entlasse dich". Das mußte in die Hose gehen. Sie wies mich in meine Schranken, indem sie mir bedeutete, daß ich selber in der gemeinsamen Erfahrung vorkommen müsse, daß ich selbst mich zu korrigieren habe, daß ich selbst mich zu ändern habe, mich und meine Institution, bevor ich auf sie und andere Langzeitpatienten zugehen dürfe. Denn wenn eine Patientin und ein Arzt gemeinsam in einer auf Verwahrung eingestellten Institution leben, dann sind die 1000 unsichtbaren, auf Verwahrung gerichteten Fäden stärker als die Willensbekundung einer Patientin und eines Arztes. Daran lernte ich mühsam die Notwendigkeit der korrektiven Erfahrung gerade auch Langzeitpatienten gegenüber. Ich und wir lernten, daß wir zunächst einmal das Landeskrankenhaus und uns selbst zu behandeln, zu korrigieren hatten. Wir hatten die verwahrende Atmosphäre des Krankenhauses umzugestalten, und zwar nicht etwa ins Gegenteil, sondern in eine Atmosphäre, die es den Langzeitpatienten glaubwürdig machte, daß sie wählen könnten, wählen zwischen dem Verbleiben im Landeskrankenhaus und der Entlassung in eine eigene Wohnung; denn nur in der druckfreien Wahl war für sie die erforderliche persönliche Freiheit wieder erfahrbar.

Durch diese Selbstkorrektur kamen wir von den direkten zu den indirekten Aktionen. Wir statteten das Krankenhaus, sein Programm und uns selbst mit zahlreichen Symbolen der Wahlfreiheit aus, von der Kultivierung von Tagesausflügen und Urlaubsmaßnahmen bis zu einer Lebensschule, die im Volkshochschulstil diverse Kurse anbot. Wir machten uns daran, jede einzelne Krankengeschichte der Langzeitpatienten in Lebensgeschichten umzuschreiben, nannten dies Rehistorisierung, um damit Perspektiven offen zu machen. Wir beschäftigten uns längere Zeit mit erst wieder auszugrabenden, teils durch den Suchdienst des Deutschen Roten Kreuzes zu findenden Angehörigen als mit den Patienten selbst, sprachen mit den Angehörigen über ihre Verbitterung und über ihre Schuldgefühle, stellten so für jeden einzelnen Langzeitpatienten ein wenn auch noch so bescheidenes Netz von Angehörigenkontakten her, damit er allmählich wieder das Gefühl kennenlernte, eine Person zu sein. Wir arbeiteten wesentlich mehr an uns selbst als an den Langzeitpatienten. Besonders schwer war unsere Selbstkorrektur, die Vormünder und Pfleger nicht als hinderlich zu verachten, sondern sie zu verstehen und zu gewinnen. Noch schmerzlicher war die Selbstkorrektur, uns mit der NS-Vergangenheit des Landeskrankenhauses, unserer eigenen Familie und unserer beruflichen Vorgänger auseinanderzusetzen - nur scheinbar ein Umweg, in Wirklichkeit unumgänglich, um die 1000 unsichtbaren Anstaltsfäden und die mit ihnen einhergehenden Ängste, das aus vielen Erfahrungen gespeiste Mißtrauen, die dutzendfach betrogenen und enttäuschten Hoffnungen der Langzeitpatienten verstehen zu können. So lernten wir allmählich nachzuvollziehen, was es bedeutet, lebenslang mit einer psychischen Beeinträchtigung leben zu müssen, lernten den Verzicht auf therapeutische Veränderungswünsche, weil diese sowohl gegenüber chronischen Patienten als auch gegenüber "chronischem Personal" lächerlich und inhuman sind. Wir erklärten das schönste Haus des Krankenhauses zum Feierabendhaus für solche Langzeitpatienten, die im Krankenhaus bleiben wollten oder die zumindest die Wahlalternative sinnlich erfahren wollten. Nur weil sie allmählich spürten, daß wir es mit unserer Selbstkorrektur ernst meinten, konnten sie auch allmählich sich selbst wieder ernstnehmen und dann - scheinbar wie von selbst - den Schritt nach draußen wagen. Wir waren langsam glaubwürdig geworden.

Aber noch weitere Erfordernisse der korrektiven Erfahrung standen uns bevor. Anfangs waren wir der festen Meinung, daß Wohngemeinschaften für die Langzeitpatienten das Beste seien. So hatten wir es gehört oder schlossen von uns auf andere. Zum Glück waren wir korrektiv und offen genug, uns von den Langzeitpatienten signalisieren zu lassen, daß sie nun seit 20-30 Jahren die Schnauze von Gemeinschaft voll hätten, außerdem in einem Alter seien, wo auch andere Menschen lieber zu zweit oder allein leben. Wir ließen uns korrigieren und stellten zu unserer Verblüffung fest, daß die Einzel- und Paarwohnungen in der Tat meist stabiler waren als die wenigen Wohngemeinschaften, die wir organisiert hatten. Damit hatten wir auch unser psychiatrisches Menschenbild zu korrigieren. Es zeigte sich, daß die Langzeitpatienten dieselben Bedürfnisse hatten, wie alle anderen altersgleichen Menschen. Wir lernten mühselig, daß die meisten Langzeitpatienten auch kein wesentliches Training oder eine Vorbereitung brauchten. Vielmehr fielen wir von einer Verwunderung in die andere, als die meisten von einem Tag zum anderen eine gefundene Wohnung auch bewohnen konnten, als ob sie ihr ganzes Leben nichts anderes getan hätten. Wieder war eine korrektive Erfahrung fällig: Wir merkten, daß der häufig genannte Hospitalismus zumeist nur eine Schutzbehauptung war: eine Schutzbehauptung einmal der Langzeitpatienten selbst, um sich gegen zu große, aktivierende Ansprüche zu schützen, eine Schutzbehauptung aber auch der psychiatrisch Tätigen, um sich mit den Langzeitpatienten gar nicht erst beschäftigen zu müssen. Zudem hatte die Wiederherstellung der Lebensgeschichte uns auch schon gelehrt, daß im langfristigen biographischen Rückblick praktisch jede Psychose sich als ein sinnvoller Schutzmechanismus gegenüber einer ausweglosen oder überfordernden Situation darstellte, was in der Querschnittswahrnehmung etwa einer Akutstation nicht so leicht zu erkennen ist. Wir konnten an keiner Psychose mehr etwas Sinnloses entdecken. Das ließ uns ebenfalls umlernen, nach Möglichkeit neue Mitarbeiter im Krankenhaus nicht wie bisher im Akutbereich, sondern im Langzeitbereich anfangen und lernen zu lassen, weil man leichter vom Längsschnitt auf den Querschnitt schließen kann als umgekehrt und weil man nach eigener Erfahrung im Langzeitbereich auch den Sinn akuter Psychosen besser begreifen kann. Wir lernten, daß man bei der Weiterentwicklung eines Krankenhauses nicht beim Akutbereich, sondern beim Langzeitbereich anfangen muß; denn macht man es umgekehrt, dringt man zum Langzeitbereich, zu den Unheilbaren, zu denen, bei denen es sich gar nicht mehr lohnt, gar nicht mehr durch.

Schließlich wartete noch eine kränkende korrektive Erfahrung auf uns: Mit der Entlassung der Langzeitpatienten hatten wir natürlich die Vorstellung ihrer Integration in die Gemeinde verbunden, sozusagen ihre restlose

Integration, ihr Verschwinden im Durchschnittsverhalten der Gemeindebevölkerung. Auch hier waren wir glücklicherweise inzwischen so sensibel, daß wir die anders lautenden Signale der Langzeitpatienten, wenn auch ungern, aufnahmen. Sie lauteten etwa: "Es ist ja ganz schön, endlich wieder eine eigene Wohnung zu haben, aber es ist auch anstrengend, den vielen normalen Menschen in der Hausgemeinschaft, der Nachbarschaft, auf der Straße und beim Kaufmann gegenüber sich normal zu verhalten. Von Zeit zu Zeit und einmal am Tag möchten wir auch wieder unter unseresgleichen sein, wo man nicht krampfhaft die Maske der Normalität aufrechterhalten muß, sondern sich ohne Worte versteht, sich gehenlassen, sich entspannen kann." Außerdem sagten uns zumindest die jüngeren und mittelalten Langzeitpatienten, daß sie mit der Wohnungsbewirtschaftung und der Treppenhausreinigung und den Behördengängen nicht ausgelastet seien, sondern eine eigene Arbeit benötigten. So mußten wir lernen, daß für die Ex-Patienten 20 Jahre Landeskrankenhaus genauso prägend waren, wie etwa für mich meine Arztrolle, weshalb auch ich zwischendurch ganz gern mal wieder nur unter Ärzten sein möchte. Und wir mußten zur Kenntnis nehmen, daß zu unserer Verwunderung die ach so hospitalisierten Langzeitpatienten auch genau dasselbe Arbeitsbedürfnis hatten wie die übrige altersgleiche Bevölkerung.

Deshalb ergab sich für uns das Erfordernis, daß wir nicht nur das Krankenhaus zu behandeln und zu ändern hatten und damit uns selbst, sondern auch die Gemeinde in all ihren Gremien und in all ihren Öffentlichkeitsmedien. Denn diese hatte es nun zu lernen, daß eine neue, weitere Subkultur zu ihr gehörte, die sich weder völlig integrieren konnte noch wollte, sondern die als eine weitere Besonderheit der städtischen Öffentlichkeit akzeptiert und respektiert werden wollte. So merkten wir, daß wir viel Zeit für Öffentlichkeitsarbeit benötigten, um z. B. der Stadt Gütersloh dies Stück ihrer Rekultivierung, wie wir es nannten, schmackhaft zu machen. Und wir hatten eine Reihe von Zonen geschaffen, von ökologischen Nischen, in denen die Ex-Patienten einfach sein oder sich treffen oder arbeiten konnten. So entstand die Dalke-GmbH mit nunmehr 23 Vollzeitarbeitsplätzen, wo die Leute sich ihr Einkommen vollständig erwirtschaften können, sie zum ersten Mal unabhängig von Sozialhilfe werden. Und so entstanden die beiden Zuverdienstfirmen, Industriecafé und Tagwerk, wo man sich nach Lust und Laune an einer Tasse Kaffee festhalten kann und wo man aber auch stundenweise arbeiten oder auch regelmäßig arbeiten kann, um sich zur Sozialhilfe oder zur Rente etwas zuzuverdienen, bis man vielleicht sogar den Mut findet, auf Vollzeitarbeit zu gehen.

Inzwischen leben von den ursprünglich 300 Langzeitpatienten 200 in eigenen Wohnungen, etwa 150 um Gütersloh herum. Heute können wir sagen, daß nichts von alldem entstanden wäre, hätten wir nicht immer neu zur korrektiven Erfahrung gefunden, und wir sind uns sicher, daß dies ein unendlicher Prozeß ist und daß wir auch in der nächsten Zeit immer wieder neue korrektive Erfahrungen machen müssen.

Bedürfnisorientierte Organisation akutpsychiatrischer Stationen

Dienstleistung und Demut: Sektorisierung macht das Krankenhaus komplementär (1992)

In 10 Thesen möchte ich hier diejenige Organisationsform zur Diskussion stellen, von der ich behaupte, daß sie den heutigen Aufgaben und Schwierigkeiten akutpsychiatrischer Stationen am besten gerecht wird. Diese Thesen sind das Ergebnis 3jähriger Diskussionen in der Westfälischen Klinik Gütersloh sowie mein Ergebnis aus der Gütersloher Fortbildungswoche 1992. Gerade letztere hat mich davon überzeugt, daß diese Thesen wohl den richtigen Weg in die Zukunft weisen. Bestenfalls ist die Stationsgestalt, wie sie sich aus den Thesen ergibt, noch nicht ganz vollständig, bedarf noch einiger weiterer Elemente, um funktionsfähig zu sein oder um die inzwischen überall mehr oder weniger zerschlagene Anstaltskultur durch eine für heute gültige Klinikkultur oder Abteilungskultur zu ersetzen.

Mein Vorschlag berücksichtigt 1. die heute unstrittige Orientierung an den besonderen Bedürfnissen des je einzelnen Patienten, 2. die weitgehende Entzerrung der heutigen Spannungskonzentration auf akutpsychiatrischen Stationen, 3. die Gewährleistung einer hinreichenden Motivation des Stationsteams, mit Perspektive und hinreichender Freude dort gemeindepsychiatrisch arbeiten zu wollen, 4. das aufgaben- und funktionsorientierte Konzept der PsychPV für die diagnostische und therapeutische Krankenhausarbeit und 5. die Grundprinzipien der "Empfehlungen der Expertenkommision der Bundesregierung zur Psychiatriereform", indem diese, soweit möglich, von der ambulanten auf die stationäre Versorgung übertragen werden. Schließlich gehen auch Elemente des niederländischen Modells des "Gemeindepsychiatrischen Zentrums" in meinen Vorschlag ein.

Warum gerade die funktionelle Sichtweise sowohl der PsychPV als auch der "Empfehlungen" zu meinem Vorschlag geführt haben, bedarf einer ausführlicheren Erläuterung. Zunächst auf der formalen Ebene: Wenn im sozialen Bereich für die Notlage z.B. eines psychisch Kranken

Abhilfe gesucht wird, ist die funktionelle Denkweise noch selbstverständlich. Es wird die dazu passende Dienstleistung gesucht und gefunden. Der dienende Charakter der Leistung liegt auf der Hand. Wenn es sich aber um Notlagen von hundert oder tausend psychisch Kranken handelt, bedarf dies der Organisation: Zur funktionellen tritt die institutionelle Denkweise hinzu. Es entsteht eine Institution. So notwendig diese Institutionalisierung ist, so unvermeidlich ist mit ihr die Gefahr verbunden, daß Institutionen zum Selbstzweck werden und vergessen, daß sie ursprünglich zur Erfüllung einer Funktion geschaffen wurden. Sowohl die PsychPV als auch die "Empfehlungen" bemühen sich, die bereits vorhandene Institutionalisierung zu hinterfragen und die funktionelle Sichtweise zugrundezulegen. Sie knüpfen wieder bei den besonderen Bedürfnissen des je einzelnen psychisch Kranken an. So unterscheiden z. B. die "Empfehlungen" für den einzelnen psychisch Kranken 4 Funktionsbereiche: 1. Behandlung/Pflege/Rehabilitation, 2. Hilfen im Bereich Wohnen, 3. Hilfen im Bereich Arbeit und 4. Hilfen zur sozialen Teilhabe und Verwirklichung materieller Rechte.

Im folgenden stelle ich diese Rückbesinnung von der institutionellen auf die funktionelle Sichtweise, die Rückbesinnung auf die Dienstleistung oder auf das Dienen inhaltlich und historisch dar, wobei ich insbesondere berücksichtige, daß - wie auch auf der Gütersloher Fortbildungswoche 1992 geschehen - in Zukunft die Organisation psychiatrischer Versorgung nur noch im Dialog zwischen Profis, psychiatrischen Patienten und Angehörigen zu erfolgen hat, zumal das diese Rückbesinnung auf die funktionelle oder dienende Betrachtungsweise nicht nur erleichtert, sondern geradezu erzwingt. Erst daraus werde ich die 10 Thesen zur Organisation akutpsychiatrischer Stationen ableiten.

Vor einem Jahr fand in Irsee bei Kaufbeuren die erste bundesweite Tagung psychiatrischer Patienten, also der Psychiatrie-Erfahrenen, statt. Von dort ging der entscheidende Impuls zur Gründung des "Bundesverbandes Psychiatrie-Erfahrener" aus, die in einer Woche in Bedburg-Hau erfolgen wird. Was den Anwesenden in Irsee am meisten unter die Haut ging, war die wiederholte Aufforderung an die Profis, mehr Demut zu zeigen. Nun dürfte Demut mit dem Status eines professionellen Experten eher unvereinbar sein; und jeder von uns Profis wird wohl auf ein solches Ansinnen spontan mit Empörung und Abwehr reagieren, zumal wir alle uns heute mehr zur Selbstbestimmung als zur Abhängigkeit, zum "Funktionieren" oder zum Dienen erziehen lassen. Lassen wir uns dennoch probehalber auf einen solchen Appell ein, haben wir zunächst nach dem etymologischen Wörterbuch festzustellen, daß Demut Dienst-Mut, also die Bereitschaft zu dienen bedeutet. Noch mehr werden wir uns verwundern, daß auch "therapieren" ursprünglich dienen oder pflegen bedeutet. Das Wort ist sogar verwandt mit "tarnen" im Sinne des Zudeckens einer Blöße. "Pflegen" ist zudem mit "Pflicht" verwandt; jemanden pflegen heißt also, an jemandem seine Pflicht zu tun. Die Pflichtversorgung des Krankenhauses ist also ein Dienen, ein Dienst, eine (öffentliche) Dienstleistung, bezahlt aus den Gewinnen der Wirtschaft, wobei man freilich wissen muß, daß bis zur Industrialisierung produktives und soziales Handeln eine räumliche und auch wirtschaftliche Einheit war. Im Sinne dieser Tradition hat sich der preußische König Friedrich der Erste noch als ersten Diener seines Landes bezeichnet. Wenn wir nun spontan unseren beruflichen Alltag eher als das Ausüben unterschiedlicher Formen von Herrschaft und Kontrolle empfinden, dann entspricht das der bekannten Tatsache, daß Institutionen dazu neigen, ihre ursprüngliche Funktion zu vergessen und sich zum Selbstzweck zu machen, dies um so mehr, wenn es sich um "totale Institutionen" (Goffman) wie psychiatrische Krankenhäuser handelt.

Historisch gesehen, mußten also die psychiatrischen Patienten sich erst mal bundesweit treffen und damit erstmals Öffentlichkeit herstellen, um diejenigen Worte zu finden, die uns Profis daran erinnern, daß unsere Herrschaft sich ausschließlich aus unserem Alltag legitimiert, anderen Menschen pflichtgemäß zu dienen. Andererseits deckt dies auf, wie sehr wir immer wieder versucht sind, uns mit unserem psychiatrischen Krankenhaus zum Nabel der Welt zu machen, nicht nur in der Vergangenheit, in der wir den vermuteten gesellschaftlichen Auftrag übernommen haben, die Wirtschaft vom "Sand im Getriebe" freizuhalten und mittels der Geschlechterachse die Fortpflanzung psychisch Kranker zu verhindern, ablesbar an der einschüchternden Repräsentations- und Kolonisationsarchitektur psychiatrischer Krankenhäuser; sondern auch noch heute, wenn wir bei jedem neuen Patienten denken, er stünde dank unserer besonderen Kompetenz an seinem biographischen Nullpunkt. Dem entsprach früher zunächst die alle Patienten gleichmachende Organisation des Gesamtkrankenhauses: Alle Patienten waren demselben Behandlungsprogramm unterworfen, gut ablesbar etwa an den Schriften Hermann Simons aus den 20er Jahren. Im Rahmen der Psychiatriereform der Nachkriegszeit war es schon ein Fortschritt, daß die Patienten wenigstens nach Diagnosen sortiert wurden, wodurch die bekannten Spezialabteilungen oder -Funktionsbereiche entstanden, nur daß diese Unterscheidung weniger an den Bedürfnissen der individuellen Patienten, sondern noch mehr an den diagnostischen, also ordnenden Bedürfnissen der Psychiater festmachte. Seither gab es Behandlungsprogramme der einzelnen Spezialabteilungen. Ein weiterer Fortschritt bestand darin, daß nach Stationen unterschieden wurde: Jede Station legte sich ihr eigenes Behandlungsprogramm zu, so daß nun nur noch alle Patienten einer Station, von Ausnahmen abgesehen, dieselbe Behandlung erhielten.

Daß der nächste Reformschritt nun vom einzelnen Patienten ausgeht, ist nur logisch; denn heute endlich ist es unabweisbar, daß jeder Patient ein einzigartiges Individuum ist, mit je besonderen Bedürfnissen, das daher auch seinen besonderen Behandlungsplan braucht, dies endlich auch juristisch abgesichert durch ein dazu passendes neues Gesetz, das Betreuungsgesetz. Dies stellt unseren Dienst am Patienten auf neue Füße, zumal wir zugleich auch den Angehörigen, der Gemeinde und selbst auch dem niedergelassenen Arzt pflichtgemäß zu dienen haben. Es sind unsere eben beschriebenen Herrschaftstraditionen, die noch ein Teil von uns sind, die es uns schwer machen, für den heute geltenden und unabweisbaren individuellen Behandlungsanspruch die angemessenen Organisationsformen zu finden. Diese zu finden, ist Absicht einer umfangreichen Organisationsuntersuchung, der in Kürze die Westfälische Klinik Gütersloh unterzogen werden soll.

Um die Sache noch komplizierter zu machen, möchte ich jetzt noch daran erinnern, daß in unserer Umfrage, deren Ergebnisse wir zur Diskussionsgrundlage dieser Tagung gemacht haben, insbesondere Patienten, aber auch Angehörige immer wieder "mehr Miteinander" gefordert haben. Das läßt sich jedoch nicht unmittelbar herstellen, wäre nur ein folgenloser moralischer Appell. Vielmehr gilt: Ähnlich wie in der vertikalen Beziehung unsere Herrschaft und Kontrolle sich nur durch unseren Dienstleistungsauftrag legitimiert, so legitimiert sich in der horizontalen Beziehung unser Miteinander nur durch ein präzises Gegeneinander. Hier kann es nämlich nur darum gehen, daß Profis und Patienten als Individuen ihre zunächst mal mit Sicherheit unterschiedlichen Interessen miteinander ins Spiel bringen und aushandeln, gemäß meinem Lieblings-Slogan "In der Begegnung begegnen sich Gegner". Nur dadurch entsteht die Chance zu mehr Miteinander.

Als Definition für unsere Dienstleistung gilt daher auch unter diesem Aspekt die Denkfigur, daß ein Patient nur dadurch krankenhausbehandlungsbedürftig wird, daß die für ihn erforderliche Zahl tragender Schultern nicht reicht, so daß wir uns als dafür bezahlte Ersatzspieler mit unseren zusätzlichen Schultern für eine gewisse Zeit zur Verfügung stellen, bis das nicht mehr erforderlich ist, was amerikanische Psychotherapeuten mit dem Satz ausdrücken: "rent a friend". Wie psychisch Kranke eine "tätige Gemeinschaft" brauchen, lautet unser pflichtgemäßer Dienstleistungsauftrag, für jeden Patienten die ihm bekömmliche "tätige Gemeinschaft" herauszufinden und wiederherzustellen.

Auf der Basis all dieser Überlegungen möchte ich nun 10 Thesen zu der Frage zur Diskussion stellen, wie die für die heute erforderliche individuelle Behandlung passende Organisation der Krankenhausstation aussehen sollte:

1. Die Stationen müssen wohnlich sein, sowohl den Rückzug schützen als auch Gemeinschaft ermöglichen, damit jeder Patient seinen Zustand als Lebenskrise begreifen kann, die hier genutzt wird.
2. Die Behandlungszeit muß dreiphasig geplant sein: 1. Auseinandersetzung mit der Problematik und ihrem Sinn; 2. Erlernen angemessener Schutzmöglichkeiten, um eine Wiederholung der Krise überflüssig zu machen; und 3. Organisation des Selbsthilfepotentials. Dieses Schema, das uns im Umgang mit Suchtpatienten schon selbstverständlich ist, ist auf die Behandlungspläne anderer psychisch Kranker zu übertragen.
3. Die Mitarbeiter müssen so viele außerstationäre Aktivitäten haben (z. B. Angehörigengruppe, Hausbesuche, ambulante Nachbetreuung, Vereinstätigkeit), daß sie sich von ihrem eigenen notwendigen Hospitalismus befreien können, ihre Station nicht mehr für den Nabel der Welt halten und daher im Umgang mit dem Patienten realisieren, daß er nicht auf der Station, sondern anderswo seinen eigentlichen Lebensort hat und haben wird. Davon müssen die individuellen Behandlungspläne bestimmt sein. Nicht durch die Gleichheit, sondern durch die Unterschiedlichkeit der Behandlungspläne entsteht eine lebendige Stationsatmosphäre, da nur dann die Patienten sich untereinander und den Mitarbeitern Unterschiedliches zu berichten haben.

4. Da der Patient auf der Station für seinen eigentlichen Lebensort lernt, hat dic für ihn zuständige Bezugsperson des Teams auch seine ambulante Nachbetreuung - falls erforderlich - wahrzunehmen. Alle Mitarbeiter des Teams sind ihre eigene Institutsambulanz in den Fällen, in denen das erforderlich ist. Insofern fällt die klassische Unterscheidung zwischen stationär und ambulant weg, und keine Krankenschwester muß das Krankenhaus verlassen, um ambulant zu arbeiten, weil sie es schon im Krankenhaus tut.
5. Da sich zunehmend alle Patienten bei der Aufnahme in einem eher akuten, erregten und gespannten Zustand befinden und nur eine immer kürzere Zeit im Krankenhaus bleiben werden, sind alle Möglichkeiten der räumlichen und zeitlichen Entzerrung einer zu großen Konzentration an Akutheit auszuschöpfen. Dies hat davon auszugehen, daß ohnehin auch im normalen Leben in der Regel Wohnen und Arbeiten räumlich und zeitlich voneinander getrennt stattfinden. Möglichst viele Tätigkeiten haben daher außerstationär stattzufinden. Dies kann auch für das Einnehmen von Mahlzeiten zutreffen. Auch dadurch wird sich die Lebendigkeit der Station eher erhöhen, da Menschen, die an verschiedenen Orten Unterschiedliches erleben, sich mehr zu erzählen haben.
6. Um dies zu erreichen und damit bei individueller Behandlungsplanung die speziell für den einzelnen Patienten geeigneten Personen und Aktivitäten aus dem Pool des Gesamtkrankenhauses gefunden werden können, haben alle Mitarbeiter des Krankenhauses Aktivitätsangebote in Therapie, Bildung und Freizeit zu entwickeln, die überstationär über eine Börse vermittelt werden.
7. An der Wahl solcher Angebote, die wie Volkshochschulkurse aufgebaut sein können, ist der Patient möglichst frühzeitig zu beteiligen. Einmal werden dadurch seine Vermeidungsneigungen diskutierbar. Zum anderen wird er dadurch schneller wahl- und entscheidungsfähig, also ein handelndes Subjekt. Und zum dritten wird damit der Hospitalisierungsgefahr begegnet, daß er nur passiv konsumieren kann, was ihm vorgesetzt wird, wodurch er als nur Nehmender und nicht Gebender in seiner Bedeutung immer kleiner wird, während seine Therapeuten auf seine Kosten an Bedeutung zunehmen. Dieser sonst häufige Prozeß kann auf diese Weise ins Gegenteil verkehrt werden. Dazu paßt die Grundhaltung, daß Profi und Patient sich auf der Ebene beiderseitiger Hilflosigkeit abholen, diese teilen und sich genau dadurch gegenseitig aufbauen.

8. Schon um die Individualität der Behandlungsplanung zu fördern, ist die diagnostische Gemischtheit einer Station eher günstig. Sie verhindert eine schematische Gleichbehandlung der Patienten, zu der wir Profis nach dem Trägheitsgesetz immer wieder neigen und wodurch wir in der Vergangenheit immer wieder institutionelle Versachlichung von Menschen betrieben haben.
9. Alle genannten Prozesse können daher gefördert werden, wenn Stationen sich subsektorisieren, also für einen kleineren Teil des Einzugsbereiches von etwa 30.000 bis 40.000 Einwohnern zuständig werden. Insbesondere für ländliche Bereiche hat das den Vorteil, daß durch die ambulanten Aktivitäten der Mitarbeiter der zuständigen Station allmählich Kristallisationskerne für die ambulanten Begleitstrukturen in der Region entstehen.
10. Wie dies die Tageskliniken uns organisatorisch schon vorgemacht haben, hat eine solche subsektorisierte stationäre Einheit ihr eigenes Sekretariat, ihre eigene ärztliche und pflegerische Leitung, ihr eigenes Stück Verwaltung im Sinne der Selbstverwaltung und ihr eigenes Budget im Sinne der auch ökonomischen Selbstverantwortung.

Mit Hilfe solcher Überlegungen und Organisationskriterien kann in der Tat das Krankenhaus seinen Charakter des Nabels der Welt verlieren, ein komplementäres Teilstück des gesamten Versorgungssystems werden und damit seine ursprüngliche dienende Funktion, also seine Demut, wiederfinden und verwirklichen.

Ist Arbeit lebensnotwendig? Warum ist es für den psychisch Kranken doppelt wichtig zu arbeiten? (1992)

Jürgen Lotze hat sein Geleitwort zur Tagung mit der Erinnerung daran begonnen, daß über dem Eingangstor zum Konzentrationslager Auschwitz die Worte stehen "Arbeit macht frei".

Wahrscheinlich geht es den meisten damit wie mir: Jedesmal wenn ich diesen Satz gelesen oder - in Auschwitz selbst - gesehen habe, bin ich schnell mit dem Gefühlsurteil "zynisch" darüber hinweggegangen. Das mir hier gestellte Thema zwingt mich erstmals zu dem Versuch, mich diesem Satz zu nähern.

Er bedeutet zunächst, daß Arbeit das Eintrittsbillet ins Reich der bürgerlichen Freiheit ist. Umgekehrt heißt das aber auch: Wer vom Arbeiten, weil zu schwach oder zu störend, ausgeschlossen wird, wird in der bürgerlichen Unfreiheit gelassen - mit möglichen Folgen von der Almosen-Existenz über die Einschränkung der freien Beweglichkeit durch Institutionalisierung bis zur Vernichtung. Dies ist, wenn ich recht sehe, ein Strukturprinzip aller industriell-marktwirtschaftlicher Gesellschaften.

Die Frage, wodurch Arbeit denn frei mache, ist damit zu beantworten, daß Arbeit, lange bevor sie frei macht, zunächst einmal notwendig macht; die Zugehörigkeit zum notwendigen Allgemeinen gehört zu den Voraussetzungen des Besonderen der individuellen Freiheit. Diese Reihenfolge ist nicht umkehrbar.

Damit sind wir schon mitten in der Frage unseres Themas, ob Arbeit lebensnotwendig sei. Ich bejahe sie mit einem Wort von Erwin Seyfried: "Jeder Mensch will notwendig sein". Wie kann dieser allgemeingültige Satz für längerfristig psychisch Kranke - und nur von solchen will ich hier sprechen - doppelt gelten?

Ich beginne mit der inzwischen berühmt gewordenen Formulierung der Schizophrenie von Manfred Bleuler: "Nach unserem heutigen Wissen bedeutet Schizophrenie in den allermeisten Fällen die besondere Entwicklung, den besonderen Lebensweg eines Menschen unter besonders schwerwiegenden inneren und äußeren disharmonischen Bedingungen, welche Entwicklung einen Schwellenwert überschritten hat, nach welchem die Konfrontation der persönlichen inneren Welt mit der Realität und der

Notwendigkeit zur Vereinheitlichung zu schwierig und zu schmerzhaft geworden ist und aufgegeben worden ist"[1]. Ich halte diese Formulierung für die beste, die wir bisher haben, weil einmal in ihrer Bescheidenheit wissenschaftlich vertretbar, zum anderen vollständig im ökologischen Sinne. In Kombination mit der überdurchschnittlichen Verletzbarkeit (Ciompi) der längerfristig psychisch gestörten Menschen kann man sagen, daß bei ihnen die notwendige Vereinheitlichung der inneren Welt mit der Welt der Anderen überdurchschnittlich erschwert ist. Technisch ausgedrückt heißt das, daß sie an einer überdurchschnittlichen Kommunikations-Angst leiden und es schwerer haben als andere, sich ihre täglich erforderliche Kontaktmenge zu beschaffen. Während für andere ein Zuviel oder ein Zuwenig an Kontakten kompensiert werden kann, bedeutet es für sie wesentlich häufiger und schneller die Notwendigkeit, zur psychotischen Symptomatik Zuflucht zu nehmen: Sie wandern hinsichtlich ihres Kommunikations-Erfordernisses auf einem wesentlich schmaleren Grad.

Hierzu ein paar Erfahrungen: Vor einiger Zeit hatte die Tagesklinik Detmold das Konzept ihrer Tagesstrukturierung wesentlich auf industrielles oder handwerkliches Arbeiten umgestellt. Seither kommt es vor, daß der Psychologe in seiner psychotherapeutischen Gruppe vergeblich versucht, einen Patienten zur Äußerung über einen empfindlichen Punkt zu bringen und sich darüber ärgert, daß am nächsten Tag der die Arbeit moderierende Krankenpfleger ihm erzählt, daß dieser Patient während der Arbeit beiläufig leicht über den selben Punkt hat sprechen können. Eine andere Erfahrung dürfte uns allen vertraut sein: Eine Station ist therapeutisch um so wirksamer, je mehr sie nach dem Prinzip nicht der "therapeutischen Gemeinschaft", sondern der "tätigen Gemeinschaft" (Manfred Bleuler) arbeitet. Wenn Mitarbeiter und Patienten gemeinsam etwas tun, fällt es leichter, über schwierige Punkte zu sprechen. Philosophische Erinnerung: Die Zugehörigkeit zu einem Allgemeinen erleichtert es mir, mich in meiner individuellen Besonderheit zu formulieren.

Schlicht ausgedrückt: Es ist relativ leicht, meine Absicht zu erklären, ich gehe jetzt arbeiten oder ich tue gemeinsam mit anderen etwas, während ich die mit dieser Kooperation notwendigerweise verknüpfte Kommunikation, die für mich nötige Kontaktmenge mir unabsichtlich, nebenbei, bei-

---

1 Neue Praxis braucht neue Theorie, ed. K. Dörner, Gütersloh: Verlag Jakob van Hoddis 1987, S. 18

läufig hole. Frontale, direkte absichtliche, nackte Kommunikation ist dagegen schwerer, weil künstlicher, weniger organisch, mit mehr Begegnungs-Angst verknüpft, daher mehr Schutz- und Abwehr-bedürftig.

Nun wird jeder von uns vermutlich sagen können, daß dies im Prinzip auch für ihn gelte. Für Menschen mit psychischen Störungen, für psychosenerfahrene Menschen gilt dies freilich quantitativ stärker oder doppelt so stark, was dem Eindruck entspricht, daß Menschen mit psychischen Störungen gerade in den Aspekten, die das Wesen des Menschen ausmacht, "besonders menschlich" sind und was den Untertitel meines Themas bejaht, daß Arbeit für psychisch Kranke doppelt wichtig sei.

Philosophisch: Linke und rechte Anthropologen, Karl Marx und Arnold Gehlen, sind sich darin einig, daß jeder Mensch durch gemeinsames Bearbeiten von Sachen für die Allgemeinheit notwendig sein will, Bedeutung für andere haben will, um sich dadurch auch in seiner individuellen Besonderheit und Freiheit zu verwirklichen. Sowohl für die Lebensgeschichte des einzelnen Menschen als auch für die Geschichte der Menschheit ist Kooperation primär, Kommunikation erst davon abgeleitet. Dies müssen wir uns alle ins Stammbuch schreiben, die wir in den letzten zwei Jahrzehnten - aus einem verständlichen Nachholbedürfnis - die Kommunikation und sonstige psychosozialen Aspekte ständig im Munde geführt haben, den Menschen als arbeitendes, sich mit der Natur auseinandersetzendes und sich vergegenständlichendes Wesen aber vergaßen. Ein älterer Pfleger in Gütersloh hat mir einmal gesagt: "Den Beginn der Psychiatriereform habe ich daran erkannt, daß nun die Mundarbeiter das Sagen hatten, während die Handarbeiter nichts mehr galten".

Zur vertiefenden Begründung schicke ich Sie nun kurz durch die Geschichte der letzten 200 Jahre, und zwar mit einem Denkansatz, der so zu tun versucht, als ob es die unselige Trennung zwischen wirtschaftswissenschaftlichem und psychosozialwissenschaftlichem Denken nie gegeben hätte. Bis zur ökonomisch-industriellen Revolution, also bis etwa 1800, haben die Menschen im buchstäblichen Sinne ökologisch gelebt. Phänomenologisch war die primäre Gegebenheit ein Territorium, der Haushalt, der Oikos, eine durch die Grenzen des Territoriums bestimmte Anzahl von Menschen, die in räumlicher und zeitlicher Einheit alle gemeinsam ihren Lebensraum und ihre Lebenszeit gestalteten. Primär gab es Menschen im Plural, erst sekundär den Menschen im Singular. Das Gestalten umfaßte -

überwiegend handwerklich oder landwirtschaftlich - das produktorientierte Arbeiten, das soziale Tätigsein im Sinne von Fürsorge, aber auch Kontrolle, sowie das Familiärsein. Daran waren alle Hausgenossen des Oikos beteiligt, die überwiegend produktiv Tätigen waren auch sozial, die überwiegend Behinderten oder Hinderlichen waren in Grenzen auch produktiv tätig. Diese Gegebenheiten begründeten eine ökologische Logik und Ethik, wonach alle Mitglieder des Oikos Hausgenossen und insofern gleich notwendig waren. Ein Gestaltungsziel, wonach alle Menschen autonom, gesund und glücklich sein sollten, war undenkbar. Dies ist die positive wie negative Schranke dieser Seinsweise.

In diese Landschaft schlug die ökonomisch-industrielle Revolution wie ein sozialer Urknall ein. Sie zersprengt das Oikos-System zumindest in drei Segmente: Erstmals in der Geschichte der Menschheit schuf man Räume, die man Fabriken oder Büros nannte, in denen die Menschen ausschließlich produktorientiert arbeiten sollten. Komplementär dazu schuf man flächendeckende Netze von Institutionen für die verschiedenen Gruppen der nunmehr entstehenden Sozialen Frage, also für die Teile der Bevölkerung, die zu schwach oder zu störend für das industrielle Arbeiten waren. Zum dritten entstand das Spaltprodukt der immer kleiner werdenden und von immer mehr Funktionen entlasteten und dadurch psychisch zunehmend überlasteten Familie, was das heutige System psychotherapeutischer Hilfen erzwang. Die utilitaristischen Philosophen der Zeit machten den Menschen im Singular zur primären Gegebenheit, also das Individuum. Die größtmögliche, durchaus auch egoistische Freiheit des Menschen sollte das größte Glück der größten Zahl bewirken - über die marktwirtschaftlichen Instrumente der Konkurrenz, Selektion, Bewertung des Einzelnen nach seiner Leistung und der Erlaubnis der Vernichtung des schwächeren Betriebes durch den stärkeren. Das nach dieser nun nicht mehr ökologischen sondern ökonomischen Logik und Ethik zu erwirtschaftende, wesentlich größere Bruttosozialprodukt sollte als Almosen - heute Bundessozialhilfegesetz - die Existenz derjenigen sichern, die als für die industrielle Arbeit zu schwach oder zu störend von der Zugehörigkeit zur notwendigen Allgemeinheit und von der Verwirklichung durch Arbeit ausgeschlossen wurden und nur noch sozial sein sollten. Die Auswirkungen dieser ökonomischen Ethik lassen sich auch als Kolonisierung im Sinne von egoistischer Nutzenmaximierung beschreiben - und zwar in drei Richtungen: Als Ausbeutung der Natur, als Aufteilung des nicht-industriellen Restes der Welt im Sinne äußerer Kolonien und als Schaffung sozialer Institutionen für den industriell unbrauchbaren Teil der Bevölkerung als innere Kolonien, weshalb die Evangelische Kirche heute noch äußere und innere Mission unterscheidet.

Ich gebe gern zu, daß es eine solche Geschichtsschreibung noch nicht gibt, da die Historiker in der Regel selbst noch zu sehr der ökonomischen, leistungsorientierten Logik folgen und den behinderten Teil der Bevölkerung noch nicht als historische und gesellschaftliche Subjekte ökologisch berücksichtigen können. Daher ist meine folgende Überlegung auch noch spekulativ, daß dieser Prozeß der dreifaltigen Kolonisierung im Nationalsozialismus seinen Gipfelpunkt weltweit erreicht und überschritten hat. Denn nach der Zeit seit 1945 gibt es neben den selbstverständlich nach wie vor herrschenden Tendenzen der ökonomischen Ethik und der dreifaltigen Kolonisierung ökologische Gegenbewegungen. Im Hinblick auf die Natur kann man von Naturschutz oder Umweltschutz sprechen, im Hinblick auf die äußeren Kolonien von Entwicklungshilfe und im Hinblick auf die inneren Kolonien von der Integration der Behinderten. Es gibt erkennbare Bewegungen in Richtung auf die Wiedervereinigung des bisher Getrennten, wie sehr auch immer halbherzig, gebrochen und vermischt. Gleichwohl finde ich es beachtlich und auch ein wenig tröstlich, daß alle, die sich im Umweltschutz, in der Entwicklungshilfe oder in der Integration Behinderter engagieren, das Bewußtsein haben können, an dem selben großen ökologischen Prozeß der Entkolonisierung beteiligt zu sein - mit dem Ziel die Bewegung der ökologischen Ethik mit der ökonomischen Ethik ins Gleichgewicht zu bringen.

Es ist wichtig und folgenschwer zu erkennen, daß unsere gemeindepsychiatrische Bewegung nur als Teil der großen ökologischen Gesamtbewegung begriffen werden kann. Der Begriff "Gemeindepsychiatrie" ist schon in sich selbst ein ökologischer Begriff. Er setzt die Gemeinde als Territorium, als Haushalt Oikos als primäre Gegebenheit voraus und gibt damit allen, aber auch wirklich allen Menschen dieser Gemeinde den gleichen Notwendigkeitsrang. Er fordert dazu auf, den Raum der Gemeinde vom schwächsten oder störendsten Mitglied aus zu gestalten. Ich kann mich daher der Aufgabe der Schaffung von Lebenswelten für den psychosenerfahrenen Teil der Bevölkerung nur nähern, wenn ich dies in der Verantwortung für die Gesamtkommune tue und mir die erforderliche gesamtkommunale Kompetenz und Phantasie beschaffe. Das gilt für die Wohnungsnot ebenso wie für die unser Thema näher betreffende Not der Arbeitslosigkeit. Im Interesse "meiner" Langzeitarbeitslosen müssen mich alle Langzeitarbeitslosen der Kommune etwas angehen. Ich spüre ständig, wie schwierig und extrem ungewohnt dies für mich ist.

Hierzu abschließend eine aktuelle Geschichte aus Gütersloh: Wie allgemein bekannt, haben wir in Gütersloh in den letzten 10 Jahren den überwiegenden Teil unserer Langzeitpatienten in eigene Lebenswelten, eigene Wohnungen und eigene Arbeitsplätze entlassen. Vom ersten Tag an bis heute war es dabei für uns ein wichtiges Instrument, daß es einen Ort gab, an dem sich alle an der Wohnungsproblematik beteiligten Personen und Instanzen regelmäßig treffen. Daher gibt es seit 1981 mit sturer Regelmäßigkeit jeden Montag von 11.00 Uhr bis 12.30 Uhr die Wohn-AG. Hier treffen sich Vertreter des Krankenhauses, der Institutsambulanz, des Übergangsheimes, der beteiligten Trägervereine, des Psychiatrischen Dienstes usw., um sowohl über einzelne Ex-Patienten und ihre Probleme als auch über Fragen der Wohnraumbeschaffung insgesamt zu diskutieren. In gewissem Sinne haben wir damit den Vorschlag der "Empfehlungen der Expertenkommission der Bundesregierung" von 1988, nämlich den "Verbund" verwirklicht.

Parallel dazu haben wir in den letzten 10 Jahren eine Reihe von Selbsthilfe- und Zuverdienstfirmen für das Arbeitsbedürfnis der Ex-Patienten geschaffen. Kein Mensch ist aber bisher auf den Gedanken gekommen, daß es notwendig sein könnte, daß auch diese Firmen-Initiativen sich regelmäßig treffen sollten. Fragen von mir in dieser Richtung wurden regelmäßig als abwegig abgetan: "Wir sind doch nicht so blöd und setzen uns mit der Konkurrenz zusammen, verraten denen vielleicht noch unsere Tricks und Betriebsgeheimnisse!" Dies zu kritisieren wäre ebenfalls abwegig, da es selbstverständlich ist, daß diese Initiativen weit mehr der ökonomischen, marktwirtschaftlichen Logik und Ethik folgen müssen, wenn sie ihrem Auftrag gerecht werden wollen. Es war vielmehr umgekehrt die Stadt Gütersloh, die unsere Selbsthilfefirmen auf dem Höhepunkt der allgemeinen Arbeitslosigkeit einige Male zu Beratungen hinzugezogen hatte, um Erfahrungen im Umgang mit diesem Problem zu sammeln. Dies blieb für uns folgenlos. Auf hartnäckiges Drängen kam es nun vor wenigen Wochen dennoch erstmals - auf dem neutralen Boden der Kirche - zu einem Treffen aller uns bekannten Initiativen, die sich mit den Problemen von Langzeitarbeitslosen beschäftigen. Vermutlich wurde dies auch erst dadurch möglich, daß inzwischen zwar der Druck der allgemeinen Arbeitslosigkeit gemindert ist, die Hoffnungslosigkeit der Perspektiven der Langzeitarbeitslosen aber um so unabweisbarer geworden ist. Es trafen sich folgende Initiativen:

1. Die Selbsthilfefirma Dalke-GmbH mit 23 Vollzeitarbeitsplätzen für psychisch gestörte Menschen;
2. die beiden Zuverdienstfirmen des "Förderkreises", das "Industriecafe" und das "Tagwerk" mit 12 Vollzeitarbeitsplätzen und 100 Teilzeitarbeitsplätzen, für mich nach wie vor besonders faszinierend, weil ich daran gelernt habe, daß es für einen entsprechend schwer behinderten Menschen die gleiche Bedeutung haben kann, eine Stunde am Tag zu arbeiten, also zum Wirtschaftssystem der Bundesrepublik, zur Allgemeinheit notwendig zuzugehören, wie für mich acht Stunden am Tag;
3. die Selbsthilfefirma "Komet" für Suchtkranke, im Aufbau mit 3 Vollzeit- und 15 Teilzeitarbeitsplätzen, übrigens in der Trägerschaft des Kreis-Dachverbandes der Sucht- und Selbsthilfegruppen als GmbH;
4. die Peitz-GmbH, entstanden aus der Sucht-Fachklinik in Gütersloh, mit 20 Vollzeitarbeitsplätzen für Suchtkranke, aber inzwischen auch für Psychosenerfahrene, inzwischen auch mit einer Filiale in Rheda-Wiedenbrück;
5. das Diakonische Werk mit Angeboten für nicht psychisch gestörte Langzeitarbeitslose, die wir in der Diskussion "sozial Behinderte" nannten; in der Diskussion fiel uns auf, daß wir einige Initiativen vergessen hatten:
6. das Kolping-Werk/Caritas, mit sowohl Ausbildungsangeboten als auch Arbeitsplätzen für lernbehinderte Jugendliche und für das Benachteiligtenprogramm, insbesondere arbeitslose Ausländer;
7. die Werkstatt für Behinderte des Kreises Gütersloh, überwiegend für geistig Behinderte; und
8. der Arbeitslosen-Treff des Kulturzentrums "Alte Weberei".
9. Es stellte sich noch die Gründungsgruppe der "Reha-Einrichtung für psychisch Kranke" vor, die ab 1991 berufliche Rehabilitation für die sogenannten "neuen Langzeitpatienten", also für jüngere Leute anbieten wird. Die Gesprächsatmosphäre war gespannt, nicht nur für mich im Bauch schmerzhaft spürbar, unvermeidliche Folge der ökonomischen Ethik. Je mehr die einzelnen Initiativen sich vorstellten und von ihrer Arbeit berichteten, desto mehr wurde jedoch für alle Anwesenden allmählich spürbarer, daß sie auch etwas Gemeinsames, etwas Allgemeines haben, daß sich jeder für eine bestimmte Gruppe der Langzeit-

arbeitslosen engagiert, daß diese Gruppen aber alle Untergruppen des kommunalen Gesamtproblems der Langzeitarbeitslosen darstellen. Man war schließlich sogar beeindruckt davon, daß alle zusammengenommen die ein wenig stolz machende Aussage erlauben, daß die Kommune Gütersloh inzwischen für alle wichtigen Gruppen ihrer von Langzeitarbeitslosigkeit geschlagenen Bevölkerung ganz brauchbare Angebote vorsieht: Am Horizont wurde so etwas wie kommunale Solidarität spürbar. Dies reichte immerhin so weit, daß die Anwesenden meinten, daß unter diesem Aspekt weitere Treffen der Initiativen durchaus sinnvoll sein könnten.

Es sei mir ein etwas pathetischer Schluß erlaubt: Bei diesem Treffen wurde für mich wenigstens im Ansatz diejenige Perspektive erkennbar, zu der es nach meinen psychiatrischen, philosophischen und historischen Überlegungen keine Alternative gibt - und dies in doppelter Weise: einmal ein Hauch von Wiedervereinigung der ökonomischen und ökologischen Logik und Ethik. Zum andern ein Hauch davon, daß die Kommune Gütersloh als Stadt und teilweise auch schon als Kreis lernt, sich ökologisch als Territorium, als Haushalt aller, gleich notwendiger Menschen zu begreifen, in dem sie auch noch dem letzten wie immer auch behinderten Bürger, der es braucht, die Möglichkeit einräumt, durch Kooperation, durch gemeinsames Bearbeiten von Sachen, für die Allgemeinheit notwendig zu sein, für die Allgemeinheit, für andere Bedeutung zu haben und im Schutz dieser Zugehörigkeit sich auch als Besonderes, als Individuum, als bürgerliche Freiheit zu verwirklichen.

Interpretation W. Th. Winkler's "Übertragung und Psychose" im Licht heutiger Wissenschaftstheorie - Ich-Du und Kontext in der psychiatrischen Begegnung - (1987)

Ich möchte mich der Frage nach dem Menschenbild in der Psychiatrie von der Seite der Wissenschaftstheorie her nähern, die freilich Menschenbilder stets nur gemeinsam mit Weltbildern entwirft. Das ist anders auch gar nicht möglich, wird gleichwohl häufig von Psychiatern vergessen, was sich in der Praxis zum Beispiel so auswirkt, daß die regelhafte Arbeitslosigkeit der psychisch Kranken heute uns Psychiater so erstaunlich kalt läßt.

Wie jede Wissenschaft muß auch die Psychiatrie sich wissenschaftstheoretisch ständig reflektieren, wenn sie theoretisch glaubwürdig und praktisch rechtfertigungsfähig sein will. Für meinen wissenschaftstheoretischen Denkrahmen verweise ich auf einen jüngeren Aufsatz[1] und erwähne darüber hinaus die allgemein bekannten Gedanken von Heisenberg und Bohr, das Buch von Prigogine[2] sowie die für unser Fach wichtigen Ansätze von Bateson[3], Devereux[4], Ciompi[5] und das aufregende Buch von Klaus Becker "Absicht und Wirkung in der Psychiatrie"[6]. In diesem wissenschaftstheoretischen Rahmen nimmt sich der Zustand der Psychiatrie überwiegend lächerlich oder traurig aus: Ihre Grundbegriffe stammen noch aus dem Denken des 19. Jahrhunderts (und zwar aus der Zeit vor dem zweiten thermodynamischen Hauptsatz); sprachlich ist sie an der Logik des Umgangs mit Sachen orientiert; und ihr ewiger Streit, ob sie mehr Natur- oder Geisteswissenschaft sei, wirkt in einer Zeit, in der die Wissenschaftsdiskussion diese Unterscheidung eher aufzuheben neigt, komisch.

---

1 Dörner, K.: Psychiatrie als Wissenschaft. Jetzt in: Dörner, K.: Kieselsteine, Gütersloh: Verlag Jakob van Hoddis 1996

2 Prigogine, I. u. I. Stengers: Dialog mit der Natur. München, Piper, 1981.

3 Bateson, G.: Ökologie des Geistes. Frankfurt, Suhrkamp, 1981

4 Devereux, G.: Angst und Methode in den Verhaltenswissenschaften. Frankfurt, Ullstein 1976

5 Ciompi, L.: Affektlogik. Stuttgart, Klett 1982

6 Becker, K.: Absicht und Wirkung in der Psychiatrie. Stuttgart, Enke, 1984

Das mag mit ihrer Spätentwicklung zusammenhängen oder auch mit ihrer Neigung, ob des Nachweises ihres medizinischen Charakters sich an die Konstituierung ihrer Eigenständigkeit nicht heranzuwagen. Sicher wirkt sich zusätzlich ihre Verdrängung der NS-Geschichte hemmend aus, da sie der eigenen Reflexion und damit der Selbstaufklärung entgegensteht.

Drei Beispiele:

- Die Psychiatrie geht überwiegend immer noch von der Fiktion des Individuums aus statt von der phänomenologischen Grundgegebenheit der Wechselbeziehungen zwischen mindestens drei Subjekten (Patient, Angehöriger, psychiatrisch Tätiger) bzw. von der philosophischen Fundierung der Ich-Du-Begegnung.

- Die Psychiatrie huldigt überwiegend immer noch einem deterministischen Kausalitätsbegriff mit den ätiologischen Alternativen körperlich-erblicher, psychischer oder sozialer Ursachen, woran die modischen multifaktoriellen Ansätze im Grundsatz nichts ändern, während es eigentlich heute um Kontextanalysen und Erkundungen von Bedingungsgefügen gehen würde. Getreu dem Newton'schen Weltbild überwiegen geradlinige statt kurvilineare Denkansätze, und das "Abtötungsprinzip" von Nils Bohr ist noch weitgehend unbekannt, daß nämlich jede zu weit getriebene Untersuchung oder Erklärung des Phänomens "Leben" das zerstört, was es zu bestimmen versucht: das Leben.

- Die Psychiatrie lehrt nach wie vor überwiegend ein Verstehen, das transitiv, objektivierend-zielgerichtet, am Umgang mit Sachen orientiert ist ("ich verstehe Dich"), und ein entsprechendes Handeln/Behandeln ("ich therapiere Dich"), wodurch sie das Unverständliche und das Untherapierbare zu etwas Besonderem macht und ausgrenzt. Dies Denken ist ebenso wie das Newton'sche Denken nicht falsch, aber nur um den reduktionistischen Preis möglich, wesentliche Bereiche der Gesamtwirklichkeit auszublenden, ein Preis, der heute nicht mehr nötig und daher theoretisch wie ethisch nicht mehr zulässig ist. Stattdessen ist von der Logik des Umgangs zwischen Menschen als einzig zulässiger Ausgangspunkt das reflexive Sich-Verstehen und Sich-Behandeln auf derselben Ebene als Ausgangspunkt für eine Grundhaltung vollständigen Wahrnehmens und humanen Handelns gefordert.

Obwohl W. Th. Winkler sich wenig ausdrücklich mit Wissenschaftstheorie beschäftigt hat, sondern sein Denken eher von der Unmittelbarkeit der therapeutischen Situation aus sich entwickelte, hat er eben dadurch die wissenschaftstheoretische Reflexion der Psychiatrie wesentlicher bereichert als andere. Dies will ich am Beispiel seines Hauptwerks von 1970 "Übertragung und Psychose"[7] im folgenden zeigen:

Zu Beginn zeichnet Winkler den Weg nach, auf dem Freud die Übertragung zunächst für ein zu bekämpfendes Übel, später jedoch für eine therapeutisch positive Notwendigkeit und ein allgemein-menschliches Phänomen angesehen hat. Übertragung ist notwendig, wo "Offenheit für das Wesen des Partners"[8] (Ich-Du-Begegnung als Ziel) nicht gewagt wird, ist also Schutz vor der Begegnungsangst, Vor-Urteil, Bild, Entwurf, also ein Stück Ich-Es-Beziehung. Übertragung verstellt also das Du des Anderen und ist doch zugleich ein erstes Angebot, das der Andere mir macht, mir "überträgt". Sie ist das erste, was zwischen uns entsteht, gewissermaßen eine "künstliche Krankheit", von beiden Seiten zugänglich, wo wir uns treffen können, um gemeinsam zu prüfen, ob wir diese Brücke zu einer Ich-Du-Begegnung auf derselben Ebene finden können. Die Entdeckung der Übertragung wird unter technisch-therapeutischem Aspekt unter dem Begriff der "Übertragungsneurose" zu einem Kernstück der objektivierenden, klassisch-psychoanalytischen Situation der Therapie neurotischer Patienten - nach dem Schema "ich analysiere Dich."

Das Aufregende an Winklers Buch besteht für mich nun aber darin, daß er das ganze Buch hindurch nachweist, daß im Verhältnis zur Neurosentherapie die psychoanalytische Therapie psychotischer Menschen zu einer Veränderung, Erweiterung, Vertiefung und Normalisierung der klassischen psychoanalytischen Situation führt, ihre Ausblendung der Gesamtwirklichkeit, ihren Reduktionismus aufhebt, den Kontext einbezieht und die Vertiefung einer Ich-Du-Begegnung ermöglicht, ohne daß dabei die beziehungsöffnenden und heilsamen methodischen Vorgehensweisen der klassischen Psychoanalyse aufgehoben werden müßten. So weist Winkler schon zu Beginn seines Buches darauf hin, daß im Umgang mit psychotischen Menschen ein Agieren sowohl des Patienten als auch des Therapeuten auf derselben Ebene erforderlich sein könne: "Bei der analyti-

---

7 Winkler, W. Th.: Übertragung und Psychose. Bern, Huber, 1972

8 a.a.O., S. 14

schen Therapie von Schizophrenen muß ein Agieren der Patienten in Kauf genommen werden; u. U. läßt sich dabei auch ein (genau kontrolliertes) Agieren des Therapeuten... nicht vermeiden, wenn die Therapie erfolgreich verlaufen soll... Der Arzt darf sich also hier nicht dem Blick des Patienten entziehen, sondern er muß dem Patienten in ausdrücklicher Betonung seines Willens zur Partnerschaft gegenübertreten. Bei solchem Vorgehen wird eine Übertragung seitens des Patienten kaum ausbleiben".[9] Während also bei der psychoanalytischen Therapie neurotischer Menschen der klassisch-objektivierende Ansatz weiterhin für angemessen gehalten wird, entfaltet Winkler für den therapeutischen Umgang mit psychotischen Menschen die Notwendigkeit, auf klassische Regeln der Psychoanalyse wie Couch, freie Assoziation oder Abstinenz ganz oder teilweise zu verzichten: Notwendig wird vielmehr ein "Gegenübertreten" zweier Menschen, möglicherweise agierend, sich zur Verfügung stellend, etwas zwischen sich stellend, was zunächst mal nur die Übertragung des Patienten ist.

Dieser Ansatz führt aber geradezu zwangsläufig dazu, nun auch nach der Übertragung des Therapeuten bzw. nach der Gegenübertragung zu fragen: Winkler zeichnet plastisch die weitere Denkentwicklung Freud's auf: Freud habe die Übertragung entdeckt, sie erst als Übel, dann als positive Notwendigkeit angesehen, habe dann auch die Gegenübertragung entdeckt, sei aber darin steckengeblieben, sie lediglich als Übel anzusehen, als eine zu überwindende Verunreinigung des reinen Spiegels, der Spiegelhaltung des Therapeuten. Das habe zur Folge gehabt, daß für Freud und viele seiner Schüler Gegenübertragung oft als ein "peinliches Vorkommnis angesehen und deshalb verschwiegen wurde"[10], während es doch heute klar sei, daß eine Psychoanalyse ohne Gegenübertragung gar nicht möglich sei, wobei Winkler zustimmend W. Kemper zitiert, der die "eigene Impulswelt im Analytiker" als wichtiges "Wahrnehmungsinstrument" ansieht.[11] Damit ist das Modell des Therapeuten als Spiegel hinfällig. Vielmehr wird für eine Art kopernikanischer Wende des Therapeuten plädiert. Der Therapeut gibt seinen über den Wolken schwebenden Absolutismus auf. Das Subjektive des Therapeuten wird nicht mehr als ungehörig wegrationalisiert, sondern wird zum Königsweg der Erkenntnis (Heisenberg), der Begegnung von Menschen, und der Therapeut wird selbst zu einem Teil dieser Begeg-

9 a.a.O., S. 14 u. 17
10 a.a.O., S. 19
11 a.a.O., S. 20

nung. Genau das hat Devereux gerade am Beispiel der Gegenübertragung nachgewiesen und als These kurz vor Erscheinen des Winkler'schen Buches uns folgendermaßen zugemutet: "Mein Buch nimmt seinen Ausgang bei einem der Grundtheoreme Freuds, das im Lichte der Einsteinschen Konzeption vom Ursprung wissenschaftlicher Daten modifiziert wurde. Freud behauptete, die Übertragung sei das elementarste Datum der Psychoanalyse, wenn man sie als eine Forschungsmethode betrachtet. Im Lichte der Einsteinschen Anschauung, daß wir Ereignisse nur 'am' Beobachter beobachten können - d. h., daß wir lediglich wissen, was an dem experimentellen Apparat, dessen wichtigste Komponente der Beobachter ist, und mit ihm, geschieht - bin ich auf dem von Freud gewiesenen Weg einen Schritt weitergegangen.. Ich behaupte, daß das entscheidende Datum jeglicher Verhaltenswissenschaft eher die Gegenübertragung denn die Übertragung ist, weil man eine aus der Übertragung ableitbare Information gewöhnlich auch noch auf anderen Wegen gewinnen kann, während das für die Information, die aus der Analyse der Gegenübertragung hervorgegangen ist, nicht zutrifft. Diese Spezifizierung hat ihre Gültigkeit, obwohl Übertragung und Gegenübertragung verbundene und gleichermaßen elementare Phänomene sind. Worauf es uns hier ankommt, ist, daß die Analyse der Gegenübertragung, wissenschaftlich gesehen, mehr Daten über die Natur des Menschen erbringt."[12]

Winkler sieht jenseits des Bereichs von Übertragung-Gegenübertragung den Bereich der "empathischen Unmittelbarkeit", wobei der erstere den letzteren sowohl verstellt als auch ermöglicht, wie dies im Verhältnis von Ich-Es zu Ich-Du gilt. Wenn es nach Winkler das Ziel der psychoanalytischen Therapie ist, "eine möglichst weitgehend von Übertragungen nicht beeinträchtigte zwischenmenschliche Beziehung zu eröffnen"[13], dann folgt auch daraus: ähnlich wie die Couch und die freie Assoziation "trägt auch die Abstinenzregel zur Asymmetrie der Beziehung zwischen dem Analytiker und dem Analysanden bei, insofern sie persönliche Kontakte zwischen dem Analytiker und dem Analysanden und somit eine Begegnung auf gleicher Ebene verhindert".[14] Der Beweis dafür ist wiederum die Therapie mit psychotischen Menschen. Sie zeigt nicht nur die Bedeutung der Gegenübertragung, wonach "der Therapeut ebenso wie

---

12 Devereux, a.a.O., S. 17
13 Winkler, a.a.O., S. 24
14 a.a.O., S. 23

der Patient dabei in Analyse" ist[15], sondern ebenso auch die dabei erforderliche psychoanalytische Gruppentherapie, die die Asymmetrie aufhebt oder verteilt und die mit dem Alltag zwischenmenschlicher Beziehungen den Kontext des Patienten in die therapeutische Aufmerksamkeit einbezieht. Denn das Ziel der "übertragungsfreien Partnerschaft", die sich durch Intensität, Tiefe, Verläßlichkeit und Zugewandtheit auszeichnet, ist "nur aus der Erfahrung der Gegenseitigkeit" erreichbar. Als Beweis für die Notwendigkeit dieser "Gegenseitigkeit" zitiert Winkler die Methode Schultz-Henckes, zur Herstellung eines ersten Kontaktes das Monologisieren des psychotischen Patienten mit Monologisieren des Therapeuten zu beantworten: "beiderseits monologisieren".[16] Wenn man nun genau hinschaut, ist damit eigentlich zugleich die Grundstruktur jeder normalen Begegnung zwischen zwei Menschen angesprochen, bei der das besitzergreifende, objektivierende "Ich-verstehe-Dich" eher der Abwehr von Begegnungsangst dient, während die Figur des durch den Austausch ermöglichten Sichverstehens beider Partner im Sinne des "beiderseitigen Monologisierens" soviel Sicherheit stiftet, daß Vertrauen und damit Begegnung möglich wird. Es verwundert nicht, daß Winkler gerade im Anschluß daran auf Bubers Begegnungsbegriff zu sprechen kommt und L. Binswanger zitiert, "daß man im Geheimnis des eigenen Seins das Geheimnis des anderen Seins erfährt."[17]

Winkler: "Daseinsanalytisch gesehen erweist sich die Übertragungsbeziehung demnach als ein uneigentliches, den Anderen letztlich verfehlendes Mitsein und als defizienter Modus der liebenden Begegnung, als ein Mangel an Offensein für das Wesen des Anderen."[18] Winkler betont zwar, daß Übertragung ein psychologischer und Begegnung ein ontologischer Begriff sei und daß man beide nicht verwechseln dürfe. Er folgt damit der positivistischen Konvention der deutschen Nachkriegspsychiatrie, deren Tragik auch darin besteht, daß wissenschaftliches und philosophisches Denken sich getrennt voneinander entwickelt haben, während gerade das vorliegende Buch Winklers eine Reihe glücklicher Verknüpfungen beider Denkweisen beinhaltet.

---

15 Winkler, a.a.O., S. 24
16 a.a.O., S. 26
17 a.a.O., S. 28
18 a.a.O., S. 29

Mit dem Begriff der "multilateralen Übertragung" greift Winkler ein weiteres Mal auf seine Erfahrungen in der Therapie psychotischer Patienten zurück, die ihn gelehrt haben, daß die "Einbeziehung des Feldes", der jeweiligen Institution, der Station mit anderen beteiligten Menschen erforderlich sei, wobei alle Übertragungen zu berücksichtigen seien und durch die Verteilung der Übertragung auf viele Menschen die Gegenseitigkeit ihrer Beziehungen auch therapeutisch besser zum Zuge kommen könnte. Wenn für Winkler die Position der Angehörigen auch noch keine große Bedeutung hat, ergibt sich ihm aus der Arbeit mit psychotischen Menschen die Notwendigkeit, die gradlinige Subjekt-Objekt-Dyade durch ein kurvilineares Denkmodell zu ersetzen, den Kontext in das therapeutische Handeln einzubeziehen, ein Ansatz für heutiges systemisches Denken, worin der Therapeut ein Teil des Systems ist.

Die folgenden zwei Drittel des Winkler'schen Buches sind Fallbeschreibungen der Entstehung von Übertragungspsychosen während psychoanalytischer Therapien. Während wir bisher Winkler's theoretischen Mut hinsichtlich der Erweiterung psychoanalytischen Denkens bewundern konnten, beweist er jetzt auch praktischen Mut, da er gerade auch solche Therapien beschreibt, die über die Entstehung von Übertragungspsychosen erfolglos oder tödlich geendet sind, ein Mut, den man nicht jedem von uns nachsagen kann. Winkler hält die Beschreibung dieser Therapien vor allem deshalb für wichtig, weil die Entstehung von Übertragungspsychosen seltene Beispiele dafür sind, daß ein Therapeut jede Phase der Entstehung einer Psychose selbst als teilnehmender Beobachter verfolgen kann. Dieser Prozeß stellt sich für Winkler so dar, daß die zunächst "normale" Übertragung in der therapeutischen Beziehung allmählich ihren Charakter des "als ob", ihre Vehikelfunktion, verliert, da dem Patienten unter zunehmendem Druck die sonst übliche Interpretation der Übertragung mißlingt, wodurch der Inhalt der Übertragung als Wahn für den Patienten Realität wird. Wahn ist also nicht so sehr Symptom einer Störung, sondern ein "zwischen-uns", zunächst sinnvoll zur Spannungsermäßigung, wo daher das Erzwingen von absoluter Offenheit des Patienten anthropologisch zweifelhaft sei, da nur einseitig vom Patienten gefordert. In einer solchen heiklen Situation sei es dagegen richtig, auch Beziehung zu den Partnern des Patienten aufzunehmen.

Am ausführlichsten schildert Winkler seine Beziehung zu einer Patientin, die er Lore Katz nennt, eine Beziehung, in der Patient und Therapeut zu Kontrahenten wurden, ohne daß sie dies konstruktiv nutzen konnten. Bei Äußerungen von Liebe oder Aggression blieb der Therapeut unpersönlich: "Die Einseitigkeit der Gefühlsbeziehung, die kein entsprechendes Echo im Partner auslöste, die asymmetrische Distanzkonfiguration ... wurde ihr zum Verhängnis"[19], womit auch der spätere Suizid der Lore Katz gemeint ist. Während der Mensch gerade in der beginnenden Psychose Gefühlsaustauschbegegnungen auf derselben Ebene braucht, findet die Patientin den Therapeuten in seiner Enthaltsamkeit zunehmend widersprüchlich und interpretiert ihre Beziehung zu ihm in der Übertragung als Double-bind, was das Vertrauen zwischen Patient und Therapeut noch mehr zerstört: War der Therapeut Freund oder Feind? Da der Therapeut Gefühlsaustausch und Begegnung analytisch verweigerte, strebte Lore Katz "mit der überwertigen Idee vom Streit" eine Kampfsituation an, in der sich Ich gegen Ich stellen konnte. Von daher betrachtet hatte die überwertige Idee ihren guten Sinn: Der Kampf hätte am Widerstand des gegnerischen Ichs die Position ihres eigenen Ichs klären, die Ich-Grenzen abstekken, die Dynamik ihres Ichs verstärken können. Da ihr aber in der analytischen Situation auch nicht die Behauptung und Bestätigung ihres Ichs im Zweikampf möglich war, veränderte sich ziemlich abrupt ihre Ich-Struktur[20] - sie wurde psychotisch. Ich hatte meine intensivste Begegnung mit W. Th. Winkler während der Gütersloher Fortbildungswoche 1981 genau an dieser Stelle. In meinem Vortrag hatte ich gegenüber der häufigen Gefahr, daß eine anfangs ein wenig zu freundschaftliche Beziehung zwischen Patient und Therapeut später in Feindschaft umschlagen muß, das Begriffsbild der Gegnerschaftlichkeit zwischen Patient und Therapeut vorgeschlagen: "In der Begegnung begegnen sich Gegner."[21] In der Diskussion danach empfand Winkler dies Bild als zu hart und schlug stattdessen den Begriff der Partnerschaftlichkeit vor, was mir wieder zu harmonisierend war. Ich wußte damals nicht, daß Winkler schon 1970 aus der Erfahrung seiner Therapie der Lore Katz von 1954 zu der Position gelangt war, wonach zwei "gegnerische Ichs" im "Zweikampf" ihre Positionen aneinander klären können!

---

19 a.a.O., S. 107

20 a.a.O., S. 112

21 Dörner, K.: Der psychiatrische Patient als Be-Gegner, in: Behandeln oder Handeln in der Psychiatrie, ed. v. K. Dörner, 33. Gütersloher Fortbildungswoche 1981. Rehburg: Psychiatrie-Verlag 1982

Der Höhepunkt des Buches ist für mich Winklers Interpretation des schulpsychiatrischen Präcoxgefühls, also des Gefühls von etwas "relativ bestimmtem Unverständlichen" (Müller-Suur), das ein Patient mit schizophrener Symptomatik im Therapeuten auslöst. Da nun der Raum schizophrener Ausdrucksweise die Interaktion zwischen Menschen ist, handelt es sich also beim Präcoxgefühl eher um Abwehrprozesse, um die Gegenübertragung des Therapeuten; ähnlich wie der schizophrene Autismus eher unsere Beziehung zu psychotischen Menschen beleuchtet: "Das Präcoxgefühl gebot mir, wo es spürbar wurde, in meiner Bemühung um ein Verstehen des scheinbar Unverständlichen jedesmal Halt."[22] Es signalisiert den Wunsch nach Beendigung oder den Widerstand gegen die Fortsetzung der Beziehung. Nach der Logik des Umgangs zwischen Menschen kennt dies - im Kern - jeder von uns aus seinen zwischenmenschlichen Alltagsbeziehungen: Es zeigt den Zustand an, in dem das zielgerichtete, transitive, objektivierend-besitzergreifende Verstehen, das ja zugleich auch als Schutz gegen Begegnungsangst oder als Übertragungsangebot an den Anderen begriffen werden kann, am Ende ist. An diesem Punkt ist dann entweder auch die Beziehung am Ende oder es wird eine Begegnung gewagt. Aus "Ich verstehe Dich" wird "ich verstehe mich auf Dich." Aus Weiterbohren im Anderen ("ich komme nicht an ihn ran") wird Selbstbetrachtung meiner Gegenübertragung, Vertiefung in mich selbst, - Voraussetzung für ein Spannungsverhältnis, für den Austausch einer Begegnung. In Winklers Worten: "Sobald ich meinen eigenen Widerstand einer genauen Betrachtung unterzogen und dadurch aufzulösen vermocht hatte, stellte sich der Kontakt mit dem Patienten wieder her; und meist erfuhr ich danach vom Patienten etwas besonders Wichtiges, das das Unverständliche verständlich erscheinen ließ. Die analytische Therapie jedes einzelnen Schizophrenen bestand aus vielen solchen Einzelschritten, man kann sagen von einer eigenen Widerstandsanalyse zur anderen."[23] Auch dies ist ein Prozeß jeder zwischenmenschlichen Alltagsbeziehung, über den das für die jeweilige Beziehung stimmige Gleichgewicht zwischen Nähe und Distanz ausgehandelt wird.

Mit diesen Überlegungen hat Winkler einige der wichtigsten klassisch-psychiatrischen sowie klassisch-psychoanalytischen Denkannahmen so

---

22 Winkler, a.a.O., S. 114
23 a.a.O., S. 115

weiterentwickelt, daß sie mit den heute gültigen wissenschaftstheoretischen Grundsätzen besser übereinstimmen:

- Die Grundgegebenheit der Psychiatrie ist nie ein Individuum, sondern stets die wie auch immer übertragungsgeschützte Beziehung/Begegnung zwischen mehreren Menschen.

- Diagnostisch sind in der Psychiatrie gradlinige, reduktive Kausalerklärungen unlogisch, da heute selbst für die Logik des Umgangs mit Sachen kaum noch gültig; stattdessen geht es um flächige, kurvilineare Erkundungen eines Feldes, des Kontextes einer Situation, woraus allein sich Handlungsmöglichkeiten ableiten lassen.

Für das psychiatrische Handeln ist das zielgerichtete, direkte, objektivierende Verstehen und Behandeln logisch und ethisch nur vertretbar, wenn es als sicherheits- und schutzstiftender Austausch von Übertragung und Gegenübertragung begriffen wird (Ich-Es), bezogen auf die Begegnung von Menschen, die sich selbst zu verstehen und zu behandeln vermögen und aus dieser indirekten Form des Umgangs miteinander der unmittelbar sich "von selbst" ergebenden Ich-Du-Begegnung eine Chance geben wollen.

Es wäre schön, wenn sich jemand fände, der von diesen Ansätzen Winklers aus die gesamte Psychiatrie und Psychoanalyse umzuschreiben in der Lage wäre.

Wieso hat Winkler so denken können? Er dachte in hohem Maße ästhetisch. Seine Kunstfaszination ist kein Zufall. Sein Sinn für die Übertragung wird daher von seinem Sinn für das Medium, das Vehikel zwischenmenschlicher Beziehungen, für die Bedeutung von Bildern zwischen Menschen, für die Angebote, die Menschen sich gegenseitig machen, um sich zu Gegenübern zu machen, um nicht durch die Ausschaltung sondern die Nutzung der Ich-Es-Beziehungen zur Ich-Du-Beziehung und damit zur Begegnung zu kommen. Daher stelle ich an den Schluß meines Vortrags ein Zitat von Marcel Proust, das den ästhetischen Charakter der zwischenmenschlichen und damit auch der therapeutischen Beziehung erfaßt: "Nun gibt es manche Geister, die man mit jenen Kranken vergleichen könnte, denn eine Art Trägheit oder Frivolität hindert sie, spontan in die tieferen Regionen ihrer selbst hinabzusteigen, wo das wirkliche Leben des

Geistes beginnt. Nicht, daß sie, wenn man sie erst einmal dorthin geführt hätte, unfähig wären, auch wirkliche Reichtümer dort zu entdecken und auszubeuten, aber ohne diesen fremden Einfluß leben sie an der Oberfläche in einem ständigen Vergessen ihrer selbst, in einer Art Passivität. ... Sie würden schließlich in sich jede Empfindung für ihren geistigen Adel und jede Erinnerung daran zerstören, wenn sie nicht durch einen von außen kommenden Impuls gewissermaßen gewaltsam wieder in das Leben des Geistes zurückgeführt würden, in welchem sie plötzlich die Kraft wiederfinden, aus sich selbst heraus zu denken und zu schaffen. Diesen Impuls nun, den der träge Geist nicht in sich selbst finden kann und der von anderen kommen muß, kann er natürlich nur im Schoße der Einsamkeit empfangen, außerhalb derer ... sich diese schöpferische Tätigkeit nicht vollziehen kann, die es gerade in ihm wieder zum Leben zu erwecken gilt. Die reine Einsamkeit könnte dem trägen Geist nichts nützen, weil er unfähig ist, von sich selbst aus seine schöpferische Tätigkeit in Bewegung zu setzen. Doch auch die anspruchvollste Unterhaltung, die dringendsten Ratschläge wären vergeblich, da sie diese selbständige Tätigkeit nicht auf *direkte* (Hervorhebung von mir, K. D.) Weise hervorrufen können. Erforderlich ist also ein Eingreifen, das sich, obwohl es von einem anderen ausgeht, doch in uns selbst vollzieht, ist also der von einem anderen Geist ausgehende Impuls, der aber in der Einsamkeit empfangen wird."[24]

---

24 Proust, M.: Tage des Lebens, 3 Essays. Frankfurt, Suhrkamp 1967

Der Beitrag ökologischen Denkens zum Verständnis psychischer Erkrankungen und psychosozialen Handelns (1990)

In der BRD hat insbesondere die "Bundesvereinigung Lebenshilfe" durchgesetzt, daß nicht mehr so sehr von *geistig Behinderten* gesprochen wird, sondern mehr von *Menschen mit geistiger Behinderung*. Mit dieser nur scheinbar unbedeutenden Begriffsveränderung soll zum Ausdruck gebracht werden, daß solche Menschen nicht vollständig durch ihre geistige Behinderung definiert sind, daß ihre Behinderung nicht einmal das Interessanteste an ihnen, sondern eben nur eine unter vielen Eigenschaften darstellt. Es soll damit bekundet werden, daß es sich grundsätzlich um Menschen wie du und ich handelt, mit denselben Grundrechten der Verfassung wie die "Menschen ohne Behinderung" ausgestattet, einmalige, einzigartige Persönlichkeiten mit jeweils unterschiedlichen Besonderheiten, von denen nur eine Besonderheit ihre geistige Behinderung ist.

Für Menschen mit psychischen Erkrankungen haben wir psychiatrisch Tätigen dieses Umdenken überwiegend erst noch zu vollziehen. Wir können uns dabei freilich z. B. schon auf Manfred Bleuler (1987, S. 18) stützen, der im Rahmen eines Briefwechsels mit mir und anderen Gütersloher Mitarbeitern formuliert hat: "Nach unserem heutigen Wissen bedeutet Schizophrenie in den meisten Fällen die besondere Entwicklung, den besonderen Lebensweg eines Menschen unter besonders schwerwiegenden inneren und äußeren disharmonischen Bedingungen, welche Entwicklung einen Schwellenwert überschritten hat, nach welchem die Konfrontation der persönlichen inneren Welt mit der Realität und der Notwendigkeit zur Vereinheitlichung zu schwierig und zu schmerzhaft geworden ist und aufgegeben worden ist." Also auch Menschen mit psychischen Erkrankungen sind Menschen wie du und ich, einmalige Persönlichkeiten, mit denselben Verfassungsrechten ausgestattet wie Menschen ohne psychische Erkrankungen, einmalige Persönlichkeiten, mit unterschiedlichen Besonderheiten, von denen die Besonderheit ihrer psychischen Erkrankung wahrscheinlich meistens nicht die interessanteste ist.

Wenn wir solchermaßen unser Verständnis psychischer Erkrankungen mehr von der Situation der Betroffenen als von unserer Situation her entwickeln, wenn wir also mehr gesundheits- und persönlichkeitswissenschaftlich als krankheitswissenschaftlich vorgehen, dann bleibt das nicht folgenlos für den zweiten Teil meines Themas, für unser psychosoziales Handeln. Dieser Prozeß der Veränderung oder Erweiterung unseres Denkens und Handelns wird, nach meiner Erfahrung, gefördert und erleichtert durch den ökologischen Denkansatz, wie er in den letzten zehn Jahren in allen Gesellschaften entwickelt oder eigentlich auch nur wiederentdeckt wurde. Dieser Denkansatz will keine neue ausformulierte Theorie sein, auch keine neue psychiatrische Technik, weshalb etwa der Begriff einer "ökologischen Therapie" zu eng ist und weshalb dieser Ansatz auch umgreifender ist als der Begriff des "systemischen Denkens", das bestenfalls eine Instrumentalisierung oder Operationalisierung eines Teils des ökologischen Denkansatzes darstellt. Ökologie ist vielmehr ein mehrere Wissenschaften umfassender Denkansatz sowie ein Vermittlungsversuch zwischen einer wissenschaftlichen, hier medizinischen oder psychiatrischen Theorie und der philosophischen Begründung medizinischen oder psychiatrischen Denkens und Handelns.

Warum brauchen wir Brückenschläge solcher Art dringlicher als Erweiterungen unseres Arsenals therapeutischer Techniken? Die Antwort können wir am leichtesten mit Hilfe der Analyse der Psychiatrie des Dritten Reiches lernen, wobei ich mich hier kurz fassen und auf andere Arbeiten verweisen muß (Dörner 1984 und 1988):

Die eigentliche Absicht der Nationalsozialisten bestand nämlich darin, die gesellschaftliche Industrialisierung konsequent zu Ende zu führen - und zwar durch die Endlösung der Sozialen Frage. Das bedeutete konkret, daß die Nationalsozialisten der Welt beweisen wollten, daß eine Gesellschaft, die sich rücksichtslos und absolut von ihrem "sozialen Ballast" befreit, also alle industriell unbrauchbaren Menschen abschafft, wirtschaftlich, militärisch und wissenschaftlich unschlagbar sei. Dieser Gedanke ist in sich logisch und unwiderlegbar, wenn man die ihm zugrunde liegende Voraussetzung teilt, daß eine sich industrialisierende Gesellschaft den Wert des Menschen nach seinem industriellen Nutzwert berechnet und daher grundsätzlich wertvolle und minderwertige Menschen unterscheidet, das Überleben der Tüchtigsten propagiert und die Freiheit der Menschen auf Kosten der Gleichheit der Menschen verabsolutiert. Insofern ist dieser

Gedanke zumindest in der Denktradition der westlichen Industrienationen seit fast 200 Jahren gut etabliert, so daß wir alle besorgt sein müssen, an ihm in unserem Denken und Handeln, vielleicht ohne es selbst zu merken, Anteil zu haben. Sollten wir uns aber darin einig sein, daß wir den Wert menschlichen Lebens letztlich doch nicht nach der industriellen Brauchbarkeit bemessen wollen, dann brauchen wir eine andere philosophische Begründung für den Wert menschlichen Lebens, unabhängig von der Leistungsfähigkeit, eine philosophische Begründung eines uneingeschränkten Lebensschutzes. Eben hierfür scheinen mir Denkfiguren ökologischer Herkunft, wie sie durchaus auch schon im 19. Jahrhundert gedacht wurden, hilfreich zu sein und - nebenbei bemerkt - durchaus vereinbar mit der Fern-Ethik von Hans Jonas (1984).

Ich zitiere zur Anwärmung eine ökologische Formulierung des Philosophen Polanyi: "Nach einem Jahrhundert blinder Verbesserungen geht der Mensch daran, seine Behausung wiederherzustellen. Soll der Industrialismus nicht zur Auslöschung der Menschheit führen, dann muß er den Erfordernissen der menschlichen Natur untergeordnet werden" (zit. nach Wendt 1982, S. 41). Nach diesem Denkbild besteht heute unsere Aufgabe vornehmlich darin, durch Unterordnung der Industrialisierung unter die menschliche Natur die Welt so zu ändern, daß sie wieder zu einer dem Menschen bekömmlichen, wohnlichen Behausung werden kann. Demselben eben zitierten Buch, das ich bezüglich unseres Themas für grundlegend und besonders faszinierend halte, entnehme ich eine Formulierung von Wendt: "Ökologisch - von Haus aus - zu denken ... darf füglich bedeuten, jedes Moment in seiner überindividuellen Konstitution zu sehen, in dem, wozu es gehört und worin es die Bedingungen seines Soseins hat" (S. 83). Auch wird den traditionellen abendländischen Werten der Selbstbestimmung und Freiheit des Menschen, denen in den letzten zwei Jahrhunderten zu einseitig gefolgt wurde, ein komplementärer Wert zur Seite gestellt, der mehr die Zugehörigkeiten, die Abhängigkeiten und die Gleichheit der Menschen beachtet, um zu verhindern, daß der Wert der Selbstbestimmung sich für sich allein verabsolutiert und für alles Schwächere und "Minderwertigere" mörderisch wird. Mir hat sich in den letzten Jahren eine Formulierung bewährt, die beide Werte dialektisch miteinander verschränkt und die mir beim Nachdenken über ein heute angemessenes Menschenbild und bei manch anderen theoretischen wie praktischen Problemen hilfreich ist: das Leben gehört mir, aber ich gehöre auch dem Leben.

Den systematischen und historischen Ort ökologischen Denkens sehe ich folgendermaßen: Zu Anfang des 19. Jahrhunderts war der Mensch noch als Ganzer Gegenstand der Philosophie. Zu den Systemen aller deutschen Idealisten z. B. gehörten auch die Menschen als psychisch kranke Menschen mit großer Selbstverständlichkeit. Mit Fortschreiten der Industrialisierung erfolgte die Auflösung des vorindustriellen Haushaltes. Dieser - landwirtschaftliche oder handwerkliche - Haushalt bestand aus Menschen mit größerer und geringerer Leistungsfähigkeit. Für alle Mitglieder des Haushaltes waren die beiden Grundbedürfnisse nach Verwirklichung des Menschen durch Arbeit und nach sozialer Zwischenmenschlichkeit eine unauflösliche Einheit. Mit der Industrialisierung spaltete sich die Gesamtgesellschaft in zwei Systeme: das Wirtschaftssystem der industriell brauchbaren Menschen und das Sozialsystem der industriell unbrauchbaren Menschen, die die Gruppen der "Sozialen Frage" darstellten, die da lautet: "Wofür sind die industriell unbrauchbaren Menschen überhaupt da, was sollen wir mit ihnen tun und wieviel Geld sollen wir für sie ausgeben?" Während das Wirtschaftssystem immer wirtschaftlicher wurde, also später auch mit immer weniger industriell brauchbaren Menschen auskam, wurde das Sozialsystem immer sozialer, erfaßte immer mehr Gruppen der Bevölkerung, die als industriell unbrauchbar auf die "Nur-noch-soziale-Existenz" zurückgeworfen waren, mehr Sachen als Menschen, mehr Objekte der Verwahrung, Verpflegung, Kontrolle, Hilfe und Therapie. Parallel dazu erfolgte die Auflösung der klassischen Philosophie und ihres Schutzes der Bevölkerungsgruppen der Sozialen Frage, die in ihr, zumindest so weit durch die Aufklärung beeinflußt, als grundsätzlich vernunftbegabte Wesen und damit als Menschen vorkamen.

An die Stelle der Philosophie trat die Verselbständigung der Wissenschaften durch Spezialisierung und durch Reduktionismus. Gewissermaßen als Durchgangssyndrom finden wir um die Mitte des 19. Jahrhunderts Leute wie Comte, Haeckel, Darwin, Marx und Morel, die die psychosoziale und somatisch-ökonomische Seite des Menschen noch halbwegs zusammen sehen, also mehrere wissenschaftliche Sichtweisen noch vereinigen konnten, insofern als ökologisch denkend definierbar. Erst nach dieser Zeit verselbständigten sich die Wissenschaften vom Menschen, als Splitterprodukte der ursprünglichen Philosophie, vollständig - etwa in Soziologie, Biologie/Medizin, Psychologie, Pädagogik, Ökonomie und Geschichte. Heute, wo wir zwar weiterhin den Nutzen der Spezialisierung zu schätzen wissen, auf der anderen Seite aber auch die lebensschützende und lebensrettende Verallgemeinerung philosophischer Begründungen zunehmend als notwendig erachteten, sind umgekehrt als ökologisch solche Denkansätze zu sehen, in deren Formulierungen Denkelemente zumindest von mehreren solcher Einzelwissenschaften zusammen gesehen werden, gewissermaßen auf halbem Wege sich wieder dem philosophischen Denken nähernd.

Nach diesen mehr grundsätzlichen Überlegungen möchte ich im folgenden einige ökologische Denkansätze aufzählen, die für unsere psychiatrische Alltagsarbeit nützlich sein können.

- Die Einheit psychiatrischen Denkens und Handelns ist nicht der einzelne psychisch kranke Mensch, das Individuum, das es insofern gar nicht gibt, auch nicht die Familie, sondern der Haushalt als Ensemble aller Beziehungen zwischen den zugehörigen Menschen und all ihrer materiellen (körperlichen und ökonomischen) Lebensbedingungen. Dieser Satz dürfte in seinen theoretischen und praktischen Auswirkungen für uns alle am schwersten zu lernen sein. Stehen wir doch einerseits dank der medizinischen Denktradition der Psychiatrie im Bann der auf das Einzelindividuum zentrierten Wahrnehmung. Wir merken, wie es uns schmerzt, wenn wir den Satz "Der Patient steht immer im Mittelpunkt" als grundfalsch erkennen; und wir merken, wie schwer es uns fällt, bei der Begrüßung eines neuen Patienten zu realisieren, daß wir damit Zuständigkeit und Verantwortlichkeit für alle Beziehungen und Bedingungen eines ganzen Haushaltes übernehmen. Andererseits haben wir in den vergangenen Jahrzehnten zwar unsere Aufmerksamkeit für psychosoziale Zusammenhänge unserer Patienten geschärft, haben dafür jedoch einen Wahrnehmungsnachholbedarf für die körperlichen und ökonomischen Basisbedingungen der Menschen, auf die wir uns einlassen.

- Ähnlich schwer fällt uns - zumindest in der Praxis - dieser Satz: die soziale und die ökonomische Existenz des Menschen sind ein und dasselbe, nicht voneinander trennbar. Nachdem - wie schon angedeutet - die Industrialisierung die Gesellschaft in zwei Systeme, das Wirtschaftssystem und das Sozialsystem, immer radikaler aufgespalten hat, ist es heute unsere Aufgabe, Zonen der Wiedervereinigung zwischen Wirtschafts- und Sozialsystem zu schaffen und zu vermehren, sowohl für den Haushalt des einzelnen Patienten als auch für den gesamtgesellschaftlichen Haushalt. Dics ist gleichbedeutend mit der Aufgabe, das Recht jedes Menschen auf Selbstverwirklichung durch Arbeit durchzusetzen, ein Grundrecht, das nicht zufällig in der Verfassung der BRD fehlt, jedoch auf der Basis jeder vertretbaren Anthropologie, jedes solidarischen Menschenbildes notwendig ist.

- Gegenüber dem überwiegend noch vorherrschenden psychiatrischen Wissenschaftsverständnis des Positivismus und Reduktionismus macht der ökologische Denkansatz finales Denken wissenschaftlich wieder erlaubt, was wir heute am ehesten wieder von der Biologie lernen können. Das psychiatrische Symptom ist eben primär nicht ein Mangel, ein Defekt, sondern hat einen Sinn, ist ein Schutzversuch eines Menschen, Angstabwehr, Anpassungs-, Problemlösungs- oder Selbsthilfeversuch eines innerhalb seiner biographischen Entwicklung in eine Krise geratenen Menschen. Und über den Einzelfall hinaus kann man zur Neuformulierung der psychiatrischen Aufgabe Keeney (hier zit., nach Vieten 1988, S. 1) folgen: "Der sogenannte erfolgreiche Therapeut oder Arzt, der sich daranmacht, menschliche Probleme und Krankheit auszurotten, wird nicht mehr in Übereinstimmung mit der Ökologie handeln. Denn er würde sich daranmachen, die Variable Pathologie zu minimalisieren und die Variable Gesundheit zu maximalisieren. Wie uns aber Ökologen schnell klarmachen, erscheint leider, sobald wir ein Übel beseitigt haben, ein neues. Ein umfassendes Verständnis von Ökologie beschreibt Gesundheit und Pathologie wiederum als kybernetische Komplementarität."

- Der ökologische Denkansatz ist an sich historisch, spricht weniger von Ursachen, sondern mehr von Ursprüngen, sei es durch das Denkmodell der Entfaltung oder des Prozesses von Versuch und Irrtum. Die moderne Humangenetik hat dies heute zum Teil schon besser als die Psychiatrie berücksichtigt, wo sie davon ausgeht, daß ihre Einsicht nicht das Genom eines Lebewesens ist, sondern der Zusammenhang von Genom und jeweiliger Welt, vermittelt über in jedem Einzelfall vorliegende mehrere Reaktionsnormen, da genetische Prägung und jeweilige Welt stets aus einem komplexen Zusammenhang bestehen (Lewontin 1988).

- Mein ökologisches Lieblingsbild ist das der Landschaft: "Landschaft als Resultat menschlichen Handelns ist notwendig ein geschichtliches Phänomen" (Smuda 1986, S. 112). In diesem Sinne ist es ein Bild für umfassende räumlich-zeitliche Lebendigkeit. Daher stellen wir uns gern zu Beginn des Kennenlernens eines Patienten die Frage: "Wie ist seine Landschaft beschaffen?" Das hat den Vorteil, daß wir zu Beginn eine so weite Formulierung wählen, daß zunächst einmal nichts möglicherweise Wichtiges ausgeschlossen ist, da ich ja zu Anfang nicht wissen kann, ob nicht etwa der Papagei oder der Friseur in diesem Falle eine besondere Bedeutung haben wird. Analog einem solchen diagnostischen Konzept bewährt sich für die Tätigkeit des Therapierens als psychiatrisches Handeln das Bild des Begleitens: zwei oder mehrere Menschen gehen ein Stück des (Lebens)weges nebeneinander her.

- Während das schärfere Bild oder Denkmodell des Systems Randbereiche immer auch wegrationalisieren und ausgrenzen muß, umfaßt das weichere Bild der Landschaft stets auch Randbereiche, unscharfe Zonen, Unendlichkeiten. Nichts und niemand ist als Randgruppe unverrückbar am gefährdeten Tellerrand der Gesellschaft festgeschrieben.

- Die Selbstorganisationskompetenz jedes Haushaltes beinhaltet den ständigen Dialog zwischen Wirklichem und Möglichen, analog den dissipativen Strukturen der Bewegung in der Molekularchemie als ständiger - geschichtlicher und geisteswissenschaftlicher - Dialog zwischen Freiheit, Zufall und Determinismus (Prigogine 1981). Es ist tröstlich, daß heute molekularchemische, also exakt-naturwissenschaftliche Denkmodelle uns psychiatrisch Tätige ermutigen können, z. B. im Umgang gerade auch mit Langzeitpatienten zu glauben und zu erfahren, daß zu jedem beliebigen Zeitpunkt einer Lebensgeschichte, auch nach 40 Jahren Landeskrankenhaus, die biographische Entwicklung in eine andere und neue Richtung gehen kann.

- Wenn in ökologischen Denkfiguren stets auch nach Ursprüngen und Gründen gefragt wird, bedeutet das, daß Kausalität weder reduktionistisch festgeschrieben noch als metaphysisch und nicht-existent ausgeklammert wird. Dies vom Ursprung her geschichtliche Denken eröffnet daher immer auch Perspektiven, auf eine Biographie bezogen. Daher eröffnet sich auch beim Umschreiben der Krankengeschichte in eine Lebensgeschichte eines Langzeitpatienten regelhaft der Sinn seiner Psychose als Schutzversuch in einer besonders störbaren Lebensphase.

- "Der Kontext ist wichtiger als der Text." So hat Bateson (1983) in seiner "Ökologie des Geistes" uns von immer neuen Aspekten her ökologisches Wahrnehmen gelehrt. Die unendliche Komplexität menschlichen Daseins wird nicht auf bestimmte Elemente reduziert, sondern im Landschaftsbegriff als solche durchgehalten. Die Konzentration der Aufmerksamkeit auf das psychiatrische Symptom verteilt sich auf das Ganze eines gelebten Lebens.

- Wenn politisches Handeln eine Möglichkeit der Durchsetzung ethischer Normen ist, dann bedeutet die ökologische Norm unbedingten Lebensschutzes, daß bei jeder Problemlösung Wachstum für alle Beteiligten herauskommen muß. Bei der Tarifverhandlung z. B., wenn sie in diesem Sinn vollständig sein soll, müßten immer drei Parteien an einem Tisch sitzen: jeweils Vertreter der Arbeitgeber, der Arbeitnehmer und der Arbeitslosen.

Zum Schluß noch ein paar psychiatrisch-praktische Beispiele, erarbeitet an Bronfenbrenner's "Ökologie der menschlichen Entwicklung" (1981). Hatte schon Bateson ökologisch gemeint, daß im Bereich der Lebewesen jede wissenschaftliche Erkenntnis harte und weiche Daten enthalten müsse, so operationalisiert Bronfenbrenner seine weichen ökologischen Entwicklungsgedanken mit dem harten Begriff des Systems, wodurch er zugleich letzteren vor der lebenstötenden Verabsolutierung schützt. Während für ihn jeder Mensch grundsätzlich immer "ein in Entwicklung befindlicher Mensch" ist, so unterscheidet er, fast banal, für jede Situation jedes in Entwicklung befindlichen Menschen ein *Mikro-, Meso-, Exo-* und *Makrosystem*:

Das *Mikrosystem* des in Entwicklung befindlichen Menschen beinhaltet alle ihn unmittelbar betreffenden zwischenmenschlichen Beziehungen, aber eben auch alle materiellen Bedingungen körperlicher und ökonomischer Art, die auf seine Landschaft, seine Lebenswelt und die Gestaltung seiner Lebensgeschichte Einfluß haben. Wäre unsere Aufmerksamkeit für die materiellen Bedingungen so groß wie für die psychosozialen Beziehungen in der Vergangenheit gewesen, hätten wir manchen Fehler vermeiden.

Hierfür ein psychiatrisches Beispiel: In den letzen 20 Jahren, die wir auch als Psychiatrie-Reform bezeichnen, haben wir diese und jene Forderung gestellt und auch eine Reihe neuer Institutionen und vor allem verbesserte Stellenpläne, also vermehrt Arbeitsplätze für uns psychiatrisch Tätige, erreicht. Erst jetzt fällt uns allmählich auf, daß es bei einer Wahrnehmung, die von der Situation der Betroffenen ausgegangen wäre, unsere erste und vornehmste Pflicht gewesen wäre, zunächst die materielle Grundsicherung all der Menschen zu fordern, die ihr Leben mit einer längerfristigen, vielleicht sogar lebenslangen Behinderung einzurichten haben, gleichgültig, ob sie vorher schon gearbeitet haben oder nicht. Länder wie die Schweiz, die Niederlande, Dänemark oder die sozialistischen Gesellschaften haben daran gedacht. Wir hingegen haben diese Forderung, die zur Zeit einer besseren wirtschaftlichen Konjunktur gute Chancen gehabt hätte, übersprungen - vielleicht eine historische Schuld. Wir haben uns und unseren Arbeitsplätzen mehr gedient als den psychisch Kranken, für die wir doch eigentlich da sein wollten. Wenn nämlich jemand, der länger als ein Jahr arbeitsunfähig ist, etwa - wie in der Schweiz - eine Grundrente von 1000 DM bekommt, dann rutschen er und seine Familie nicht so leicht in die Abhängigkeit von der Sozialhilfe, dann leidet sein Selbstwertgefühl nicht so großen Schaden und dann ist er für jeden Arbeitgeber attraktiver, läßt sich wesentlich leichter auf einen normalen Arbeitsplatz vermitteln. Heute sagt die "Deutsche Gesellschaft für Soziale Psychiatrie" mit Recht, daß dies die wichtigste Forderung einer wirklichen Psychiatriereform sei - aber leider erst heute.

Das *Mesosystem* des in Entwicklung befindlichen Menschen umfaßt alle Beziehungen und Bedingungen der für ihn bedeutsamen Menschen, vor allem auch die Beziehungen dieser Menschen untereinander. Dies wahrzunehmen und zu berücksichtigen, erfordert die Befähigung zu einer flächigen, feldhaften oder netzwerkartigen Wahrnehmung, nicht mehr nur dyadisch, sondern triangulär, wozu wir lange Zeit - medizinisch erzogen - außerstande waren. Auch hierfür ein psychiatrisches Beispiel: Lange Zeit waren wir blind, die Situation der Angehörigen psychisch Kranker aus sich selbst heraus wahrnehmen zu können. Theoretisch und praktisch haben wir die Angehörigen lediglich funktionalisiert, sie zu Schuldigen, zu Sündenböcken gestempelt und ihnen außerdem noch die finanzielle Belastung aufgebürdet. Erst heute, wo es etwa in der BRD ca. 400 profi-geleitete Angehörigengruppen, etwa 200 Angehörigen-Selbsthilfegruppen und einen "Bundesverband der Angehörigen psychisch Kranker" mit Landesverbänden und Ortsgruppen gibt, sind wir allmählich in der Lage, unser psychiatrisches Denken und Handeln grundsätzlich flächig, landschaftlich zu gestalten. Wenn ich recht sehe, ist diese neue Wahrnehmungsweise, die davon ausgeht, daß zu der psychiatrischen Grundsituation prinzipiell drei Personen gehören - der Patient, der psychiatrisch Tätige und der Angehörige -, die wichtigste Neuerung der gegenwärtigen Psychiatriereformphase (Dörner 1986).

Das *Exosystem* des in Entwicklung befindlichen Menschen betrifft alle Institutionen und Personen, die Macht auf diesen Menschen ausüben, ohne daß er selbst unmittelbar dazu gehört. Psychiatrisches Beispiel: Die jetzige strukturelle Arbeitslosigkeit mit der nun fast schon grundsätzlichen Ausgrenzung aller längerfristig psychisch kranken Menschen kann einmal vorsichtig mit dem System der Behinderten-Werkstätten, zum anderen schon etwas aggressiver mit der heutigen Bewegung der Selbsthilfe- und Zuverdienstfirmen unterlaufen werden. Hierdurch kann der Anspruch auf das Recht aller Menschen, sich durch Arbeiten zu verwirklichen, aufrechterhalten werden. Zum anderen können, weil hierdurch auch grundsätzlich die soziale Arbeit ihren Charakter verändert, von der Mundarbeit zur Handarbeit wird, die eingangs schon erwähnten Wiedervereinigungszonen von Wirtschafts- und Sozialsystem geschaffen werden.

Das *Makrosystem* des in Entwicklung befindlichen Menschen beinhaltet alle Einflüsse des allgemeinen Kulturhaushaltes auf jeden Menschen. Psychiatrisches Beispiel: Wir beginnen, systematisch die psychiatrischen Langzeitpatienten aus den Landeskrankenhäusern und Heimen in ihre Gemeinden zu entlassen, in denen wir ihnen eine eigene Kultur, Lebenswelten, Wohn- und Arbeitsmöglichkeiten, die für ihre Bedürfnisse geeignet sind, in den jeweiligen Städten und Kreisen schaffen. Wir nennen dies: "Rekultivierung der Gemeinde." In unseren Gesprächen mit den Gemeindemitgliedern, ihren politisch und administrativ Verantwortlichen und der Presse, betonen wir, daß eine Gemeinde erst dann ihre Kultur wiedergefunden hat, wenn alle traditionell und institutionell ausgegrenzten Gruppen von industriell unbrauchbaren Mitbürgern, also auch die ein bis zwei Prozent längerfristig psychisch kranken Mitbürger, mit der gleichen Selbstverständlichkeit als eine Untergruppe in der Gemeinde leben wie andere Untergruppen auch. Erst seit wir den ökologischen Grundwert der Zugehörigkeit des Menschen ernst nehmen, können wir so handeln und damit - erstaunlicherweise - auch Erfolg haben (Koenning 1986).

Abschließend noch einmal ein Bild, das den historischen Bogen schlägt: Der Anteil der Mediziner an dem deutschen Revolutionsversuch von 1848 bestand u. a. in der Forderung nach Abschaffung des Philosophikums, da der Fortschritt die Ausrichtung der Medizin an den exakten Naturwissenschaften und damit die Emanzipation von der verstaubten Philosophie verlange. An die Stelle des Philosophikums im Rahmen des Medizinstudiums sollte das Physikum treten. Diese Forderung war eine der wenigen, die durchgesetzt werden konnte (1861). Der Anteil der Mediziner an der Studentenbewegung von 1968 in der BRD bestand u. a. in der Forderung, Psychologie, Soziologie und Psychotherapie/Psychosomatik in das Medizinstudium aufzunehmen - immerhin ein schüchterner Versuch, sich dem wieder halbwegs zu nähern, was früher einmal Philosophie war. Als daraufhin die Väter der neuen Approbationsordnung sich an die Arbeit machten, diese Forderungen der Medizinstudenten teils zu entschärfen, teils aber auch umzusetzen, waren sie in einer Hinsicht weitblickend. Sie schufen in der Systematik der medizinischen Fächer die "ökologische Fächergruppe", bestehend aus Arbeitsmedizin, Sozialmedizin, Rechtsmedizin und Hygiene. Dicht neben dieser ökologischen Fächergruppe lokalisierten sie die Psychiatrie. Das läßt der Phantasie einigen perspektivistischen Spielraum für weitere Entwicklungen. Damals schrieb Kisker einen eher melancholischen Aufsatz über die fragwürdigen Zukunftschancen des Berufsbildes des Psychiaters und schlug als Ausweg den Begriff des *Soziaters* vor. Während insoweit damals die Dichotomie zwischen Naturwissenschaften und Geisteswissenschaften, zwischen psychosozialen Beziehungen und materiellen (körperlichen und ökonomischen) Bedingungen noch bestand, wäre es heute zumindest vollständiger, wenn man stattdessen, wenn auch erst mal nur als Gedankenspiel, vom *Ökiater* sprechen würde.

Literatur:

Bateson, G.: Ökologie des Geistes, Frankfurt, Suhrkamp, 1983

Bleuler, M.: Schizophrenie als besondere Entwicklung. In: Dörner, K. (Hrsg.): Neue Praxis braucht neue Theorie - Ökologische und andere Denkansätze für gemeindepsychiatrisches Handeln. Gütersloh, Verlag Jakob van Hoddis, 1987

Bronfenbrenner, U.: Die Ökologie der menschlichen Entwicklung. Stuttgart, Klett-Cotta, 1981

Dörner, K. (Hrsg.): Fortschritte der Psychiatrie im Umgang mit Menschen - Wert und Verwertung des Menschen im 20. Jahrhundert. Rehburg-Loccum, Psychiatrie-Verlag, 1984

Dörner, K. u. a.: Freispruch der Familie, Bonn, Psychiatrie-Verlag, 1986

Dörner, K.: Tödliches Mitleid - Zur Frage der Unerträglichkeit des Lebens. Gütersloh, Verlag Jakob van Hoddis, 1988

Jonas, H.: Das Prinzip Verantwortung - Versuch einer Ethik für die technologische Zivilisation. Frankfurt, Suhrkamp, 1984

Koenning, K. (Hrsg.): Spät kommt ihr... . Gütersloher Wege mit Langzeitpatienten. Gütersloh, Verlag Jakob van Hoddis, 1986

Lewontin, R.C. u.a.: Die Gene sind es nicht..., Biologie, Ideologie und menschliche Natur. München, Psychologie-Verlags-Union, 1988

Prigogine, T. u. Stengers, I. Dialog mit der Natur - Neue Wege naturwissenschaftlichen Denkens. München, Piper, 1981

Smuda, M. (Hrsg.): Landschaft. Frankfurt, Suhrkamp 1986

Vieten, B.: Systemisches Denken im Kontext des psychiatrischen Versorgungssystems. Unveröffentlichtes Manuskript, Bielefeld-Bethel, 1988

Wendt, W. R.: Ökologie und soziale Arbeit. Stuttgart, Enke, 1982

Vom Mythos der Heilbarkeit (1983)

Ciompi hat auf dieser Tagung gesagt, er verstehe den Titel meines Referats nicht; er jedenfalls habe sein ganzes Leben vielmehr gegen den "Mythos der Unheilbarkeit" psychischer Störungen gekämpft. Obwohl ich mir selbst Ciompis Theorie zu eigen machen kann, möchte ich mit meinem Vortrag Ciompis Theorie gegen den Strich bürsten, eine These dagegen setzen. Meine These lautet: Wenn wir psychische Störungen als Krankheiten bezeichnen, die wir heilen können, dann stoßen wir bei vielen Patienten irgendwann auf eine Grenze unseres Heilungsanspruchs. Wir stellen eine Dauerstörung, eine Behinderung, eine Unheilbarkeit fest. Wir werden bezüglich unseres Heilungsanspruchs hoffnungslos, resignieren, definieren die Menschen - gemessen am Heilungsanspruch - nur noch negativ. An die Stelle der Heilungspsychiatrie tritt die Verwahrpsychiatrie.

Wenn wir für alle psychisch gestörten Menschen gleichermaßen da sein wollen, ist es dann nicht besser, von vornherein unsere Tätigkeit nicht als eine heilende zu bezeichnen, auf den Heilungsanspruch zu verzichten? Der Heilungsanspruch hat die Gefahr, daß er selbst seine Opfer - die Unheilbaren - produziert. Ähnlich wie der Anspruch, alle Menschen erziehen zu können, irgendwann die "Unerziehbaren" aussondert, ihre gleichberechtigte Existenz in Frage stellt. Ich gestehe, daß erst mein täglicher Umgang mit Langzeitpatienten mich auf diese Gedanken gebracht hat. Ich verstehe sie als Anregung zu selbstkritischer Besinnung unseres Tuns. Meine Motive sind denen von Horkheimer und Adorno verwandt, als sie unter dem Eindruck des Nationalsozialismus die "Dialektik der Aufklärung" schrieben, damit die Schattenseiten des Fortschritts darstellend.

Ich beginne mit einem Beispiel: Bei einem jetzt 20jährigen jungen Mann wurde bei der Einschulung eine gewisse Lernbehinderung festgestellt, die die mit dem erfolgreichen Aufbau eines Geschäftes beschäftigten Eltern nicht wahrhaben mochten. Mit 13 Jahren kamen Symptome hinzu, die alsbald als schizophrene Psychose diagnostiziert wurden. Seit dem 16. Lebensjahr war er in einem kinder- und jugendpsychiatrischen Krankenhaus, machte verschiedene Therapien mit. Jetzt ist er hier, wird sicher noch längere Zeit bei uns bleiben müssen. Die Eltern haben ihrem Sohn bis heute immer nur eines sagen können: "Du bist krank, arbeite immer nur brav mit, dann wirst Du bald wieder gesund." Die Eltern leugnen also die seit 14 Jahren bestehende Lernbehinderung und die seit 7 Jahren bestehende seelische Behinderung, klammern sich am Krankheitsbegriff und an der Heilungshoffnung fest, da für sie die Alternative Unheilbarkeit, Existenzunfähigkeit, Wertlosigkeit, "lebensunwertes Leben" wäre. Sie machen dadurch Heilbarkeit zum Mythos, leugnen die Wirklichkeit ihres sich schwierig genug entwickelnden Kindes, leugnen seine Gegenwart zugunsten einer sich immer wieder hinausschiebenden und illusionären Zukunftshoffnung, nehmen gerade dadurch ihrem Kind sowie ihrer ganzen Familie den Sinn, den Wert, die Existenzberechtigung. Sie quälen also sich als auch ihren Sohn. Dessen außerordentliche Aggressivität den Eltern gegenüber mag seine hilflose Reaktion darauf sein. Mutter wie Vater sind dem Zusammenbruch nahe, die Ehe zerstört. Eingeständnis der Hoffnungslosigkeit bezüglich Heilung im medizinischen Sinne wäre der erste Schritt der Annäherung an die Realität, wäre Voraussetzung dafür, daß alle drei beteiligten Personen irgendwann wieder zu einer eigenständigen Entwicklungsmöglichkeit kämen.

Dabei folgen die Eltern nur der offiziellen Selbstdarstellung der Psychiatrie: Psychiatrie hat die Aufgabe, psychische Krankheiten einzelner Menschen zu bekämpfen und zu heilen. Sie tut dies mit Erfolg; denn nur wenige Patienten werden chronisch, unheilbar. Nehmen wir diesen Satz auseinander, um die Gefahren dieses Mythos zu erkennen:

- Kein psychotischer Patient definiert sich selbst als krank. Selbst der depressive Patient begreift sich als schuldhaft, sündig oder versagend, jedoch nicht als krank. Wir erzwingen aber seine Krankheits-einsicht - schon wegen der Kostenträgerschaft der Krankenkasse für einen Krankenhausaufenthalt.

- Seit 100 Jahren ist immer noch das Denkmodell der Infektionskrankheit in der Psychiatrie wirksam, verbunden mit seinem körperlichen Verursachungsmythos. Dabei haben alle modernen Wissenschaften dies gradlinige Ursachendenken als unwissenschaftlich verworfen. Und auch wir Psychiater wissen, daß jeder psychischen Situation eine bestimmte Stoffwechsellage entspricht und daß jeder Körperschaden von seiner psychosozialen Bedeutung maßgeblich gesteuert wird. Immer noch weigern wir uns, von den Atomphysikern die Lektion zu lernen, daß etwas so komplex sein kann, daß es gleichzeitig nach unterschiedlichen Denkmodellen wahrzunehmen ist.

- Wir behandeln immer noch einzelne Menschen, obwohl wir wissen, daß es sich bei einer psychischen Störung um komplexe familiäre Beziehungsprobleme handelt, an denen alle Beteiligten gleich viel leiden.

- Wir reden immer noch davon, daß wir Krankheiten bekämpfen, wissen, daß dies in der Psychiatrie dem Bekämpfen von Menschen nahekommt. So sind wir trotz der NS-Psychiatrie immer noch in der Gefahr, den Sinn-Aspekt psychischer Störungen zu leugnen.

- Wir reden davon, daß wir Krankheiten heilen, gesund machen. Dabei wissen wir, daß wir keine Heilmittel kennen. Psychopharmaka und Psychotherapie sind bestenfalls Beihilfen dafür, daß jemand sich selbst hilft, heilt. Heilend wäre unsere Tätigkeit höchstens im philosophischen Sinne des Hippokrates, demzufolge der Patient selbst der Arzt ist, während der Arzt nur sein Helfer sein kann.

- Wir reden von unseren Heilungserfolgen. Doch in Wirklichkeit wissen wir, daß bei dem einen Patienten die Störung einfach aufhört, daß ein anderer Patient seine Probleme klärt, während ein dritter Patient sie erfolgreich verdrängt. Aber Heilungserfolg?

- Nach unseren Statistiken werden nur wenige Patienten zu Langzeitpatienten. Dabei wissen wir, daß jede akute Krise nur die Zuspitzung einer bereits langfristigen Störung im Sinne einer Lebensentwicklung ist, wissen, daß eine Entwicklung schon jahrelang problematisch war, bevor sie psychiatrisch sichtbar wurde, daß man sich überlegen muß, ob nicht die chronische Störung in Wirklichkeit die Regel ist. Nach dem etymologischen Wortverständnis kommt "chronisch" von "Chronik" und bedeutet nichts anderes, als daß eine Störung lebensgeschichtsprägend ist. In diesem Sinne dürfte jede psychische Störung, die zwei- oder dreimal zur Behandlung geführt hat, chronisch sein. Sie prägt die Lebensgeschichte, schon wenn wir bloß an die verschlechterten Ausbildungschancen denken. Aber auch in der Körpermedizin wissen wir heute, daß die chronischen Zivilisationskrankheiten eher die Regel sind. Von denen, die mit geistig Behinderten und mit Alkoholkranken umgehen, können wir psychiatrisch Tätigen lernen, welch konstruktiver Sinn in der Hoffnungslosigkeit gegenüber medizinischer Heilbarkeit liegt. Für geistig Behinderte ist dies die Voraussetzung zur aktiven Lebensgestaltung. Die anonymen Alkoholiker wissen, warum sie davon sprechen, daß ein Alkoholiker lebenslang Alkoholiker bleibt. Von der Lerntheorie der Psychologen können wir lernen, daß ein Mensch etwas nur ändern kann, was er vorher als zu sich gehörig anerkannt und bejaht hat. Nur eine Infektionskrankheit kann ich, als nur äußerlich, bekämpfen und abstoßen.

Es spricht also viel dafür, daß die medizinische Heilbarkeit in der Psychiatrie ein Mythos ist. Nebenbei sprechen auch alle modernen psychiatrischen Theorien dagegen, so die kommunikations-, systemtheoretischen und ökologischen Theorien. Gleichwohl wird dieser Heilbarkeitsmythos mächtig getragen vom psychiatrischen Betreuungssystem, so wie es sich in den letzten 100 Jahren entwickelt und etabliert hat: vom Verständnis der Psychiatrie als medizinischer Wissenschaft, von der Kostenträgerschaft der Krankenkassen, vom Krankenstatus des Patienten, vom System des Krankenhauses und von sämtlichen einschlägigen Gesetzen, die unser Alltagshandeln bestimmen. All diese Gegebenheiten zwingen uns zu einer doppelzüngigen Moral. Nun könnten wir sagen, daß wir mit vielen Mythen zu leben haben. Wir betrachten sie als Bilder oder Fiktionen, die für bestimmte Aspekte eines Gesamtproblems durchaus auch ihren konstruktiven Sinn haben können, den ich in meinem Zusammenhang nicht eigens herausarbeiten muß. So gehen wir in der Praxis auch mit den akuten psychiatrischen Patienten um. Gefährlich wird der Mythos jedoch im Umgang mit Langzeitpatienten, mit den Unheilbaren - gemessen am medizinischen Heilbarkeitsanspruch. Sie sind innerhalb des Systems nur negativ definierbar, weshalb wir uns so schwertun, unser Handeln mit ihnen positiv zu beschreiben.

Folgen des medizinischen Heilungsanspruchs für Langzeitpatienten:

1. Im Verteilungskampf um Geld und Personalstellen benutzen wir oft das Argument: "Alle Kraft für die akuten psychiatrischen Patienten, für die Heilbaren, damit sie nicht auch noch chronisch werden." Die Kehrseite dieses Argumentes heißt Verwahrpsychiatrie für die Unheilbaren, für die es sich nicht mehr lohnt. Dabei wissen wir einerseits spätestens durch die Untersuchungen von Ciompi, Bleuler und Huber, daß Langzeitpatienten zu jeder Zeit ihrer weiteren Lebensentwicklung

wieder zu normalen Lebensformen finden können. Wir wissen andererseits, daß es ein frommer therapeutischer Wunschtraum ist, wenn wir glauben, daß wir es in großem Umfang beeinflussen können, ob ein Mensch in seiner Lebensentwicklung eine kürzere oder eine längere Zeit psychiatrische Symptomatik braucht.

2. Die Geschichte lehrt uns, daß als Folge des medizinischen Heilbarkeitsanspruchs die Langzeitpatienten je nach der wirtschaftlichen Konjunkturlage eine beliebig zu verschiebende Manipulationsmasse sind: So kam es im 19. Jahrhundert zu der Zweiklassenpsychiatrie der Heil- und Pflegeanstalten; die NS-Psychiatrie wollte die Unheilbaren - und nicht die Heilbaren! - radikal beseitigen; in den 60er Jahren kam es zur Verschubung in Pflegeheime; und jetzt steht - nicht zuletzt aus Kostengründen - die Umwandlung der Langzeitbereiche in Heime zur Debatte.
3. Die Umwandlung eines Patienten aus einem Behandlungs- in einen Pflegefall besagt, daß er für die Rückkehr in ein normales Leben als verloren aufgegeben worden wird.
4. Ein solcher Mensch wird umdefiniert: Für die Heilbarkeit und für das normale Leben gilt er als negativ, für den Daueraufenthalt im Krankenhaus oder einer anderen Institution gilt er als positiv definierbar.
5. Da das Leiden dieses Menschen an sein Leben und seine Familie geknüpft ist, bedeutet seine Abkoppelung von Leben und Familie, daß sein Leiden gegenstands- und sinnlos wird, also auch verschwinden kann; ein institutioneller Therapieerfolg um den Preis des Verlustes seines Existenzwertes für sein Leben und seine Familie.
6. Da das Ziel nach der Umdefinierung die Anpassung an die Institution ist, gilt ein Erfolg, d. h. das Verschwinden von Leiden und Symptomen, keine Veranlassung für eine Entlassung mehr.
7. Das Ergebnis dieses Prozesses ist der "Insasse" (z. B. Volkszählungsgesetz), ein nach dem Grundgesetz nicht mehr zulässiger Begriff, die Inventarisierung dieses Menschen durch die Institution, die Lokalisierung an einem Ort, jenseits des Rechtsraumes bürgerlichen Lebens.

Abschließend möchte ich versuchen, einige Kriterien für den Umgang mit Langzeitpatienten aufzuzeigen, die sich erst dann ergeben, wenn sie nicht mehr negativ im Vergleich zum medizinischen Heilungsanspruch, sondern losgelöst davon in ihrer eigenen Existenz, ihrem eigenen Wert und ihrem eigenen Sinn wahrgenommen werden:

1. Manfred Bleuler hat seine lebenslange Beschäftigung mit schizophrenen Menschen in der schlichten Formel zusammengefaßt, daß es sich dabei um die Entwicklung eines Menschen unter besonderen Bedingungen handelt. Dies ist für mich nach wie vor wegweisend.
2. Im Umgang mit einem Langzeitpatienten ist dessen Krankengeschichte in eine Lebensgeschichte umzuschreiben. Der Sinn und Stellenwert seiner Psychose im Rahmen seiner Lebensentwicklung wird dadurch in jedem Fall unabweisbar, viel deutlicher als bei einer akuten Psychose auf der Aufnahmestation. Deshalb sind Fallvorstellungen auf den Langzeitstationen besonders wichtig. Aus der Sinnerhellung der Vergangenheit ergeben sich die Perspektiven für die Zukunft.
3. Die wie immer geartete psychotische Behinderung ist eine prägende Eigenschaft der Person geworden wie die Haarfarbe oder wie das Fehlen eines Beines. Sie ist daher als solche so zu akzeptieren, wie sie ist.
4. Intensive Zuwendung zu den Angehörigen hat durch Abbau sowohl ihrer Heilungshoffnung als auch ihrer Schuldgefühle ihre Eigenständigkeit wiederherzustellen. Gerade dadurch wird die Zugehörigkeit des Langzeitpatienten zu seinem Familiensystem in einem minimalen, dafür realen Umfang wieder möglich.
5. Die Wiederherstellung der eigenen Lebensgeschichte und der Bedeutung innerhalb eines Familiensystems gibt dem Langzeitpatienten seinen Sinn als Privatperson wieder, erlaubt es ihm, sich eine ihm eigene "Landschaft" auch außerhalb der Institution zunächst zu entwerfen, später zu verwirklichen.
6. Der Umgang mit einem Langzeitpatienten besteht nicht mehr darin, ihn ändern zu wollen, sondern ihn so zu akzeptieren, wie er ist, einschließlich seiner Abhängigkeiten, notfalls einschließlich seiner Psychopharmakaprothese. Es geht darum, mit ihm gemeinsam die einzig zu ihm passende Landschaft, die ihm angemessene ökologische Nische zu suchen und zu gestalten. Zu ändern sind die Bedingungen, ist der Kontext, nicht der Mensch.
7. Der Stil des Umgangs ist mehr begleitend-pädagogischer Art, betrifft die Wiederherstellung der bürgerlichen Rechte und Pflichten und die damit verbundene Entfaltung der Person, wobei kein frontaler Druck ausgeübt wird und Zeit keine Rolle spielt.
8. Der für solche Person-Erfahrungen geeignete Ort ist am wenigsten die Station mit ihrer Mischung aus Familien-Intimität (einschließlich In-

zest-Tabu) und Kasernen-Anonymität, auch nicht die Arbeitstherapie, die mehr mit der Institution verheiratet.
(Die Perversion des Systems wird deutlich, wenn jemand noch nach 20 Jahren sagt, er gehe zur Arbeits-"therapie".) Der Ort für Personenerfahrung liegt vielmehr außerhalb des Krankenhauses oder auch im Krankenhausgelände, das entsprechend zu kultivieren ist.

9. Die sozialpsychiatrische Variante des klassischen medizinischen Heilungsanspruchs ist der Integrationsanspruch. Er ist in der Regel ebenso verfehlt und daher abzulehnen, da er die Eigenart und Besonderheit des Menschen leugnet, dessen Leben von einer seelischen Behinderung chronisch geprägt ist. Zu integrieren und passend zu machen ist nicht der Mensch, sondern die gesellschaftliche Lebenswelt - innerhalb und außerhalb der Institution.
10. Eine solche ökologische Arbeit der Landschaftsgestaltung betrifft die Schaffung von Wohn- und Arbeitsmöglichkeiten außerhalb des Krankenhauses, die Umgestaltung des Krankenhauses zu einem ambulanten Angebot an zwischenmenschlichem Austausch und an Tätigkeit für Langzeitpatienten, die draußen wohnen, aber auch die Normalisierung der Wohn- und Arbeitskontexte im Krankenhaus für diejenigen, die in ihm leben.

Diese Erfahrungen haben mich die 30 Langzeitpatienten gelehrt, die wir in den letzten zwei Jahren allein oder zu zweit in eigene Wohnungen entlassen haben. Darüber hinaus lerne ich von Langzeitpatienten auch für den Umgang mit Akut-Patienten, daß psychische Störungen immer und zwingend ihren lebensgeschichtlichen und familiären Sinn haben. Sie lehren mich schließlich, daß das Aufgeben der Hoffnung auf medizinische Heilung Selbstfindung, -bejahung und -änderung erst ermöglicht. S. Bekkett hat diesen anthropologischen Ansatz in den Doppelsatz gekleidet: "Ich kann nicht mehr weitermachen - ich werde weitermachen."

Fazit: Das Nachdenken über den Mythos der Heilbarkeit macht unter der Voraussetzung der Gleichwertigkeit akuter und chronischer psychiatrischer Patienten eine grundlegende Neubestimmung des psychiatrischen Handelns und des Hilfssystems bis hinein in die Kostenträgerschaft unabweisbar. Unzulässig wird dabei das jetzige System, wonach die Akut-Patienten über die Krankenkassen, die Langzeitpatienten jedoch über die Sozialhilfe finanziert werden. Möglich und erlaubt sind statt dessen nur zwei andere Wege. Entweder wir bezeichnen unseren Umgang mit Akut-

Patienten und mit Langzeitpatienten gleichermaßen als heilendes Handeln. Dann gehen wir zurück auf den philosophischen Begriff des Heilens, der körperlich, seelisch und sozial bedingtes Leiden gleichermaßen - und zwar lebenslang - umfaßt. Oder aber wir verzichten von vorneherein schon beim Akut-Patienten auf den Heilungsbegriff, bezeichnen vielmehr unser Tun bei Akut-Patienten wie bei Langzeitpatienten gleichermaßen etwa als lebensgeschichtlich-begleitendes Handeln. Dann müssen wir neben dem körperlich und dem sozial bedingten Leiden einen dritten eigenständigen Bereich seelischen Leidens fordern und hierfür auch eine eigenständige Kostenträgerschaft verlangen. Beide Wege, die im Gegensatz zum bestehenden System mit dem Grundgesetz vereinbar sein dürften, heben in jedem Fall die bisherige Zweiklassenpsychiatrie der menschenrechtsverletzenden Selektion und Unterscheidung zwischen akut und chronisch, zwischen heilbar und unheilbar, auf.

"Erlösung: Lösung ausgelacht" (1987)

Auch wenn Jürgen Seim mir zutraut, als Psychiater etwas zu Jakob van Hoddis zu schreiben, muß ich den Leser um Nachsicht dafür bitten, daß ich mich eben als Psychiater zunächst mal gegenüber dem Dichter Jakob van Hoddis konstituiere. Das ist für mich notwendig, damit ich nicht der immer noch mächtigen Psychiatrie-Tradition verfalle, die einerseits sich darin gefallen hat, an Dichtern und anderen Künstlern mit Vorliebe angeblich Pathologisches zu diagnostizieren und die andererseits Jakob van Hoddis als "Endzustand" definiert und ihn konsequent der Endlösung ausgeliefert hat.

Dieser Verlag, der sich auch darum nach Jakob van Hoddis nennt, um endlich dem Entsetzen Raum zu geben, das die Psychiatrie vor sich selbst zu haben hat, begann seine Existenz mit einer Dokumentation "Gestern minderwertig - heute gleichwertig?". Darin sind die Bemühungen der letzen zwei Jahre dokumentiert, mit denen zunehmend mehr Menschen darum kämpfen, daß die NS-Opfer der Zwangssterilisierung und der "Euthanasie" als psychiatrisch Verfolgte anerkannt und entschädigt werden. Der Kontext ist absurd genug: Wenn die Bundesrepublik viele Milliarden DM Entschädigung an NS-Verfolgte gezahlt hat, wenn sie andere Milliarden DM als Reparationszahlungen an die Kriegsgegner und Befreier gezahlt hat und wenn selbst die bundesdeutsche Wirtschaft wenigstens z.T. Entschädigungsleistungen für ihre ehemaligen Zwangsarbeiter aufbringt, dann drängt sich die Frage auf, in welcher Währung die bundesdeutsche Psychiatrie Entschädigung leistet gegenüber den 400.000 Familien, aus denen sie in gläubiger "wissenschaftlicher" Begeisterung ein Mitglied zwangssterilisiert hat, und den 300.000 deutschen, polnischen und sowjetrussischen Familien, aus denen sie ein Mitglied ermorden ließ? Zwar fällt einem dabei Mitscherlichs Buch "Medizin ohne Menschlichkeit" oder die "Psychiatrie der Verfolgten" von Baeyer, Häfner und Kisker ein. Aber war das nicht nur Kleingeld? Hat das das Stammkapital des psychiatrischen Gedankensystems mit seiner Endogenitäts-Ideologie oder des Systems der auf Lebenslänglichkeit programmierenden Langzeitbereiche und Bewahrungsheime auch nur angekratzt? Oder spricht es dafür, daß die psychiatrisch Tätigen in sich gehen, ihr Guthaben überprüfen, wenn sie seit der neuerlichen Psychiatriereform zwar pausenlos Geld für weitere Stellen für sich selbst fordern, dabei aber vergessen, erst mal Geld für eine auskömmliche Grundsicherung oder Rente für die Betroffenen durchzusetzen, wie es etwa die Niederlande und die Schweiz vorgemacht haben? Oder sieht es wie Reflexion aus, wenn die psychiatrisch Tätigen nach wie vor immer neue therapeutische Techniken auf ihre Patienten anwenden, gläubig dem Phantom medizinischen Heilens nachjagend, während die Betroffenen ganz andere Sorgen haben? Es wäre schon viel gewonnen, wenn ich, die anderen psychiatrisch Tätigen und nun aber auch alle anderen denkbaren Leser in der Lage wären, statt Jakob van Hoddis abzuschaffen und in der Vergessenheit zu halten, sich mit seinem Weg auseinanderzusetzen: das Scheitern aller denkbaren Lösungen und Erlösungen zu durchleiden und zu durchmachen. Mir geht es im folgenden vor allem um eben diesen Versuch.

Hoffnungsvoll ist es schon, daß sich in letzter Zeit die Betroffenen selbst zu Wort melden. So schrieb mir am 22.10. 1986 eine zwangssterilisierte Frau: "Mein Anliegen ist: daß die 'Euthanasie'-Morde und unsere oft bitteren Verzichte einen Sinn gewinnen. Das können sie nur, wenn die Psychiater nicht nur *ihre* Wirklichkeit beobachteter Symptome ..., sondern die Wirklichkeit der Patienten erkennen." Das - so meine ich - wäre in größtmöglicher Kürze und Präzision das Entschädigungs- oder Wiedergutmachungsprogramm, das zu zahlen die Psychiatrie den Betroffenen zunächst von gestern, dann aber auch von heute nach wie vor schuldet. Nun war es durchaus meine Absicht, mit dem Buch "Irren ist menschlich" ein Stück in diese Richtung zu gehen. Wie sehr auch das nur Kleingeld gewesen ist, wird deutlich, wenn die zitierte psychiatrische NS-Verfolgte in ihrem Brief fortfährt: "Eine 48jährige Freundin schrieb mir ihre Erfahrungen zum 'gespaltenen' und 'zerrissenen' Schizophrenen auf: Ich habe seit meinem 25. Lebensjahr eine als solche diagnostizierte Schizophrenie und mindestens vier Schübe hinter mir. Ich habe mich während meiner akuten Krankheitsphasen nie gespalten gefühlt, sondern immer nur ergriffen von einem unerhörten märchenhaft-apokalyptischen Sinnzusammenhang, der äußerst schwer zu durchleben war und mich von daher der Alltagswelt ferngerückt hat. Meine Mitmenschen, die diese Schübe und meine Auseinandersetzungen mit den Ansprüchen, die da an mich gestellt wurden, nur von außen beobachten konnten, mußten meine Reaktionen freilich als absonderlich oder verrückt erfahren. Ich habe mich dabei nie wie ein gesprungenes Gefäß gefühlt (vgl. Dörner/Plog in "Irren ist menschlich" S. 103). Mein Lebens- und Weltgefühl entsprach eher dem eines Menschen, dem plötzlich klar wird, daß unter seinem Wohnraum tiefere Stockwerke sind und über ihm höhere und dem sich plötzlich diese Stockwerke, die zu dem großen Menschenhaus gehören, von unten und oben erhellen. So gewann die naive Gegenwart des gelebten Lebens plötzlich eine neue Bedeutung, indem mythische Vergangenheit zu mir auf-, und religiöse, apokalyptische Visionen auf mich niederstürzten. Diese Erfahrung aber widerspricht der Grunderfahrung der Zerrissenheit. Eher gibt sie die Erfahrung einer größeren Einheit wieder."

Diese "Erfahrung einer größeren Einheit des großen Menschenhauses" liegt auch dem Rahmen-Bild zugrunde, das Erwin Loewenson für seinen Freund Jakob van Hoddis wählt, den er von allen Freunden am längsten (von 1903 bis 1913) begleiten durfte: "Eine Sammlung der Gedichte von Jakob van Hoddis - niedergeschrieben zwischen 1907 und 1914 - muß dem Leser den Eindruck eines verwitterten 100fenstrigen Turmgebäudes machen, an dem die buntscheckigen Glasscheiben sich merkwürdigerweise erhalten haben. Wer an seinem Leben zuinnerst teilgenommen hat und um seine zentrale Einheitlichkeit weiß, sich also in dem krausen Stufenbau innerhalb dieses domhaften Turmes zurechtfindet, dem scheinen die von außen her dringenden Lichter noch farbenreicher und schattenbewegter: Er kennt das metaphysische Auf- und Abwogen, das in diesem Dichter rumort und geblutet hat"(P., S. 94).[1]

Beide Zitate strahlen aus, daß für diejenige, die sich so beschreibt, oder für denjenigen, der so beschrieben wird, das Diagnostiziertwerden als schizophren zwar äußerlich folgenreich sein mag, für ihre innere Wirklichkeit aber unwesentlich ist. Diese Sichtweise möchte ich für die folgenden Gedanken in meine Grundhaltung hineinnehmen. Ich wäre froh, wenn dabei zumindest wiederum etwas psychiatrisches Entschädigungs-Kleingeld herauskäme. Die Sichtweise soll diejenige Grundhaltung ein Stück weiterentwickeln, die in "Irren ist menschlich" erarbeitet wurde und die ich schon mit Hilfe von Sartre am Beispiel seines "Idiot der Familie" ausgeweitet hatte (Sartres Flaubert lesen, ed. Traugott König, Rowohlt, Reinbek 1980, S. 60-83): Methodisch geht es dabei einmal um die Vollständigkeit der Wahrnehmung hinsichtlich dessen, was ein Mensch kann

[1] Da ich im wesentlichen aus zwei Büchern zitiere, verzichte ich auf einen Anmerkungsapparat: P. steht für Paul Pörtner (ed.): Jakob van Hoddis, "Weltende" und andere Dichtungen, die Arche, Zürich 1958. H. steht für Helmut Hornbogen: Jakob van Hoddis, Die Odyssee eines Verschollenen, Hanser: München 1986.

und nicht kann, um die Einheit der äußeren und inneren Bedingungen (woraus ein Mensch gemacht ist und was er macht), um die Normalisierung der Beziehungen (alles zur Sprache bringen, was der Andere in mir auslöst) und um das Selbstverstehen, also den Weg, mich auf van Hoddis zu verstehen, mich zu seinem Wegbegleiter und Komplizen zu machen, als den einzigen Weg, einen Menschen aus sich selbst heraus zu verstehen. Wie jeder Mensch alle Ideen und Haltungen seiner Zeit als Erlebnismöglichkeit in sich hat, so hat auch jeder von uns grundsätzlich alle psychiatrisch beobachtbaren Symptome seiner Zeit als Signal und Ausdrucksmöglichkeit seines Leidens und Handelns in sich. Der letzte methodische Hinweis betrifft die Systematisierung und damit die Gliederung der Darstellung: Statt der bloß positivistisch-wissenschaftlich Symptomklassifikation schlage ich nach Sartre zwei in der Natur des Menschen vorfindliche Systematisierungsmöglichkeiten vor, die den Menschen als Person und zum anderen als historische Entwicklung nehmen: "Jeder Mensch formuliert sich auf der Suche nach seinem Sinn von innen nach außen, von der Konstitution über die Personalisation in die Sozialisation, d. h. in die ihn umgebenden gesellschaftlichen Strukturen, gewissermaßen in konzentrischen Kreisen. Und: Jeder Mensch entwickelt sich historisch während seines Lebens, indem er eine Reihe typischer Situationen durchläuft, die in der Schwierigkeit ihrer Überschreitung unterschiedliche Möglichkeiten des Gelingens und Scheiterns haben. Der Begriff der Spirale bringt beide Systematisierungsbilder, das kreisende und das fortschreitende, in einem neuen Bild zusammen" (S. 64).

Ich beginne mit dem letzteren Weg der biographischen Bedingungsanalyse, wobei ich Hornbogens Biographie wenig hinzuzufügen habe. Mir geht es dabei hauptsächlich um eine Folie der Lebensgeschichte van Hoddis' für den ersteren Weg der Darstellung der Simultaneität der konzentrischen Kreise seiner Werk- und Wirkgeschichte, also um die Stockwerke des "großen Menschenhauses" in Raum und Zeit. (Übrigens scheint mir, daß U. Bronfenbrenner mit seiner "Ökologie der menschlichen Entwicklung", Stuttgart 1981 einen Ansatz entwickelt, der beide Wege zu einer gemeinsamen Darstellung bringen könnte.

I.

Als Hans Davidsohn - so sein bürgerlicher Name - 1887 geboren wurde, war sein Vater immerhin schon 45 Jahre alt, was ihn nicht davon abhielt, in den nächsten 7 Jahren noch erst zwei Töchter, dann zwei Söhne zu zeugen. Zwei davon starben vor Hans: ein Bruder fiel im ersten Weltkrieg, dem Hans sich infolge seiner "besonderen Entwicklung" (M. Bleuler) gar nicht erst aussetzen mußte, während seine Lieblingsschwester Marie, die eindeutigste Zionistin der Familie, im Februar 1937, immerhin am Ziel ihrer Sinn-Reise, in Haifa/Palästina, starb. Beide Eltern kamen aus jüdischen Familien des Ostens des damaligen Deutschen Reiches, aber aus sozial ganz unterschiedlichen Klassen. Während die Mutter, bei Hans' Geburt 29 Jahre, aus einer hochgebildeten schlesischen Gutsbesitzerfamilie stammte, also sozial bestimmungsgemäß sich entwickelte, durchlief der Vater einen erstaunlichen Lebensweg: von seiner westpreußischen Handwerkerfamilie aus lernte er zunächst selbst ein Handwerk, bevor er Medizin studierte, leitete unter Virchow die Poliklinik in Berlin, war danach praktischer Arzt in einem Ostberliner Elendsviertel, machte dann die Spezialausbildung zum Hals-, Nasen- und Ohrenarzt, arbeitete noch wissenschaftlich, wobei er freilich seine Ideen nicht beweisen konnte, zog sich von den Menschen zunehmend zurück, kränkelte, galt später als Sonderling, nahm Kokain und Morphium und starb nach beruflichem und sozialem Abstieg zum Zuchthausarzt 1909, als Hans gerade seinen ersten öffentlichen Auftritt im "Neuen Club" hatte, - wahrscheinlich zu früh für den Sohn, dessen Lebenslauf eher dem des von seiner Tätigkeit besessenen Vaters als dem seiner Mutter nachempfunden sein könnte.

Hans' Geburt war die erste Geburt seiner Mutter, Zangen- und Zwillingsgeburt, wobei der kräftigere Zwilling starb und der noch längere Zeit schwächliche Hans am Leben blieb. Den Erwartungsdruck und die Ängste der Eltern kann man sich vorstellen, insbesondere auch die besondere Aufmerksamkeit und liebevolle Fürsorge der Mutter, zusätzlich dadurch genährt, daß Hans auf eine fatale Weise kleinwüchsig blieb (153 cm), was bei zunehmender sozialdarwinistischer Weltanschauung der Epoche auf Minderwertigkeit schließen ließ. Gegen den daraus resultierenden und schon damals gesellschaftlich etablierten Minderwertigkeitskomplex hatte man erst mal kompensierend anzugehen. Hans tat dies gleich dreifach: geistig (er galt als frühreif), körperlich (in Wut konnte er beängstigend kräftig zuschlagen) und in seinem Ausdruck (er legte sich ein "japanisch hartes" Lächeln zu). Damit war das konstituiert, was L. Ciompi heute die "besondere Verletzbarkeit" nennt ("Affektlogik", Stuttgart 1983), teils mitgegeben (die dramatischen Geburtsvorgänge), teils erworben/zugelegt (die Reaktionen darauf). Ciompi versteht darunter, daß jemand Ereignisse der Umgebung überdurchschnittlich leicht, schnell, tief und schmerzhaft in sich eindringen läßt, was eine besondere Schutzbedürftigkeit zur Folge hat, wobei die sozial vorgesehenen, gewöhnlichen Schutzmöglichkeiten oft nicht ausreichen und durch höchst persönliche, ungewöhnliche Schutzversuche ergänzt werden müssen, was wegen der hohen inneren Schmerzhaftigkeit oft durch Verknappung des Realitätskontaktes und der Zahl der Bindungen erkauft werden muß. Ob solche individuellen Selbstschutzventile psychotisches Ausmaß erreichen oder nicht, ist sekundär, hängt von den weiteren inneren und äußeren Lebensbedingungen ab. Die Gleichzeitigkeit der Persönlichkeitsausformulierung in konzentrischen Kreisen vorwegnehmend, hat sich für mich das Bild bewährt, daß sich so entwickelnde Menschen zu Seismographen werden, "die das Gras wachsen hören".

Beim Mittagstisch - so schreibt Loewenson - der Hans immerhin schon mit 16 Jahren kennenlernte, hörte dieser den häufigen persönlichen weltanschaulichen Auseinandersetzungen seiner Eltern zu, wobei es naheliegt, daß die Mutter eine warmherzig-idealistische Position bezog, während sich der Vater skeptisch-materialistisch mokierte. Offenbar haben beide Eltern ihn besonders unterstützt. Während die Mutter ihn befürsorgte, stand der Vater auf seiner Seite, als er die üblichen ersten Autoritätskonflikte mit Lehrern absolvierte, wobei er in der ihm schon damals eigenen Radikalität offenbar einmal die Schule unterbrach und einmal abbrach. Der Vater selbst stand ihm als "Sparringspartner" für Autoritätskonflikte dagegen nicht zur Verfügung. Hans hat es seinem Freund einmal gestanden, daß ihm die Abnabelung von beiden Eltern, da sie so gütig seien, besonders schwer falle. Freilich hat er damit nur das ausgesprochen, was den meisten Jugendlichen unter vergleichbaren Umständen widerfährt. Darüber hinaus mag es wohl sein, daß er die warme Liebe seiner Mutter zwar schätzte, sie aber wegen seines Schutzbedürfnisses für ihn auch gefährlich war, während er dem spröden Vater gegenüber mehr auf Distanz bleiben konnte, dafür aber seinen Lebensweg des Kämpfens und Scheiterns, seine Fähigkeit, das Leben tätig zu durchleiden, bewunderte. Damit mag zusammenhängen, daß er den Tod des Vaters zum Zeitpunkt wählte, an dem er die Zugehörigkeit zu seiner Herkunftsfamilie abschloß, indem er seinen Herkunftsnamen zu seinem Künstlernamen Jakob van Hoddis verdrehte. Freilich hatte der Vater auch das Glück, zu einer Zeit zu sterben, als Hans noch bürgerlich-ordnungsgemäßer Student war, während die Mutter das Pech hatte, ihre für ihn bedrohliche Wärme erst danach durch brutale Ablehnung beantwortet zu sehen, während sie obendrein noch lernen mußte, zu seinen wachsenden Geldforderungen für die Subventionierung seines zunehmend unbürgerlicheren und unsozialeren Lebenswandels nein zu sagen. Wie schwer ihm diese Abnabelung gefallen ist, zeigt sich an seinem bis ins Paranoide gehenden Mißtrauen, dem die Mutter immer hilfloser gegenüberstand, bis ihr erstmals gegen 1912 gute Freunde dazu geraten haben werden, die Psychiatriesierung zur Problemlösung zu wählen. An dieser Stelle einmal ausnahmsweise eine kritische Anmerkung zu Hornbogens Biographie: Er hat sich in seiner Lebensschilderung geradezu vorbildlich gegenüber den Verlockungen psychiatrischer Erklärungen abstinent verhalten. Lediglich die Mutter hat er mit Hilfe von Laing und Bateson und seiner "double-bind-Theorie" anstelle von Hans psychiatrisiert, einer psychiatrischen Mode der letzten 15 Jahre folgend. Zum Glück wissen wir psychiatrisch Tätigen, seit wir mit Angehörigen-Gruppen arbeiten, daß Schuldzuweisungen gegenüber Angehörigen, insbesondere Müttern, zwar unser Kausalitätsbedürfnis befriedigen, aber genauso menschenverachtend-ideologisch sind wie frühere Theorien und können ohne sie leben: Jede andere hätte sich in dieser Situation so verhalten wie die Mutter von Jakob van Hoddis.

Doch noch einmal zurück: Wegen seiner Schulunterbrechungen hat er ein- oder zweimal auf dem Bau gearbeitet, also selbst Hand angelegt am Aufbau der gründerzeitlichen Großstadt, deren Wesen er ein Leben lang beschreiben und ergründen wollte. Konsequent war daher auch die Wahl des Studienfaches Architektur nach dem Abitur 1906. Dann aber lernte er 1907 bei der "Freien Wissenschaftlichen Vereinigung" Kurt Hiller kennen, der ihn - zwei Jahre älter - beeindruckte und sicherlich dazu beitrug, daß er, ab 1908 erst in Jena, dann wieder in Berlin, Philosophie und Griechisch studierte. Kaum Mitglied der FWV - einer nicht-schlagenden Verbindung - war seine erste Veröffentlichung in den "Monatsberichten" dieser Vereinigung eine Kritik an eben dieser FWV mit dem sein ganzes Leben bezeichnenden Titel "stachlige Opuntien": Alle geistigen Anstrengungen der FWV seien in Gefahr, durch von außen kommende Zwecksetzungen als bildungsbürgerliche Dekoration oder als Befolgung irgendeines "-ismus" besudelt und entwertet zu werden. Er lädt zur Mitarbeit in einer Arbeitsgemeinschaft über griechische Lyrik ein, da diese noch völlig zweckfrei sei, "für das moderne praktische Leben völlig belanglos ..., nicht einmal zur allgemeinen Bildung" gehörig (H. S. 28). Also auch beim Sich-Einlassen auf soziale Bezüge außerhalb der Familie kann er sich nur in dem Maß an etwas binden, wie er es zugleich hinterfragt. Im Zusammenhang damit ziehen er und sein Freund 1909 aus der FWV aus und gründen den "Neuen Club" und 1910 das "Neopathetische Cabaret", auf dessen Sitzungen er nun seine Gedichte und Texte vorträgt. 1910 fährt er nach Italien, aber nur um die mit dem Namen Goethe verbundene bildungsbürgerliche Institution der "Italienreise" durch den Kakao zu ziehen und zu demontieren. Kurz darauf ein ironisch-paradoxes Zusammentreffen: Nachdem am 11.1.1911 in der Zeitschrift "Der Demokrat" sein Gedicht "Weltende" erscheint, das eine ganze Generation in Aufruhr bringt, wird er 13 Tage später, am 24.1. 1911, als Student der philosophischen Fakultät Berlin wegen "Unfleiß" gelöscht. Sein Ruhm im Bereich des Unbegreiflichen hat seine Löschung im Bereich des Begreiflichen zur Folge. Zwei Monate später betreibt er den Ausschluß Kurt Hillers aus dem "Neuen Club". Auch dies hat auf zwei Ebenen Bedeutung: Einmal ist er in seiner inneren Haltung des Suchens nach der Wahrheit jetzt soweit, daß er jede Lösung ablehnt, weshalb er Hiller, den Erfinder vieler "-ismen", schon gar nicht ausstehen kann; zum anderen - und durchaus in Zusammenhang damit - muß er gerade die Menschen, die er besonders liebt, besonders weit wegstoßen - gewissermaßen als Liebesbeweis. Wenige Monate später erleidet Georg Heym dasselbe Schicksal. Wie eng er gerade solchen Menschen, von denen er sich "befreit" hat, verbunden bleibt, zeigt der Umstand, daß er nach dem Unfalltod Heyms im Januar 1912 glaubt, er habe ihn durch seine Gedanken ermordet. Noch im Frühjahr 1911 folgt er seiner ersten und vielleicht einzigen großen Liebe, der Puppen-Künstlerin Lotte Pritzel, nach München, wohnt zwar in ihrer Wohnung, wird aber nicht von ihr erhört. Dies wiederholt sich im Frühjahr 1912, nur mit dem Unterschied, daß Jakob van Hoddis sich bei seiner anderen Freundin, Emmy Hennings, Trost holt. Das sieht so aus, daß sie ihn, den von unerfüllter Liebe Halbverrückten, zum Katholizismus sublimierend verführt. Fast sieht es so aus, als könne sich Hoddis endlich doch einmal wie alle anderen Menschen eine Entlastung aus einer Situation unerträglich gewordenen Leidens erlauben, sich der katholischen Kirche, einer der gesellschaftlichen angebotenen Autoritäts- und Trostmöglichkeiten, anvertrauen, endlich einmal eine Lösung, eine Erlösung akzeptieren. Doch er kommt auch bei dieser Möglichkeit nur an, um sie zu hinterfragen. Da nun auch der Münchener Bruder der Mutter, der Ingenieur Hermann Kempner, die Sorgen der Mutter bestätigen kann, daß Hoddis sich sonderbar benimmt, sich verwahrlosen läßt und mit Vorliebe Ohrfeigen anbietet, empfiehlt ihm seine Tante Laura Henschel, die noch als 85jährige in einem KZ umkommen wird, eine psychiatrische Kurpension in Wolbeck bei Münster, um einer Zwangseinweisung zuvorzukommen. Hoddis kann das dortige Sanatoriumsklima den September 1912 über "unauffällig" mitvollziehen. Doch nach einem neuerlichen geldfordernd-aggressiven Beweis seiner Liebe zu seiner Mutter wird er im "Waldhaus" in Nikolassee zwangsuntergebracht. Der dortige Psychiater hält ihn für schizophren, verliert sich aber rettungslos bei dem Versuch, im Gespräch mit Hoddis herauszufinden, was Stimmen, was Selbstgespräche, Träume oder Visionen seien. Inzwischen wollen seine Freunde den Fall von Freiheitsberaubung politisch wirksam machen, holen außerdem den von früher bekannten Psychiater Arthur Kronfeld aus Heidelberg zu Hilfe. Dieser spricht lange mit Hoddis und hat auch einen Vorschlag: Er ist der Meinung, daß Hoddis dringend einer ethischen Orientierung bedürfe, weshalb man ihn gesprächsweise auf Werte wie Freiheit, Kunstwerk und Soziologie bringen und seine Lyrik loben solle, während man den Komplex Katholizismus, den Kronfeld kurzerhand als Wahnkomplex etikettiert, resonanzlos dahingestellt bleiben lassen soll. Dies ist in der Tat therapeutisch klug durchdacht, zumal Kronfeld zu den originelleren Psychiatern dieser Zeit gehört, nur daß auch ihm der tiefere existentielle Sinn der Orientierungslosigkeit Hoddis' schlichtweg entgeht (H., S. 99). Hoddis kommt solchen Bemühungen zuvor, indem er wohl mit Hilfe anderer Patienten am 3.11. 1912 zur Zeit des Abendessens flieht, einige Zeit bei seinem Freund David Baumgardt in Heidelberg unterkommt, ohne daß diesem an ihm viel auffällt; über Paris, München, Heidelberg erreicht er im April 1913 wieder Berlin. Aus dieser Zeit stammt der Entwurf eines Briefes an die Mutter, worin er ausführlich verschiedene Vertragsabschlüsse für die Publikation eigener Werke beschreibt, woraus man schließen müßte, daß nunmehr dem Beginn eines gutbürgerlichen Erwachsenenlebens als Schriftsteller nichts mehr im Wege stehe. Spannend an dem Brief ist, daß all die beschriebenen günstigen Entwicklungen zwar nicht stimmen, aber aufgrund seines bisherigen Werks, seines Ruhms und seiner Beziehungen durchaus stimmen könnten, wenn er dieses bürgerliche Erwachsenenleben wirklich hätte wollen und wählen können. Eben dies verbietet ihm jedoch die Suche nach seiner Wahrheit. Der Brief macht aber auch klar, daß es van Hoddis bewußt ist, sich jetzt - mit 26 Jahren - in einem Lebensalter zu befinden, wo es als Alternative zu einem Erwachsenenberufsleben nicht mehr die verschiedenen Schutzmöglichkeiten der Jugend gibt, sondern daß vielmehr der Kreis der noch verbleibenden Möglichkeiten kleiner wird, bis nur noch die Unverfügbarkeit durch die Wahl des Todes oder einer psychose-ähnlichen Verpuppung übrigbleibt - Themen, die in seinen Gedichten jetzt häufiger anklingen. Loewenson findet ihn Ende 1913 in seiner Wohnung als Lotte-Pritzel-Puppe verkleidet - Versuch der Selbstdarstellung seiner Unfähigkeit zu einer erotischen Beziehungspartnerrolle. Kurz darauf tut er auch Loewenson, nach 10jähriger Freundschaft, den letzten Liebesdienst, sich wegen einer Kleinigkeit von ihm zu befreien. Im Februar 1914 macht er sich darüber lustig - und eben dies ist sein Stil - "daß es ihm endlich gelungen sei, aus der neopathetischen Gemeinschaft ausgeschlossen zu werden" - auch diese war ihm inzwischen wohl zuviel Territorium, Grund und Bindung. Das ganze Jahr über bis zum April 1914 arbeitet er noch, tritt auch mit neuen Gedichten auf (vorwiegend in der "Aktion" von Franz Pfemfert), ist aber gewissermaßen auch in seiner sozialen Existenz für die Anderen unberechenbar, überraschend, unverfügbar und unbegreiflich geworden, lebt also nun auch sozial das, wohin er geistig schon immer unterwegs war. Seine letzten Auftritte finden bei der "Aktion" am 4. und 25.4. 1914 statt. Am 4.7. 1914 erscheint als letzter Erstdruck von ihm in der "Aktion" das Lotte Pritzel gewidmete "Indianisch Lied", von dem Hornbogen mit Recht sagt, daß es sein einziges Stück wirklicher Liebes-Lyrik enthält - als ob Jakob van Hoddis sich das jetzt gönnen könnte, nachdem er auch die Möglichkeit, eine Frau zu lieben, im realen Leben nicht ver-, sondern entwirklicht und damit überschritten hat.

Und nun kommt das Merkwürdigste an der Lebensentwicklung des Jakob van Hoddis: Das nächste Lebenszeichen von ihm stammt vom 1.8. 1915, als er in das Poesiealbum der Tochter seiner Pflegefamilie Siegling in Frankenhain/Thüringen einen Vers schreibt, von dem noch zu sprechen sein wird. Obwohl es doch so viele Familienangehörige, Freunde, Bekannte gab und obwohl er so berühmt war, war es ihm gelungen, sich für länger als ein Jahr buchstäblich in Luft aufzulösen. Anders ausgedrückt: Er, der für andere das Ende dieser Welt, das Ende dieser Wirklichkeit verdichtet hat, war vergessen, als mit Beginn des 1. Weltkrieges jeder nur an sich selbst und an das Große Ganze dachte. Noch anders: Als intensivster Verdichter des Weltendes, der die Entwicklung der bisherigen Wirklichkeit nicht nur beschrieben, sondern gelebt hat, war er genau dadurch überflüssig geworden, während seine Werke den ganzen ersten Weltkrieg über und die 20er Jahre hindurch in Deutschland und anderen Ländern in immer wieder neuem Rahmen erschienen und wirkten. Sein Leben war in seinen Dichtungen - wozu dann noch sein physisches Leben? Er soll zwar zunächst nach Jena gebracht worden sein (warum? durch wen?), wo man aber keine Unterlagen über ihn finden kann, und soll zuvor noch eine Zeit lang in Bad Elgersburg/Thüringen bei einem Gärtner gewesen sein. Auch nach Ende des Weltkrieges ist jeder mit sich und mit den großen Ereignissen der Weltgeschichte so beschäftigt, daß - natürlich außer seiner Mutter - sich kein Mensch bei ihm meldet. Vielmehr meldet er sich eines Tages wieder bei seinen Freunden, indem er nach einem Tagesmarsch in Erfurt David Baumgardt und andere Freunde besucht. Es kommt zu einem Gegenbesuch und zu einem weiteren Tagesmarsch im Dezember 1919 von ihm. Die Freunde wissen mit solchen Signalen von ihm wenig anzufangen, zumal er sich mit Hilfe seiner beginnenden Schwerhörigkeit noch eine weitere Schutzkapsel zugelegt hat. Schlimmer noch - sie gehen mit ihm so um, wie er es immer zutiefst bekämpft hat: Sie haben nämlich inzwischen von der Psychoanalyse gehört und mobilisieren in ihrem hilflosen Eifer einen Psychiater, den sie bitten, Hoddis' Krankheit zu analysieren, um ihn wieder heil zu machen, verweisen ihn also positivistisch an den Experten. Nachdem dieser erwartungsgemäß die Sache für aussichtslos hält, stellen die Freunde, aber auch Jakob van Hoddis das Signalisieren ein. Sie haben sich nichts mehr zu sagen. Bleibt die Mutter und gelegentlich eins der Geschwister. Als Hoddis allmählich unsauberer wird und die Pflegemutter erkrankt, vermittelt Marie 1922 ihren Bruder in eine andere Pflegestelle, zum Gastwirt Julius Dieterle in Tübingen. Auch hier fühlt er sich wohl, zeichnet, schreibt Zahlen untereinander, liest, macht gelegentlich ein Gedicht, hat Kinder gern und zieht vor Hunden den Hut. Warum? Vielleicht deshalb: Der Hund ist ohn' Warum! Dafür spricht, daß er 1927 nach einem Mädchen schlägt, das ihren Hund an der Leine führt. Dies und der Umstand, daß er das Gefühl hat, die Leute kommen ihm wieder mal zu nah ("berennen meine Bude"), führt dazu, daß er am 15.6.27 von der Polizei in die Universitäts-Nervenklinik Tübingen zwangseingewiesen wird. Hier wird er als uninteressiert, stumpf, autistisch und selbstgefällig beschrieben, als hebephrener Endzustand diagnostiziert. Er ist in dieser Klinik fast auf den Tag genau so lang wie weiland Hölderlin, zudem auch sonst viele Parallelen bestehen, worauf Hornbogen hinweist. Am 4. Juli 1927, also mit 40 Jahren, kommt er zur weiteren Pflege in die psychiatrische Privatklinik Christophsbad in Göppingen. Hier ist er die nächsten 6 Jahre, ißt und schläft viel, liest, schreibt gelegentlich Gedichte, spielt gern und gut Schach, zieht auch hier ehrerbietig den Hut vor jedem Tier und gerät nur in Wut, wenn jemand irgendeine körperpflegende Tätigkeit an ihm vornehmen will, ihm also zu nahe kommt. Seine Verletzbarkeit ist also noch lebendig wie am ersten Tag. Auch wenn seine Mutter zu Besuch kommt, kann er besser mit ihr Schach spielen als sprechen, zumal seine Schwerhörigkeit zugenommen hat. An die Stelle der anderen, die oft die Hölle für ihn waren, ist mehr er selbst getreten: So betrachtet er sich laut Krankenblatt gern und lange im Spiegel, freut sich, wenn Karten zurückkommen, die er an "Hans Davidsohn" nach Berlin geschickt hat, und befriedigt sich gern selbst, was er schon in Jugendgedichten als Sünde gegen Gott bewertet und sich zugleich darüber lustig gemacht hat. Gelegentlich wünscht er, als "Herr Professor" angeredet zu werden, als wollte er sagen: Ich hätte auch lieber ein leichteres Leben gewählt, wenn mein Auftrag es mir erlaubt hätte. Die bei weitem häufigste Eintragung in den Verlaufsberichten der Krankenakte betrifft aber sein Lächeln und Lachen in allen Schattierungen, z. B. still vergnügt, freundliche Gesten, gut gelaunt, lacht viel, vergnügt, macht Scherze, freut sich, freut sich seines Lebens, munter, schmunzelnd, leicht hämisch, lebhaftes Mienenspiel, gemütliches Lächeln. Selbst wenn ihm jemand zu nahe kommt, wird er als "komisch" wütend und "komisch" devot geschildert. Und als er sich gegen einen Pfleger wehrte, der ihm die Fingernägel schneiden wollte, rief er "durchaus affektvoll nach der Polizei, hier sei ein Verrückter!" Dies und das für die psychiatrisch Tätigen besonders unbegreifliche und grundlose Sträuben gegen das Wiegen, also gegen die quantitative Festlegung seiner Erdgebundenheit, zeigen wie sehr er auch jetzt noch die Aufgabe und den Sinn seines Lebens lebt. Am 11.8. 1933 findet sich die Eintragung, daß seine Mutter sich von ihm verabschiedet, da sie - 75jährig - nach Palästina auswandert. Ihr Bruder Hermann Kempner aus München wird weiter für ihn sorgen. Am 29.9. 1933, also mit 46 Jahren, muß er in die damals noch einzige psychiatrische Anstalt für Juden nach Sayn bei Bendorf/Koblenz verlegt werden (H., S. 206-216).

Hier lebt er die nächsten 8 1/2 Jahre. Für diese Zeit gibt es keine Berichte, kaum Zeugen mehr. Dies teilt er freilich nun mit seinen Leidensgenossen, deren Wirklichkeit vernichtet wird, wie er die seine vernichten wollte. Wenn ich versuche, mir ihn vorzustellen, wage ich zusagen: Er wird sein Leiden weiter durchlächelt haben. Das wird wohl auch noch gelten für den 30.4. 1942, als er mit 54 Jahren unter der Nr. 8 aus der Anstalt in den Osten deportiert wurde. Wir wissen, daß ihm dabei die deutsche Staatsbürgerschaft aberkannt wurde und daß die jüdischen Anstaltsinsassen gemeinsam mit der jüdischen Bevölkerung um Koblenz herum in Züge verfrachtet wurden. Der einzige Unterschied: Für die letzteren gab es Personenwagen, für die ersteren Güterwagen. Wo er ermordet worden ist:

Wahrscheinlich in Chelmno, vielleicht aber auch in Belzec oder Sobibor. Und wann: Möglicherweise ziemlich genau an seinem 55. Geburtstag.

II.

Wie hat Jakob van Hoddis sich nun auf der Suche nach seinem Sinn von innen nach außen in konzentrischen Kreisen ausformuliert, was war seine Wahl, das Thema seines Lebens, was seine Aufgabe? Was war seine Gleichzeitigkeit, wie blieb er der gleiche in seiner Zeit? Was war seine "Erfahrung einer größeren Einheit ... in dem großen Menschenhaus"? Zu welchem Seismographen machte ihn seine besondere Verletzbarkeit? Welches Gras hörte er wachsen? Antworten auf diese Fragen nähere ich mich in zehn Schritten.

1. Loewenson schreibt: "Jakob van Hoddis war ein Abenteurer des inneren Lebens. Sein Kampf ging darum, für seine Zentralität diejenige Ausdrucksform seiner selbst (keineswegs bloß seiner Gedichte) zu finden, die ihr gerecht wird" (P., S. 114). Schon mit 15 Jahren wünscht er sich "frisches Abenteuerleben". Was aber unterscheidet ihn von den zeitgleichen Idealen der "Bündischen Jugend", die der Enge des wilheminischen Bürgertums ins Abenteuer entfliehen wollte? In seinem Gedicht "Der Abenteuerer" schreibt er: "Er aber wollte ungemeßne Pein der Lust vermählen" (P., S. 22). Und wenig später in "Aus blauen Wunden glomm die müde Nacht": "Zu süß war diese Qual. Dem letzten Leide entgegen trieb mich weißer Sonnen Wut" (P., S. 25). Was Loewenson seine "Zentralität" und gleich darauf seine "abgründige Einheitlichkeit" nannte, bestand also in der Gleichzeitigkeit dreier Richtungen: 1. Im Zusammenzwingen der Extreme (etwa Pein und Lust); 2. In der bis ans Ende treibenden Radikalität (und sei es mit weißer Sonnen Wut); und 3. in der ständigen Bereitschaft, den blutigen oder heiligen Ernst seines Tuns immer wieder durch das Sieb des schwarzen Humors der Selbstverjuxung zu schütten, damit er sich nicht verfestige, sondern flüssig und lebendig bleibe, ein Salto mortale, der das Gegenteil der bürgerlich-intellektuellen Distanz und Überlegenheit (z. B. Thomas Mann) der Ironie ist - etwa wenn er in "Italien" sein "frisches Abenteuerleben" von einem florentinischen Palast verulken läßt: "Du aber liebst dir das Geabenteure" (P., S. 33). Um noch einmal unser Eingangsbild zu besehen: Alle Stockwerke des "großen Menschenhauses" sollen es sein, keines soll ausgelassen werden.

2. Eine solche Verlebendigung von allem und jedem, ohne etwas auszulassen, war für Hoddis nur auf dem qualvollen Wege der Absage und Auflösung von allem zu erreichen, was Lösung oder Erlösung versprach. Der Weg mußte gehen über die Demontage aller positiven Wirklichkeiten, der äußeren und der inneren, über die Entwicklung, die Nichtung oder Vernichtung jedes Wirklichkeitsanspruchs, über oder besser durch das Nichts. Sartres "Ekel" ist hier vorempfunden, zu früh empfunden. So fragt er in "Die Stadt" auch noch: "Darf ich dem Nichts erliegen, darf mich quälen der Städte weiten Städte böser Wind? Da ich zerbrach den öden Tag des Lebens" (P., S. 23). Auch 1923 ist es ihm Frage: "Ist es Irrsinn, ist's Erleben, daß man so ins Leere rennt?" (P., S. 42). In "Visionarr" gibt er sich eine Teilantwort: "Aus der Wand fuhr ein dünner Frauenarm" (P., S. 68). Die Dinge geraten in Fluß: Totes und Lebendiges sind nicht mehr recht zu unterscheiden. Und in "Indianisch Lied" heißt es endlich: "Doch du wohnst, wohin du dich sehntest, im Nichts" (P., S. 70). Doch nirgends ist die Lösung des Festen, die Nichtung des Wirklichen so schwebend, vibrierend und damit lebendig gelungen wie im "Weltende" (P., S. 28).

Um die "selbstsadistische" Auflösung der inneren Wirklichkeit, der scheinbar festgefügten bürgerlichen Persönlichkeit geht es Hoddis in "Von Mir und vom Ich". Auf dem Weg von der Ich-Idee zum Ur-Ich, der sich das Ziel versagt, heißt es: "Da weiß er, was er an sich hat. Er wird zum Charakter, zu Persönlichkeit, zum Original. Wir aber sind uns in jedem Augenblick ein anderes, stets Unbegreifliches" (P., S. 79). Für Lebendigkeit steht ihm daher auch die griechische Lyrik, weil sie frei von Zwecksetzungen ist, für das praktische Leben belanglos und selbst für die Bildung ohne Bedeutung (H., S. 28). Vielleicht noch am besten kommt seine Wahl darin zum Ausdruck, daß er das Plakatbild des "Simplizissimus", die zähnezeigende, breitbeinige Bulldogge, sowohl zum Symbol seiner selbst erklärt als auch meint, so erzählt Loewenson: "daß das Biest, das er in sich trage, ihm nicht wenig zu schaffen mache". Er hat ihm nämlich die Freiheit zum Zubeißen nach allen Richtungen gleichzeitig einzuräumen, auch in sein eigenes Fleisch, bis ins Herzblut (P., S. 116).

3. "Mit dem ahnungsvollen Leiden an der Wirklichkeit ging der Wunsch einher, die eigenen Wahrnehmungskanäle zu reinigen und neue Möglichkeiten des Erlebens zu erproben" (H., S. 38). Wenn Hornbogen so schreibt, vollzieht Jakob van Hoddis dann nicht dieselbe Bewegung, die Schärfung der "reinen Anschauung", die phänomenologische Reduktion der

Erscheinungen auf die Wesensschau, wie dies zeitgleich für Edmund Husserl gilt? Der Maler-Freund Ludwig Meidner beschreibt das, wenn er erzählt, wie Hoddis häufig mit ihm die ganze Nacht hindurch bis zur Frühsonne durch Berlin marschierte, selbst mehr Maler als Literat, die Orientierung in der Orientierungslosigkeit findend, die Nacht nutzend, da jetzt von den verfälschenden Erscheinungen des Tageslichts frei, um so zum Wesen der Großstadt, des "großen Menschenhauses" des Menschen, seiner selbst durchzustoßen (P., S. 88). Nacht, Traum, Leiden sind allenthalben in seinen Gedichten die Prismen, um die eigenen Wahrnehmungskanäle zu reinigen. So wird "Italien" mit seiner taghellen abendländischen Bedeutungsüberladung einem heiteren Verwesungsprozeß ausgesetzt: "Er steht und grübelt, seine Sinne flehen: Entdecke dir die Häßlichkeit der Welt ... Die Sonne glüht als fette Feuerglatze" (P., S. 32). In "Varieté" hat er Sorge, sich von der Tänzerin nochmal zu den "Idealen, die ich klaute", verführen zu lassen, weshalb ihr "blödes Lächeln" ihn dankbar macht (P., S. 37). Die unerbittliche Aufrichtigkeit seiner phänomenologischen Reduktion von den Ich-Ideen zum Ur-Ich finden wir allenthalben. Im "Weltende" steht das Wirkliche und das Mögliche gleichwertig und gleichzeitig. Hornbogen zitiert H. J. Schneider: "Die äußere Realität ist für ihn durchsichtig, vordergründig, nicht ernst zu nehmen. Sein Denken ist ausgerichtet auf etwas hinter den Dingen. Aber das dahinter Liegende entzieht sich ihm, die Durchsicht erreicht kein Ziel ... Deshalb wird die vordergründige, an sich durchsichtige Realität zermalmt wie Glas und erscheint als Weiß" (H., S. 88). Im Unterschied zu Husserl kann sich Hoddis kein Ende der Reduktion gönnen, keine Lösung, keine Erlösung - sie bleibt prozeßhaft in der Schwebe.

4. Wiederum zeitgleich sind auch die Naturwissenschaftler und Mathematiker - spätestens seit dem zweiten thermodynamischen Hauptsatz - dabei, die liebgewordene Wirklichkeit, in diesem Fall Newtons Kausalordnung von Raum und Zeit, zu relativieren, in nichts aufzulösen, auf schwindelerregend abstrakte Strukturen zu reduzieren und - später - unter Einbeziehung von Zufall, Freiheit, Unberechenbarkeiten neu zu entwerfen. Hoddis' Gedichte lassen die Arbeit dieser Naturwissenschaftler mitschwingen, schier daran verrückt werdend, das Ganze des expandierenden Universums in einen Vers zu zwingen. In "Weltende" wird zugleich Weltweite erzeugt. Becher erinnert sich, warum Hoddis Homer zu seinem Propheten erklärte: "Der Vergleich sei bei Homer nicht dazu da, um eine Sache zu verdeutlichen, sondern um in uns das Gefühl der Gleichzeitigkeit,

der unermessenen Weltweite zu erzeugen. Wenn Homer eine Schlacht schildere und das Geklirre der Waffen vergleiche mit dem Schlag eines Holzfällers, so habe der Dichter diesen Vergleich nur gebraucht, um uns zu zeigen, daß während des Schlachtvorgangs gleichzeitig auch Waldstille sei, erschüttert vom Schlag der Holzfäller" (H., S. 73). Simultan die gewohnten Vorstellungen von Zeit und Raum sprengend, ist für Hoddis die Großstadt die Abstraktion des Raumes und das Kino die Abstraktion der Zeit, wenn es heißt: "Und in den dunklen Raum - mir ins Gesicht - flirrt das hinein, entsetzlich! nach der Reihe!" (P., S. 38) So kann er suchen "eine neue Qual, um zu tanzen wie die Kometen" (P., S. 48), die Nächte "weißer von Gedankensonnen" werden und "hellgrüne Himmel bersten" lassen, während der Horizont lauert (P., S. 52 f.). Ist solchermaßen alles in orientierungslose Bewegung verwandelt, werden schließlich auch noch Raum und Zeit ineinander verwandelbar: "Minute wird zur Meile" (P., S. 62). Die schwindelnden Auflösungsprozesse betreffen aber nicht nur den Makrokosmos, sondern auch den Alltag. Nur mit Hilfe der Nacht und des Träumens kann er sich versichern, daß eine Tasse ein Ding ist, "das sich nicht mit Engelsflügeln aufwärts hebt und fortbegibt" (P., S. 46). Es ist aber die kulturpessimistische Atmosphäre der untergangsreifen Zeit vor dem ersten Weltkrieg, die die Naturwissenschaftler nicht weiter denken lassen kann, als z. B. den "Wärmetod" zu prognostizieren. Dasselbe gilt für die Verdichtungen dieser Atmosphäre durch Hoddis.

"Komm! laß uns sterben, denn die Sonne kreißt
und zürnt den Stätten wo ich Kühlung fände.
Die hellen Meere sind vereist.
Die Wälder ruhn. Sie harren auf das Ende." (P., S. 73).

Erst später haben die Naturwissenschaftler durch Akzeptieren von Unberechenbarkeiten, Zufällen und Freiheitsgraden die Fähigkeit zu überraschenden Innovationen (dissipative Struktur) der Naturprozesse denken können. All diese Elemente waren in Hoddis' Denken, Dichten und Leben bereits angelegt. Insofern gehörte er seismographisch der Zukunft an, zahlte dafür aber den Preis, sein Denken derart intensiv zu leben, daß das Untergehen des Untergangsreifen innerlich und äußerlich ihn mit sich zog. Da aber sowohl die tödlichen als auch die lebendigen Elemente der Zukunft in seinen Gedichten enthalten sind, gehört auch "Weltende" zu den Weltformeln - zumindest des 20. Jahrhunderts.

5. So sehr in Jakob van Hoddis die philosophischen und wissenschaftlichen Bewegungen seiner Zeit mitgeschwungen haben und so sehr er den falschen Schein, die "Schwüle vor dem Gewitter" und die Untergangs- und Gewalttätigkeitsbereitschaft seiner Zeit mitgelebt hat, so sehr hat er sich gescheut, diese sozialen oder politischen Dimensionen unmittelbar in Worte zu fassen. Sicher betreibt er in "Italien" die Demontage der zum Bildungsgut entfremdeten Kultur als Vorbereitung auf das "Weltende". Wenn man will, kann man auch den Vers: "Durch Schmach und Brunst und rauhe Szenen treibt dich Ländergier. Nach neuem Truge Gier" (P., S. 27) auf die imperialistische Struktur seiner Zeit beziehen. Und einmal läßt er ganz kurz die Möglichkeit aufblitzen, durch Identifizierung mit der Arbeiterbewegung Geborgenheit und Lösung zu finden: "Aus den fernen Vorstädten stößt zu dir das laute Geschrei der Sklaven, die die Fäuste heben. Grüße den Schrei! Denn du, weißt du denn jetzt ob dich Verzweiflung durch die Straßen hetzt oder die Seligkeit zu leben?" (P., S. 52) Damit hat er sich diese Möglichkeit aber schon versagt. Allen Lösungen zu widerstehen, war sein Auftrag, seine Wahl. Deshalb mokiert er sich in "Der Feind": "Der Nihilismus wird positiv und will Thesen haben" (P., S. 82). Wenn Loewenson den Begriff "Neopathos" etwa mit "Orgien der Lebendigkeit feiern" umschrieb, mochte das für Jakob van Hoddis noch angehen. Wenn aber Kurt Hiller zur Eröffnung des ersten Neopathetischen Cabarets der kulturpessimistischen Wärmetod-Angst entgegensetzte: "das neue Pathos ist weiter nichts als erhöhte psychische Temperatur" (H., S. 41), dann war das mit Sicherheit für Hoddis schon wieder viel zu positiv, viel zu sehr Lösung. Er setzte dem in seinem "Daseinsheroismus" entgegen, daß der Wärmetod zunächst einmal zu durchleben und zu durchsterben sei.

6. In "Hamlet" heißt es daher auch: "Verlaßt mich. Nicht um blasses Mitleid entdecken wir das Fieber, das hier brennt" (P., S. 26). Die Entdekkung dieses brennenden Fiebers, des eigenen Wesens, des eigenen Daseins durch Vernichtung der trügerischen Erscheinungswirklichkeit wird durch blasses Mitgefühl der anderen verhindert. Sie müssen ihn also verlassen: "Die Hölle, das sind die anderen" (Sartre). Und wie sehr sie Hölle sind, verrät der "Nachtgesang": "Und jeder bohrt dir seine Augen ein und drängt sich schamlos ein in deinen Traum und seine Glieder sind an deinen Knochen als gäbe es keinen Raum" (P., S. 74). Es gibt wahrscheinlich kein besseres Bild als dieses für das, was die "besondere Verletzbarkeit" einem Menschen an Chancen- und qualvoller Seinsoffenheit bedeutet, Chancen, wenn in der "Ichpoetik" Dichtung und Leben sich wie Fackeln aneinander

entzünden (P., S. 79). Entzünden, brennen, verbrennen? In "Am Abend" heißt es noch: "Löse jene Frage richtig oder mach dich, bitte, tot" (P., S. 40). Um das eigene Dasein zu finden, darf selbst Gott die Hände nicht um seine nackte Seele flechten: "Ich bete, daß der Gott sich von mir wende" (P., S. 47). Je länger Hoddis sein inneres Abenteuer durchringt, desto besser weiß er, daß er sein Leben zu durchleiden, zu durchsterben hat. In "Andante" fragt er sich: "Ob er, schrecklich zugerichtet, immer unerhörter dichtet, bis er draufgeht?" (P., S. 58) Bis er - ziemlich am Ende seiner Ausdrucksversuche mit Worten - sagt: "Komm! Laß uns sterben, denn die Sonne kreißt und zürnt den Stätten, wo ich Kühlung fände. Die hellen Meere sind vereist, die Wälder ruhn, sie harren auf das Ende" (P., S. 73). Während andere die Ent-Individualisierung, das Absterben des bürgerlichen Ich über den Dingen stehend mit ironischer Distanz durchspielen, durchlebt Hoddis sie, ohne daß er die Lösung, Erlösung seiner Daseinssuche irgendwann zielgerichtet im Sterben gefunden hätte. Vielmehr kommt "Lösung" für ihn überhaupt nicht in Betracht. Für ihn bleibt die Gleichzeitigkeit von Leben und Sterben als Bewegung existentiell in der Schwebe. Nichts anderes sagt das "Weltende" aus oder auch "O Nacht": "Mehr als zu sein oder mehr als nicht zu sein!" (P., S. 53) Dieses "mehr" ist für Hoddis das "Unbegreifliche": "Wir aber sind uns in jedem Augenblick ein anderes, stets Unbegreifliches. Wir fühlen Uns, ohne Uns zu definieren ... Wir werden uns zum Dämon. Es gibt kein höheres Dasein als das Unbegreifliche" (P., S. 79). (Wiederum ähnlich schwindelerregend erleben es zeitgleich die Naturwissenschaftler und Mathematiker, wenn sie in unbegreiflich große oder kleine Dimensionen aufbrechen, dort Verhältnisse finden, die weder mit unseren gewohnten Begriffen noch mit unseren alltäglichen Sinneserfahrungen zu fassen sind, und wenn sie durchaus erschreckend feststellen, daß diese makro- und mikrokosmischen Verhältnisse auch unsere mittelständige Alltags-Erfahrungswelt umfassen, durchwirken und zur Ausnahme von der Regel werden lassen). Im Unbegreiflichen versuchen auch seine Freunde, ihn zu fassen: "Das Überraschende ist ihm zur Norm geworden" (Loewenson, P., S. 95); "dicht am Rande des "Nicht-mehr-Ausdrückbaren" (Rudolf Kurtz, P., S. 124); und mit Bezug auf "Weltende":

"Wir waren durch diese acht Zeilen verwandelt" (J.R. Becher, H., S. 72). Hoddis' "Aufbruch in die Weglosigkeit" (Pörtner, P., S. 128) besagt, daß er seine Orientierung nur in der Orientierungslosigkeit finden konnte. Und er hat das "Weltende" gelebt, hat sich für seine Freunde, für die Familie unverfügbar, unberechenbar gemacht. Niemand wußte ab 1913 so recht, wo er war. Ab Frühjahr 1914 konnte er gar in Vergessenheit geraten, aus der er dann selbst 1918 noch einmal - in Erfurt - auftaucht. An der Unbegreiflichkeit, Unberechenbarkeit und Unverfügbarkeit seines Lebens hat sich bis zu seinem Ende - in Familienpflege, Klinik, Anstalt und KZ - nichts mehr geändert, nichts wenn er vor der Unverfügbarkeit des Hundes ehrerbietig den Hut zieht, nichts wenn er in der Anstalt der Feststellung seines Gewichtes, seiner Erdenschwere "unbegreiflichen" Widerstand entgegensetzt, womit er die psychiatrische Frage "was ist psychotisch" ad absurdum führt.

Daß das für ihn höchste Dasein das Unbegreifliche sei, drückt sich auch in seinem letzten uns bekannten, nur scheinbar besinnlichen, gleichzeitig begreiflich/unbegreiflichen Gedicht aus, das er der Tochter seiner thüringischen Pflegefamilie am 1.8. 1915 ins Poesiealbum schrieb:

"Wirf Deinen Anker
nicht nach der Tiefe
des Erdenschlammes,
sondern nach der Höhe
des Himmelblaues
und Dein Schifflein
wird glücklich landen
im Sturm" (H., S. 122)

Der Anker der Orientierung gehört nicht dahin, wohin er gehört, in den Erdenschlamm, auch nicht in die Höhe des Himmels Gottes, sondern in die Höhe des Blaues des Himmels, des weltweitenden Unbegreiflichen; denn glücklich landen kann das Schifflein des Daseins nicht vor dem Sturm, sondern nur im Sturm.

7. Um dort nicht hingelangen zu müssen und zugleich dort hinzugelangen, hat Jakob van Hoddis die meisten denkbaren Fluchtmöglichkeiten erprobt und verworfen und hinreichende schützende Hüllen, die seiner besonderen Verletzbarkeit Orientierung und Geborgenheit hätten geben können, gesucht und gnadenlos durchstoßen. Zu Anfang war es noch die Idylle des Ägäischen Meeres und der griechischen Lyrik. Italien hat er offenbar von vornherein weggejuxt. Zwischendurch hat er sich auch mal nach der Zugehörigkeit zu den geballten Fäusten der Arbeiterbewegung

gesehnt (P., S. 52). Sicher hat er sich nicht selten in seiner Angst und Verzweiflung auch den Tod gewünscht - auch ihn hat er sich nicht gegönnt: "Ein grauer Tod kommt uns entgegen" (P., S. 60). Vom psychoanalytischen Denksystem und von den Philosophien seiner Zeit hat er nur hin und wieder genippt. Die Liebe zu einer Frau ist ihm versagt gewesen oder hat er sich versagt. Am meisten hat ihn noch die Flucht oder die schützende Hülle bewegt, die ihn aus versagter Liebe in den katholischen Glauben trieb. Vorübergehend konnte er sich dadurch im Gefühl seiner Kindlichkeit ausruhen. An Loewenson schreibt er: "Viele Gedanken, die in den Systemen als abgründiger Tiefsinn erscheinen, ordnen sich in der Religion kindhaft einfach. Deswegen wurde ich Katholik" (P., S. 109). Und noch deutlicher in seinem Brief an Emmy Hennings: "Mein Glaube wird wieder stärker ... Ich hoffe, daß es Dich freut und Du mich wieder liebhast" (P., S. 123). Besser konnte er sich eins fühlen mit dem "Opfertod" des "schmerzenreichen Gottes" (P., S. 42). Gleichwohl mußte er darum beten, "daß der Gott sich von mir wende", um seinen Lebenssinn zu finden und leben zu können. Insofern ist es nur konsequent, daß der Arzt in Wolbek sowie Dr. Kronfeld seine Religiösität eher als Krankheitssymptom auffassten. Loewenson berichtet, daß Hoddis sich einmal als Lotte-Pritzel-Puppe verkleidet habe (P., S. 110), damit den damals besonders unter Malern nicht ganz seltenen Brauch und Schutzmechanismus der Verpuppung erprobend. Der schon zitierte, nicht abgeschickte Brief an seine Mutter zeigt, daß er durchaus auch die Flucht in das Renommee des erfolgreichen und finanziell gesicherten Schriftstellers erwogen hat. Möglicherweise war dies für ihn die gefährlichste Versuchung, von seinem Weg abweichend, eine Lösung/Erlösung zu finden. Hornbogen interpretiert eines der Bilder von Hoddis, daß mit dem Pferd, dem Indianer, der Frau und dem Kreuz dort seine wichtigsten Fluchtsehnsüchte symbolisiert seien. So bleibt als einzige Entlastung, die er sich gegönnt hat, die zunehmende Schwerhörigkeit, mit deren Hilfe er ein wenig steuern konnte, wie nah ihm Menschen kommen sollten.

8. Um seinen gewählten Lebensentwurf zu verwirklichen und zugleich seiner besonderen Verletzbarkeit zu entsprechen, war er von Anfang an gezwungen, sich die Menschen, die er andererseits auch brauchte, in angemessenem Abstand zu halten, mußte sich darüber hinaus aber auch von einem nach dem anderen freimachen. Es war dies die Freiheit, zu der er verurteilt war. Das "Verlaßt mich" in "Hamlet" zeugt davon, vor allem wenn er diese Haltung "wie einen Herrscherstab" trägt (P., S. 26). Mit

"Lietzensee" trennt er sich schroff von seinem Freund Georg Heym, wobei an diesem Gedicht besonders deutlich wird, daß die Trennung von einem Menschen für ihn seine Form des Liebesbeweises war und daß die Schroffheit der Trennung von der Tiefe der Liebe zeugte. Wie lange ihn seine Befürchtungen, Heym durch seine Gedanken getötet zu haben, beschäftigten, geht daraus hervor, daß er noch 1919 in Erfurt erzählte, er schreibe ein Stück über den Tod Georg Heyms (H., S. 85). Im Gedicht "Der Freund" wird der Zusammenhang überdeutlich: "Ich stieß den Dolch ihm in die Eingeweide", und damit erfüllte er ihm seinen Wunsch: "Gewaltig war der Tag, wie er ersehnte" (P., S. 50). Wie sehr dies seinem überempfindlichen Erleben entsprach, berichtet Loewenson: Hoddis habe ihm einmal gestanden, "daß er gestern den ganzen Nachmittag lang ein Messer geschliffen hatte, um Ernst Blaß und Alfred Lichtenstein, die in alle seine Erlebnisse hineinkröchen und sie sich aneigneten, zur Strecke zu bringen" (P., S. 106). Über die Trennung von Kurt Hiller, dem "soziologischen Schlachtochsen", haben wir schon berichtet. Es ist kein Wunder, daß seine Befreiung von Loewenson, mit dem er 10 Jahre lang zusammen sein konnte, nur über paranoides Mißtrauen möglich war (er warf ihm Konspiration gegen ihn vor), ähnlich wie ihm die Abnabelung von seiner Mutter leichter fiel, weil für sie Kunst nur Bildungsgut war. Sie wird nie verstanden haben, weshalb ihr Sohn dies am meisten hassen mußte. Wie dramaturgisch konstruiert, läßt Hoddis sich Anfang 1914 aus seiner eigenen Schöpfung, "der neopathetischen Gemeinschaft", ausschließen, kein halbes Jahr bevor er von niemandem bemerkt wie durch die Hintertür nicht nur seinen sozialen Raum in die thüringische Pflegefamilie verläßt, sondern auch seine soziale Zeit, da er sich von nun an - in "ewiger Jugend" verharrend - stets als 28jährig ausgibt.

9. Jakob van Hoddis hat sich mit einem Gedicht selbst als "Visionarr" bezeichnet. Aufregend ist, daß das Visionäre, das vielen seiner Gedichte anhaftet, sowohl von seinen Zeitgenossen im Blick auf die Zukunft als auch von uns heute im Rückblick so empfunden werden kann. Er brachte die kulturpessimistisch-untergangsreife Schwüle vor den "Stahlgewittern" des Ersten Weltkrieges zu Sprachbildern. Er ahnte aber auch - wie eine Kassandra - das unermeßliche Vernichtungspotential der scheinbar harmonischen Vorkriegszeit voraus, die industrialisierte Tötungsmaschinerie des Ersten und Zweiten Weltkrieges, des Nationalsozialismus, des Geschehens in Hadamar, Auschwitz und Hiroshima. Etwa im "Morgentraum": "Dann siehst du Menschen wie in Kerkern wohnen, in Zimmern

hockend jedem Blick bedrängt. Der Horizont ist mit Geschrei verhängt. Doch Lachen schallt von goldnen Wolkenthronen" (P., S. 51). Oder "fern am lauernden Horizont" (P., S. 52); oder in "Karthago": "Einer verschwand in dem krachenden dampfenden ehernen Maul ... Über der blau donnernden Flut unermüdlicher Meere droht dir der Tod ... Eure Töchter und Söhne verbrennt ihr im gräßlichen Feuer vergebens. Horch, es klingt der gläserne Tod durch die wüste Stunde. Und es erstarrt im Mittagswunder der Traum und die Kraft eures Lebens" (P., S. 54). Oder im "Nachtgesang": Das Abendrot zerriß die blauen Himmel. Blut fiel aufs Meer. Und Fieber flammten auf ... Trompetenstöße vom verfluchten Berge - wann sinken Land und Meer in Gott?" (P., S. 74) Oder im Text über "Dr. Hackers Ende", in dem dieser Mensch, "betrunken vor Angst" sich seiner Vision erinnert: "Vielleicht bin ich verrückt, aber es lohnt sich", den zweiten Teil dieses Satzes vergaß, weshalb ihm folgendes widerfuhr: "Ein Milchwagen rasselte, die Stühle streckten ihre Beine aus den Café-Fenstern. Ein kleiner weißer Hund lief über den Damm und fraß ihn auf" (P., S. 79-80). Schließlich findet der Vorgriff auf die Zukunft vor allem im "Weltende" statt - und das in mehrfacher Hinsicht: Einmal hat man den Eindruck, daß jemand - Jakob van Hoddis - diesen verdrängten Vernichtungsteil der Vorkriegsidylle beim Namen nennen, das Wort "Weltende" aussprechen mußte, damit die Vernichtungsmaschinerie ins Rollen kommen konnte. Zum anderen konnten manche Menschen wie z. B. J. R. Becher das Gedicht als Signal zum Aufbruch, als Erlösung aus der Erstarrung begreifen: "Wir waren durch diese acht Zeilen verwandelt ... Wir fühlten uns wie neue Menschen, wie Menschen am ersten geschichtlichen Schöpfungstag, eine neue Welt sollte mit uns beginnen, und eine Unruhe schworen wir uns zu stiften, daß den Bürgern Hören und Sehen vergehen sollte" (H., S. 72) und schließlich, wenn wir heute das Gedicht lesen und die Vernichtungsstationen des 20. Jahrhunderts mit ihm vergleichen, fällt es nicht schwer festzustellen, daß die umfassende Vernichtungs-Gleichzeitigkeit dieses Gedichtes erst vollständig in Hiroshima ihre Verwirklichung fand.

10. Was aber ist bei alledem für Jakob van Hoddis Lachen? Im November 1912 gab er dem Psychiater im "Waldhaus" einen Zettel: "Und kann ich die Welt nicht aushalten, darum gab mir Gott das Lachen, und dann lache ich über die ganze Welt inklusive des öden Begriffes des Absoluten ... Natürlich ist die Sündhaftigkeit (Unvollkommenheit) der Welt unerträglich, wenn es keine Erlösung gibt. Man lachte also herzhaft und

entschlossen" (H., S. 42). Dies Lachen ist es, was sein Erleben und Leben vor allem auszeichnet. Loewenson spricht ihm Mut und Stolz zu: "Man hatte den Eindruck, er war immer sofort am Ziel ... Es war eigentlich der Mut und der Unternehmungsgeist, der an ihm geschätzt wurde". Sein Auftreten war von "Triumphgewohnheit" geprägt. Seine größte Sehnsucht mußte eine neue Odyssee sein: "nicht das endgültige Heimkehren freilich, nur die Standfestigkeit beim Verschlagenwerden von Schicksal zu Schicksal, von Welt zu Welt - bis über den Hades hinaus" (P., S. 96-97). In der Verzweiflung seines radikalen Weltentwurfs, seiner Sinnsuche, die immer nur darum rang, verdrängte Verfestigungen aufzulösen, Erstarrtes zu verlebendigen und zur Lebensbewegung zu öffnen, waren sein Stolz, sein Lachen über sich selbst und alles entscheidend dafür, daß er nicht gleich wieder zu neuen Verfestigungen und Lösungen kam, seinen Sinn immer nur im Öffnen von Verschlossenem findend. Daher finde ich eine andere griechische Gestalt als Symbolfigur für ihn: in seiner Wahl des heiteren Scheiterns gleicht er Sisyphus, zumindest in der Deutung von Camus. So heißt es im "Denker": "Und er rang und immer wieder ... er bäumte auf, und alle Räume hallten" (P., S. 13). So ist er in seinem Stolz vor den Göttern im "Traum" der "Triumphator" (P., S. 31). So fleht er im "Gebet" Gott an: "Der du den Raum heraufwarfst und das Meer und Sonnen, Städte, Wolkenungetüme, und Engel wacher Nächte - ... verberge dich, so oft ich feige bin vor meiner Schmach im alten Blut der Nacht" (P., S. 44). Er macht sich in "Die Himmelsschlange" lustig über sich: "Ach, dem Denker wird es übel, der das Heut´ bedenken soll. Steckt ihn in den Wasserkübel. er ist toll" (P., S. 55). Weiter verjuxt er sich und sein Streben: "Und wütend läufst du immer weiter, das Ganze ist zwar zaubertoll, doch ist es weiter gar nicht heiter, wenn man am Wunder sterben soll" (P., S. 63) und im "Indianisch Lied" fragt er sich: "Warum bin ich heiter, wenn über endlosem Land die dröhnende Sonne verbrennt wie am sagenhaften Abend des verendenden Lebens" (P., S. 72). Während zur selben Zeit die Psychiater unter Anstaltsbedingungen das Konzept des Spaltungsirreseins oder der Schizophrenie konstruieren, macht er sich über sie lustig: "Ihr Weißbärte, die ihr aus dem Wissen von Menschen eine Wissenschaft zu machen euch erkühnt" (P., S. 82), setzt sein Lachen dem Psychiater vom "Waldhaus" entgegen und dichtet seinerseits das Drama des Kampfes von Ich-Idee und Ur-Ich, von Ich und Selbst, das er mit dem Vers enden läßt: "Die Freunde, hub sich große Not: Ich schlug mich gegenseitig tot" (P., S. 79). Der Wahrheit darüber, was beim Öffnen aller Stockwerke des "großen Menschenhauses" passieren kann, kam er auf diese Weise mindestens ebenso nahe.

Schließlich erzählt er in der "Trilogie der Leidenschaftslosen", wahrscheinlich einem seiner letzten Texte, von einem Affen, der als Dorfschulze seinen Mit-Affen eine Rede hält: "Das Dasein hat keinen Zweck, denn es entbehrt des zureichenden Grundes. - Wie nun? Wir sitzen und knacken Nüsse und erzählen uns Witze um zu lachen - sollten wir uns nicht in unserem Freiesten erheben zur Höhe der Welterkenntnis, wenn wir am ungebundensten sind, wenn wir lachen? Auf, meine Herren! Seien wir ehrlich und lachen wir von heute ab - ohne Gründe". Den anderen Affen leuchtete das ein, und sie sangen:

Tiefe feite dich vor Gründen
heiter rieten wir uns: Nicht
deines Unsinns Bünde Gründe
breiter treibe hin zum Licht.
Ständig schallt die alte Losung
Erlösung: Lösung ausgelacht.
Ist es Liebe, ist es Bosung,
was uns das Genie vermacht?" (P., S. 84-85)

Da man Jakob van Hoddis die restlichen Jahrzehnte seines Lebens vor allem heiter, lächelnd und lachend gesehen hat, glaube ich, daß dieser über den Hades hinaus standfeste Odysseus, diese bis heute ahnungsvolle Kassandra, dieser nicht nur dichtend, sondern auch lebend und sterbend stolzlachende Sisyphus des 20. Jahrhunderts uns auch noch in seiner Ermordung mitteilt: Endlich jede Lösung ausgelacht!

Neue Ethik für die Hirnforschung? (1994)

Ausgehend vom "Ethikboom" der letzten zehn Jahre werden die Voraussetzungen zur Beantwortung der im Titel formulierten Frage genannt. Ein philosophiegeschichtlicher Abriß beleuchtet ausführlich die Perspektiven verschiedener, sich mit der Interpretation geistiger Krankheiten befassender Wissenschaften. Besonderheit der heutigen Situation ist neben den technischen Fortschritten die gravierende gesellschaftliche Veränderung, hier besonders die geänderte Einstellung zu Alter und Krankheit. Bei den Bemühungen von Medizinern und Hirnforschern, ihr Tun zu begründen, erfolgte der Rückgriff auf die Bioethik. Untersuchungen des Sprachgebrauchs im Umgang mit alten, debilen oder geisteskranken Menschen zeigen auf, wie sehr die heutige Gesellschaft von der Technik rationalen Denkens geprägt ist. Stattdessen müssen Sonderethik und Allgemeinethik zueinander in Beziehung gesetzt werden, deren pragmatischer Nutzen sich aus den aufgeführten Bestimmungen eines nicht-reduzierten Menschenbildes ergibt. Schwierigkeiten der Umsetzung einer solchen Allgemeinethik werden am Beispiel der Hirntod-Definition in Amerika aufgezeigt. Die Diskussion in Deutschland zum Umgang mit komatösen oder apallischen Menschen relativiert Descartes "Ich denke, also bin ich". Am Beispiel der Psychiater wird die Bedeutung einer Sozial- oder Gemeindepsychologie deutlich gemacht.

Neben den Auswirkungen der Hirnforschung in den letzten zehn Jahren auf unsere Kultur, also dem "Neuroboom", gibt es ebenfalls seit zehn Jahren einen "Ethikboom". Kein Kongreß, keine Fortbildungsveranstaltung ohne ein ethisches Angebot, kein medizinischer Fachbereich, keine Ärztekammer ohne Ethik-Kommission. Der bioethische Außenminister, Hans-Martin Sass, Bochum, Direktor des European Professional Ethics Program des Kennedy-Institute of Ethics an der Georgetown University in Washington D. C., hat gerade ein Instrument zur "Selbstbestimmung des Patienten" unter dem Titel "Wertanamnese und Betreuungsverfügung"[1] veröffentlicht,

[1] Kielstein, R., H.-M. Sass: Wertanamnese und Betreuungsverfügung. Instrumente zur Selbstbestimmung des Patienten und zur Entscheidungshilfe des Arztes und Betreuers. Medizinethische Materialien, Heft 81, Zentrum für Medizinische Ethik, Bochum, 1993.

womit Patienten in der Vorsorgeuntersuchung anhand standardisierter Fallgeschichten ihre Entscheidung festlegen können, ob sie in bestimmten Grenzsituationen behandelt werden und weiterleben wollen oder nicht. Ärzte hätten damit in Zukunft neben der medizinischen Anamnese die "Wertanamnese" und neben dem Blutbild das "Wertbild" eines Patienten zu erheben.

Da es nicht um "noch mehr Ethik" gehen kann, das Ziel vielmehr eher "weniger Ethik" und damit ein breiteres Fundament moralischer Selbstverständlichkeit für ärztliches Handeln sein muß, hat die Beantwortung der Frage "Neue Ethik für die Hirnforschung?" von folgenden Voraussetzungen auszugehen:

- Alle Leistungsangebote der Hirnforschung wie der Medizin überhaupt sind zunächst technisch und damit asozial; damit sie sich im ärztlichen Handeln möglichst heilsam auswirken, bedürfen sie also zusätzlich einer Sozialisierung, deren Grenzen über das Standesrecht, über das Strafrecht und über die ethische Reflexion gefunden werden.

- Ethik ist praktische Philosophie und lehrt, wie die je einmalige Situation umfassend zu beurteilen ist, um richtiges Handeln zu ermöglichen. Da Ethik Philosophie und nicht Wissenschaft ist, ist ihre Basis im strengen Sinne nicht verallgemeinerungsfähig, nicht rational theoretisierbar.

- Da die Hirnforscher wie jede andere Interessengemeinschaft in einer pluralistischen Gesellschaft die Freiheit haben, sich die für sie passendste Ethik zu suchen, ist zu prüfen, wie weit diese Sonderethik vereinbar ist mit der umfassenden ethischen Beurteilung der anstehenden konkreten Situation, also mit dem Menschenbild und den ethischen Grundannahmen der Gesamtgesellschaft oder ob hier eine "Subpolitik"[2] kultiviert wird.

Die kulturelle Wirkungsgeschichte der Hirnforschung

Erst in der zweiten Hälfte des 18. Jahrhunderts gilt der Mensch unter dem Einfluß der Physik und Chemie sowie des Rationalismus der Aufklä-

---

2 Beck, Risikogesellschaft. Auf dem Weg in eine andere Moderne. Suhrkamp, Frankfurt, 1992.

rung nicht nur als vernünftige Maschine ("l'homme machine"); vielmehr wirkt sich der Satz des Descartes "Ich denke, also bin ich" aus. Es fasziniert nicht nur den "Phrenologen" Gall, sondern das gesamte aufstrebende bürgerliche Publikum, daß das Gehirn den Menschen zum Menschen macht. Zeitgleich wird unter Federführung der englisch-utilitaristischen Variante des Rationalismus die Selbstbestimmung des Individuums zur höchsten Norm, das grenzenlose Ausleben seines Egoismus zum Garanten potenzierter Produktivität, des größten Glücks der größten Zahl und damit zum Motor der Expansion der Subsistenz- zur Marktwirtschaft. Kriterium für menschliche Personalität wurde erstmals in der Menschheitsgeschichte die vernunft- und hirngesteuerte Arbeitspflicht.

Wie immer in der Geschichte folgte danach eine Gegenbewegung: Die erste Hälfte des 19. Jahrhunderts beläßt unter dem Eindruck der Romantik und des deutschen Idealismus der Seele und dem Geist eine beträchtliche Selbständigkeit neben dem Körper und dem Gehirn. Ganzheitliche Menschenbilder haben Konjunktur, Messmer fasziniert das Publikum, und neben den Naturwissenschaften emanzipieren sich andere Einzelwissenschaften allmählich von der Philosophie, wie etwa Pädagogik, Psychologie und Soziologie.

Mitte des 19. Jahrhunderts übernehmen wieder die mit dem Gehirn verknüpften gesellschaftlichen Wünsche, Erwartungen und Ängste die Federführung. Griesinger verkündet 1845 seine Leitidee: "Geisteskrankheiten sind Gehirnkrankheiten". Hirnpathologen suchen unter großer öffentlicher Anteilnahme die Ursache für alle denkbaren Unregelmäßigkeiten menschlichen Verhaltens in Mängeln des Gehirns. Alles soll rational auf materielle Elemente reduzierbar sein. Die an die Hirnforschung geknüpften Heilerwartungen, aber auch Ängste erreichen Ende des 19. Jahrhunderts einen zwischenzeitlichen Höhepunkt. Um 1890 ist es für das bürgerliche Publikum aller weltanschaulichen Spielarten normal, von "Minderwertigen", "Untermenschen" oder "geistig Toten" zu sprechen. Kombiniert mit dem höchsten "Wert" der Selbstbestimmung entwickelt Alfred Jost[3] 1895 erstmals das Recht nicht nur auf den Suizid, sondern auch auf den Tod, wenn das selbstbestimmte Individuum ihn wünscht, gedankliche Vorarbeit für das Buch von Binding und Hoche "Die Freigabe

[3] Jost, A.: Das Recht auf den Tod. Göttingen, 1985.

der Vernichtung lebensunwerten Lebens".[4] Ausführlicher beschrieben ist dieser Prozeß in "Tödliches Mitleid"[5].

Der Anfang des 20. Jahrhunderts steht wieder mehr im Zeichen einer Gegenbewegung. Eigenständige philosophische Denkansätze wie Phänomenologie, Existenzphilosophie, philosophische Anthropologie lassen nun wieder holistische Menschenbilder plausibel erscheinen, lassen den Menschen als ein nicht reduzierbares Wesen gelten, stellen die Seele neben den Körper, den Geist neben das Gehirn, machen erste psychosomatische Konzepte möglich.

Die letzten dreißig bis vierzig Jahre brachten einen bisher unbekannten und kulturell prägenden Boom der Psycho- und Sozialwissenschaften. Nicht nur, daß psychosomatische Denkmodelle selbst Krankheiten wie den Krebs erreichten. Es ist vielmehr auch festzustellen, daß erstmals nach 1945 systematisch und weltweit die 150jährige Geschichte der Ausgrenzung und Institutionalisierung der als hirnuntüchtig geltenden Bevölkerungsgruppen ersetzt oder zumindest ergänzt wurde durch eine Bewegung der De-Institutionalisierung und der Integration in die Gemeinde, obwohl dies rein rational nicht begründbar wäre.

Aus der bisherigen Geschichtsbetrachtung ist zu erkennen, daß die kulturelle Prägung der Hirnforschung nicht kumulativ fortschreitet, sondern daß sich auch hier der wissenschaftstheoretische Lehrsatz[6] bestätigt, daß ein wissenschaftliches Paradigma immer dann, wenn es an Überzeugungskraft abnimmt und sich aus Schwäche zu verabsolutieren droht, in ein gegenteiliges Paradigma umschlägt. Insbesondere wenn es sich um Menschheits-Fragen wie das Leib-Seele-Problem handelt, ist es nicht weiter erstaunlich, daß im Laufe der 80er Jahre dieses Jahrhunderts wieder verstärkt rationalistische und atomistische Denkansätze in der Hirnforschung an Aussagekraft und zugleich an kultureller Wirksamkeit im Sinne von Heilversprechen und von Ängsten gewinnen.

Die Besonderheiten der heutigen Situation

---

4 Binding, K., A. Hoche: Die Freigabe der Vernichtung lebensunwerten Lebens. Leipzig, 1920.

5 Dörner, K.: Tödliches Mitleid. Verlag Jakob van Hoddis, Gütersloh, 1993.

6 Kuhn, T.H.S.: The Structure of scientific Revolutions, Chicago, 1965.

Wenn sich auch die Bedeutung des jetzt ausgerufenen "Jahrzehnts des Gehirns" im Licht der Geschichte relativiert, gibt es doch - außer den technischen Fortschritten - hinreichend schwerwiegende gesellschaftliche Veränderungen, die eine gesteigerte Heilerwartung an die Hirnforschung begründen können. So waren im Jahr 1900 nur fünf Prozent der Bevölkerung älter als 65 Jahre, während es jetzt knapp 20 Prozent sind und im Jahre 2030 33 Prozent sein werden. Während noch um 1900 das Alter Seltenheitswert hatte und es daher ethisch leichter war, es zu verehren, haben die Alten sich mit ihrer Inflationierung entwertet, in der Fremd- wie in der Selbsteinschätzung. Bei einer so schnellen demographischen Veränderung kann man sich nicht ebenso schnell darauf einstellen und die heutige Zahl der Alten für normal halten. Daher sind die Alten eher bereit und sind auch wir eher bereit, dem Alter im Falle von Demenz und Pflegebedürftigkeit Würde abzusprechen und ungeduldiger einschneidende Behandlungserfolge zu erwarten.

Gerade dank der Erfolge der Medizin gibt es heute im Verhältnis zu akut Kranken immer mehr chronisch Kranke, bei denen die Diskrepanz zwischen medizinischer Ohnmacht und dem Machbarkeitsglauben größer und gefährlicher wird.

Schließlich nimmt es in diesem Horizont nicht wunder, daß für die Erklärung psychischer Erkrankungen und geistiger Behinderungen die psychologischen oder pädagogischen Denkmodelle der letzten Jahrzehnte heute eher als unbefriedigend erlebt werden, dagegen von neurobiologischen Konzepten wieder mehr erwartet wird, zumal die Stoffwechselchemie der Psychopharmaka sowie humangenetische Forschungsergebnisse dieses nahelegen. Es gibt also hinreichend Gründe, viele Leidenszustände vermehrt für "nichts als" neurobiologische Störungen zu halten und die Hirnforschung wieder mehr für die Königswissenschaft zu halten, die uns von vielerlei gesellschaftlichem Elend befreit und uns dem aufklärerischen Ideal einer vernünftigen und leidensfreien Gesellschaft näherbringen kann. Daß dieser Glaube sich nun schon das dritte Mal gegen Ende eines Jahrhunderts zuspitzt, mag freilich ein Zufall sein.

Sonderethik und Allgemeinethik

Wenn es stimmt, daß medizinische Leistungen zunächst einmal nur technisch sind und daher stets einer sozialisierenden Übersetzung bedürfen, dann ist es verständlich, daß Mediziner im allgemeinen und Hirnforscher im besonderen sich nach einer möglichst technisch-rationalen Ethik zur Begründung ihres Tuns umsehen. Als die Genetiker nach Rechtfertigungsgründen für das Experimentieren mit menschlichen Embryos suchten, luden sie den Bioethiker Peter Singer nach Berlin ein. Die Bioethik ist um Anpassung der Ethik an die Interessen medizinischer Forscher bemüht, also um Verwissenschaftlichung der Ethik. Sie läßt nur rational begründete ethische Aussagen zu, geht daher auch von einem rationalen Menschenbild aus, indem sie dem Menschen Personalität, Würde und Lebensschutz nur beimißt, wenn und solange er bestimmten Kriterien wie Selbstbewußtsein, Zeitbewußtsein und Kommunikationsfähigkeit genügt, Kriterien, die er am Lebensanfang eventuell erwirbt und am Lebensende eventuell verliert. Außerhalb dieser Grenzen ist der Mensch nicht Person, sondern Sache, darf entsprechend behandelt, auch getötet werden, wobei es sich eigentlich nicht um töten, eher um "totmachen" handelt, wie Wolfensberger[7] formuliert. Diese Ethik ist keine Philosophie mehr, da es sich bei ihr eben nicht um die Lehre vom richtigen Handeln in der Not rational nicht begründbarer Entscheidungssituationen handelt, dafür in sich schlüssig, wenn man ihre Voraussetzungen akzeptiert, und von hoher gesellschaftlicher Akzeptanz, da sie vom selben utilitaristischen Denkansatz gesteuert wird wie die Marktwirtschaft.

Wie sehr die Gesellschaft von dieser technisch-rationalen Denkweise, die die zwischenmenschliche Bedeutungszuweisung ausklammert, geprägt ist, mögen einige Beispiele aus dem allgemeinen Sprachgebrauch zeigen. So wird etwa von einem behinderten Neugeborenen oder einem altersdementen Menschen gesagt, er habe nur "minimale Möglichkeiten". Damit aber unterwirft man "Möglichkeiten", also etwas Qualitatives, einer quantifizierenden Bewertung und entwertet sie. Man merkt nicht, daß von Menschen in Grenzsituationen nicht mehr von Menschen, sondern von "menschlichem Leben" gesprochen wird, selbst wenn man es schützen will. Damit wird das Leben, also das Biologische des Menschen, zum Subjekt

---

[7] Wolfensberger, W.: Der neue Genozid an den Benachteiligten, Alten und Behinderten. Verlag Jakob van Hoddis, Gütersloh, 1991.

gemacht, wird der Wandel vollzogen vom sozialisierten Menschenbild der Zwischenmenschlichkeit zum medizintechnischen, rationalen Menschenbild. Zugleich hat man damit den Wandel von der Humanethik zur Bioethik übernommen, also zu einer an sich gar nicht möglichen Ethik der Materie, insofern sie lebendig, eben biologisch ist. Selbst die "Deutsche Forschungsgemeinschaft" diskutiert zur Zeit darüber, daß der bisherige Forschungsschwerpunkt einer "interdisziplinären Ethik" in Zukunft in zwei Forschungsschwerpunkte aufgelöst werden soll, in Bioethik einerseits und Sozialethik andererseits. Dabei sollte klar sein, daß eine Ethik, die diesen Namen verdient, stets die wechselseitigen Beziehungen zwischen biologischen und sozialen Aspekten zu akzeptieren hat. Sollte es zu einer solchen erkenntnisbehindernden Zweiteilung kommen, würden beide in sich gar nicht möglichen Ethik-Fragmente zwar jedes für sich rationaler werden, sich jedoch gegenseitig polarisieren und ideologisieren, was die Gefahr einer medizintechnischen Subpolitik, der Verselbständigung einer Sonderethik verschärfen würde.

Soll die Bioethik und damit der medizintechnische Staat im Staate nicht weiter unkontrolliert expandieren, muß diese Sonderethik zu einer Allgemeinethik in Beziehung gesetzt werden. Ist diese Sonderethik eine "nichts als"-Ethik, indem sie die Personalität des Menschen auf nichts als den Zustand des Gehirns reduziert, so wäre sie ins Verhältnis zu setzen zu einer "mehr als"-Ethik, womit in Anlehnung an Saner[8] ein Satz von Jaspers zitiert werden kann: "Der Mensch ist mehr, als wir von ihm wissen". In diesem "mehr als" steckt die grundsätzliche Unbestimmbarkeit und damit die Garantie der Würde des Menschen. Liegt also der bioethischen Sonderethik ein reduktionistisches Menschenbild des "nichts als" rationalen Menschen zugrunde, wofür seit Descartes die Hirnforschung besonders anfällig sein muß, so ist ihre zwar eingeschränkte, aber durchaus gegebene Gültigkeit durch ihre Einbindung in eine umfassendere Allgemeinethik zu kontrollieren. Diese Allgemeinethik und ihre Fähigkeit zur Einbindung der Sonderethik mag in den folgenden Bestimmungen eines nicht-reduzierten Menschenbildes umschrieben und pragmatisch hilfreich sein:

---

8 Saner, H.: Vom normlosen Gewissen und den gewissenlosen Normen, in: Seidel, R., W.F. Werner (eds.): Psychiatrie im Abgrund, Rheinland-Verlag, Köln, 1991, 156-164.

- Menschen kommen nur in der beziehungsstiftenden und bedeutungszusprechenden Mehrzahl vor, wobei es grundsätzlich immer nur um Beziehungen zwischen jeweils starken und schwächeren Menschen geht. Der Mensch in der Einzahl, als Individuum, ist demgegenüber nur eine künstliche und technische Abstraktion. Vom Menschen in der Einzahl zu sprechen ist immer nur unschädlich im Schutz seiner grundsätzlichen Sozialität.

- Menschen gestalten ihr Verhältnis zu sich und anderen grundsätzlich leidend. Nur im Schutz dieses Rahmens ist es unschädlich, auch vom Glück des Menschen zu sprechen.

- Menschen haben grundsätzlich Würde, während Sachen ein Wert zugesprochen wird, ein Begriff, der seine Herkunft aus der Wirtschaft nie verlieren kann. Nur im Schutz der grundsätzlichen Würde des Menschen ist es unschädlich, Menschen zum Beispiel unter dem Leistungsaspekt auch einen Wert beizumessen.

- Menschen sind grundsätzlich handelnde Subjekte. Nur im Rahmen dieses Schutzes ist es möglich und erlaubt, sie auch unter dem Aspekt eines Objektes, beispielsweise als biologische Materie, wahrzunehmen.

- Menschen leben in Alltagstraditionen, haben gegenüber dem Tier eine "exzentrische Position" (H. Plessner); das heißt, sie finden den für sie notwendigen Halt dadurch, daß sie sich in dreifacher Hinsicht transzendieren, überschreiten: in Richtung auf die Welt (Vergegenständlichung), auf den Anderen (Dialog) und auf die Zukunft (Perspektive), sie gewinnen ihren Halt von den Entwürfen, die sie sich machen. Nur im Rahmen dieses Schutzes ist es unschädlich, daß sie sich auch bemühen, sich so rational wie möglich zu begründen.

Zusammengefaßt heißt das: Nur ohne den Schutz der genannten Rahmenbedingungen ist die Verabsolutierung der Individualität des Menschen, seines leidfreien Glücks, seines ökonomischen Wertes, seiner wissenschaftlichen Objektivierbarkeit und seiner Rationalität mörderisch. Umgekehrt kann innerhalb des schützenden Rahmens die wissenschaftliche und technische Rationalität aus ihrer dienenden Position heraus unendlich segensreich wirken.

Diese Bestimmungen und das daraus abgeleitete Verhältnis zwischen Sonderethik und Allgemeinethik ist der Kontroverse zwischen Liberalismus und Kommunitarismus zu verdanken, ein Diskurs[9] der ebenfalls seit zehn Jahren die Sozial- und Politikwissenschaften bewegt und der auch in vielen anderen Aspekten für den Problembereich hilfreich sein könnte, wenn nur die erforderliche wechselseitige Offenheit zwischen dem Hirnforschungs- und dem Kommunitarismus-Diskurs in den Öffentlichkeits-Medien der Gesellschaft bestünde; denn gesellschaftlich bedeutsam sind beide in hohem Maße.

Auf diesem Wege ist es durchaus möglich, auch die Leistungsangebote der Hirnforschung wieder einzufangen, zu sozialisieren und zu nutzen. Bisher ist es dem Menschen immer noch gelungen, auch die noch so schnellen und weglaufenden neuen technischen Errungenschaften wieder einzuholen und einen angemessenen moralischen Umgang mit ihnen zu finden. Gefährlich könnte es nur werden, wenn die Hoffnung aufgegeben würde, daß dieses gelingen wird. Damit hätte man den Glauben an sich selbst und seine Möglichkeiten verloren, würde in Selbstmitleid, das auch hier tödlich sein kann, ersticken.

Exemplarische Fragen an neurobiologische Situationen

Im folgenden soll am Beispiel dreier neurobiologischer Problemlagen gezeigt werden, auf welch unterschiedlichen Ebenen ethischer Reflexions- und Handlungsbedarf besteht.

1. Die Hirntod-Definition

Hans Jonas[10] hat nicht nur angesichts wachsender Verantwortung gegenüber zukünftigen Generationen den ersten Entwurf einer globalen Fern-Ethik vorgelegt, vielmehr berichtet er auch, wie er in den USA gegenüber den an der Hirntod-Definition interssierten Hirnforschern relativ einsam und ohnmächtig die Position einer Allgemeinethik vertreten hat und damit gescheitert ist. Ohne die Not und Ungeduld des Patienten zu verken-

---

9 Honneth, A. (ed.): Kommunitarismus, eine Debatte über die moralischen Grundlagen moderner Gesellschaften. Campus, Frankfurt, 1993.

10 Jonas, H.: Technik, Medizin und Ethik. Praxis des Prinzips Verantwortung. Suhrkamp, Frankfurt, 1987, 235 u. 239

nen, der auf ein lebensrettendes Transplantat wartet, und die Not und Ungeduld des Arztes, der mit der möglichst schnellen Entnahme eines Spenderorgans Leben retten kann, argumentiert er: "Solange der komatöse Körper - selbst nur mit Hilfe der "Kunst" - noch atmet, pulsiert und sonstwie organisch am Werk ist, muß er immer noch als restliche Fortdauer des Subjektes angesehen werden, das geliebt hat und geliebt wurde." Jonas resümiert: "Doch im Prinzip ist die Schlacht verloren. Praktisch lief meine Gegenwehr darauf hinaus, daß man zunächst die künstliche Atmung einstellt, dann die Zeit läßt, um die endgültige Abwesenheit aller Lebenszeichen festzustellen, und danach erst mit der Organentfernung beginnt. Das würde, da die Verzögerung kurz ist, immer noch brauchbares Material erbringen, aber die Bedingungen wären nicht immer die optimalen, die Ausbeute daher wohl geringer. Das natürlich hat praktisch den Ausschlag gegeben." Die Vorverlegung der Todesfeststellung auf den Zeitpunkt des Hirntodes "exemplifiziert das Zusammenwirken all jener Faktoren, die den Menschen willig machen, neuen Errungenschaften der Technik der handgreiflichen Gewinne wegen ihren Lauf zu lassen, dem technologischen Diktat die Verdinglichung auch seiner selbst sich zu beugen, ja sogar sein irrationales Empfinden, tiefsitzende Sensibilitäten dem einmal machbar Gewordenen anzupassen.

Damit beleuchtet das Beispiel - ein Exerzitium in Vergeblichkeit - auch den schweren, oft hoffnungslosen Stand, den die unabhängige ethische Einsprache dagegen auch bei den Wohlmeinenden hat."

Der Interessensdruck der Organspendersuche ist derart vital und verständlich, daß er sich nicht nur die Position der Allgemeinethik unterwirft, sondern auch nach mehr streben muß, wie die in Deutschland bereits praktizierte Spendennutzung anenzephaler Säuglinge beweist, die nicht gehirnlos, sondern großhirnlos sind. Dem entspricht die Forderung nach einer Teilhirntod-Definition. Darüber hinaus bewirkt derselbe Interessensdruck der Transplantationsmedizin durch seinen eigenen Begründungsnotstand eine Verschiebung des allgemeinen Menschenbildes wieder in Richtung auf das überholt geglaubte "Ich denke, also bin ich", also in Richtung darauf, daß das Wesen des Menschen, seine Subjektivität, seine Personalität, seine Identität wieder auf das Gehirn oder auch nur auf das Großhirn reduziert wird, während der Leib des Menschen mehr als bisher als unwesentlicher Appendix der Versachlichung anheimfällt.

2. Die Bewußtlosigkeit

Vor einem Jahr hat in Essen das Fortbildungszentrum des "Deutschen Berufsverbandes für Krankenpflege" unter dem Tagungstitel "Bewußt-los" erstmals ein öffentliches Reflexionsforum dafür geschaffen, daß auf Intensivstationen und in Pflegeheimen die Kommunikationspartner der Pflegenden für Wochen, Monate oder auch viele Jahre bewußtlose Komatöse oder apallische Menschen sind. Schon weil man nicht nicht kommunizieren kann (Watzlawick), entfaltete sich auf dem Kongreß in den Berichten der Pflegenden ein unglaublicher Reichtum an Kommunikationsmöglichkeiten zwischen ihnen und den angeblich bewußtlosen Menschen, zwischen ihrer Würde und deren Würde.

Nicht nur, daß auf diese Weise erstmals öffentlich wurde, daß zu jeder Zeit eine bestimmte Gruppe unserer Gesellschaft die Seinsweise der angeblichen Bewußtlosigkeit lebt. Vielmehr ergab sich aus der Reflexion der alltäglichen Praxis zwingend ein phänomenologisches Philosophieren und damit als erster Grundsatz für den Umgang mit komatösen oder apallischen Menschen, daß es Bewußtlosigkeit vielleicht als rationale medizinische Definition, aber nicht im konkreten Miteinanderleben gibt; denn weil Leben stets sich leben, für sich und andere leben ist, ist Leben bewußtes Sein, die erlebte Seite des gelebten lebens: "Man ist nicht, man ist sich" (Levinas), oder man hat nicht Bewußtsein, sondern man ist bewußtes Sein, solange man lebt.

3. Die Sozial- und Gemeindeneurologie

Die Zahl der alten Menschen und damit der Altersdementen, die Zahl der Schlaganfallkranken, der Hirntraumatiker und der chronisch Kranken überhaupt steigt ständig. Es ist normal, daß das Angst macht, weil es neu und ungewohnt ist. Wenn man die Angst aber nicht aushält, sondern abwehrt, wird diese Angst leicht panisch, wächst die Ungeduld, man sehnt sich nach Heilversprechen, nach schnellen technischen Problemlösungen mit der dazu passenden sonderethischen Begründung. Solche Schnellschüsse sind etwa die Aktivitäten der "Deutschen Gesellschaft für Humanes Sterben", aber auch "Wertanamnesen" und "Wertbilder" in der medizinischen Vorsorgeuntersuchung. Es wächst zudem die Gefahr, daß auch die Hirnforschung unter einen größeren Erwartungsdruck gesetzt wird, als ihr gut tut. Erschwerend kommt hinzu, daß Mediziner immer schon leicht geschmeichelt waren, wenn die Gesellschaft Großes von ihnen erwartet, mindestens die Lösung eines sozialen Jahrhundertproblems.

Im Rampenlicht verspricht man oft mehr, als man halten kann - wissenschaftlich und ethisch. Die Auswahl der Artikel über Fortschritte der Medizin in der Zeitschrift "Die Zeit" sind ein Symptom. Es besteht die Gefahr einer wechselseitigen Illusionierung von Hirnforschung und Öffentlichkeit. Wie viele Illusionen hat allein schon die Umbenennung der senilen Demenz in "Alzheimer-Krankheit" erzeugt?

Das auf die technisch-rationale Sonderethik gerichtete Wunschdenken ist auch hier wieder einzubinden in allgemeinethische Anstrengungen, zu denen man nur durch das Aushalten der erwähnten Angst fähig wird. Dazu ist man aber in jedem Fall aufgerufen, egal wie schnell oder wie langsam die Hirnforschung fortschreitet. Diese allgemeinethische Aufgabe lautet: Man hat zu lernen, es erst mal für normal zu halten, daß es so viele Alte, Demente, Hirntraumatiker und Apalliker gibt, auch wenn man sich in zweiter Linie nicht damit abfinden will. Noch schlimmer: Man hat zu lernen, daß es in der pluralistischen Gesellschaft nicht nur Seinsweisen wie die der Radfahrer oder Autofahrer gibt, sondern auch solche des dement Seins, des hirntraumatisch Seins oder des apallisch Seins. Aus all diesen als normal vorkommenden Gruppen, die nur aus ihrer Anerkennung Würde beziehen, besteht unsere Gesellschaft. Und im dritten Schritt hat man auch noch zu lernen, den Mitgliedern dieser Gruppen möglichst normale Lebensmöglichkeiten einzuräumen, wie dies bei den Körperbehinderten einigermaßen gelungen ist, während bei den geistig Behinderten und psychisch Kranken noch - durchaus erfolgreich - daran gearbeitet wird.

Insofern sind Psychiater ein gutes Beispiel, daß irgendwann nicht mehr nur auf weitere Fortschritte der Psychopharmaka-Forschung gewartet wurde, sondern mit Hilfe der Psychiatrie-Enquete eine Sozial- oder Gemeindepsychiatrie zugelegt wurde.

Man hat gelernt, daß die meisten psychisch Kranken mit oder ohne Symptomatik gar nicht die Seinsweise des Institutions-Insassen brauchen, sondern, wenn auch oft in ambulant betreuter Form, in der Gesellschaft leben, wohnen und arbeiten können. Entsprechend ist allgemeinethisch eine Sozial- oder Gemeindeneurologie notwendig mit all den ungeahnten Folgen wie De-Institutionalisierung, Verlagerung der Reha-Aktivitäten vom stationären in den ambulanten Raum und Aufbau ambulant betreuter Lebensmöglichkeiten, wie sie sich aus einem solchen Paradigmen-Wandel ergeben. Auch auf dieser Ebene ist also zwischen Sonderethik und Allgemeinethik zu wählen, besser noch, beide ins Gleichgewicht miteinander zu bringen - auch hinsichtlich der Verteilung der Finanzmittel.

Leben mit Be-wußt-sein?
Eine Annäherung (1994)

Das Thema "Bewußtsein" ist so umwerfend allgemein, daß ich gestehe, anläßlich dieses mir gestellten Themas zum ersten Mal systematisch darüber nachgedacht zu haben. Mediziner hätten wahrscheinlich nicht genug Mut für soviel Allgemeinheit aufgebracht. Es scheint eben etwas dran zu sein, wenn man sagt: Pflegende sind die Spezialisten fürs Allgemeine. So ist es richtig, das Rahmenthema "Bewußtlos" so allgemein zu wählen, daß alle praktisch schwierigen Einzelaspekte von hinreichend vielen Seiten ausgeleuchtet werden können, gerade wenn es mit der Frage nach dem richtigen Umgang mit Bewußtlosen so konkret und unter die Haut gehend wird.

Die folgenden Überlegungen mögen die Phantasie fürs Allgemeine der Frage nach dem Bewußtsein anregen. Dazu ist es sinnvoll, den Begriff "Bewußtsein" in einer ungewöhnlichen Schreibweise vorzustellen - nämlich: "bewußt Sein". Auch die konkrete Frage nach dem "Umgang mit Bewußtlosen" gilt es, in unserer Vorstellung zu erweitern - etwa als: Umgang mit Unerreichbaren oder Unverfügbaren; denn es geht nicht um Leben, sondern um Menschen.

Konkret habe ich dabei vier Gruppen von Menschen vor Augen: Beatmungspatienten einer Intensivstation, pflegebedürftige Altersverwirrte, psychotische Menschen mit und ohne Stupor und Menschen mit einem apallischen Syndrom. Zu allen vier Gruppen sind mir beim Nachdenken bestimmte Erlebnisse eingefallen.

Lebensgeschichten

1. Ein mir sehr nahestehender pflegerischer Kollege wurde wegen eines schweren Herzinfarkts über 4 Wochen beatmet. Kaum war er wieder einigermaßen bei Bewußtsein, konnte er sich seines wiedergewonnenen Lebens nicht recht freuen, sondern wurde erstmals in seinem Leben depressiv und quälend suizidal. Das war völlig unerklärlich. Im Gespräch darüber entstand zwischen uns die Frage, ob diese Lebensmüdigkeit mit

der Art und Weise zusammenhängen könne, wie er den Umgang mit sich während seiner Beatmungszeit verarbeitet hätte; wie gesagt: nur als Frage.

2. Eine Bekannte pflegt seit einiger Zeit zu Hause ihre völlig altersverwirrte Mutter. Sie erlebt das so: "Jetzt, wo zwischen mir und meiner Mutter alle früheren Beziehungsmöglichkeiten über das Gespräch und über sonstige Bewutseinsfähigkeiten weggefallen sind, habe ich manchmal den Eindruck, daß wir erstmals zum wesentlichen Kern unserer Beziehung gefunden haben; erst nachdem jeder rationale Überbau weggefallen ist, findet zwischen uns eine Begegnung von Existenz zu Existenz statt." Andere Freunde haben ihre ebenfalls verwirrte Mutter in ihre Wohnung genommen, da sie dauerhaft bettlägerig ist und ihr Sprachvermögen verloren hat. Seit einiger Zeit klingelt jeden Tag das dreijährige Nachbarskind und will "Oma sprechen". Dann unterhalten sich die beiden ein oder zwei Stunden, niemand versteht was vorgeht, aber beide haben offensichtlich viel von der Begegnung.

3. Dr. Veltin, befreundeter und inzwischen berenteter Psychiater, schickte mir vor kurzem eine kleine Arbeit, in der er darstellt, wie die Romanschriftsteller des 19. Jahrhunderts psychotische Menschen als "geistig tot" dargestellt haben, noch bevor die Psychiater diesen schrecklichen und falschen Begriff in ihre Krankheitsbeschreibung aufgenommen haben. Bekannter ist, daß psychotische Menschen selbst nach einem wochenlangen katatonen oder depressiven Stupor erzählen, daß sie alles mitbekommen haben, dies nur nicht zu erkennen geben konnten.

4. Vor einiger Zeit erzählte mir nach einem Vortrag ein 50jähriger Mann seine Geschichte: "Meine jetzt 24jährige Tochter lebt als Folge eines Gewaltverbrechens seit 4 Jahren mit einem apallischen Syndrom. Wir haben sie dreimal in ein Krankenhaus und dreimal in ein Heim gegeben. Immer wieder stellten wir fest, daß die medizinisch Verantwortlichen die Körpersignale unserer Tochter nicht entschlüsseln können. Einmal hat man Nierensteine erst so spät festgestellt, daß eine Niere geopfert werden mußte. Jedesmal registrierten wir, daß ihr Zustand sich in der jeweiligen Institution so verschlechterte, daß wir mit ihrem Ableben rechnen mußten. Wenn wir sie nach Hause nahmen, blühte sie wieder auf. Das führte dazu, daß ich meinen Beruf aufgegeben habe, damit meine Frau und ich für unsere Tochter da sein können. Jetzt ist es der Sinn meines Lebens, daß bei uns zu Hause ein Engel weilt, für den wir da sind."

Diese Erlebnisse machen deutlich, daß die gängigen Definitionen von Bewußtsein und Bewußtlosigkeit in den Lehrbüchern offenbar zu kurz greifen. Da ein Bewußtseinszustand ein innerer, psychischer, subjektiver Zustand ist, erfassen die medizinischen Definitionen nur die Aspekte, die von außen über das Verhalten zu beobachten sind. Was dabei herauskommt, ist zu wenig, zu eng, drückt nur das quantitativ Meßbare aus, steht hilflos vor dem Qualitativen, der subjektiven Bedeutung, dem möglicherweise Sinnhaften, weil wir uns offenbar schwer damit tun, davon auszugehen, daß ein Mensch, von dem wir sagen, er sei bewußtlos, ein Mensch wie du und ich ist. Oder haben wir es nur aufgrund unserer medizinischen Professionalisierung und unseres medizinischen Wahrnehmungstrainings verlernt?

Wissen, Sehen, Gewissen: Zur Geschichte der Bewußtlosigkeit

Bei so schwierigen Fragen bewährt es sich immer wieder, sich über die Bedeutungsgeschichte der jeweiligen Begriffe zu informieren. Ich habe also die mir zugänglichen etymologischen Wörterbücher zu Rate gezogen. Was kam dabei heraus: Erstmal ist "Wissen" ein uralter indogermanischer Wortstamm, u.a. auch mit dem lateinischen videre (= sehen) verwandt. Ursprünglich hat man also zwischen Wissen und Sehen gar nicht so einen großen Unterschied gemacht, wie wir dies gewohnt sind. Als nächstes gab es etwa seit dem Jahr 1000 den Begriff "Gewissen". Er ist eine Lehnübersetzung aus dem lateinischen conscientia, heute noch gut zu erkennen an dem englischen und französischen Wort conscience. Damit ist also ein Mit-Wissen gemeint, ein Wissen, das ich mit anderen teile, und zwar nicht nur auf das richtige Erkennen bezogen, sondern noch mehr auf das richtige, gute und wahre Handeln, das eine Bedeutung für andere hat, heute noch erkennbar in "Wahrnehmung". Also auch Handeln und Erkennen waren früher viel dichter beieinander; das Handeln war gegenüber dem Erkennen der weitere Begriff. Und erst viel später ist aus conscience (= Gewissen) abgeleitet und gewissermaßen als Unterbegriff abgeteilt worden: consciousness (= Bewußtsein). Das Bewußtsein, also die Fähigkeit des rationalen Erkennens, des Denkens, hat sich demnach aus dem Gewissen, also der Einheit von Handeln und Denken, herausspezialisiert, aber mit Beginn der Neuzeit, unserer modernen Gesellschaft eindeutig die Führung übernommen. Für diesen ungeheuer bedeutsamen, epochalen Wandel steht das berühmte Wort von Descartes: cogito ergo sum = ich denke, also bin ich. Seither also begründen wir Menschen unser Sein, unsere Existenz, unser

Menschsein mit unserem Denkvermögen. Seither versuchen wir, alles unserem Verstand zu unterwerfen. Erst das Denken macht den Menschen zum Menschen - und zwar das Einzelindividuum für sich allein, da jetzt das handelnde Angewiesensein des Menschen auf andere Menschen, das Bedeutunghaben für andere Menschen, das soziale Sein des Menschen nur noch einen geringeren Rang hat. Daher gehen manche noch einen Schritt weiter: Nicht das Bewußtsein in seiner auf das Erkennen eingeengten Bedeutung, sondern erst das Selbstbewußtsein macht den Menschen zum Menschen. Das führte zu der für viele Menschen leidvollen Streitfrage, mit der sich das ganze 19. Jahrhundert beschäftigt hat, ob das Sein das Bewußtsein oder das Bewußtsein das Sein bestimmt. Im ersteren Fall war man bei dieser unsinnigen, weil nicht entscheidbaren Polarisierung Materialist, im letzteren Fall Idealist.

In dieser endlosen Ping-Pong-Klemme waren - jedenfalls für mich - die Existenzphilosophen (Heidegger, Sartre, Levinas) vor allem nach dem II. Weltkrieg hilfreich und befreiend. Sie hoben die Polarität von Sein und Bewußtsein auf, indem sie fanden, daß menschliches Dasein immer auch bewußtes Sein ist. Menschliches Sein ist in sich selbst bewußtes Sein, sich seiner selbst, der Welt und der anderen Menschen bewußtes Sein - über welche Kanäle auch immer. Wie sehr dies auch in den Körper hineingeht, mag das Immunsystem zeigen, bei dem es sich offensichtlich um ein voll ausgebildetes Kommunikationssystem zwischen Mensch und Welt handelt. Das menschliche Leben, so lange es währt, vollzieht sich grundsätzlich immer auf zwei Weisen: Es wird gelebt und erlebt. E. Levinas hat dies so ausgedrückt: "Man ist nicht, man ist sich" (De l'existance a l'existant, Paris 1978, S. 38)

Elf Thesen zum Bewußtsein und zur Bewußtlosigkeit

Aus diesen sehr allgemeinen und sicher manchmal auch schwierigen Gedanken ziehe ich - in Thesen - 11 Schlußfolgerungen, die wenigstens ein wenig näher an die konkrete Frage heranbringen, wie der Umgang mit Menschen zu sein hat, von denen wir bisher - möglicherweise leichtfertig - gesagt haben, sie seien bewußtlos.

1. Es gibt keine Bewußtlosen. Jedes menschliche Sein ist bewußtes Sein, Sein, daß sich auf sich selbst, auf andere und auf die Welt bezieht. Nur die Modalitäten und Formen der Bewußtheit des Seins - für uns erkennbar oder nicht erkennbar - sind je nach der Situation unterschiedlich. Bewußtlos wäre gleichbedeutend mit leblos oder tot.

2. Bewußtes Sein ist die erlebte Seite des gelebten Lebens. Jeder kann nur subjektiv in sich bewußt sein, nur ich selbst kann also etwas über die Bewußtheit meines Seins sagen; beim anderen kann ich nur aufgrund beobachtbarer Äußerungen auf den Zustand seines bewußten Seins schließen, ich kann es aber nicht wissen. Anders ausgedrückt, wenn ich den Eindruck habe, daß sich zwischen mir und dem anderen wenig bewußtes Sein abspielt, dann kann das an dem anderen, aber mindestens genauso gut an mir liegen. Ein ähnlich verkopftes, undiszipliniertes und die Sozialität menschlichen Seins leugnendes Denken, wenn es auch dem schon erwähnten Descartes folgt, liegt vor, wenn ich etwa sage: "Herr Meier ist gefühllos". Denn einmal kann ich grundsätzlich nicht wissen, was Herr Meier mit der Privatsache seiner Gefühle macht, was er davon zeigt, und was er bei sich behält; und zweitens liegt es wahrscheinlich eher an mir, daß ich zu unsensibel bin, um einen Draht zu den Gefühlen von Herrn Meier zu finden, so daß ich korrekt bestenfalls sagen könnte: "Ich bin in bezug auf Herrn Meier gefühllos." Wie erliegen immer wieder der Gefahr, andere Menschen, gar Patienten, unserem Verstand zu unterwerfen. Dies ist nicht zulässig.

3. Wenn ich den Eindruck der Bewußtlosigkeit eines Menschen habe, darf ich nie sagen, daß ich meine Unerreichbarkeit für ihn erlebe. Ich erlebe also nicht seine Unerreichbarkeit für mich, sondern meine Unerreichbarkeit für ihn, was mir die Möglichkeit eröffnet, mich so zu ändern, daß ich vielleicht doch noch erreichbar für ihn werde; denn ich kann nicht einen anderen Menschen, sondern ich kann nur mich so ändern, daß auch der andere sich ändert. Darüber hinaus gilt: Jeder Mensch lebt aus einem existentiellen Kern der Unerreichbarkeit oder Unverfügbarkeit. Wenn beide Menschen sich so erleben, besteht die Chance einer existentiellen Begegnung, wie am Beispiel der altersverwirrten Mutter ablesbar.

4. Jeder Mensch in einer Institution wird ein Stück weit zur Sache. Das gilt natürlich auch für Krankenhäuser oder Heime. Wir Krankenhaus- oder Heimarbeiter können dabei so menschlich oder ganzheitlich sein, wie wir wollen. Die Versachlichung der Patienten läuft hier z.T. als Prozeß der Enteignung ab. Das muß so sein. Durch diagnostisches oder therapeutisches Tun der Experten wird ein Patient in einem bestimmten Umfang enteignet. Weniger problematisch ist das, wenn es sich um einen abgrenzbaren kranken Körperteil handelt. Da der Körper Teil der Person ist, wird der Patient aber auch zum Teil als Person enteignet. Beim bewußten Sein sind wir hierfür offenbar besonders anfällig, indem wir einen Patienten kurzerhand zum "Bewußtlosen" erklären.

5. Ich habe nicht ein Bewußtsein, sondern bin bewußtes Sein. Das Reden von "Bewußtsein haben" ist ein Beispiel der eben erwähnten Versachlichungs- und Enteignungssprache. Sage ich, daß mein Bewußtsein mir wie ein Besitz gehört, kann es auch anderen, etwa Experten, gehören. Es kann dann mal zu-, mal aberkannt werden. So etwas geht aber nur mit einer Sache, die man besitzt.

6. Bewußt sein heißt, meiner selbst, den anderen, der Welt bewußt zu sein. Ich bin immer schon und existentiell bedeutungsvoll für mich und andere, schaffe Sinn für andere, mache mich zum Teil eines größeren Bedeutungszusammenhangs mehrerer Menschen oder aller Menschen, bin gleichbedeutend mit allen Menschen, daher ein notwendiger Teil der Menschheit, die ohne mich unvollständig wäre, weshalb ich nicht verloren gehen darf.

7. Bewußt Sein heißt, in sich selbst sowohl seiner Selbst als auch der Welt bewußt zu sein. Es ist also eine weitere falsche Versachlichung, wenn ich das Selbstbewußtsein wie eine besondere und angeblich höherwertige Sache vom Bewußtsein trenne. Da viele von uns heute gerne sagen, sie benötigten dringend eine Selbsterfahrungsgruppe, ist es nützlich, sich auch dieses Unsinns bewußt zu werden. Erfahrung ist in sich selbst immer zugleich Selbst- und Welterfahrung. Eine Erfahrung, die nur Selbsterfahrung wäre, könnte gar keine Erfahrung sein. Ähnlich steht es mit der Selbstverwirklichung und anderen selbstverliebten Formen der modischen "Selbstomanie".

8. Bewußt Sein umfaßt auch das sogenannte Unbewußte oder Unterbewußtsein. Auch diese psychoanalytischen Begriffskonstruktionen sind nicht wie Sachen abtrennbar, die man mal haben, mal nicht haben kann oder die wechselweise ich oder der Psychoanalytiker als Experte haben kann.

9. Bewußt Sein als "Ich lebe mich" gelingt nur dadurch, daß ich das meiste von mir und der Welt gerade nicht verfügbar habe. Es wäre also fast vernünftiger - dies ist halb scherzhaft gemeint - von unserer Alltags-Bewußtlosigkeit zu sprechen. Wir fahren unser Auto nur dadurch einigermaßen verkehrssicher, daß wir dafür sorgen, daß die erforderlichen Handlungen, daß wir unser Auto-Bewußtsein nicht verfügbar haben.

10. Bewußt Sein kann kein Kriterium für das Einstellen lebenserhaltender Maßnahmen sein. Liberale und zu sehr vom Verstandesaspekt des Bewußtseins ausgehende Juristen und Mediziner wollen mit einem "Alternativentwurf" das Strafrecht folgendermaßen ändern: "Wer lebenserhaltende Maßnahmen unterläßt oder abbricht, handelt nicht rechtswidrig, wenn der Betroffene nach ärztlicher Erkenntnis das Bewußtsein unwiederbringlich verloren hat." Da mein bewußtes Sein nur mir als Subjekt zugänglich ist, kann es hierfür keine von außen kommende ärztliche Erkenntnis geben; denn: Bewußtlos heißt leblos. Außerdem: Welche der eingangs erwähnten vier Patientengruppen könnte nicht unter diesen zu einseitigen und engen Begriff des unwiederbringlichen Bewußtseinsverlustes fallen. Nicht nur die Nazis haben dies z.B. auf die "geistig toten" psychisch kranken Menschen angewandt. Und was die "lebenserhaltenden Maßnahmen" angeht: Sollen wir darauf hin dem Vater der apallischen Tochter sagen, er brauche nun seine Tochter nicht mehr zu füttern? Und soll er im Laufe der Zeit dann auf Druck der allgemeinen Meinung lernen, es sei moralisch anständiger, vielleicht auch volkswirtschaftlich nützlicher, wenn er das Füttern unterließe? Wir sehen: Der nur auf die Verstandesfunktion eingeengte und damit falsche bisherige Bewußtseinsbegriff kann auch zu einer tödlichen Waffe gemacht werden.

11. Beatmungspatienten, apallische Menschen, psychisch Kranke und Altersverwirrte sind eine Chance für existentielle Begegnungsmöglichkeiten. Unser Umgang mit denen, die wir bisher gedankenlos die Bewußtlosen genannt haben, deren bewußtloses Sein ohne rationale Fähigkeiten in die Beziehungsaufnahme eintritt, wirft uns auf das zurück, was an sich immer der existentielle Kern der Begegnung zweier Menschen ist, die ihre gegenseitige Unverfügbarkeit und Unerreichbarkeit zur Basis ihrer Begegnung machen und dadurch den unendlichen Reichtum nichtrationaler, menschlicher Begegnungsmöglichkeiten erleben.

Arbeit für alle hebt das Sozialsystem auf - eine gewerkschaftliche Utopie (1991)

Kommunale Psychiatrie oder die Herstellung kommunaler seelischer Gesundheit ist kein Selbstbedienungsladen. Zu lange haben wir psychiatrisch Tätigen oder anderen Sozialberufler fälschlich gedacht, die Kommune sei dafür da, unsere Forderungen zu erfüllen. In Wirklichkeit kann es sich aber nur um ein Geschäft auf Gegenseitigkeit handeln. Ich habe mich um alle Belange kommunaler Politik zu kümmern, muß erst ein Teil von ihnen geworden sein, bevor ich erwarten kann, Berücksichtigung zu finden. Insbesondere haben wir uns auf das schwierige und deshalb bisher ausgeblendete Wechselverhältnis von Wirtschafts- und Sozialpolitik einzulassen, ohne das wir mit unserer Arbeit nicht existieren könnten und in Zukunft noch weniger existieren können. Hierzu möchte ich heute etwas beitragen.

Meine These lautet: Wir befinden uns schon lange in einem Wandel des Verhältnisses von Wirtschaftssystem und Sozialsystem, der sich dadurch auszeichnet, daß immer mehr Menschen eine immer kürzere Zeit ihres Lebens erwerbstätig arbeiten und daß soziale Institutionen (psychiatrische Krankenhäuser und Heime) immer unmöglicher werden, weil immer weniger Menschen dort arbeiten wollen, aber auch immer unnötiger werden, eben weil immer mehr Menschen eine immer kürzere Zeit ihres Lebens erwerbstätig arbeiten und dadurch immer mehr Zeit für andere Dinge haben, z. B. für die Wiedervereinigung ihrer Erwerbstätigkeit und ihrer sozialen Solidarität in ihrem persönlichen und kommunalen Leben. Innerhalb dieses Rahmens will ich begründen, warum 150 Jahre zunehmender Ausgrenzung psychisch Kranker in gemeindepsychiatrische Integration umschlagen mußte und warum es dazu keine Alternative gibt - nicht einmal ökonomisch. Um diesen komplexen Zusammenhang verständlich zu machen, werde ich erstens von unseren Erfahrungen mit der Entlassung der Langzeitpatienten berichten. Zweitens folgt eine historische Bestimmung des Verhältnisses von Wirtschafts- und Sozialsystem. Drittens führe ich in diesem Zusammenhang die gesellschaftspolitische Perspektive oder Utopie des französischen Gewerkschafters André Gorz ein und viertens sammle ich Belege dafür, daß wir uns in unserem kommunalpsychiatrischen Tun schon längst auf dem Weg zu dieser Utopie befinden.

1. Um die Stadt Gütersloh herum leben ungefähr 200 in den letzten acht Jahren entlassene ehemalige Langzeitpatienten oder längerfristig psychisch Kranke, die eine Begleitung in ihrer Lebensführung benötigen. Die Finanzierung dieser Begleitung erfolgt mit dankenswertem Engagement durch den örtlichen Sozialhilfeträger, also durch das Kreissozialamt Gütersloh. Sie findet unter dem inzwischen administrativ etablierten Begriff "Betreutes Wohnen" (Schlüssel 1:12) statt. Zum Glück waren wir sensibel dafür, daß diese Ex-Patienten einerseits eine innere Ablehnung der Betreuung beim Wohnen signalisierten, andererseits uns zu verstehen gaben, daß eine Wohnung noch kein Leben sei und daß sie dasselbe Bedürfnis hätten, sich durch Bearbeiten von Sachen, also durch Arbeit, als Mensch zu verwirklichen wie alle anderen Leute. Deshalb schufen wir in den letzten Jahren die inzwischen fünf Selbsthilfe- und Zuverdienstfirmen im Raum Gütersloh. Diese Firmen wurden und werden z. T. von den Mitarbeitern betrieben, die durch das "Betreute Wohnen" finanziert sind. "Betreutes Wohnen" findet bei uns also am Arbeitsplatz statt. Diese Konstruktion hat verblüffende Folgen: 1. Wir haben heute ca. 170 Vollzeit- und Teilzeitarbeitsplätze. 2. Die Bedeutung der Arbeit richtet sich nicht nach der Arbeitsmenge. Zwei Stunden Arbeit am Tag können für jemanden soviel bedeuten wie acht Stunden für einen anderen. 3. Die Bedeutung des Arbeitens, das selbst bei schweren Herz-Kreislauf-Erkrankungen gesundheitserhaltend wirkt[1], liegt nämlich a) in der Zugehörigkeit zu anderen, zu einem Betrieb, zum Wirtschaftssystem der Bundesrepublik Deutschland und b) in Wirksamkeit für andere, für die ganze Gesellschaft. 4. Indem ich relativ frei wählen kann, wieviel Stunden am Tag ich arbeiten und damit Zuverdienst erwerben will, entscheide ich auch frei darüber, welche Menge an Sozialkontakten pro Tag mir bekömmlich sind, beschaffe diese mir obendrein schonend anläßlich des Arbeitens beiläufig. 5. Wer auf diese Weise seinen Tagesablauf a) frei und b) sozial sinnvoll strukturieren kann, braucht im Wohnbereich wesentlich weniger oder gar keine Betreuung. Erst dadurch kann auch die Wohnung ihre volle Wirksamkeit bergender Privatheit und Intimität erhalten.

2. Wie versprochen, steigen wir jetzt kurz in den Fahrstuhl der Geschichte, bis zur Industrialisierung lebten die Menschen ökologisch in land-

---

[1] Siegrist, J.: Gibt es eine sozialwissenschaftliche Theorie der Gesundheit?, Medizinsoziologie, 2/89 u. 1/90, S. 4-13

wirtschaftlichen oder handwerklichen Großhaushalten, zu denen natürlich auch ein geistig behindertes Kind, eine unverheiratete wahnhafte Tante oder ein verwirrter Großvater gehörten. Die Tätigkeiten der Mitglieder dieser Haushalte waren gleichzeitig produktives Arbeiten, soziale Fürsorge und Kontrolle und familiäres Miteinander. In diesen ökologischen Kooperationsgemeinschaften taten grundsätzlich alle alles; insbesondere waren die hauptsächlich produktiv arbeitenden Mitglieder auch sozialfürsorgerisch, während die beeinträchtigten Mitglieder im Rahmen ihrer Möglichkeiten auch mitarbeiteten. Diese durchaus nicht idyllische, sondern harte, jedoch jahrtausendelang stabile Grundform menschlichen Lebens zerschlug die marktwirtschaftlich organisierte Industrialisierung um 1800 herum wie ein sozialer Urknall in drei Segmente. Die jetzt nicht mehr ökologische, sondern ökonomische Rationalität verlangte, daß das Individuum seine Verantwortung für die Gesellschaft aufgab, um seine Freiheit und damit seinen Leistungswert maximal zu entfalten, durch Konkurrenz sich zu bewähren, mit dem Versprechen, daß der größte Nutzen der einzelnen zum Schluß den größten Nutzen fürs Ganze abwerfen werde. Zu diesem Zweck wurde das Arbeiten aus dem Lebenszusammenhang ausgegliedert. Erstmals in der Geschichte der Menschheit wurden eigene Räume fürs Arbeiten geschaffen, die man Fabriken und Büros nannte. In diesen sollten die Menschen den ganzen Tag über arbeiten, nichts als arbeiten, sich von keinen sozialen Aufgaben von der Arbeit abhalten lassen, was menschheitsgeschichtlich völlig ungewohnt, hinsichtlich der Produktivität gleichwohl ungeheuer erfolgreich war. Dieses Didakt der ökonomischen Logik und Ethik für die Leistungsstarken hatte zwangsläufig zur Folge, daß nun auch die sozial Schwachen, für die man jetzt nicht mehr Sorge tragen konnte, aus dem ursprünglichen ökologischen Lebenszusammenhang ausgegrenzt werden mußten. Auch für sie organisierte man erstmals in der Menschheitsgeschichte systematisch eigene Räume. So entstanden im Laufe von vielen Jahrzehnten flächendeckende Netze von Institutionen für Alte, Pflegebedürftige, Obdachlose, Kinder, Waisen, Straftäter, Krüppel, geistig Behinderte und psychisch Kranke. Als drittes Segment blieb das übrig, was man fortan Familie nennt, zunehmend von den Funktionen des Arbeitens und des Sozialen entlastet, sich ständig verkleinernd, sich dadurch mit psychischen Problemen aufladend, einer ungewissen atomisierenden Zukunft ausgesetzt, wenn man bedenkt, daß es in einigen Städten schon 40 % oder 50 % Einpersonenhaushalte gibt.

Die Leistungsschwachen, die fast alle gern, wenn auch in kleinerem Umfang, sich weiterhin durch das Bearbeiten von Sachen als Menschen verwirklicht hätten, wurden gnadenlos aus der neuen Organisation der Arbeit und damit aus der Teilhabe am öffentlichen Leben ausgegrenzt. Es entstand für sie das, was Historiker bis heute die "Soziale Frage" nennen. Diese lautet: "Was machen wir mit dieser unproduktiven Menschengruppe? Wofür sind sie überhaupt da? Was wollen wir sie uns kosten lassen?" Die überwiegende Antwort auf diese soziale Frage waren, wie schon beschrieben, die flächendeckenden Systeme sozialer Institutionen, also das Sozialsystem, das wir zusammenfassend als Wohlfahrts- oder Sozialstaat bezeichnen. Entscheidend und von uns bisher stets erfolgreich verdrängt ist es, daß die Herrschaft der ökonomischen Vernunft zunächst zu einem flächendeckenden System von Fabriken und Büros führte, was sekundär und nur als Mittel und im Dienst der reibungslosen Maximierung der Arbeitsleistung das System der sozialen Institution erzwang. Der Sozialstaat ist daher nichts gesellschaftlich Kreatives, sondern eine Ersatzkonstruktion für die von der ökonomischen Rationalität zerstörte Solidarität von Starken und Schwachen. Die leistungsschwächeren Menschen als Gegenstände der sozialen Frage sind buchstäblich fragwürdige Existenzen, sozialer Ballast, ein Kostenfaktor, nur-noch-soziale Gegenstände der Verwaltung, Beköstigung, Pflege, Verwissenschaftlichung, Erziehung oder Therapie - ein soziales Nichts, ausgeschlossen vom Arbeiten, von der bürgerlichen Öffentlichkeit und von familiärer Privatheit. Der ökologische Ersatzcharakter des Sozialstaats kann von uns offenbar erst seit kurzer Zeit wahrgenommen werden, seit wir uns gemeindepsychiatrisch orientieren. Gorz beschreibt diesen Zusammenhang sehr plastisch: Die vom Staat verliehene und durch Steuern finanzierte Sozialhilfe "geht von der Vorstellung aus, daß es auf der einen Seite Leute gibt, die mit Arbeit ihren Lebensunterhalt verdienen, und auf der anderen Seite solche, die nicht arbeiten, weil es für sie keinen Platz auf dem Arbeitsmarkt gibt oder weil sie arbeitsunfähig sind (oder als arbeitsunfähig gelten). Zwischen den ersteren und den letzteren äußert sich keine lebendige Solidarität. Diese fehlende Solidarität wird durch einen Transfer von Steuergeldern korrigiert. Der Staat nimmt von den einen und gibt es den anderen. Die Rechtmäßigkeit dieses Transfers wird unweigerlich auf mehr oder weniger offene Weise umstritten bleiben. Denn mit ihm hat es den Anschein, als ob diejenigen, die nicht arbeiten, die anderen für sie arbeiten ließen. Der Staat wird darum immer unter Verdacht stehen, Parasiten und Faulpelze zu begünstigen, und er wird beständig bestrebt sein, diesen Verdacht dadurch zu entkräften, daß er das Sozialeinkommen an mehr oder weniger erniedrigende und schikanöse Kontrollen knüpft."[2]

Nun konnte lange Zeit, vor allem im 19. Jahrhundert, dieser Zusammenhang schon deshalb nicht gut wahrgenommen werden, weil es von den Leistungsstarken einige gab, die bereit waren, für die institutionalisierten oder kolonisierten Leistungsschwachen dazusein, mit ihnen wohnten, lebten und sich in bescheidenem Umfang vom Sozialstaat finanzieren ließen. Diese, also die meisten von uns, die wir psychiatrisch Tätige oder Sozialberufler sind, hatten die menschheitsgeschichtlich merkwürdige und etwas abseitige Idee, lieber mit Menschen als mit Sachen zu arbeiten, freilich mit Menschen, die wie Sachen behandelt wurden, da man ihnen wesentliche Handlungsmöglichkeiten des Menschseins vorenthielt. Es ist klar, daß dies eine Tätigkeit ist, die man eigentlich nicht nach Leistungs- oder Stücklohn entgelten kann, wofür Geld - wenn überhaupt - unabhängig von der Tätigkeit gewährt werden müßte. Gleichwohl haben wir den Auftrag übernommen, die Leistungsschwachen, als Sachen gehandelten Menschen wieder zu Leistungsstarken zu machen, wobei eigentlich nur dies erwartet wird, weil es immerhin der Logik noch entsprechen könnte. Oder wir halten diejenigen Leistungsschwachen, die sich all unseren therapeutischen Bemühungen hartnäckig widersetzen und leistungsschwach bleiben, sozial bei Laune, wofür nach der ökonomischen Rationalität eigentlich gar kein Geld bezahlt werden dürfte. In beiden Fällen müssen wir, die wir ja auch im Dienst der ökonomischen Rationalität stehen, die uns anvertrauten Leistungsschwachen grundsätzlich verraten haben, indem wir ihren berechtigten Wunsch systematisch ignorieren, daß sie so, wie sie sind, in einem wie geringen Umfang auch immer an der Verrichtung der gesellschaftlich notwendigen Arbeiten teilhaben wollen.

Nun haben wir Sozialberufler im Laufe des 20. Jahrhunderts zunehmend den Anspruch erhoben, hinsichtlich des Einkommens, der Arbeitszeitverkürzung und der übrigen Arbeitsbedingungen mit den gewerblich oder industriell Tätigen gleichgestellt zu werden. Diese

---

2 Gorz, A.: Kritik der ökonomischen Vernunft, Berlin: Rotbuch Verlag 1989, S. 296

scheinbar selbstverständliche Forderung hat unbeabsichtigte Nebenwirkungen. Denn gemessen an den Kriterien der immer noch herrschenden ökonomischen Rationalität mag unser Anspruch für den Teil unserer Arbeit gerechtfertigt erscheinen, der sich immer weiter technisieren läßt (z. B. Akutstationen). Für die andere Seite unseres Tuns, für die Seite unseres Handelns in sozialen Institutionen, insbesondere bezogen auf Langzeitpatienten, auf die Unheilbaren, ist dieser Anspruch wohl kaum durchzusetzen. Im Gegenteil: Die sozialen Institutionen, die ja einmal auf der Idee der Lebensgemeinschaft und des Armutsgelübdes geschaffen wurden, verändern schon mit dem Schichtbetrieb ihren Charakter und sind bei weitergehenden Ansprüchen selbst unter dem Aspekt der ökonomischen Rationalität nicht mehr zu halten. Sie werden hinfällig. Hier liegt der tiefere, gerade auch ökonomische Grund der Auflösung der Großkrankenhäuser und Großheime. Es ist daher nur konsequent, wenn immer weniger Menschen in sozialen Institutionen arbeiten wollen. Immer weniger Menschen wollen in die Krankenpflege, wollen Erzieher werden, auch die Begeisterung für die Sozialarbeit und Sozialpädagogik läßt nach, woran auch die Not der Jugendarbeitslosigkeit Anfang der 80er Jahre nur wenig ändern konnte. Auch das Image des Arztes läßt nach. Könnte es nicht sein, daß die erste Antwort auf die Soziale Frage, nämlich das Schaffen flächendeckender Netze von sozialen Institutionen, zwar 150 Jahre lang getragen hat, nun aber in ihrer Wirksamkeit nachläßt. Dies würde bedeuten, daß die soziale Frage neu gestellt werden muß, mit allen Risiken und Gefahren für die Betroffenen, aber auch mit Chancen, im nachindustriellen Zeitalter ökologischere, den Zusammenhang aller Lebensvollzüge der Menschen besser berücksichtigende Antworten zu finden, die auch einen Teil der Solidarität von Starken und Schwachen wieder herstellen? Wenn es aber eine Krise der sozialen Institutionen gibt, dann muß es auch eine Krise der sozialen Berufe geben. Dann könnte es sein, daß es nur eine historische Mode der letzten 150 Jahre war, lieber mit Menschen als mit Sachen zu arbeiten, eine Mode, auf die junge Menschen heute nicht mehr hereinfallen. Die Diagnose des Helfersyndroms und der zunehmende Glaube, nur noch mit Supervision sozial arbeiten zu können, sind Symptome dafür, daß der Mythos der sozialen Berufe nicht mehr trägt, daß ihr Ersatzcharakter für die Zerstörung der Solidarität von Starken und Schwachen entlarvt ist. Wer all dies für übertrieben und abwegig hält, der sei daran erinnert, daß im Jahre 2030 die Zahl der Rentner und die Zahl der Erwerbstätigen gleich groß sein wird. Er wird wohl glauben müssen, daß dann die ökonomische Rationalität schon dafür sorgen wird, daß die dann noch vorhandenen Erwerbstätigen zunächst solche Berufe erlernen, die das Bearbeiten von gesellschaftlich notwendigen Sachen zum Inhalt haben wird und daß wir wahrlich gut daran tun, uns heute schon etwas Neues einfallen zu lassen. Aber was?

3. An dieser Stelle möchte ich die Utopie und Perspektive einführen, die André Gorz in seiner "Kritik der ökonomischen Vernunft"[3] entwickelt hat. Seine historische Analyse deckt sich mit der meinen: Durch die marktwirtschaftliche Form der Industrialisierung wurde die Arbeit aus den bis dahin gelebten Lebenszusammenhängen ausgegrenzt. Sie übernahm das Kommando nicht nur über das, was man dann noch Leben nennen konnte, sondern zerstörte auch die Solidarität von Starken und Schwachen und ersetzte diese zum Zwecke ihres störungsfreien, reibungslosen und an Produktionsmaximierung orientierten Ablaufs durch die Institutionalisierung und damit Kolonisierung der Leistungsschwachen, also durch den Sozialstaat. Die sozialistischen Problemlösungsversuche in Osteuropa, an sich gestartet, um die Industriearbeit zu befreien und um sie wieder in den Dienst des Lebens zu stellen, waren derart fasziniert von der ökonomischen Rationalität, daß sie auch noch den privaten Rest des Menschen rationalisieren und mit seiner Existenz als Arbeiter identifizieren wollten, also eine Art Pan-Rationalität verordneten, womit sie noch die letzten Reste menschlicher Freiheit bedrohten und daher scheiterten.

Dies Scheitern liegt nicht zuletzt daran, daß wir politisch (Sozialismus) wie wissenschaftlich (Geschichte, Soziologie) zwar die Ausgrenzung der Arbeit in Fabriken/Büros lautstark als Entfremdung beklagt, die weit umfassendere Entfremdung der Insassen der sozialen Institutionen aber vergessen oder gepriesen haben. Dieser Skandal rächt sich - wenn auch erst heute.

Nicht nur deswegen schlägt Gorz einen anderen Weg vor. Er weist nach, daß bei weiterer technologisch möglicher Verringerung der gesellschaftlich notwendigen Arbeitsmenge bei weiterer Vergrößerung des arbeitenden Teils der Bevölkerung, wobei er insbesondere an die

---

[3] Gorz, a.a.O.

Frauen denkt, und bei gerechter Teilung der zu tuenden Arbeit in allen Positionen alle Menschen schon heute nur noch ca. 25 Stunden in der Woche mit Lohnausgleich arbeiten müßten oder könnten. Diese Verkürzung der Arbeitszeit muß einheitlich, allgemein, auf die Lebenszeit umrechenbar, mit Einkommensgarantie und verbunden mit dem Recht auf Arbeit und der Pflicht zur Arbeit sein. Als hätte er das Gütersloher System der Selbsthilfe-Zuverdienstfirmen studiert, begründet er die Verknüpfung der Einkommensgarantie mit der Arbeitspflicht wie folgt: ein Mensch, der ein garantiertes Mindesteinkommen ohne Arbeit hat, lebt so, als ob niemand etwas von ihm erwartet, lebt also ohne soziale Zugehörigkeit, kommt sich unnütz und sinnlos vor, als "überzähliges Exemplar der Gattung Mensch", kann sich nicht als freier Bürger fühlen, für den Rechte und Pflichten im Gleichgewicht sein müssen. Sein Einkommen darf also nicht von der Arbeitspflicht abgekoppelt werden, wohl aber von der Arbeitsmenge, die er nach seinem Vermögen selbst bestimmen darf. Mit dieser mengenmäßig flexiblen Pflicht zur Arbeit hat er auch dem Leistungsschwachen Teil der Bevölkerung wieder zum Recht auf Arbeit verholfen. Es gibt keine unfreiwillig Arbeitslosen mehr. Alle, die es können und wollen, arbeiten, auch wenn sie entsprechend ihrer Beeinträchtigung noch so wenige Stunden arbeiten. Die fundamentale gesellschaftliche Aufspaltung in Wirtschafts- und Sozialsystem ist auf dieser Ebene aufgehoben. Über die Teilhabe an der gesellschaftlich notwendigen Arbeit ist die Solidargemeinschaft von Starken und Schwachen wiederhergestellt. Bei systematischer Einbeziehung aller Leistungsschwachen, die arbeiten können und wollen, würde der Anteil der Arbeitswochenstunden für alle schnell auf 20 Stunden sinken. Damit ist zugleich der Bedarf an sozialer Arbeit reduziert, freilich noch keineswegs aufgehoben.

Aber die Überlegungen von Gorz gehen weiter: Solange die Menschen 40 oder 37 Stunden in der Woche arbeiten, hat dies keine großen Auswirkungen. Die Menschen sind von ihrer Arbeit so erschöpft, daß sie auch ein paar Stunden freier Zeit dringend für ihre Erholung benötigen oder für die Befriedigung ihres Konsumbedürfnisses. Aber auch 20 Wochenstunden bringen für sich allein noch keine entscheidende Änderung. Die tritt erst ein, wenn es jedem Menschen freisteht, bei fortlaufender Einkommensgarantie seine Arbeitszeit auf das Jahr, auf fünf Jahre oder auf seine Lebensarbeitszeit umzurechnen, also etwa drei Jahre lang 40 Stunden arbeiten, um in den folgenden drei Jahren etwas völlig anderes zu tun, z. B. einen neuen Beruf zu erlernen, ein Haus zu bauen, ein Kunstwerk zu schaffen, eine Partei zu gründen, seine alt gewordene Mutter zu pflegen oder gemeinsam mit Nachbarn im Sinne einer Basisgemeinschaft ein soziales Projekt etwa für psychisch kranke Bürger der Region zu schaffen. Gorz geht dabei davon aus, daß die durch die ökonomische Rationalität verursachte Aufspaltung der Gesellschaft in Arbeitssystem und Sozialsystem, in Leistungsstarke und Leistungsschwache in den letzten 200 Jahren nur die anthropologische und menschheitsgeschichtliche Tatsache verdeckt hat, daß jeder Mensch sich nicht nur durch das Bearbeiten von Sachen, sondern auch durch soziales Für-andere-da-sein als Mensch verwirklichen will. Dieser früher stets vorhandene Zustand kann jetzt gerade durch Nutzung der technischen Verringerung der Arbeitsmenge wieder-hergestellt werden und wird dann auch zum Tragen kommen. Damit wäre nicht nur der bisherige Bereich der gesellschaftlich notwendigen Arbeit, sondern auch das Sozialsystem überflüssig und aufgehoben; beide wären wieder in die allgemeinen, ganzheitlichen ökologischen Lebensvollzüge des Menschen integriert. Die einseitige Herrschaft der ökonomischen Rationalität wäre historisch als ein 200jähriges, möglicherweise unvermeidliches Intermezzo anzusehen, stände zukünftig wieder im Dienst des Lebens der Menschen. Natürlich wären auch dann noch in einer kleineren Zahl Sozialexperten erforderlich, die entweder direkt die beeinträchtigten Mitbürger oder indirekt die sich bildenden nachbarschaftlichen Systeme gegenseitigen Helfens beraten könnten. Wie nahe wir einer solchen Wiederherstellung ökologischer Solidarität von Starken und Schwachen sind, macht Gorz mit Hilfe eines Rechenbeispiels deutlich: Anfang des 18. Jahrhunderts arbeiteten die Menschen durchschnittlich 1.000 Stunden im Jahr. Um 1900 arbeiteten sie jährlich 3.200 Stunden. Gegenwärtig arbeiten sie in den entwickelten Industrienationen nur noch 1.600 Stunden pro Jahr. Das bedeutet, daß wir den größeren Teil des Weges in eine postindustrielle Gesellschaft, in der wir durchschnittlich wieder nur noch 1.000 Stunden im Jahr arbeiten, schon zurückgelegt haben.

4. Abschließend möchte ich einige Mosaiksteinchen aus dem Bereich unseres gemeindepsychiatrischen Handelns sammeln, um daran deutlich zu machen, daß wir uns wahrscheinlich schon längst auf dem von Gorz gewiesenen Weg befinden, daß eine Menge dafür spricht, daß wir diesen Weg beschleunigt weitergehen sollten und daß es faszinie-

rend und verheißungsvoll für uns alle ist, zu dem einen oder anderen Schritt - Fortschritt - auf diesem Wege etwas beizusteuern. Und jeder von uns kann eine Menge dazu tun.

Zuvor noch einmal eine kurze Zusammenfassung meiner Denkfigur als Folie für die dann folgende Mosaiksteinsammlung: Die marktwirtschaftliche Industriealisierung brachte die ökonomische Rationalität, die utilitaristische Nützlichkeitsphilosophie logisch und ethisch zur Herrschaft. Aus dem, was bis dahin menschliches Leben genannt werden konnte, wurde das arbeitende und das soziale Handeln ausgegrenzt und in flächendeckende Netze von Institutionen eingesperrt, die Fabriken und die Büros für die Leistungsstarken, die sozialen Institutionen für die Leistungsschwachen. Dadurch schrumpft der Bereich menschlichen Lebens, in dem die Menschen Herren über sich selbst sind und zugleich die Solidarität zwischen Starken und Schwachen wahrnehmen, auf eine kleine, gesellschaftlich unbedeutende Privatsphäre zurück.

Je mehr wir uns dem Zustand wieder nähern, in welchem wir nur noch 1.000 Stunden im Jahr arbeiten, wird der Anteil dieser fremdbestimmten und von der ökonomischen Rationalität beherrschten Arbeit am menschlichen Leben immer kleiner. Zugleich wird der Anteil der Zeit, in der ich wieder Herr über mich selbst bin, in der ich mich durch frei gewählte Eigenarbeit verwirkliche und in der ich auch wieder die Zeit finde, die Solidarität zwischen Starken und Schwachen zu leben, immer größer, wodurch dann auch die sozialen Institutionen Stück für Stück immer überflüssiger werden. Immer größere Anteile der Gesellschaft werden im Namen der ökologischen Vernunft des Zusammenlebens aller Menschen zurückerobert. Diesen Prozeß, in dem wir längst stehen, ist kommunalpolitisch das, was wir im Hinblick auf die psychisch Kranken Gemeindepsychiatrie nennen. Und jetzt die Mosaiksteine. Der Anteil der sozialen Institution, also des psychiatrische Krankenhauses an der Gemeindepsychiatrie schrumpft immer mehr auf den hochtechnisierten Akutbedarf zurück, wird kleiner, benötigt weniger Zeit (geringere Verweildauer) und dezentralisiert sich (Sektorisierung, Abteilungen). Die Institution Krankenhaus flexibilisiert sich aber auch noch auf andere Weise. Die Grenzen zwischen stationärem und ambulantem Handeln werden immer fließender. Mehr noch als durch die teilstationären Einrichtungen Tagesklinik und

Nachtklinik geschieht dies durch die Institutionsambulanzen, die es im Prinzip jedem Krankenhausmitarbeiter erlauben, auch ambulant tätig zu sein. Seit etwa 10 Jahren gründen vorwiegend akademische Krankenhausmitarbeiter Vereine, um auf diese Art und Weise ambulante und kommunale Begleitstrukturen für längerfristig psychisch Kranke zu schaffen. Gleichzeitig brauchen die akademischen Mitarbeiter dies aber auch für sich selbst, um überhaupt noch hinreichend viel Spaß an ihrer Krankenhausarbeit haben zu können. Diese Bewegung scheint zum Glück nun auch den Pflegebereich zu erreichen: Im letzten Jahr haben Pflegekräfte in Gütersloh gleich drei solcher Hilfs- und Trägervereine gegründet, was nicht nur anderen, sondern auch ihnen gutgetan hat. In solchen Vereinen bin ich nämlich wesentlich mehr mein eigener Herr und kann lebendigere Formen der Solidarität von Starken und Schwachen schaffen. Konsequent hat daher nun auch die Personalverordnung des Bundesarbeitsministeriums für den Bereich der Psychiatrie (PV-Psych) festgeschrieben, daß Krankenhausarbeit grundsätzlich auch ambulant erfolgen kann.

Es versteht sich, daß ein solcher Auflösungsprozeß der sozialen Institution Krankenhaus in der Breite nur wirksam sein kann, wenn er auch die soziale Institution der Heime für Behinderte erreicht. Dies ist offenbar der Fall, wie man am Modell der Heime des Sozialwerks St. Georg in Westfalen beobachten kann; heiminterne Wohngruppen, Aufnahmen nur noch aus der eigenen Region, dezentralisiertes Heim; in einigen Fällen haben die Heimmitarbeiter inzwischen eigene Trägervereine gegründet, um kommunale Begleitstrukturen für entlassene Heimbewohner vorzuhalten.

Natürlich ist auch die Art der Arbeit in der Kommune ganz anders als in der Institution. Schlagwort: Begleiten statt Behandeln. Hier begegnen sich Menschen, die gegenseitig zu berücksichtigen haben, daß sie Herren ihrer selbst sind. Solidarität von Starken und Schwachen, wo sie gelingt, ist lebendiger als in der Institution. Professionalität kommunalen Handelns ist einerseits geringer, andererseits eine andere. Deshalb erhalten andere Berufsbilder eine immer größere Bedeutung: z. B. Sozial- und Milieupädagoge, Arbeitserzieher/Arbeitspädagoge und das neue Weiterbildungsangebot der Deutschen Gesellschaft für Soziale Psychiatrie.

Die Arbeit in der und an der Kommune gründet sich viel stärker auf Selbstorganisation aller Beteiligter. Sie ist wirksamer als in der Institution, weil die psychisch Kranken ihr Kontaktbedürfnis auf mehr und unterschiedlichere Menschen verteilen können, weil das Belästigende, Lästige am Handeln psychisch Kranker sich auf mehrere Schultern verteilt und daher erträglicher wird, so daß auch das Kreative und persönlich Bereichernde in ihrem Handeln wirksam werden kann. So ist die Reintegration der psychisch kranken Mitbürger in den Bereich der Eigenarbeit, der frei gewählten Zeit der Bürger einer Kommune schon längst im Gange. Das betrifft nicht nur den Vermieter, die Mitbewohner, den Kaufmann um die Ecke und andere Nachbarn. Sondern es hat auch schon dazu geführt, daß Laienhelfer sich heute lieber Bürgerhelfer nennen, weil dies mehr den Charakter der Gegenseitigkeit und der Unabhängigkeit von Professionalität zum Ausdruck bringt. Darüber hinaus haben sich die Angehörigen psychisch Kranker in vielen Kommunen längst in eigenen Gruppen oder Vereinen zusammengeschlossen, nicht nur, um sich selbst zu helfen, sondern auch um etwa für die Verbesserung der Wohn- und Arbeitsmöglichkeiten psychisch Kranker aktiv zu sein. Als nächster Schritt dürfte anstehen, daß sich nun auch längerfristig psychisch Kranke selbst in Selbsthilfegruppen und Vereinen zusammenschließen, ein Schritt, der übrigens in Leipzig nach der Befreiung von der ökonomischen Pan-Rationalität als erster vollzogen wurde, noch bevor die Professionellen oder die Angehörigen Vereine gegründet hatten.

Der Beweis, daß all dies richtige Schritte auf dem Weg von der ökonomischen zur ökologischen Vernunft sind, ist aber erst darin zu sehen, daß die Leistungsschwachen nun auch wieder den Leistungsstarken auf dem ihnen bisher verbotenen Feld der gesellschaftlich notwendigen Arbeit begegnen, also sich - wie vermittelt auch immer - an der Steigerung des Bruttosozialproduktes einerseits und an der kollektiven Verkürzung der Arbeitszeit andererseits aktiv beteiligen. Der erste Schritt der Schaffung von Zonen der Wiedervereinigung zwischen Wirtschafts- und Sozialsystem waren die Werkstätten für Behinderte, freilich zunächst überwiegend für geistig Behinderte und freilich noch stark von der bürokratischen Unfreiheit der herkömmlichen sozialen Institution belastet. Umso wichtiger ist als nächster Schritt die Bewegung der Selbsthilfe- und Zuverdienstfirmen. In wenigen Jahren sind dadurch in der BRD 1.000 Vollzeitarbeitsplätze und eine wesentlich größere Zahl von Teilzeitarbeitsplätzen für längerfristig psychisch kranke Bürger entstanden. Hier tritt an die Stelle des Charakters der sozialen Institution der freie Arbeitsvertrag und damit eine große Zahl segensreicher Folgen für das Bewußtsein der Zugehörigkeit und Wirksamkeit psychisch kranker Bürger in Bezug auf das Wirtschaftssystem, wie zu Beginn meines Vortrags beschrieben. Weitere Schritte dieser historischen Wiedervereinigung von Wirtschafts- und Sozialsystem zum Zwecke ihrer gegenseitigen Aufhebung in ihrer bisherigen Form werden folgen. Die Firma Eduscho hat uns ein Beispiel vorgestellt. Andere müssen wir noch entwickeln. Zumindest die Selbsthilfefirmen zeigen uns, daß sich ökonomisch-produktive und soziale Tätigkeit auf einer neuen Stufe wieder vereinheitlichen lassen. Vor kurzem saßen in Gütersloh erstmals Vertreter aller Firmen und Initiativen zusammen, die Arbeitsplatzangebote für Langzeitarbeitslose ganz allgemein vorhalten. Die Beteiligten wurden sich bei dieser Gelegenheit erstmals klar, daß alle zusammen für fast alle Untergruppen des harten Kerns der Langzeitarbeitslosen Arbeitsplätze geschaffen haben, ein Ergebnis, auf das die Kommune Gütersloh stolz sein kann, erklärt es doch die hier besonders geringe Quote an Langzeitarbeitslosen. Hieraus leitet sich die Idee ab, daß wir zukünftig von drei Arbeitsmärkten sprechen können: der freie Arbeitsmarkt für die Über-Aktiven, die Werkstätten für Behinderte für die Unter-Aktiven und dazwischen Selbst-, Zuverdienstfirmen und andere Organisationsformen für die Normal-Aktiven.

Jetzt wird hoffentlich einigermaßen glaubhaft, um wieviel leichter und besser wir die hier beschriebenen Wege gehen können, wenn die Über-Aktiven, mit Hilfe der Normal-Aktiven, wirklich nur noch 1.000 Stunden im Jahr für die gesellschaftlich notwendige und fremdbestimmte Arbeit benötigen und dadurch wesentlich mehr Zeit für nicht nur produktive, sondern auch soziale Eigenarbeit - natürlich bei garantiertem Einkommen - haben werden. Dies Prinzip wenden wir übrigens bei der Bezahlung des Urlaubs und der Fortbildungszeit jetzt schon an. Einen besonders guten und wichtigen Schritt in diese Richtung in einem ganz anderen Bereich solidarischen Zusammenlebens hat vor kurzem Dänemark getan: Wenn hier in einer Familie ein Mitglied ans Sterben kommt, zahlt die Kommune dem erwerbstätigen Mitglied dieser Familie den größeren Teil seines Einkommens, um auch ihm die kostbare Zeit der Begleitung seines Verwandten im Sterben zu ermöglichen.

Der ältere Marx hat geglaubt, den gesellschaftlich notwendigen und entfremdeten Teil der Arbeitszeit befreien zu können. Das dürfte vorab gescheitert sein. Nach wie vor wird es das Spannungsverhältnis zwischen dem Reich der Notwendigkeit und dem Reich der Freiheit geben. Um so mehr läßt sich aber das Reich der Freiheit, wie beschrieben, erweitern. Um so mehr läßt sich daher auch beim jungen Marx anknüpfen, der von einer Gesellschaft träumte, in der es jedem frei stünde, "heute dieses, morgen jenes zu tun, morgens zu jagen, nachmittags zu fischen, abends Viehzucht zu betreiben, nach dem Essen zu kritisieren, ... ohne je Jäger, Fischer oder Hirt oder Kritiker zu werden."[4] In zeitgemäßer Abwandlung der Inhalte kann man sich alle möglichen Kombinationen produktiver und sozialer Tätigkeit denken, ein Weg, auf dem in seinen ersten Abschnitten sich heute schon immer mehr Menschen befinden.

Anknüpfen können wir aber auch an einen der ersten psychiatrisch tätigen Ärzte, den Professor Autenrieth aus Tübingen. Als man ihm 1806 den psychotischen Dichter Hölderlin brachte, dozierte er, er halte nichts von der Konzentration psychisch Kranker in den damals entstehenden Irrenhäusern und anderen sozialen Institutionen. Vielmehr solle man die psychisch Kranken möglichst gleichmäßig über die Gesellschaft verteilen, woraufhin Hölderlin noch Jahrzehnte in der Familie des Tischlermeisters Zimmer leben durfte. Autenrieths kategorischer Imperativ der kommunalen seelischen Gesundheit: "Laut fordert also die Menschlichkeit, die Irren verteilt zu lassen."[5] Nach einem vielleicht unvermeidlichen Um- und Irrweg von 200 Jahren und nachdem es hierzu keine Alternative mehr gibt, haben wir nun begonnen, diesen Imperativ in die Wirklichkeit umzusetzen.

---

4 Strasser, J.: Und die Zukunft der Arbeitsgesellschaft? in Frankfurter Rundschau, 08.09. 1990

5 Härtling, P.: Hölderlin, Darmstadt: Luchterhand 1976, S. 581

Sind homophile Menschen "gleichwertig", haben sie ein "Lebensrecht" und gehören sie zum "Schöpfungsziel Gottes"? (1986)

Als Sie mich zu einem humanwissenschaftlichen Referat über Homosexualität in Ihre Arbeitsgruppe "Homosexualität" des Landeskirchenamtes der Evangelischen Kirche von Westfalen einluden, war mir der Zusammenhang bekannt: Es ging und geht um eine Stellungnahme der Evangelischen Kirche Westfalens zu einer "Handreichung des Diakonischen Werkes der Evangelischen Kirche von Westfalen" mit dem Titel "Diakonie und Homosexualität" vom Juni 1985. Ich kannte diese Handreichung, fand und finde sie maßvoll und vernünftig und war der Meinung, daß die Grundsätze dieser Handreichung - trotz sicher mancher praktischer Schwierigkeiten bei der Umsetzung - kaum strittig sein könnten. Dann aber überließen Sie mir freundlicherweise die wichtigsten theologischen und kirchenamtlichen Stellungnahmen der letzten Jahre zu diesem Thema. Sie stürzten mich damit unvorbereitet in Abgründe des Erschreckens und Entsetzens, da ich nicht mal geahnt hatte, wie tiefgreifend und fundamentalistisch die theologischen und kirchenamtlichen Fraktionskämpfe zur Frage der Homosexualität heute noch sind. Da Sie in mir einen Menschen sehen, der seit 20 Jahren unablässig von der Frage getrieben wird, wie nationalsozialistisches Denken und Handeln möglich war, muß ich mir angesichts des Tiefgangs und der Brutalität der Glaubenskämpfe um die Frage der Homosexualität ernsthaft die Frage stellen: Wenn schon der Nationalsozialismus offenbar nicht hinreichend war, um die Infragestellung der Homosexualität ein für allemal gegenstandslos zu machen, brauchen wir dann noch eine schlimmere Geißel als die Nazi-Zeit, um diese Lektion endlich zu lernen? Wenn ich hier und heute, am 10. Juli 1986, mein Referat halte, muß ich einräumen, daß ich von diesem Erschrecken und Entsetzen immer noch geprägt bin. Gleichwohl ist es mein Bemühen, mich sowohl von der Mehrheit der kirchenamtlichen Äußerungen einerseits als auch von Positionen der Emanzipationsbewegung der homosexuellen Menschen freizuhalten, um so etwas wie eine anthropologisch-ökologische Brücke der Vernunft zu bauen und zur Diskussion zu stellen. Ich tue das mit Zittern und Zagen, da ich angesichts der Tiefe der Grabenkämpfe nicht hoffen kann, daß mir mein Vorhaben auch nur halbwegs zufriedenstellend gelingt.

Verwundern sollte Sie freilich nicht, daß ich meinem Beitrag ein Zitat von Kurt Nowak voranstelle, also von demjenigen theologischen Wissenschaftler, von dem wir die bisher beste Darstellung von Psychiatrie und Kirche im Dritten Reich verdanken. Es stammt aus seinem Vortrag "Zur Phänomenologie des kirchlichen Widerstandes", den er in Bethel im Frühjahr 1986 gehalten hat: "An dieser Stelle wird die christlich-ethische Ausgangslage, mit welcher der deutsche Protestantismus ins Dritte Reich hineingegangen ist, als ein handgreifliches Defizit nacherlebbar. Offenbar partizipierte der Protestantismus von lange her an den Gepflogenheiten einer gesellschaftlichen Kultur und Geisteslage, die eine wie auch immer verstandene "Staatsvernunft" und das "Volkswohl" den Belangen des Persönlichkeits- und Rechtsschutzes unterordnete. Vorausgesetzt war dabei eine in "christliche Grundlagen" rückvermittelte Staatsvernunft. Dies war gleichsam die illusionäre Substanz aller kirchlichen Hoffnungen auf ein gutes Gedeihen von Staat und Volksgemeinschaft im Dritten Reich. ... Da der NS-Staat vielen Protestanten in den Anfangsjahren des Dritten Reiches als ein Ausdruck eigener Ideale von Staatlichkeit und Gemeinschaft erschien, war es eminent schwierig, aus diesem Konsensus auszubrechen und zu kritischer Wahrnehmung der tatsächlichen Beschaffenheit des NS-Staates durchzustoßen... Als weitere Erschwernis kam die bekannte Tatsache eines in der politischen Ethik des Protestantismus lediglich in Ansätzen und Spurenelementen ausgebildeten politischen Widerstandsrechts hinzu."

Ich bitte Sie, diese Gedanken Nowaks während meiner folgenden Ausführungen im Auge zu behalten. Sie haben mehr mit dem Thema zu tun, als wir zunächst vermuten können. Das wird etwas deutlicher, wenn wir bedenken, daß ein wirkliches Lernen vom Nationalsozialismus erst in den letzten Jahren möglich geworden ist, seit eine jüngere und unbefangenere Generation jenseits von Rechtfertigung oder Verurteilung sich mit dem Dritten Reich auseinandersetzt. Hierzu eine nicht inhaltliche, aber formale Parallele zum Homosexualitätsproblem: Die Ev. Kirche hat während des Dritten Reiches die Zwangssterilisierung ganz überwiegend begeistert gefördert. Widerstand dagegen gab es so gut wie nicht. An dieser Haltung hat sich auch in der Nachkriegszeit wenig geändert. Schlimmer noch: Die Ev. Kirche hat sich in den Nachkriegsjahrzehnten unter dem Titel der "religiösen oder weltanschaulichen Verfolgung" zugunsten der Opfer aus den eigenen Reihen nach den Möglichkeiten des Bundesentschädigungsgesetzes gerne bedient. Zugleich ist ihr nicht einmal der Gedanken gekommen, daß die zwangssterilisierten Menschen als psychiatrisch Verfolgte auch Entschädigungsansprüche haben könnten. Im Gegenteil: Sie hat sich in den 60er Jahren beim zuständigen Bundesfinanzministerium dafür eingesetzt, daß die Zwangssterilisierten nicht als Verfolgte anerkannt werden sollten, da solche Menschen durch die dann erforderlichen Begutachtungen noch einmal belastet würden. Erst in diesem Jahre 1986 und nur aufgrund hartnäckiger Bemühungen zahlreicher evangelischer Christen hat der Rat der Ev. Kirche umdenken können und sich zu einer Entschließung durchgerungen, daß die NS-Zwangssterilisierung nach Erbgesundheitsgesetz Unrecht gewesen sei und daß die noch lebenden Opfer dieser Verfolgung Anspruch auf eine Entschädigung haben sollten. Und wie steht es mit den Menschen, die wegen ihrer Homosexualität verfolgt worden sind? Wie verhalten wir uns - auch als Kirche - zu ihnen und ihren Rechten? Und wie verhalten wir uns heute zu ihnen als Teil unserer Gemeinden, also als Teil von uns selbst?

Ich werde nun meinen Beitrag in vier Abschnitte gliedern: Im ersten Abschnitt muß ich Sie mit einigen zeitgemäßen wissenschaftstheoretischen Überlegungen vertraut machen, um zu verdeutlichen, wie heute humanwissenschaftlich überhaupt gedacht werden kann. Dieser Umweg ist unvermeidlich, wenn Sie z.B. von Gunter Schmidt in seinem neuesten Buch von 1986 hören, daß alle Versuche, die Homosexualität auf bestimmte Ursachen zurückzuführen, zu menschenverachtenden Umgangsformen mit homosexuellen Menschen geführt haben. Im zweiten Abschnitt stelle ich Ihnen mein anthropologisch-ökologisches Konzept der Homosexualität vor, wie es sich für mich aus den bis heute vorliegenden Forschungsergebnissen und denkerischen Bemühungen ergibt. Im Lichte dieser Erkenntnisse werde ich im dritten Abschnitt einige der neueren theologischen und kirchenamtlichen Auffassungen über die Homosexualität interpretieren. Ich fühle mich dazu verpflichtet und berechtigt, einmal als evangelischer Christ und Gemeindemitglied und zum andern weil auch die Theologie zumindest teilweise zu den Humanwissenschaften zu rechnen ist. Im vierten Abschnitt schließe ich mit einigen Überlegungen zu Ehe und Familie, da wir auch hier um ein gewisses Umdenken im Zusammenhang mit unserem Thema nicht herumkommen.

Schließlich noch eine Begriffserklärung: Ich habe mich nach langem Zögern entschlossen, in Zukunft nicht mehr von Homosexualität und homosexuellen Menschen zu sprechen, sondern vielmehr von Homophilie und von homophilen Menschen. Die Gründe dafür können erst am Ende meines

Referates einigermaßen einleuchten. Vorab nur soviel: Unser Thema betrifft die Fähigkeit des Menschen, umfassend zu lieben. Dies geschieht auf vielen Ebenen, in vielen Richtungen und in vielen Formen. Nur ein kleiner, wenn auch wichtiger Teil dieses Liebens ist sexuelle Liebe. Um mein Thema auch nur einigermaßen angemessen erfassen zu können, muß ich aber von der allgemeinen Fähigkeit des Menschen zu lieben ausgehen. Ich setze mich damit in begrifflichem Gegensatz sowohl zu den kirchlichen und theologischen Gepflogenheiten, auf der anderen Seite aber genauso im Gegensatz zu der Selbstdefinition der Homosexuellen-Emanzipationsbewegung bzw. Schwulen-Bewegung, die den Begriff der Homophilie ablehnt, damit nur ja deren sexueller Teil nicht weiter verdrängt werden soll. Es ist aber meine wichtigste These, daß beide Seiten zu kurz greifen, wenn sie das Problem auf ein sexuelles Problem reduzieren und das nur das Nachdenken über "den sich und anderen liebenden Menschen" den Horizont so weit öffnet, daß wir nicht in die Irre gehen, sondern zu einer halbwegs angemessenen und für unser Handeln bedeutsamen Darstellung kommen.

I. Wissenschaftstheoretische Vorüberlegungen

Immer schon galt es zu Recht als Forderung, daß Aussagen zumindest über den Menschen zugleich natur- und geisteswissenschaftlich zu sein hätten. Dem stand lange die cartesianische Zweiteilung der Welt in den Denkgewohnheiten der Wissenschaftler entgegen. Infolgedessen landeten alle theoretischen Konstruktionen über den Menschen bis ins 20. Jahrhundert hinein irgendwann unrettbar bei der Alternative: materialistisch oder idealistisch. Darauf ließen sich immer auch polare politische Ideologien entwickeln.

Insbesondere den Atomphysikern und Molekularchemikern ist es zu danken, wenn alle diese Denkgewohnheiten zumindest als unzulässige Vereinfachungen relativiert worden sind. Vor allem in der Auseinandersetzung mit der Kausalität Newtons haben sie aufgezeigt, daß reine Fallgesetze zwar nicht falsch sind, jedoch nur durch die Ausblendung der Randbereiche bzw. des Kontextes der jeweiligen Versuchssituation so einfach formuliert werden konnten. Durch die heute mögliche Einbeziehung der mikro- und makrophysikalischen Räume entsteht eine umfassendere und damit auch veränderte wissenschaftliche Landschaft, deren Grundannahmen weit mehr als früher gleichermaßen für die Natur- und Geisteswissenschaften gelten.

Die gerade auch für Aussagen über den Menschen und damit auch für unser Thema wichtigsten Grundannahmen sind:

1. Die Subjektivität sowohl des Forschungsgegenstandes als auch des Forschers ist nicht als störendes Beiwerk aus dem Forschungsprozeß auszuklammern, sondern liefert selbst die wichtigsten Daten und ist daher im Forschungsdesign voll zu berücksichtigen. (Beispiel: Aussagen zur Homophilie haben auszugehen vom Empfinden, Erleben und Lieben der homophilen Menschen.)

2. Nichts Lebendiges ist auf eine Ursache zurückzuführen. Statt von Kausalität ist bestenfalls von Bedingungskonstellationen zu sprechen. Oder aber wir sprechen von zwei gegenläufigen Kausalitätsreihen: der upward causation, die den materiellen Aufbau vom Atom an aufwärts alles Lebendigen beschreibt, entspricht die downward causation wonach das Übergeordnete das Untergeordnete steuert. (Beispiel: Die Liebe Gottes und die Liebe zu Gott beeinflußt die Liebe der Menschen untereinander [Nächstenliebe], diese wiederum das familiäre Lieben, diese das erotische Lieben und diese schließlich das sexuelle Lieben.)

3. Im Bereich des Lebendigen ist zumeist die Wahrscheinlichkeitsrechnung die präziseste Methode der Mathematisierung - nicht weil wir mathematisch noch so ungebildet sind, sondern weil diese Methode dem Bereich des Lebendigen entspricht. Alles Lebendige äußert sich in der Regel mit einer mehr oder weniger großen Steuerung oder Varianz. Das Forscherehepaar Christine und Ernst von Weizsäcker haben kürzlich im Zusammenhang mit einer gentechnologischen Diskussion zu mehr "Fehlerfreundlichkeit" aufgerufen, da sowohl die individuelle als auch die Art-Entwicklung über auftretende Fehler verläuft und die Fehler von heute die Anpassungsleistungen von morgen sein können. (Beispiel: Alle Erscheinungsformen menschlichen Liebens zeigen Schwerpunkte, aber auch umfangreiche Streuungsfelder, die beide untrennbar aufeinander angewiesen sind.)

4. Gregory Bateson hat in seiner "Ökologie des Geistes" gezeigt, wie bei der Entstehung von etwas Lebendigem genetische und soziale Gege-

benheiten eine Einheit darstellen, hinter die man nur um den Preis künstlich-experimenteller Isolation zurückgehen kann. (Beispiel: Bei der homophilen oder heterophilen Entwicklung eines Menschen ist es daher nicht mehr zulässig, genetische und soziale Bedingungskonstellationen voneinander zu unterscheiden, wenn auch in beiden Fällen besondere Bedingungen besondere Entwicklungen ermöglichen.)

5. Batesons Botschaft lautet ähnlich wie in Bronfenbrenners "Ökologie der menschlichen Entwicklung", das im Bereich des Lebendigen Text und Kontext stets eine untrennbare Einheit bilden, und das zum Verstehen eines lebendigen Phänomens stets harte und weiche Daten gehören. Sie entwickeln daraus eine Ethik, wonach der Mensch im Umgang mit Sachen sich eher direkter, im Umgang mit Menschen jedoch eher indirekter Verfahren zu bedienen hat. (Beispiel: Vom menschlichen Leben lassen sich nicht homophile Rand- oder Entwicklungsbereiche wegschneiden, ohne das ganze zu zerstören. Ein homophiler Mensch bildet ebenso wie ein heterophiler Mensch mit seiner je besonderen Lebenswelt eine Einheit. Was Piaget für die Entwicklung der Sprechfähigkeit am einzelnen Menschen herausgefunden hat, gilt auch für seine Entwicklung der Liebesfähigkeit: Die ersten Phasen gelten mehr der Selbstverständigung und erst die späteren Phasen gelten der sozialen Verständigung. Das erleichtert auch das Verständnis der Bedeutung der Selbstbefriedigung, die bei der Homophilie-Diskussion oft zu kurz kommt. Und was die Ethik des menschlichen Liebens angeht, so dürfte deren oberstes Gebot darin bestehen, daß wir mit einem Menschen nicht wie mit einer Sache umzugehen haben.)

Max Delbrück, einer der letzten Schüler Niels Bohrs, hat kürzlich in seinem Buch "Mind from matter?" das wissenschaftliche Weltbild für den heutigen Entwicklungsstand folgendermaßen zusammengefaßt: Während wir in den vergangenen 150 Jahren uns bemühten, entweder den Geist auf die Materie oder die Materie auf den Geist zurückzuführen, wissen wir heute, daß es nur eine Wirklichkeit gibt. Wir sind dazu gekommen, weil wir gelernt haben, daß der Geist materieller ist, als wir gedacht haben, und daß die Materie geistiger ist, als wir gedacht haben.

Ich hoffe, daß diese Vorüberlegungen mir und uns einigermaßen verläßliche Grundlagen für die nächsten gedanklichen Schritte gebracht haben.

II. Anthropologisch-ökologisches Verständnis homophiler Menschen

Die etwas gestelzte Überschrift ist notwendig, da herkömmliches anthropologisches Denken oft zu sehr vom Menschen in der Einzahl ausgeht, obwohl es den Menschen in der Einzahl, als Individuum, gar nicht gibt. Daher bedarf die Anthropologie der Ergänzung durch die Ökologie zumal diese beiden Wissenschaften methodisch gleichermaßen die menschlichen Gegebenheiten zugleich körperlich, psychisch, sozial und geistig wahrzunehmen bestrebt sind. Dabei sollten wir festhalten, daß das Subjekt der Anthropologie der Einzelmensch oder das Ich ist, während das Subjekt der Ökologie weniger die Familie, sondern eher die Gemeinde oder das Wir ist.

Alle ernstzunehmenden anthropologischen Ansätze dürften sich heute darin einig sein, daß der Mensch im Unterschied zum Tier wesentlich weniger instinktgesteuert ist, was ihm seine jede Situation transzendierenden Antriebsüberschuß und damit seine fundamentale Weltoffenheit einbringt. Den Antriebsüberschuß als Libido oder als durch Sexualisierung des Menschen zu bezeichnen, greift zu kurz und ist zu biologistisch gedacht, da es sich bei den Antrieben eben auch um soziale und geistige handelt. Dabei ist auch der sexuelle Antriebsüberschuß keineswegs unbedeutend, was man schon daran sehen kann, daß die Tiere in der Regel immer nur zu bestimmten Zeiten, während der Mensch vom Grundsatz her ständig sexuell aktiv ist. Die Sonderstellung des Menschen ist also ganz gut dadurch auszudrükken, daß seine antriebsüberschußbedingte Weltoffenheit ständig besteht, überall hindringt, in alle Richtungen geht, alle Menschen und Sachen umfaßt, sich weltweit erstreckt und auch noch über die Welt hinausgeht, von woher der Mensch sich wiederum auch in seinem Alltagsleben bestimmen kann. Diese Aussage bestimmt das Wesen des Menschen, beschreibt zugleich aber auch den Menschen als ein sich ständig entwickelndes Wesen. Beispiel: Während vor einigen Jahrhunderten den Menschen ein noch so schreckliches Ereignis kaltlassen konnte, wenn es außerhalb seiner Familie oder Gemeinde passierte, können wir heute echtes Mitgefühl empfinden, wenn wir z.B. in der Zeitung über einen besonders tragischen Suizid in Australien lesen. Wenn nun gerade emanzipatorische Sexualwissenschaftler gerne von der "Gesamt-Sexualität" sprechen, ist auch dies noch zu reduktionistisch. Es geht vielmehr um die ständige, ubiquitäre, in alle Richtungen gehende und alle Menschen und Sachen umfassende Fähigkeit zu lieben, die sich dann im einzelnen als Gottesliebe, Nächstenliebe, Gemeindeliebe, Familienliebe, erotische Liebe und sexuelle Liebe ausmachen läßt. Eher wäre also von der "Gesamt-Liebe" zu sprechen, wovon die sexuelle Liebe, insbesondere diejenige, die zur Zeugung des Nachwuchses dient, nur ein Teilaspekt, nachgerade nur ein biologisches Nebenprodukt der Liebestätigkeit des Menschen darstellt, wenn auch in besonderer Weise instinktgeschützt, gleichsam damit der Mensch das Kinderkriegen nicht vergesse. Ein zusätzliches Risiko erwächst dem Menschen daraus, daß er sein Denken und Handeln weitgehend nach seinem subjektiven Erleben richtet, ein Risiko, das nur dadurch nicht im totalen Chaos endet, daß der Mensch aus seinem subjektiven Erleben Institutionen destilliert, von denen er sich rückwirkend bestimmen läßt und die ihn von einem ständigen und unerträglichen Entscheidungsdruck entlasten.

Von dieser Wesensbestimmung des Menschen her wäre Selbstlieben (Selbstbefriedigung) und homophiles Lieben (Homosexualität) geradezu theoretisch zu fordern, wenn es sie nicht gäbe. Es muß sie geben, weil - wenn Sie so wollen - der Mensch ein Mensch ist. Ohne die Fähigkeit, sich selbst zu lieben, und ohne die Fähigkeit, Angehörige des eigenen Geschlechts zu lieben wäre der einzelne Mensch kein vollständiger Mensch und wären die Menschen als soziale oder ökologische Einheit (Gemeinde) keine vollständige Einheit. Homophiles Leben ist also eine anthropologische Konstante, ist freilich, da in der normalverteilten Streuungsbreite der menschlichen Handlungsweisen mehr randständig lokalisiert, mit besonderen Risiken, aber auch mit besonderen Chancen verbunden. Homophiles Lieben umfaßt alle Zwischenstufen zwischen der rein geistigen und rein körperlichen Bindung. In solchen Kulturen, in denen homophiles Lieben nicht institutionsgestützt ist (z.B. Ehe oder religiöser Kult), sind die Risiken größer, was sich etwa in der geringeren Dauerhaftigkeit einer homophilen Beziehung äußert. Aber zugleich sind auch die Chancen größer: So kann homophiles Lieben intensiver und ekstatischer sein in Richtung auf körperliche Befriedigung, auf Zärtlichkeit oder auf geistige Einbeziehung des anderen Menschen und seiner ganzen Lebenswelt, also auch vollständiger. Hier ist noch ein weiteres, verbreitetes Mißverständnis auszuräumen: Homophiles Lieben ist nicht zu definieren als Lieben von Angehörigen des eigenen Geschlechts. Vielmehr gilt für homophiles ebenso wie für heterophiles Lieben, daß ein Mensch während seiner Lebenszeit nur wenige und zwar ganz bestimmte Menschen des eigenen oder des anderen Geschlechts so intensiv und die ganze Spannbreite von der geistigen bis zur körperlichen Anziehung umfassend schätzt, daß man dies Lieben nennen darf. Da dies unzweifelhaft feststeht, kann man auch wieder geradezu theoretisch fordern, daß es dann auch Menschen geben müsse, die während ihrer Lebenszeit eine kleine Zahl von Menschen mit bestimmten Eigenschaften, die sowohl dem eigenen als auch dem anderen Geschlecht angehören, liebt. Das ist das ganze Geheimnis der manche Gelehrte so viele Sorgen bereitenden Bisexualität oder - wie wir nun sagen müssen - Biphilie. Zugleich kann man damit auch den ganzen Spuk der berühmten "Polarität der Geschlechter" vertreiben. Natürlich gibt es diese Polarität vor allem da, wo sie funktionell notwendig zum Kinderkriegen ist. Sie spielt aber eine eher untergeordnete Rolle für die "Gesamt-Liebe", in der die für jede lebendige Beziehung zwischen zwei und mehr Menschen erforderliche Spannungspolarität auch an ganz anderen Eigenschaften als der Geschlechtszugehörigkeit festmachen kann.

Wenn wir nun anthropologisch gelernt haben, daß wir den Menschen nicht von einer biologischen Zeugungs-Ideologie her aufbauend verstehen können und daß die Liebe nicht von der Sexualität, sondern die Sexualität von der Liebe her zu begreifen ist, dann können wir wohl auch akzeptieren, daß Homophilie nicht nur eine anthropologische, sondern auch eine ökologische Konstante ist. So wie in einem Menschen die Möglichkeiten aller Menschen enthalten sind (G. Devereux) und so wie eine meiner Möglichkeiten homophil ist, wenn auch in unterschiedlichen Entwicklungsphasen unterschiedlich chancenreich, so ist auch ein Teil jeder ökologischen Einheit, jeder Gemeinde, jedes "Wir" homophil. Die Soziologen haben herausgefunden, daß regelhaft etwa vier Prozent einer Population homophil sind, die Ethnologen glauben, daß dies im großen und ganzen für sämtliche bekannten Kulturen gilt, und die Historiker, die es in dieser Hinsicht empirisch natürlich besonders schwer haben, sind der Meinung, daß dies wohl auch seit Anbeginn der Menschheit, also seit Adam und Eva, so gewesen ist. Um diesen empirischen Befund für mich bedeutsam zu machen, formuliere ich lieber so: Wenn *wir* eine Kirchengemeinde von 1000 Personen sind, dann sind 40 Personen von *uns* homophil. Oder wenn *wir* eine kommunale Gemeinde von 10 000 Menschen bilden, dann sind 400 Gemeindemitglieder von *uns* homophil. Hinsichtlich der Richtung des Liebens bilden sie eine randständige Minderheit. Wir haben uns aber klarzumachen, daß wir alle in der einen oder anderen Hinsicht einer randständigen Minderheit angehören (beruflich, körperlich, ethnisch usw.) und daß die Lebendigkeit einer Gemeinde vom Austausch zwischen einer Vielfalt unterscheidbarer Minderheiten oder Subkulturen abhängt. Keine dieser

Untergruppen darf fehlen oder weggeschnitten werden, da sonst der Gesamtgemeinde etwas Wesentliches an ihrer Lebendigkeit fehlt. Keine dieser Untergruppen läßt sich als Defizit definieren und daher überflüssig machen, sondern jede Untergruppe stellt einen wesentlichen Beitrag dar. Zwei Beispiele: Grenzen wir alle geistig behinderten Gemeindemitglieder aus, fehlt der Gemeinde etwas an Kommunkationsfreudigkeit. Grenzen wir alle psychisch gestörten oder störbaren Gemeindemitglieder aus, fehlt der Gemeinde etwas an Umgang mit Unberechenbarkeit, fehlen ihr die leichter verletzbaren Seismographen. Und was passiert, wenn wir die homophilen Gemeindemitglieder von uns ausgrenzen oder sie zwingen, sich unsichtbar zu machen? Ihren positiven Beitrag oder ihre Chancen habe ich oben schon beschrieben. Das geht aber noch weiter: Freud hat ziemlich gut beobachtet, daß das zwanghafte Verleugnen der eigenen homophilen Möglichkeit einen Einzelmenschen in panische Angst vor Homophilie versetzen kann, was durchaus zu einer paranoiden Erkrankung, zu einer Wahnbildung beitragen kann. Dasselbe gilt für eine Gemeinde: Wenn wir Gemeindemitglieder unsere homophilen Möglichkeiten leugnen und unsere homophilen Gemeindemitglieder in die Unsichtbarkeit zwingen, dann organisieren wir selbst mit diesem Schritt unsere eigene panische Angst vor der Homophilie, die wir rational gar nicht erklären könnten und die durchaus wahnhaft und infolge davon tötend werden kann. Vielleicht kann man dies dann als "Homophobie" bezeichnen. Gestalten wir umgekehrt unser Gemeinde so, daß es besondere Institutionen für unsere homophile Untergruppe gibt und daß die allgemeinen Institutionen für unsere homophilen Gemeindemitglieder offen sind, dann müssen diese sich nicht wie Verfolgte entweder angstvoll-verschüchtert oder exhibitionistisch verhalten, weil sie sich von ihrem Antriebs- und Erlebensdruck institutionell entlasten können, dann können sich die Chancen der Homophilie besser als ihre Risiken entfalten und dann können homophile Beziehungen z.B. auch dauerhafter sein. Ganz abgesehen davon, daß die negative Faszination durch die Homophilie, die ja zumeist bei bestimmten homophilen Praktiken festmacht, die "Faszination der technischen Endstrecke" verliert, weil sich dies in der "Gesamt-Liebe" einer Gemeinde relativiert. (Von Pastor Mondry, dem Leiter der Alsterdorfer Anstalten in Hamburg, habe ich hinsichtlich der Frage, ob geistig behinderte Menschen sterilisiert werden sollen, etwas Paralleles gelernt: Er vertrat nämlich in einer Pressekonferenz die Position, daß wir alle zunächst einmal zu lernen haben, daß geistig behinderte Menschen nach dem Grundgesetz dieselben Rechte haben wie alle anderen Menschen, also vom Grundsatz her auch Kinder kriegen können. Wenn wir dies wirklich gelernt, zu unserer Grundhaltung gemacht und unser Hauptaugenmerk darauf gerichtet hätten, dann hätte die Behinderten-Sterilisation ihre "Faszination der technischen Endstrecke", auf die wir jetzt immer starren, verloren, weil wir dann im Einzelfall gut erkennen und entscheiden könnten, wo eine Sterilisierung angemessen sei und wo nicht.)

Nach alledem dürfte es nun auch nicht mehr so schwerfallen, die berühmt-berüchtigte Frage, ob Homophilie konstitutionell angeboren oder durch Verführung erworben sei, als eine fundamental falschgestellte Frage zu erkennen und sie in das Schreckenskabinett derjenigen Wissenschaftsgeschichte zu verabschieden, die stets auf isolierte Ursachen aus gewesen ist, was regelmäßig den betroffenen Menschen zur Benachteiligung und zur Verfolgung bis zur Tötung gereicht hat. Die These von der Verführung ist, obwohl Lieblings-Wunschglaube gerade vieler Kirchenmänner, lächerlich, da man noch nie einen Menschen getroffen hat, der nicht auch ohne Verführungserlebnis sein Leben in eine homophile Richtung entwikkelt hätte. Die These von der konstitutionellen Entstehung der Homophilie ist heute ebenso unzulässig. Denn zwar hängt jede beliebige Eigenschaft eines Menschen auch mit genetischen Gegebenheiten zusammen, dennoch kann man aber heute nur noch genetische und soziale Gegebenheiten als eine Einheit ansehen. Aus dieser Einsicht heraus haben - wenn auch verspätet - die Psychiater die Homophilie aus ihren Krankheitskatalogen gestrichen. Zwar ist auch noch unlängst Dannecker dem falschen Ursachendenken gefolgt und hat in heute nicht zulässiger Weise psychoanalytisch das medizinische Denkmodell bemüht, um ein Defizit zu erkennen, welches - der Narzißmustheorie folgend - durch die Homophile als "Plombe" gefüllt wird. Um es etwas salopp auszudrücken: Das medizinische Defizitdenken wird nicht tragfähiger, wenn man es um ein zahnmedizinisches Sprachbild bereichert. Anthropologisch wesentlich angemessener hat dagegen Morgenthaler 1984 die Entwicklung eines Menschen zur Heterophilie oder Homophilie mit dem wissenschaftstheoretisch äußerst fruchtbaren Denkmodell der dissipativen Entwicklungsstrukturen in Einklang gebracht. Danach werden in einem sich entwickelnden System in besonders veränderungssensiblen Zeitabschnitten die Weichen immer neu gestellt und können - auf unser Thema bezogen - mal mehr in die heterophile, mal mehr in die homophile Richtung weisen, je nachdem der Bedarf des intrapsychischen Haushaltes und der Welterfahrung mehr in die Richtung der Identitätsbildung oder Autonomiebildung geht. Heterophile und homophile Entwicklungen sind also gleichermaßen normal, wenn auch natürlich gleichermaßen neurotisch oder psychotisch störbar. Grundsätzlich aber sind es unterschiedliche, normale Entwicklungen der Liebesfähigkeit. Es gibt allerdings noch eine Weise, in der auch heute noch von "Konstitution" gesprochen werden kann. Sartre hat sie in seinem "Idiot der Familie" unnachahmlich beschrieben: In diesem 3300seitigen Werk hat er am Beispiel von Flaubert den Versuch unternommen, alles zusammenzutragen, was man über einen Menschen wissen kann. Die ersten 650 Seiten hat er unter die Überschrift "Die Konstitution" gestellt: Hier hat er alles über die körperliche Konstitution von Flaubert, sein Temperament, seine Familiengeschichte, die geographische, wirtschaftliche und politische Situation seiner Lebenswelt zu einer Einheit gebündelt. Dies darf den Namen "Konstitution" auch heute noch mit wissenschaftlichem und philosophischem Recht tragen.

Etwas anderes ist es, wenn manche geschlechtlichen Monokulturen als Institution in ihrer umfassenden lebensweltlichen Prägungskraft bei dem einen oder anderen Insassen die auch ihm innewohnende homophile Entwicklungsmöglichkeit fördert. Ich habe aber noch nie gehört, daß jemand deshalb gefordert hätte, Kasernen, Schwesternheime, Gefängnisse, Klöster und psychiatrische Anstalten zu schließen. Ein Beispiel: Eine Patientin kam mit 18 Jahren in das Psychiatrische Landeskrankenhaus Gütersloh, wurde im Laufe ihrer unsinnigerweise 25-jährigen Aufenthaltszeit arbeitstherapeutisch an die Krankenhausfriseuse vermittelt, woraus sich zunächst ein Mutter-Tochter-Verhältnis ergab, was sich allmählich in eine homophile Beziehung weiterentwickelte, ohne daß alle Beteiligten außer Konflikten viel davon hatten. Die schwierige Emanzipation dieser Patientin zunächst in ein gemischt-geschlechtliches Übergangsheim bewirkte schon nach kurzer Zeit, daß die Patientin sich in einen Mitpatienten verliebte. Beide leben inzwischen seit Jahren in einer normalen Glück-Unglück-Mischung in einer eigenen Wohnung zusammen.

Eigentlich erübrigt es sich fast, noch ein paar Worte zu den immer mal wieder auftretenden Homophilie-Therapiemeldungen zu verlieren. Gerade im psychischen Bereich, in dem die Therapeuten natürlich auch Erfolgsmeldungen brauchen, ist es verführerisch, dieses und jenes als Therapie zu definieren, vor allem auch dann, wenn gar keine Krankheit vorliegt, die man hätte heilen können. Soweit man solchen Statistiken überhaupt Glauben schenken kann, handelte es sich entweder gar nicht um homophile Menschen oder aber eine Therapie hatte daraus bestanden, jemandem zu einer Anpassungsleistung an die ihm unerträgliche heterophile Umwelt zu verhelfen. Denn natürlich kann jemand an seiner Homophilie ebenso wie an seiner Heterophilie leiden, was die Voraussetzung dafür ist, daß in dem einen oder anderen Fall gewisse Entlastungshilfen gefunden werden können. Im übrigen ist das Gerede von der Therapie homophiler Menschen etwa gleichbedeutend damit, daß ein Therapeut sich rühmt, er habe einem Menschen beigebracht, auf vier statt auf zwei Beinen zu laufen.

Zum historischen Verständnis der Homophilie hier nur ein paar unsystematische Bemerkungen. Die altgriechische Kultur wird gern erwähnt als eine solche, in der die Homophilie institutionell besonders liebevoll verankert war. Man hat aber nichts davon gehört, daß die alten Griechen deshalb weniger Kinder geboren hätten. Noch viel zuwenig erforscht ist freilich die Frage, warum in den mitteleuropäischen Gesellschaften gerade in der Zeit der zweiten Hälfte des 19. Jahrhunderts die Angst vor der Homophilie wuchs und sich u.a. in eine homophilie-feindliche Gesetzgebung niederschlug. In diesem Zeitraum haben die Mediziner und im engeren Sinn die Psychiater die Sexualität in all ihren Ausdrucksmöglichkeiten zu ihrem Kompetenzbereich erklärt, haben Krankheiten daraus definiert oder unmoralische Verhaltensweisen. Daher waren es gerade medizinische Experten, die etwa mit dem Argument der Entstehung der Homophilie aus sexueller Übersättigung als Experten die unmenschliche Formulierung des § 175 des alten Strafgesetzbuches durchgesetzt haben. Es war dies aber dieselbe Zeit, in der auch der moderne Antisemitismus, der Rassismus, die Degenerationstheorie, das Recht auf den Suicid und die Bewegung für die Euthanasie der eigenen Person oder anderer Gesellschaftsmitglieder aus der kulturpessimistischen Angst des patriarchalisch organisierten Bürgertums vor der erstarkenden Arbeiterklasse und der sich emanzipierenden Frauen erwuchsen. Ein Wort noch zur heutigen Schwulen-Bewegung: Viele wohlmeinende Menschen stöhnen über ihr provokatorisch-exhibitionistisches Auftreten. Ich werde mich aber sehr hüten, den Mitgliedern der Schwulen-Bewegung - auch rein subjektiv - daraus einen Vorwurf zu machen. Ich müßte nämlich die Eigenheiten dieser Befreiungsbewegung verrechnen gegen die Eigenheiten einer jahrhundertelangen Verfolgung. Und dabei sähe ich schlecht aus.

Ich fasse zusammen: Homophilie ist keine Krankheit, keine Behinderung, keine Unmoral, nicht einmal ein Defizit. Vielmehr sind homophiles Lieben ebenso wie heterophiles Lieben normal-menschliche Möglichkeiten, seine "dialogische Existenz" (Buber) zu leben, sind eine Aufgabe, eine

Gabe, sind Pfunde mit denen zu wuchern ist, wobei das homophile Lieben ebenso wie das heterophile Lieben das gesamte Empfinden und damit das Leben und die Lebenswelt eines Menschen umfassend organisieren.

III. Bibel, Theologen, Kirchenmänner und Homophilie

Wie eingangs schon angedeutet, bin ich sowohl als evangelischer Christ als auch als Humanwissenschaftler verpflichtet, die zeitgenössische theologische Sicht der Homophilie aus meiner humanwissenschaftlichen Sicht zu beleuchten, zumal die Theologie - wie gesagt - zumindest anteilig auch zu den Humanwissenschaften zu zählen sein dürfte und darüber hinaus die theologischen Aussagen zur Homophilie nicht selten auf humanwissenschaftlichen Anleihen gründen.

Zunächst einmal stehe ich anhaltend fassungslos vor dem wissenschaftlichen und damit auch theologischen Leichtsinn, mit dem Theologen wie Balz und Kirchenmänner wie Hirschler aus etwa sechs Bibelstellen des Alten und Neuen Testamentes, die insgesamt als randständig einzustufen sind, unter Ausblendung des jeweiligen Kontextes die biblische Verwerfung der Homophilie ableiten, die Homophilie als etwas bewerten und verurteilen, was mit dem "Schöpfungswillen" oder dem "Schöpfungsziel" Gottes nicht vereinbar sei. Das kann ja dann auch nur für die homophilen Menschen selbst gelten, da Homophilie von homophilen Menschen so wenig zu trennen ist wie Zweibeinigkeit von den Menschen im allgemeinen. Dabei zeigen die Textstellen des Alten Testamentes deutlich, daß ihr Anliegen die scharfe Trennung der Religiosität von der Sexualität des Volkes Israel ist und das die Verurteilung der Homophilie die Verurteilung der sexuell-religiösen Vermischung wie etwa die Tempelprostitution und ähnliches und damit die Anbetung von Geschöpfen statt des Schöpfers bei den "Fremden", also bei den nicht-jüdischen Völkern meint. Ähnliches gilt für die Textstellen des Neuen Testamentes, die sämtlich Paulus zugeschrieben werden und in denen er die Mitglieder der christlichen Urgemeinde davor warnt, sich griechisch-römischen oder sonstigen heidnischen kultischen Ritualen zu verschreiben und sie mit ihrem christlichen Glauben, Lieben und Leben zu vermischen. Deutlich läßt sich an den Texten auch ablesen, daß Paulus hier Handlungsweisen als sündhaft bezeichnet, bei denen an sich heterophile Menschen des Spaßes, des Geldes oder des religiösen Gutes wegen, homophile Verhaltensweisen wählen, ohne homophil zu sein.

In diesem Zusammenhang fällt auf, daß theologische Interpretationen ein großes Interesse an der Behauptung verraten, die Berichterstatter des Alten Testamentes und insbesondere auch Paulus hätten von einer manchen Menschen eigenen ("konstitutionellen") Homophilie nichts gewußt. Diese These ist lächerlich und läßt vermuten, daß bei ihren Vertretern ein bestimmtes Glaubensinteresse die Erkenntnisbereitschaft verwirrt. Allein schon für das Alte Testament läßt die lebhafte Diskussion der Homophilie in der Literatur der dem Volk Israel benachbarten Völker vermuten, daß auch damals schon die anthropologisch-ökologische Konstante von 4 % homophiler Menschen innerhalb einer Population gegolten hat. Und diese normale Homophile muß - genauso wie heute und unabhängig von der auch noch vorhandenen kultischen Homophilie - allgemeines Wissen der Zeitgenossen gewesen sein. Um so mehr gilt das für die kulturellen Gegebenheiten des Zeitalters des Neuen Testamentes und vor allem für Paulus selbst, der als gebildeter und weitgereister Mann ebensogut wie alle Zeitgenossen und wie auch wir heute selbstverständlich gewußt hat, daß es bei Griechen, Juden und auch den christlichen Urgemeinden die normale Homophilie in einem gewissen Prozentsatz selbstverständlich gegeben hat. Bei der relativen Häufigkeit homophiler Menschen hätte es unbedingt Berichte im Neuen Testament oder in anderen frühchristlichen Schriften darüber geben müssen, daß ein homophiler Mensch als deshalb sündhaft aus der christlichen Gemeinde ausgeschlossen oder nicht in sie aufgenommen worden sei. Das ist nicht der Fall. Dadurch erhärtet sich meine These, daß die paulinische Verurteilung freigewählter Homophilie der Abwehr fremdkultischer Bräuche diente, während die normale Homophilie für Paulus ebensowenig von Interesse war wie für Jesus oder auch für die Berichterstatter des Alten Testamentes. (Auch im alten Volk Israel muß Homophilie zum Alltagswissen aller Menschen gehört haben, wenn nach dem biblischen Bericht alle Männer Sodoms mit den beiden Fremden, den Gastfreunden Lots, zu schlafen begehrten.)

Erst viel später in der Kirchengeschichte sind diese wenigen und in ihrer Zielsetzung gut abgrenzbaren Bibelstellen auf dem Wege der Verallgemeinerung mit der Absicht der Verurteilung jeder Homophilie als sündhaft und gottlos verdreht und überinterpretiert worden. Man fragt sich verzweifelt, woher diese panische und paranoide Angst vor homophilen Mitgliedern der christlichen Gemeinden kommt und wie sie sich trotz allem bis heute hat durchhalten können. Da man in einschlägigen theologischen Texten immer wieder die gerade hier merkwürdige Gleichsetzung von

Lieben und Kinderkriegen findet, könnte die Angst vor einem Nachwuchsmangel der christlichen Gemeinden eine Rolle spielen - vielleicht gerade auch heute. Jedenfalls könnte die Dringlichkeit, mit der z.B. Hirschler die Verführungsthese unter dem Begriff der "orientierenden Wirkung homophilen Verhaltens" vorträgt, dafür sprechen; ähnlich lehnt die Arbeitsgruppe der Niedersächsischen Landeskirche die öffentliche Billigung der Homophilie mit dem fragwürdigen Argument der unterschiedlichen Gewissensprägung der Gemeindemitglieder ab. Da auch der Begriff der "Volkskirche" dabei benutzt wird, könnte schlichte Angst vor Machtverlust eine Rolle spielen. Schließlich könnte man zumindest über eine Abwehrverdrängung des Umstandes nachdenken, daß Jesus zumindest in den entscheidenden Jahren seines Wirkens geradezu männerbündlerisch und durchaus auch mit einem Lieblingsjünger gelebt hat.

Zudem mag auch der Gedanke nicht ganz abwegig sein, daß die reinliche Trennung zwischen Religion und Liebe im Alten Testament durch das Liebesgebot Jesu im Sinne einer Wiedervereinigung von Religion und Liebe aufgehoben wurde, was eine so atemberaubende Umwälzung bedeutet, daß wir auch heute noch über Vermeidungsstrategien uns um die Ableitung allen Liebens von der Gottesliebe herumdrücken, obwohl die heutige Wissenschaftsdiskussion, wie ich im vorherigen Abschnitt gezeigt habe, für die diesbezügliche theologische Diskussion durchaus hilfreich sein könnte.

Eine besonders wichtige und schwierige Verwirklichung des Gebotes der Gottesliebe besteht in der Einbeziehung der Fremden in die christliche Gemeinde anstelle der früher üblichen Abgrenzung von den Fremden, was nur über die Einsicht möglich ist, daß wir alle Fremde vor Gott sind. - Hierzu auch Wiedemanns Ethik. Gerade deshalb stockt einem der Atem, wenn man im Bericht der Arbeitsgruppe der Niedersächsischen Landeskirche liest: "Der von einem solchen Geschick (Homophilie, K. D.) Betroffene findet sich als Fremder in einer heterosexuellen Umwelt vor. Er erfährt seine Prägung als belastend und rätselhaft. Die biblische Beurteilung homosexuellen Verhaltens als Sünde und todeswürdiges Verbrechen kann nicht übernommen werden." Wieviel unchristliche Arroganz steckt darin, daß "Wir" der christlichen Gemeinde mit Heterophilie gleichzusetzen und ethnozentrisch die homophilen Mitglieder der christlichen Gemeinde als Fremde auszugrenzen, obwohl wir weder im Ich noch im Wir hetero- und homophile Möglichkeiten auseinanderhalten können. Es würde sich empfohlen haben, das "Gemeinschaftsfremdengesetz" der Nationalsozialisten als Verfolgungsinstrument zu studieren. Oder eine leichte Erinnerung: Als Fritz von Bodelschwingh mit dem Euthanasie-Professor Brand um das Überleben der Bewohner Bethels kämpfte, beeindruckte er diesen mit dem Argument, daß er keine gemeinschaftsfremden Menschen kenne und daß Gemeinschaftsfremdheit etwas sei, wonach sich derjenige selbst fragen müsse, der andere dafür halte - in Anwendung der Frage Jesu nach dem Nächsten. Wenn das christliche Wir so labil gegenüber seinem eigenen homophilen Anteil ist, dann muß es wohl auch heute noch eigens beteuern, die biblische Beurteilung der Homophilie nicht mehr für ein "todeswürdiges Verbrechen" zu halten; denn es hält wohl immer noch Zweifel daran für möglich.

Die Stellungnahme der Sächsischen Synode sowie die DDR-Schrift von Punge heben sich sprachlich wohltuend von manchen anderen Schriften ab, da sie anstelle einer verobjektivierenden Darstellung ("diese Menschen") in ihren Überlegungen häufiger vom homophilen Empfinden, Erleben und Leben ausgehen. Gleichwohl finden wir auch hier an einer Stelle die fatale Beteuerung, daß homophile Menschen "ein Lebensrecht unter uns" haben müßten. Auch hier scheint man Zweifeln daran entgegentreten zu müssen - äußeren und inneren. Ist die NS-Möglichkeit, daß es "lebensunwertes Leben" geben könne, uns noch so nahe? Und was bedeutet in diesem Satz "unter uns"? Auch hier wird das Wir der christlichen Gemeinde mit selbstherrlicher Selbstverständlichkeit wieder als heterophil bestimmt. Solange das so ist, müssen in der Tat homophile Mitglieder unserer Gemeinden Todesangst haben können. Und wenn dann dieses Wir den Lebensraum homophiler Menschen so eingeengt hat, regt sich dieses Wir über ihre Provokation oder Verheimlichung, über ihre Promiskuität oder über die Zerbrechlichkeit ihrer Beziehungen auf. Ich frage mich, wie einer dieser Theologen oder Kirchenmänner es empfinden würde, wenn man ihm sagen würde, er sei mit dem Schöpfungswillen Gottes nicht vereinbar.

Hirschler gebührt das Verdienst, zusammengefaßt zu haben, warum homophile Partnerschaften nicht mit heterophilen Partnerschaften "gleichwertig" seien und warum Homophile eine Gefahr für Institutionen der Gesellschaft, für das christliche Weltbild und damit für den Schöpfungsplan seien: "Das Nein zur Homosexualität hängt eng zusammen mit dem grundlegenden biblischen Auftrag zu einer bipolaren Ausgestaltung des Menschseins. Damit ist keineswegs einfach eine bei uns historisch gewachsene Form der Ehe religiös überhöht. Vielmehr sind damit bestimmte grundlegende Wesenszüge gemeint, die in allen geschichtlich unterschiedlichen Formen der Zweierbeziehung festzuhalten sind: Die Polarität von Mann und Frau, die Weitergabe des Lebens und die lebenslange Verantwortung füreinander." Diese drei "Mängel" verhinderten die "Gleichwertigkeit". In Rückbesinnung auf Abschnitt III meines Referates ist dazu zu sagen, daß einmal, außer der sicher wichtigen biologischen Bipolarität von Mann und Frau, alle Liebesbeziehungen des Menschen auch noch von ganz anderen Bipolaritäten bestimmt sind, daß zum anderen die Liebesbeziehungen von Menschen nur u.a. mit dem Kinderkriegen zu tun haben können, was z.B. einen Blick auf die sicher zugestandene "Gleichwertigkeit" heterophiler Ehen ohne Kinder beweist, und daß zum dritten wir alle gemeinsam daran beteiligt sind, wenn manche Liebesbeziehungen - homo- oder heterophil - nicht an der "lebenslangen Verantwortung füreinander" orientiert sind. Wenn Hirschler, damit dem unzulässigen Kausalitäts- und Defektmodell folgend, aus solchen Feststellungen - und nicht nur er - den Schluß zieht, daß homophile Menschen unter bestimmten Bedingungen (s.u.) christliche Gemeindeglieder sein können, niemals aber - wegen der "orientierenden Wirkung" - Gemeindepastoren werden dürfen, dann hat er zumindest eins erreicht: Er hat den Gedanken des allgemeinen Priestertums durch den der Funktionärskirche ersetzt.

Besonders fragwürdig nach alledem sind aber insbesondere die praktisch-theologischen Vorschläge zum Umgang mit homophilen Mitgliedern der christlichen Gemeinden. Aus vielen ähnlich lautenden Zitaten wähle ich eins aus, das der Interpretation des Vortrags von Balz durch die Arbeitsgruppe der Westfälischen Landeskirche entstammt: "Die christliche Gemeinde, die um das Kommen des Heiligen Geistes betet und mit seiner gegenwärtigen Wirksamkeit rechnet, ist eine heilende Gemeinschaft, in der Verkehrtheiten und Fehlverhalten, das dem Willen Gottes zuwider ist, zurechtkommen, absterben oder - im Bilde gesprochen - austrocknen. Sie darf also damit rechnen, daß in ihrer Mitte Menschen von ihrer homosexuellen Prägung frei werden oder auf die Ausübung ihrer homosexuellen Veranlagung verzichten. Jedenfalls erlaubt das biblische Zeugnis der Kirche nicht, sich vorschnell mit dem Phänomen Homosexualität abzufinden." Was mich an diesen, beliebig vermehrbaren, Formulierungen zutiefst erschüttert, ist vor allem zweierlei: Einmal finden wir die Aussage, daß homophile Menschen - um es bewußt salopp auszudrücken - liebe und nette

Menschen sein mögen, vielleicht auch gute Christen, daß man aber von ihrem Menschsein und von ihrem Christsein ihr Homophilsein nicht nur abspalten, sondern durch die "heilende Gemeinschaft" auch "absterben" lassen könne. Dabei wissen wir alle, daß in diesem Fall das Absterben homophiler Empfindungs- und Handlungsweisen mit dem Absterben homophiler Menschen zusammenfällt. Ihre Todesangst ist also um so berechtigter, je praktischer und heilender es wird. Das führt zu meinem zweiten Bedenken, daß meine Angst noch vermehrt: Homophile Menschen dürfen zwar - aufgeklärt wie wir heute sind - christliche Gemeindemitglieder sein, aber nicht wie alle anderen, sondern nur unter bestimmten Bedingungen und Auflagen, die sie zu Objekten der "heilenden Gemeinschaft", der Seelsorge macht, Seelsorge, die heute Fürbitte und therapeutische Technik miteinander vermischt, mit dem Ziel, sie von Zweifüßlern zu Vierfüßlern zu machen, also sie von ihrer homosexuellen Prägung zu befreien oder sie zum Verzicht zu zwingen. Wohlgemerkt, in besonderen Einzelfällen ist dies alles möglich, jedoch die Verallgemeinerung ist tödlich. Unlängst erschien ein Buch über die NS-Medizin mit dem Titel "Heilen und Vernichten".

IV. Ehe und Familie sind nicht dasselbe

In der Diskussion um Kirche und Homophilie werden Ehe und Familie oft durcheinander geworfen, möglicherweise weil das theologische Denken in diesem Bereich noch einem kausalitäts- und defektgläubigen Biologismus verhaftet ist.

Es entspricht der dialogischen Existenz des Menschen, daß die Ehe als Liebesgemeinschaft der Grundbaustein des politischen und kulturellen Zusammenseins für die Menschen ist. In der Ehe wird privates Lieben öffentlich wirksam. Das biologische Geschlecht der beiden Ehepartner ist sekundär, zumal die für eine dialogisch-lebendige Paarbildung erforderliche Bipolarität sich aus anderen als biologischen Quellen wesentlich speist.

Familie ist der biologische Grundbaustein des Zusammenlebens der Menschen. Sie ist Zeugungs- und Aufzuchtgemeinschaft. Sie entsteht dadurch, das der genitale Teil des sexuellen Teils des Liebens zum Kinderkriegen benutzt wird. Familie ist die Ergänzung der Ehe durch Kinder. Familie ist der Ehe nachrangig. Hier ist die biologische Geschlechter-

Bipolarität wesentlich. Der biologische ist dem politisch-kulturellen Grundbaustein menschlichen Zusammenseins nachrangig. Ein Prüfstein für die Richtigkeit all dieser Bestimmungen ist die kinderlose Ehe. (Nebenbei muß heute ergänzend hinzugefügt werden, daß der ökologische Grundbaustein für das Zusammensein von Menschen der Haushalt ist.)

Das Ausleben der homophilen Möglichkeiten ist kulturell für jeden Menschen notwendig

1. zur vollständigen Selbst- und Welterfahrung
2. zur Entwicklung einer solchen Autonomie, die ihn befähigt, frei zwischen Alleinleben und Eingehen einer Partnerschaft zu wählen und
3. zur Pflege von homophilen (gleichgeschlechtlichen) Freundschaften hoch über das Jugendalter hinaus, damit die in einer - insbesondere heterophilen - Ehepartnerschaft immer auftretenden Krisen durch die Existenz eines gleichgeschlechtlichen Vertrauten zur Stabilisierung der Ehepartnerschaft genutzt werden können.
   Über die wahrscheinlich auch ziemlich große Bedeutung der dritten Person (Dyade + 1) in einer homophilen Ehepartnerschaft weiß ich zuwenig.

Nach meinen Bestimmungen gibt es keinen Hinderungsgrund, die Institutionen der Ehe auch für homophile Partnerschaften zu öffnen. Die Qualität von Liebesbeziehungen - ob hetero- oder homophil - ist um so besser, je mehr vom Antriebsüberschuß entlastende Institutionen zur Verfügung stehen und je besser die Integration in eine akzeptierende Kultur und Subkultur gelingt.

Da homophile Ehepartnerschaften sich meistens nicht durch Kinder zu einer Familie entwickeln können, spielt die Hausformulierung im beruflichen Leben für beide Partner eine um so größere Rolle. Daß es sich dabei nicht selten um Berufe handelt, in denen man mit (jüngeren) Menschen arbeitet, liegt bei der grundsätzlich ähnlichen Bedürfnisstruktur aller Menschen auf der Hand. Wir finden das nicht nur bei den alten Griechen, sondern prinzipiell auch in anderen Kulturen. Von Kentler stammt die Formulierung, daß es in jeder pädagogischen Tätigkeit die Aufgabe des Pädagogen sei, die zu Erziehenden in sich verliebt zu machen, ohne es je zur Erfüllung kommen zu lassen. Christliche - ebenso wie kommunale - Gemeinden haben die mit größerer Bedeutung behafteten Berufswünsche ihrer homophilen Mitglieder besonders aufmerksam zu fördern - gerade wenn es sich um pädagogische, soziale oder seelsorgerische Berufswünsche handelt. Es entspricht dem Wesen des diakonischen Geistes, wenn dies in den diakonischen Werken besonders aufmerksam und liebevoll geschieht.

Zum Schluß ein Nachwort in eigener Sache: Es könnte leicht den Anschein haben, als ob ich bei der Bewertung der Diskussion um Kirche und Homophilie mit den Theologen und Kirchenmännern besonders hart und kränkend umgegangen sei. Das ist nicht falsch. Ich möchte aber betonen, daß ich das ehrliche Ringen und Bemühen um eine Problemlösung bei allen Diskussionsbeteiligten sehr wohl erkenne und anerkenne. Dennoch zum letzten Mal ein Blick zurück zur Nazi-Zeit: Als es damals um die Verfolgung der sozial, rassisch, psychisch oder geistig für ungleichwertig gehaltenen oder auch der homophilen Menschen ging, da haben fast alle, die soziale Verantwortung trugen, sich subjektiv ehrlich bemüht und darum gerungen, das Beste daraus zu machen oder das Schlimmste zu verhüten. Bloß das Bemühen war nicht überzeugt genug, das Ringen nicht radikal genug, das Glauben nicht tief genug und das Lieben nicht brennend genug. Und so haben wir alle - wir und unsere Vorgänger - versagt. Heute gibt es noch viel weniger Grund, daß wir uns insofern wiederholen. Um eine richtige Lösung zu finden - dafür gibt es immer nur eine befristete Zeit.

Über die Randständigkeit des Menschen (1988)

Die Situierung meines Beitrags am Ende dieser aufregenden Sartre-Tagung eröffnet zwei Möglichkeiten: Den Versuch einer Zusammenfassung verbieten Gegenstand und Verlauf der Tagung, aber auch der Umstand, daß ich nicht gerade für hauptamtliches Philosophieren bezahlt werde. So wähle ich die mir mehr liegende andere Möglichkeit, diese Tagung mit Sartres Wirkung auf ein Stück gesellschaftlicher Praxis ausklingen zu lassen. Ohnehin kam mir in diesen Tagen mehrfach die Phantasie, ob wir nicht - wenn wir diesen Kongreß nicht über, sondern mit Sartre gemacht hätten - mit irgendeiner Art von Aktion, etwa einer Resolution, einem Flugblatt, einer Denkschrift oder einer Demonstration, auseinandergegangen wären. Deshalb paßt es ganz gut, daß während meines Vortrags in diesem Hörsaal Unterschriftslisten zirkulieren, die Sie auffordern, sich der Bewegung zur Anerkennung der bisher ausgeschlossenen NS-Opfer als Verfolgte anzuschließen. Vielleicht wird Sartre dadurch für uns noch etwas vollständiger.

In mir haben Sie den leitenden Arzt des Psychiatrischen Landeskrankenhauses Gütersloh. Meine Alltagsarbeit besteht in der Grenzsicherung zwischen Vernünftigen und Unvernünftigen, zwischen der bürgerlichen Gesellschaft und verschiedenen Randgruppen, damit der öffentliche Diskurs zum Beispiel dieser reflexionsfreudigen Tagung möglichst ruhig und ungestört ablaufen kann, damit also nicht etwa ein manischer Mensch pausenlos Witze erzählen muß, ein depressiver Mensch seine Verzweiflung herausschreit oder ein paranoider Mensch argwöhnt, daß diese Tagung eine Weltverschwörung gegen den Rest der Welt sei. Damit diese Aufgabe ordnungsgemäß erfüllt wird, wurde es einmal als nützlich angesehen, Psychiater und Psychotherapeuten von der philosophischen Reflexion abzukoppeln, damit sie sich im positivistischen Glauben an ihre Wissenschaft nicht stören lassen, ein Verfahren, das während der NS-Zeit am besten funktioniert hat. Aus eben dieser Erfahrung damit unzufrieden, bin ich schon lange auf der Suche nach geeigneten Möglichkeiten, das psychiatrische Denken und Handeln wieder in philosophisches Reflektieren einzubetten und es damit gegen seine eigene Gefährlichkeit zu schützen. Während die zeitgenössischen Philosophen hierfür wenig Gegenliebe zeigen, sich ungern auf die brutale Realität der Psychiatrie einlassen und sich lieber mit den schickeren psychotherapeutischen Konstruktionen beschäftigen, hat mir schon einmal mein alter Freund Traugott König dadurch geholfen, daß er mich aufgefordert hat, Sartres "Flaubert" zu lesen und darüber einen Aufsatz zu schreiben.[1] Schon daraus habe ich für mich Fundamentales gelernt, etwa daß Menschen aus ihrer Freiheit auch über abweichendes Handeln an ihrem Heil arbeiten können, daß Mißerfolg für den Menschen so konstitutiv ist wie Erfolg und daß die Entwicklung von Menschen als Spirale sowohl kreisförmig als auch fortschreitend angesehen werden kann, was mir im psychiatrischen Alltag seither nützt.

Diesmal hat Traugott König mich mit seinem hartnäckigen Charme zu Sartres *Saint Genet* verführt. Die für mich zugleich mühselige und faszinierende Verarbeitung dieses Werkes hat mich zu drei Fragen gebracht, die ich im folgenden erörtern möchte:

Was bedeutet es für unsere Gesellschaft und Kultur,

1. wenn Sartre mit Genet einen Fürsorgezögling, Dieb, Homosexuellen, Strichjungen, Rauschgiftschmuggler, Verräter, Bettler und Vagabunden, also einen mehrfach Randständigen und Outlaw uns als Nächsten und Bruder anbietet, als Spiegel, in dem wir uns erkennen können,
2. wenn dies Angebot gerade insofern gilt, als Genet sich zu sich als Dieb bekennt und sich dadurch unbrauchbar macht zur Grenzsicherung der Bürger gegen die Randständigen als ihre Objekte und Opfer,
3. wenn Genet nur ein Beispiel dafür wäre, daß die Randständigengruppen insgesamt nicht mehr so fraglos als Objekte und Opfer für die Homogenität der bürgerlichen Kultur zur Verfügung stehen, sich vielmehr in einem Prozeß der Subjektivierung befinden? Wofür gäbe es dann überhaupt Randständige? Wenn sie schon keinen negativen Beitrag zu unserer Kultur mehr leisteten, ("Gott sei Dank, daß ich kein Dieb bin!"), leisten sie dann aus sich heraus einen eigenen Beitrag zu unserer Kultur?

Hierzu Sartre: "Denn man muß schon wählen: wenn jeder Mensch der ganze Mensch ist, muß dieser Abweichler entweder nur ein Kieselstein

[1] Klaus Dörner, Die Wiedergeburt der Psychiatrie aus der Philosophie in Sartres Flaubert und die Kritik an Sartre daraus in: Traugott König (Hg.), Sartres Flaubert lesen, Rowohlt, Reinbek 1980.

oder *ich* sein."[2] Diese Position bringt mich zu meiner wichtigsten These, die ich zur Diskussion stellen möchte: Sartre ist vielleicht der erste Philosoph, der die Beantwortung der Frage, was ist der Mensch, von den elendesten, ausweglosesten, gescheitertsten und kommunikationslosesten Menschen, Menschengruppen oder Situationen von Menschen beginnt. Nur dadurch kann seine Antwort auf die Frage nach dem Menschen einigermaßen vollständig ausfallen. Würde er nämlich mit der Situation des gewissermaßen durchschnittlichen Menschen bei seiner Beantwortungsarbeit beginnen, käme er entweder zu den genannten randständigen Menschen, Menschengruppen und Situationen von Menschen gar nicht mehr durch, oder er würde sie nur noch abgeleitet und abgewertet als nicht mehr ganz menschlich auffassen können. Diese meine These hat sich mir erst in dieser Schärfe während dieser Tagung herauskristallisiert. Seither frage ich mich, ob andere Philosophien und auch die Frankfurter Schule bei ihren Beantwortungsversuchen der Frage, was der Mensch sei, sich auf dem letzteren Weg befinden, deshalb zwar zu einem menschenfreundlicheren und intersubjektiveren Menschenbild kommen, aber um den hohen Preis der Ausgrenzung der weniger intersubjektiven Randständigen aus dem, was recht eigentlich als menschlich gelten soll. Sartre hingegen hat irgendwo mal gesagt, daß es im und zwischen Menschen Unmenschliches nicht geben könne. Sollten sich nicht hierdurch die meisten Diskrepanzen und Mißverständnisse zwischen Sartre und zum Beispiel der Frankfurter Schule verständlich machen lassen?

Ich nähere mich den von mir zu findenden Antworten über die Geschichte, wobei mir besonders wichtig die genauere historische Bestimmung des Zeitpunktes ist, zu dem Sartre *seinen* Genet wählte und schrieb (1952). Zur Vorbereitung meines historischen Exkurses, der uns bis etwa 1800 zurückführen wird, schlage ich eine 3/3-Aufteilung der sich industrialisierenden Gesellschaften vor: das Bürgertum, das Proletariat und - als drittes Drittel - die industriell und moralisch Unvernünftigen, Minderwertigen, Entarteten, Untermenschen, Abweichler, Randständigen. Unter dem Eindruck der heutigen Massenarbeitslosigkeit wäre es vielleicht moderner, von den Nicht-Qualifizierbaren zu sprechen. Hierzu paßt der kritische Begriff der 2/3-Gesellschaft.

---

2 Jean-Paul Sartre, Saint Genet, Komödiant und Märtyrer, Rowohlt, Reinbek 1982, 910.

Ich beginne mit der Erinnerung an Foucaults Beschreibung der Eltern, die Ende des 18. Jahrhunderts ihren Kindern in den europäischen Hauptstädten gegen Entgelt entweder wilde Tiere in den neuen zoologischen Gärten oder verrückte Menschen in den neuen Häusern für Randständige im Sinne einer Abschreckungspädagogik aufklärerisch zeigten.[3] Kurz darauf hat J. Bentham das Problem seiner Zeit, also das Problem der beginnenden Industrialisierung und der sich damit verknüpfenden neuentstehenden "sozialen Frage", architektonisch durch das bereits erläuterte panoptische Prinzip gelöst.

Die soziale Frage sollte so gelöst werden, daß die gegenüber dem Bürgertum Randständigen und gegenüber dem Fabrikproletariat Unbrauchbaren, also das dritte Drittel, zur Herstellung der erforderlichen Homogenität der Industriegesellschaft durch innere Kolonisierung, innere Mission, innere Pazifizierung wegrationalisiert werden sollten. Je nach den verschiedenen Sorten und Institutionen der industriell und moralisch unbrauchbaren Randständigkeit bildeten sich einzelne Wissenschaften, die durch Verobjektivierung der jeweiligen Menschengruppen zugleich Herrschaftsmittel wurden. Von diesen Einzelwissenschaften gewannen diejenigen, die sich am meisten an der Medizin orientierten, im Laufe des 19. Jahrhunderts am meisten Macht und Prestige, weshalb auch etwa ab 1860 verschiedene sexuelle Randständigkeiten zunehmend der Minderwertigkeit des dritten Drittels zugeschlagen wurden. Vor allem in dem Jahrzehnt ab 1890 hat sich die medizinische Ordnung der Diagnostik und Therapie der sozialen Frage insbesondere gegen Kirche und Justiz entscheidend durchgesetzt, damit das 20. Jahrhundert zumindest bis zum Nationalsozialismus fundamental prägend. Ich greife hierfür als beleg ein Zitat des um 1900 bedeutendsten Arztes in Mitteleuropa, August Forel, heraus: "Wir bezwecken keineswegs, eine neue menschliche Rasse, einen Übermenschen zu schaffen, sondern nur die defekten Untermenschen allmählich ... durch willkürliche Sterilität der Träger schlechter Keime zu beseitigen und dafür bessere, sozialere, gesundere und glücklichere Menschen zu einer immer größeren Vermehrung zu veranlassen."[4] Damit die Erreichbarkeit des Ziels einer Industriegesellschaft aus immer "besseren, sozialeren, gesunderen und glücklicheren Menschen" durch die zunehmend medizinisch werdende Vernichtung des dritten Drittels denkmöglich werden konnte, war die Inte-

3 Michel Foucault, Wahnsinn und Gesellschaft, Suhrkamp, Frankfurt a. M. 1969.
4 August Forel, Die sexuelle Frage, Reinhardt, München 1913, 593.

gration des Proletariats zum Beispiel im Dritten Reich durch Bismarcks Sozialgesetzgebung erforderlich, die ihrerseits bewirkte, daß sich das Proletariat vom dritten Drittel als "Lumpenproletariat" distanzierte, was den Druck auf dieses dritte Drittel allmählich zum Vernichtungsdruck verschärfte: Das hatte zur Folge, daß der reaktionäre Nationalsozialismus sich immer noch auf den Antisemitismus konzentrierte, während der industriell moderne Nationalsozialismus die Vernichtung des dritten Drittels organisierte, somit einen Vernichtungskrieg nicht nur nach außen, sondern auch nach innen führte und damit die Endlösung der sozialen Frage durch "therapeutisches Töten" (R. Lifton)[5] plante und organisierte. Das umfassendste Gesetz der Nationalsozialisten zur Durchführung dieser Absicht war das "Gemeinschaftsfremdengesetz", das die Menschen des dritten Drittels zunächst durch Pädagogik umzuerziehen versuchte, bei Erfolglosigkeit auf der zweiten Stufe durch Zwangsarbeit ihnen noch eine Chance geben wollte, während bei anhaltender Erfolglosigkeit für den Rest auf der letzten Stufe medizinische Mittel der Verstümmelung, des Experiments oder des therapeutischen Tötens greifen sollten. Der Begriff der "Gemeinschaftsfremden" ist derart genial, weil zu jedem Zeitpunkt nach jeweiliger Zweckmäßigkeit andere Gruppen erfassend, daß ich ihn in der Folge gelegentlich selbst verwenden werde. Diese von mir hier gerade skizzierte Analyse des Nationalsozialismus unter dem Gesichtspunkt seiner Modernität ist von uns allen, mitsamt dem dritten Drittel unserer Gesellschaft, so gut verdrängt worden, daß in dieser Hinsicht in dem gerade aktuellen Historikerstreit beide Seiten zu kurz greifen.

Bei aller gebotenen Vorsicht scheint es mir nun so, daß seither, seit 1945, der Schreck in den industrialisierten Gesellschaften über die Möglichkeit, die Endlösung der sozialen Frage durch Vernichtung zu bewirken, derart in den Knochen sitzt, daß die Herstellung der Homogenität der 2/3-Gesellschaft der Bürger und Arbeiter auf Kosten der inneren Kolonisierung oder Vernichtung des dritten Drittels der Gemeinschaftsfremden zumindest rückläufig ist, wenn auch teilweise durch Funktionalisierung der Menschen der Dritten Welt zu Opfern und Objekten ersetzt. Zumindest in den Industrienationen Europas sind Tendenzen der Ausgrenzung oder Vernichtung des dritten Drittels zwar sicher nicht verschwunden, jedoch teilweise durch gegenläufige Integrationsbemühungen, wie objektivierend

---

[5] Robert Lifton, The Nazi Doctors. Medical Killing and the Psychology of Genocide, Basic Books, New York 1987.

auch diese wiederum sein mögen, aufgehoben: Das dritte Drittel der Randständigen und Gemeinschaftsfremden gehört irgendwie zur Gesamtgesellschaft und Gesamtkultur dazu. Aber wie? Und wird von hier aus ein eigenständiger kultureller Beitrag geleistet?

Hier ist es von historischer und symbolischer Bedeutung, daß die Romane von Jean Genet kurz vor und kurz nach 1945 erschienen, daß Sartre und Cocteau 1948 die Begnadigung Genets erstrebten und erreichten und daß Sartre 1952 seinen *Saint Genet* veröffentlichte, wobei es uns in der BRD wieder in tiefes Nachdenken stürzen kann, daß ausgerechnet dieses Werk Sartres erst 1982, also mit einem Verzug von 30 Jahren, bei uns erscheinen konnte. Für mich gehören diese Ereignisse zu den zahlreichen Belegen für eine allmähliche Subjektivierung der Menschen und Gruppen des dritten Drittels. Sie gehen weniger in der Funktion auf, negative Objekte und Opfer der modernen Gesellschaft zu sein. Sie sind mehr auf dem Wege, so zu sein, wie sie sind, sicher anders als andere, weniger als Feind und mehr als Gegenüber oder Gegner der 2/3-Gesellschaft wahrgenommen, mehr von der Möglichkeit verwirklichend, im Anderssein so zu sein wie ich. Damit zugleich verringert sich ihre Möglichkeit, in ihrer Rolle als Objekte bürgerlicher Einzelwissenschaften aufzugehen.

Sartres *Saint Genet* ist für diesen - wie immer auch labilen - Prozeß der Subjektivierung der Gemeinschaftsfremden und Randständigen vielleicht das erste und bis heute beste Dokument, eine Art "Declaration of rights". Das ist der Fall, weil Sartre erstens ein darstellendes Denken darauf beschränkt, philosophisch zu bleiben; weil er zweitens gerade dadurch zeigt, daß ein Mensch aus seiner Freiheit heraus durch eigene Wahl und Arbeit zu seinem Heil kommt, während die wissenschaftlichen Ansätze der Psychoanalyse und des Marxismus über deterministische Erklärungen sowie pädagogische oder therapeutische Versuche, die Menschen des dritten Drittels mir gleichzumachen, nicht hinauskommen; und weil er zeigt, daß jemand gerade unter den exzentrisch-randständigen Bedingungen Genets besser und vollständiger die Frage nach dem Wesen des Menschen beantworten kann, womit Sartre auch die Frage nach dem kulturellen Beitrag der randständigen Menschen exemplarisch beantwortet. Dies säkulare Ereignis bleibt unberührt davon, daß Sartre mit diesem Buch *seinen* Genet gewählt hat und daß Genet sich gegen diese Interpretation mit Recht gewehrt hat.

Als weitergehende Belege für meine These kann ich Ihnen hier nur einen etwas wilden Blumenstrauß aus Formulierungen Sartres aus *Saint Genet* bieten, hin und wieder durch meine eigenen Gedanken garniert. Ich kleide die Blumen dieses Straußes in eine Serie von Wahrscheinlichkeitsaussagen: Je mehr jemand dem dritten Drittel der Untermenschen, Gemeinschaftsfremden und Randständigen angehört oder je mehr jeder von uns sich in einer randständigen Situation befindet (wie etwa der Held von *Der Ekel* sich gemeinschaftsfremd *macht*), desto wahrscheinlicher treffen die folgenden Aussagen zu:

1. Ich bin zur Freiheit verurteilt; denn jede Wahl beinhaltet meine Not, einen "Notausgang" zu finden.
2. Jeden Diebstahl (jede Psychose) muß ich über die Umstände hinaus, die mich treiben, auch wollen; insofern habe ich recht, unrecht zu haben.
3. Wenn Divine in *Notre-Dame-des Fleurs*[6] das Entsetzliche des Lebens akzeptiert, macht sie sich dadurch zur Königin.
4. Gerade meine Randständigkeit bewirkt, daß die Welt sich um mich dreht ("egozentrisch", "solipsistisch"); um so mehr bin ich für die ganze Welt verantwortlich.
5. Mein Schmerz, meine Angst, mein Leiden sind mein erstes und mein letztes Gefühl, zu dem ich fähig bin.
6. Die Geschichtslosigkeit meiner Randständigkeit kann dazu führen, daß ich mein Leben aus einem Punkt, aus einer Möglichkeit totalisiere; dadurch gebe ich mir meine Geschichte.
7. Nur mein Scheitern konstruiert mein Glücken ("wer verliert, gewinnt").
8. In der Randständigkeit werden Worte wörtlich und/oder poetisch (Spucke wird Diamant).
9. Gleichgewicht ist Tod, Ungleichgewicht ist Entwicklung, also Leben (I. Prigogine).[7]
10. Mit der Wiederentdeckung der Unheilbarkeit (Peter Sloterdijk)[8] bedeutet Gesundheit mit Krankheiten leben.

---

[6] Jean Genet, Notre-Dame-des-Fleurs (1944) in: Œuvres complètes Bd. 2, Gallimard, Paris 1951. Dt. ebenso (rororo 1870).

[7] Illya Prigogine und Isabella Stengers, Dialog mit der Natur, Piper, München, 1981.

[8] Peter Sloterdijk, Kritik der zynischen Vernunft, Suhrkamp, Farnkfurt a. M. 1984, und andere Schriften.

11. Wenn ich es als Subjekt übernehme, Böses zu tun und böse zu sein, breche ich damit die projektive Kraft des Bösen, das immer für die Anderen gilt, für die Randständigen als nicht-organisierbare wehrlose Opfer, Kieselsteine. Wenn ich böse bin und sein will, mache ich die Randständigkeit organisierbar und kommunizierbar.
12. Am Anfang der Kommunikation steht nicht der Austausch mit dem Anderen, sondern das Selbstgespräch (so schon Jean Piaget für die Erfindung der Sprache durch das Kleinkind).
13. Es gibt kein "ich verstehe dich", sondern es gibt nur ein "ich verstehe mich - vielleicht auf dich." Der erstere Fall ist objektivierendes Verstehen. Im letzteren Fall begegnen sich Subjekte. So habe ich auch den Hinweis von Herbert Schnädelbach verstanden, die Frankfurter Schule könne von Sartre lernen, mehr auf die subjektiven Bedingungen der Intersubjektivität zu achten.
14. Entsprechend kann ich auch keinen Menschen ändern; vielmehr kann ich mich nur selbst ändern, wodurch auch dem Anderen die Möglichkeit einer Änderung entsteht.
15. In einer Beziehung können Gegensätze ohne Vermittlung und Synthese nebeneinander stehen oder zusammenfallen (ja - nein, Opfer - Täter, Sein - Nichts, Schwäche - Stärke, Ohnmacht - Allmacht). Dies kann mein bester Schutz sein.
16. Ich kann die Wahrheit meiner Existenz nur ohne das Netz des Allgemeinen leben; denn die Wahrheit ist konkret (Brecht).
17. In einer Begegnung (mit einem Gegenüber, mit einem Gegner) habe ich nur eine Sicherheit: Meine und seine Unberechenbarkeit.

Wenn ich diesen etwas stacheligen und giftigen Blumenstrauß in Alltagspragmatik übersetze, gilt folgende Aussage: Je häufiger wir die Menschen des dritten Drittels, die Gemeinschaftsfremden und Randständigen sehen, hören, treffen, sprechen oder lesen, desto banaler und alltäglicher wird das Andersartige daran; aber zugleich entdecken wir es um so mehr als unsere Möglichkeit: wir werden zwangsläufig gemeinschaftsfremder und randständiger.

Hierfür exemplarisch zwei Situationen aus der Gegenwart:

Wenn Sie zum Beispiel in dieser oder nächster Zeit nach Gütersloh kommen, können Sie Ihren Kaffee trinken, Ihr Mittagessen einnehmen, Ihre Wäsche waschen, Ihren Pkw reparieren oder selbst Ihr Buch produzieren lassen (im Verlag Jakob van Hoddis) - an Orten, wo die wesentliche Arbeit von Menschen geleistet wird, die im Durchschnitt zehn Jahre lang in einem Landeskrankenhaus und vor kurzem noch auf lebenslänglichen Anstaltsaufenthalt programmiert waren. Ob es sich hier um Zonen der Solidarität handelt, wie Rainer Zimmermann am Ende seines Vortrags meint? Ich weiß es nicht recht. Jedenfalls ist es hier in vollständigerer Weise menschlich als anderswo, und es ist hier selbstverständlich, stets von der Möglichkeit des Schlimmsten auszugehen.

Das andere Beispiel: Am 24.6. 1987 fand ein Ereignis von historischer Bedeutung statt, als vor dem Innenausschuß des Deutschen Bundestages nicht zum erstenmal eine Anhörung der Frage stattfand, ob die bisher ausgeschlossenen NS-Opfer als Verfolgte anzuerkennen seien, als aber sehr wohl zum erstenmal fast alle der bisher ausgeschlossenen NS-Opfergruppen für sich selbst sprachen, so daß die auch geladenen wissenschaftlichen Experten ins zweite Glied zurücktreten konnten oder mußten. Es waren dies genau diejenigen Gruppen, die immer schon das dritte Drittel der Randständigen ausgemacht haben, die im Nationalsozialismus als Minderwertige und Untermenschen der Endlösung der sozialen Frage zugewiesen werden sollten, die auch nach 1945 sich zur Diskriminierung eigneten und die in den sechziger Jahren von der Anerkennung als Verfolgte und von der Entschädigung ausgeschlossen wurden, weil damals nur die jeweiligen wissenschaftlichen Experten über Gruppen befragt wurden, also die Experten, die während des Dritten Reiches oft genug auch Täter gewesen sind. Am 24.6. 1987 sprachen sie - nach Bildung einer breiten öffentlichen Bewegung in den letzten Jahren - erstmals als Subjekte für sich selbst, sich notfalls auch gegenseitig vertretend: Die Zwangssterilisierten und Euthanasiegeschädigten, die Sinti und Roma, die Zwangsarbeiter, die "Asozialen", die "Wehrkraftzersetzer", die Kommunisten und die Homosexuellen. Es sind dieselben oder andere Namen, unter denen es diese Gruppen, die die Randständigkeit des Menschen insonderheit leben, auch heute gibt und morgen geben wird. Nur daß sie auf ihrem Weg der Subjektivierung ein Stück weitergekommen sind und die restliche 2/3-Gesellschaft eben dadurch ein Stück randständiger gemacht haben, ohne daß diese das bemerken müßte. Daß dies kein zufälliges Ergebnis war, beweist der Umstand, daß es schon zuvor zu ähnlichen Anhörungen der Opfer-Subjekte in zwei Länderparlamenten, in Berlin und Hamburg, gekommen ist.

Was kann dieser Prozeß der Subjektivierung des randständigen Drittels aus unserer Gesellschaft, unserer Kultur und dem Menschen schlechthin machen - auch dann, wenn unser Widerstand gegenüber diesem Prozeß sich nicht mehr nur in Diskriminierungen, sondern auch in humanistisch-empörtem Protest gegen die Diskriminierung in Fürsprache äußern kann? Wenn ich recht sehe, hat Douglas Collins in seinem Vortrag die Vision einer solchen neuen Kultur im Auge gehabt, als er von der "Universalisierung nicht vermittelter Beziehungen" sprach, vom "Umherschweifen des Begehrens" ohne endgültige Befriedigung, von der "Zirkulation kleiner Differenzen" und von einer "Vibration, einem oszillierenden Imperativ: Identifiziere dich/identifiziere dich nicht!" Der von den Nazis gleich dreifach als entarteter Künstler, als Jude und als psychisch Kranker ermordete Dichter Jakob van Hoddis mag ähnliches im Sinn gehabt haben, als er noch vor dem Ersten Weltkrieg die Schrecken des 20. Jahrhunderts vorausahnte und die Zeilen schrieb: "Erlösung: Lösung ausgelacht!"[9]

Schließlich mag mir Rainer Zimmermann es nicht verübeln, daß ich meinen Vortrag mit demselben Zitat von Henri Lefebre beschließe wie er den seinen: "Ich habe einen Abscheu vor jeder Homogenität ... Denk doch bloß an dieses ganze abstruse Identitätsproblem ... Alle reden nur noch von der Identitätssuche ... Ich träume von einer Welt, in der jeder seine Identität findet, indem er seine (gemeinschaftsfremde; K. D.) Differenz sucht."[10] So denke ich, daß Sartre Recht hat: "Wenn jeder Mensch der ganze Mensch ist, muß dieser Abweichler entweder nur ein Kieselstein oder *ich* sein."

---

9 Jürgen Seim (Hg.), Tristitia ante, Zu Leben und Werk des Dichters Jakob van Hoddis, Verlag Jakob van Hoddis, Gütersloh 1987.

10 Henri Lefebre, Catherine Régulier, Die Revolution ist auch nicht mehr, was sie mal war, Hanser, München 1979.

Personenregister

H

J

K

L

M

Herausgeber:

Wollschläger, Martin
Dr.phil., geb 1952, Diplom-Psychologe für Klinische Psychologie und Sozialpsychiatrie an der Westf. Klinik für Psychiatrie, Psychosomatik und Neurologie Gütersloh seit 1985. Arbeitsgebiete: Diagnostik, Psychotherapie, Supervision, Forschung und Lehre; Publikations- sowie verlegerische Tätigkeit.

Bührig, Martin
Dr. med., geb. 1956, Arzt für Psychiatrie und Psychotherapie, Oberarzt in der Allgemeinpsychiatrie der Westf. Klinik für Psychiatrie, Psychosomatik und Neurologie Gütersloh. Leiter der sozialpsychiatrischen Forschungsstelle. Arbeitsgebiete: Begutachtungspraxis, sozialpsychiatrische Versorgung im Krankenhaus, Ethik und Psychiatrie, wissenschaftstheoretische Aspekte der Psychiatrie.

Ziegler-Heidbreder, Gerhard
Dipl.-Sozialpädagoge, geb. 1955, hatte die Idee zu diesem Buch. Lange Jahre Leiter des Tagwerks in Gütersloh, seit 1991 auch verantwortlich für den Verlag Jakob van Hoddis. Arbeitet jetzt als Referent für Behindertenarbeit beim Bezirksverband Ostwestfalen-Lippe der Arbeiterwohlfahrt in Bielefeld.

Netz, Peter
Dr. med., geb. 1950, Arzt für Psychiatrie und Neurologie, Oberarzt in der Gerontopsychiatrie der Westf. Klinik für Psychiatrie, Psychosomatik und Neurologie Gütersloh.

Richter, Andreas
Dr. med., geb. 1959, seit 1990 Facharzt für Psychiatrie und Psychotherapie an der Westf. Klinik für Psychiatrie, Psychosomatik und Neurologie Gütersloh.

Feld, Thomas
geb 1958, evangelischer Klinikpfarrer in der Westfälischen Klinik für Psychiatrie, Psychosomatik und Neurologie Gütersloh.

Quellenverzeichnis:

Wir verstehen die Geschichte der Moderne nur mit den Behinderten vollständig,
in: Leviathan, Zeitschrift für Sozialwissenschaft, 22. Jg., H. 3, 1994, Westdeutscher Verlag, Opladen

Psychiatrie als Wissenschaft,
in: Sozialpsychiatrische Informationen, 12. Jg., H. 71/72, 1982, Psychiatrie-Verlag, Rehburg

NS-Euthanasie: Zur Normalisierung des therapeutischen Tötens,
in: K. Dörner (Hg.), Fortschritte der Psychiatrie im Umgang mit Menschen, 1984, Psychiatrie-Verlag, Rehburg

Was unterscheidet die heutigen Überlegungen zur Sterilisation von Menschen mit geistiger Behinderung von der Zwangssterilisation der NS-Zeit?
in: Neuer-Miebach (Hg.), Schwangerschaftsverhütung bei Menschen mit geistiger Behinderung - notwendig, möglich, erlaubt?, 1987, Bundesvereinigung Lebenshilfe für geistig Behinderte

Die deutsche Verdrängung der Ermordung der psychisch Kranken in Polen,
in: Die Ermordung der Geisteskranken in Polen 1939 - 1945, deutsch: 1989, Verlag Jakob van Hoddis

Die Entwicklung der Psychiatrie im internationalen Vergleich: BRD,
in: Mauthe (Hg.), Psychiatrie in Deutschland, 1991, Vereins-Verlag Königslutter

Schizophrenie als Versorgungsleiden,
in: Recht und Psychiatrie, Nr. 2, 1987, Psychiatrie-Verlag, Bonn

Wie kann ich heute und morgen "Helfer" sein?,
in: C. Kürten/K. Dörner (Hg.), Erfolgreich behandeln - armselig sterben, 1993, Verlag Jakob van Hoddis, Gütersloh

Brief an einen Anfänger in der Psychiatrie,
in: Krankenpflege, Jg. 1991, H. 7, Offizielles Organ des SBK

Die Tagesklinik als Einrichtung zur Krisenintervention,
in: Gütersloher Fortbildungswoche 1979, Landschaftsverband Westfalen-Lippe

Sucht, psychische und psychosomatische Störungen als menschliche Möglichkeit - Krankheit als Grenze,
in: O. Hermanns (Hg.), Sucht und Psyche, 1981, Lambertus-Verlag Freiburg

Meine korrektive Erfahrung der Langzeitpatienten,
in: S. Pfäfflin (Hg.), Der Mensch in der Psychiatrie, 1988, Springer-Verlag, Berlin

Bedürfnisorientierte Organisation akutpsychiatrischer Stationen,
in: K. Dörner (Hg.), Akutpsychiatrie, 1992, Verlag Jakob van Hoddis, Gütersloh

Ist Arbeit lebensnotwendig? Warum ist es für psychisch Kranke doppelt wichtig, zu arbeiten?,
in: G. Borsi, Arbeitswelt und Arbeitshandeln in der Psychiatrie, 1992, Hogreve-Verlag, Göttingen

Interpretation W. Th. Winkler´s "Übertragung und Psychose" im Lichte heutiger Wissenschaftstheorie - Ich-Du und Kontext in der psychiatrischen Begegnung,
in: K. Dörner (Hg.), Zum Menschenbild in Begegnung und Partnerschaft, 1987, F. Enke Verlag, Stuttgart

Der Beitrag ökologischen Denkens zum Verständnis psychischer Erkrankungen und psychosozialen Handelns,
in: A. Thom (Hg.), Psychiatrie im Wandel, 1990, Psychiatrie-Verlag, Bonn

Vom Mythos der Heilbarkeit,
in: K. Dörner (Hg.), Die Unheilbaren, 1984, Psychiatrie-Verlag, Rehburg

Erlösung: Lösung ausgelacht,
in: J. Seim (Hg.), Tristitia ante, 1987, Verlag Jakob van Hoddis, Gütersloh

Leben mit Be-wußt-sein?,
in: C. Bienstein/A. Fröhlich (Hg.), Bewußtlos, 1994, Verlag Selbstbestimmtes Leben, Düsseldorf

Arbeit für alle hebt das Sozialsystem auf - eine gewerkschaftliche Utopie,
in: K. Dörner/L. Walczak (Hg.), Landschaftspflege, 1990, Verlag Jakob van Hoddis, Gütersloh

Sind homophile Menschen "gleichwertig", haben sie ein "Lebensrecht" und gehören sie zum "Schöpfungsziel Gottes"?,
Erstveröffentlichung eines Gutachtens für die Evangelische Kirche von Westfalen, 1985

Über die Randständigkeit des Menschen,
in: T. König (Hg.), Sartre, 1988, Rowohlt-Taschenbuch-Verlag, Reinbek